数控加工精解

NX SHUKONG JIAGONG JINGJIE

孙曙光
姚立权
刘永刚 著

化学工业出版社
·北京·

内 容 简 介

本书从介绍基本知识、基本操作到模拟练习、工作任务组织内容，融合了数控铣削工艺分析和NX软件自动编程知识。书中内容由浅入深，循序渐进，具体包括数控加工工艺基础、工序导航器和刀轨仿真分析、NX自动编程、加工工序与参数、加工工序种类及应用、平面铣、型腔铣——开粗加工、深度铣——陡峭区域加工、固定轴曲面轮廓铣——平缓区域加工、清根加工、钻孔加工、文字加工、综合加工实例等。为便于学习者理解，本书配套视频讲解和工件文件等资源。

本书适合从事数控加工的编程人员学习和培训使用，也适合作为高等院校相关专业教材使用。

图书在版编目（CIP）数据

NX数控加工精解/孙曙光，姚立权，刘永刚著. —北京：化学工业出版社，2023.9
ISBN 978-7-122-44069-3

Ⅰ.①N… Ⅱ.①孙… ②姚… ③刘… Ⅲ.①数控机床-加工-计算机辅助设计-应用软件 Ⅳ.①TG659-39

中国国家版本馆CIP数据核字（2023）第161408号

责任编辑：韩庆利　杨　琪
责任校对：李雨晴　　装帧设计：刘丽华

出版发行：化学工业出版社（北京市东城区青年湖南街13号　邮政编码100011）
印　　刷：三河市航远印刷有限公司
装　　订：三河市宇新装订厂
787mm×1092mm　1/16　印张19½　字数481千字　2023年9月北京第1版第1次印刷

购书咨询：010-64518888　　售后服务：010-64518899
网　　址：http://www.cip.com.cn
凡购买本书，如有缺损质量问题，本社销售中心负责调换。

定　　价：69.00元

前　　言

自动编程是利用计算机专用软件编制数控加工程序，也能对复杂形状工件编程，适用于多轴加工、高速加工。NX 软件是 Siemens PLM Software 公司出品的一种交互式 CAD/CAM（计算机辅助设计与计算机辅助制造）系统，是目前应用较广泛的自动编程软件。本书讲授 NX 软件数控自动编程功能的使用和操作。

本书是作者多年 NX 软件数控编程使用和教学经验的总结，内容如下。

第 1 章：讲解了和本书相关的数控加工工艺基础知识。

第 2～5 章：讲解 NX 软件自动编程模块的功能、使用方法和编程步骤，加工工序种类及应用，工序基本参数的设置等内容。

第 6 章：讲解平面铣工序的类型和操作。

第 7～8 章：讲解型腔铣工序原理和操作，开粗和二次开粗工序操作，深度铣工序操作，以及工件陡峭区域的加工和精加工编程操作。

第 9～10 章，讲解固定轴曲面轮廓铣工序原理和操作，平缓区域加工和精加工编程操作，以及清根和倒角的加工编程操作。

第 11 章：讲解了孔加工工序编程，以及对比新旧版 NX 的钻孔加工编程操作。

第 12 章：讲解了平面和曲面文字加工编程操作，以及艺术文字加工编程操作。

第 13 章：用一个复杂的综合性加工实例编程操作，总结了前面所讲的各种工序使用，以及常用的编程技巧。

附录：提供了数控铣加工刀具切削的参考参数，讲解了初学者在数控编程时常见问题及解决方法。

本书具有如下特点：

1. 本书内容及素材组织符合学习者认知规律。内容组织上按认知规律采用从了解基本知识，讲解基本操作，到实例操作练习，最后能独立完成工作任务的由浅入深的渐进式形式。在素材的组织上，融合了数控铣削工艺分析和 NX 软件自动编程模块的内容。

2. 突出新版 NX 软件功能。本书在挖掘 NX 1847 软件的新功能之外，考虑新旧版编程方法的对比和过渡，也兼顾讲解了 NX 1847 以前版本软件的编程操作。

3. 图文并茂。编者原创绘制了关键知识点的原理图，通俗易懂。操作方法和步骤使用了丰富图解，可以提高学习者阅读效率，避免不必要的操作失误。

4. 逻辑清晰。自动编程教程包含工件加工顺序和工件几何形状等多条逻辑路线，存在难教难懂现象，本书理顺了逻辑，解决了上述问题。本书在任务操作中穿插知识讲解，使学习者更易掌握任务知识点，使其融会贯通。

5. 方便初学者使用。特别提供了初学者在数控编程中出现的常见错误及处理方法。

6. 配套资源丰富。本书配备工件文件、操作视频、PPT 课件等学习资源。

本书由孙曙光统稿和定稿。本书第 2、7、8、11、13 章及附录 B 由孙曙光编写，第 3、6、9 章及附录 A 由姚立权编写，第 1、4、5、10、12 章由刘永刚编写。

本书的编写得到了航空工业沈阳飞机工业（集团）有限公司的张喆、张海鹏的大力支持，沈阳职业技术学院关颖教授、西门子（中国）有限公司高级工程师杨铁峰提供了宝贵意见和建议。

书中如存在不足之处，敬请读者和业内人士批评指正。

著　者

前言

目　　录

第 1 章　数控加工工艺基础 / 001

第 2 章　工序导航器和刀轨仿真分析 / 008

第 3 章　NX 自动编程 / 023

第 4 章　加工工序与参数 / 037

第 5 章　加工工序种类及应用 / 079

第 6 章　平面铣 / 091

第 7 章　型腔铣——开粗加工 / 113

第 8 章　深度铣——陡峭区域加工 / 139

第9章 固定轴曲面轮廓铣——平缓区域加工 / 157

第10章 清根加工 / 193

第11章 钻孔加工 / 222

第12章 文字加工 / 260

第1章 数控加工工艺基础

学习导引

本章主要介绍了基本数控加工工艺，数控铣削加工工艺和数控机床、刀具等基本知识；介绍了计算机辅助制造（Computer Aided Manufacturing，CAM）软件的分类及特点。这些是自动编程过程中所需了解和掌握的必备知识。

1.1 数控加工工艺认知

1.1.1 加工工序的划分

一般情况按工序集中原则划分加工工序，常用如下划分方法。

① 按安装次数划分：一次安装能完成的工艺过程为一道加工工序，适用于加工内容不多的工件。

② 按刀具划分：同一把刀具能完成的工艺过程为一道加工工序，适用于工件加工表面多、加工时间长等情况。这种方法在专用数控机床上和加工中心常用。

③ 按粗、精加工划分：按粗、精加工分开来划分加工工序，适用于有工件变形、加工精度等要求时。

④ 按加工部位划分：相同型面的工艺过程为一道加工工序。适用于工件加工表面多、形状复杂的工件加工。例如可按工件的待加工表面类型、曲面平缓和陡峭度等划分。

1.1.2 加工顺序

安排加工顺序要掌握如下原则。

① 使工件的装夹次数、工作台转动次数、刀具更换次数、空行程时间等最少，以保证加工精度和提高生产率。

② 按先外后内原则，先加工型腔，再加工外形。

③ 先进行精度要求较高的表面粗加工，先加工尺寸大的面，先加工内应力和热变形对工件影响较大的面。

④ 同一次安装中包括多个工步时，对工件刚性破坏较小的工步优先。

⑤ 如能保证加工精度和质量，可将粗加工和半精加工合并为一道工序，以减少加工时间。

⑥ 容易碰伤的面最后加工。

1.1.3 走刀路线

走刀路线是刀具在加工工序中的运动轨迹，包括工步的内容和工步的顺序。走刀路线是编写数控程序的重要依据之一，确定走刀路线要遵循如下原则。

① 保证工件的加工精度和表面粗糙度。

② 在精铣内、外轮廓时，为了改善表面粗糙度，采用顺铣加工。加工铝镁合金、钛合金和耐热合金等材料时，采用顺铣加工。工件毛坯为锻件或铸件时，表皮硬度大而且余量也较大，适合采用逆铣加工。

③ 孔的位置精度要求较高时，安排孔的加工顺序注意不要将机床反向间隙带入。

④ 进刀、退刀避免在轮廓处垂直切入或停刀，以免留下刀痕。

⑤ 使走刀路线尽可能最短以提高加工效率。

⑥ 最终轮廓最好一次走刀完成。

1.1.4 工件的定位与夹紧

工件的定位与夹紧是数控加工必要的环节，直接影响加工精度和加工效率等。操作时需注意以下几点。

① 尽量保证设计基准、工艺基准和编程原点一致，以减少基准不重合误差以及数控编程中的计算时间。

② 尽量减少装夹次数。最好在一次定位装夹中加工出工件全部或大部分待加工表面，以减少装夹误差，提高加工表面之间的相互位置精度，同时也能提高机床的效率。

③ 避免人工调整以减少占机时间，提高加工效率。

1.1.5 夹具的选择

（1）选择夹具注意事项

工件需要夹具来定位和固定在机床上，选择夹具时要注意：

① 夹具的坐标方向与机床的坐标方向相对固定；

② 能协调工件与机床坐标系的尺寸。

（2）其它注意事项

① 单件小批量生产时，优先选用组合夹具、可调夹具和其它通用夹具。

② 成批生产时，优先选用专用夹具。

③ 工件的装夹和拆卸尽量快速、方便、可靠。

④ 夹具的定位、夹紧精度要高。

⑤ 夹具上各零部件不妨碍加工中刀具运动。

⑥ 生产批量较大时采用气动夹具、液压夹具及多工位夹具。

1.1.6 常用数控铣床与加工中心种类

数控铣床按其主轴位置布局分三类：立式（适于加工箱体、箱盖、平面凸轮、样板、形状复杂的平面或立体工件，以及模具的内、外型腔等）、卧式（适于加工复杂的箱体类工件、泵体、阀体、壳体等）、立卧两用式；按数控系统控制的坐标轴数量分类：2.5 轴、3 轴、4 轴、5 轴联动铣床等。

加工中心是指配有刀库且能自动换刀的数控机床，多用于加工具有复杂的曲线、曲面的零件和叶轮、模具等。加工中心按主轴位置分为：立式、卧式、立卧两用式、龙门加工中心等。按换刀方式分为：带机械手、无机械手、转塔刀库等。

数控铣床和加工中心都能够进行铣削、钻削、镗削及攻螺纹等加工。

1.1.7　铣刀种类和刀具材料

自动编程中，刀具的选择是至关重要的步骤，首先要考虑的是根据工件的形状选择刀具的种类。

（1）铣刀常用分类及应用

常用的数控铣刀按端部形状分为平底刀、圆鼻刀和球刀等 3 种，如图 1-1。

铣刀应用于工件形状的示意图如图 1-2。

图 1-1　刀具形状

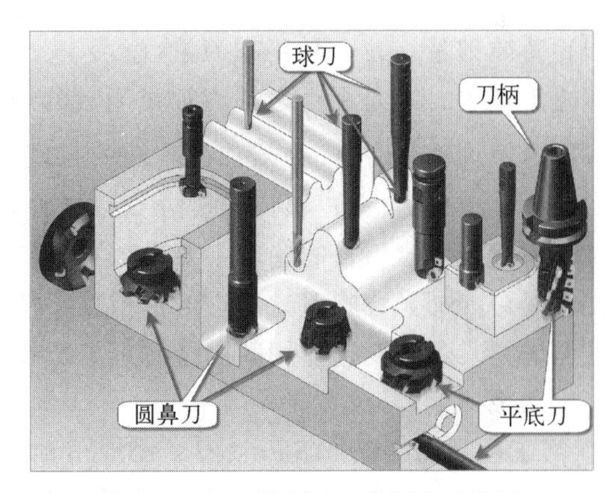

图 1-2　铣刀应用于工件形状示意图

① 平底刀：平底刀（平刀、端铣刀）可以用于开粗加工、清角加工、精加工平面和侧面。用于开粗加工时尽量选大直径、长度短的刀具，以保证有足够的刚度，同时要注意被加工区域深度，确定最短的刀刃长度和刀具全长。

② 圆鼻刀：圆鼻刀（平底 R 刀）可以用于开粗加工、平面精加工和曲面精加工，一般有整体式和可转位式。可转位式圆鼻刀（飞刀）主要用于大面积的开粗加工、水平面精加工等。飞刀开粗加工尽量选直径大的刀具。加工较深区域时，可以先用短刀具加工较浅区域，再换长刀具加工较深区域，保证刀具有足够的刚度。

③ 球刀：球刀（R 刀）主要用于曲面加工。精加工尽量选用大刀，小刀用于细部补刀加工。

（2）数控刀具材料

刀具材料主要指切削部分材料。切削部分要承受较大切削力和工件与切屑的剧烈摩擦产生的高温，刀具材料要满足的要求：硬度 62HRC 以上、耐磨性高、足够的强度与韧性、耐热性好、导热性良好、良好的工艺性和经济性等。

为了满足以上要求，数控刀具常用的材料有：高速钢（如 WMoAl 系列）、硬质合金（如 YG3 等）、新型硬质合金（如 YG6A 等）、涂层刀具材料（TiC、TiN、Al_2O_3 等）、陶瓷刀具材料、超硬刀具材料等。

1.1.8 切削用量

切削用量包括：主轴转速（切削速度）、背吃刀量和进给量（进给速度）。主轴转速由机床和刀具允许的切削速度来确定；背吃刀量主要由机床刚度来决定。如图 1-3。

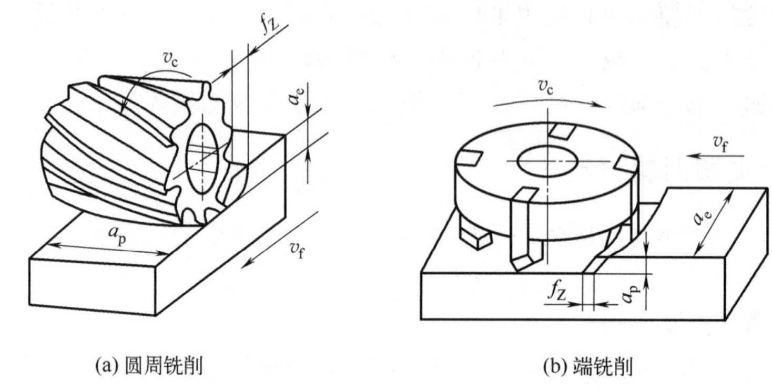

图 1-3 铣削加工的切削用量

(1) 背吃刀量（a_p）**和侧吃刀量**（a_e）

背吃刀量（a_p）是平行于铣刀轴线测量的切削层尺寸，单位为 mm。端铣削时 a_p 为切削层深度，圆周铣削时 a_p 为被加工表面的宽度。侧吃刀量（a_e）为垂直于铣刀轴线测量的切削层尺寸，单位为 mm。端铣削时 a_e 为被加工表面宽度，圆周铣削时 a_e 为切削层深度。

背吃刀量或侧吃刀量的选取主要由加工余量和对表面质量的要求决定。在机床刚度允许的情况下尽可能加大背吃刀量。进给量根据工件的加工精度、表面粗糙度、刀具和工件材料来选。考虑刀具耐用度选择切削用量时，先选择背吃刀量或侧吃刀量，其次选择进给速度，最后确定切削速度。

① 当工件表面粗糙度 $Ra=12.5\sim25\mu m$ 时，如果圆周铣削侧吃刀量小于 5mm，端铣削背吃刀量小于 6mm，一般粗铣一次进给可以达到要求。但是如果工艺系统刚性较差或机床动力不足，可分为两次或多次进给完成。

② 当工件表面粗糙度 $Ra=3.2\sim12.5\mu m$ 时，应分为粗铣和半精铣两步进行加工。粗铣时背吃刀量或侧吃刀量的选取同①。粗铣后留 0.5～1.0mm 的加工余量，在半精铣时切除。

③ 当工件表面粗糙度 $Ra=0.8\sim3.2\mu m$ 时，应分为粗铣、半精铣、精铣三步进行。半精铣时背吃刀量或侧吃刀量取 1.5～2mm；精铣时，圆周铣侧吃刀量取 0.3～0.5mm，端铣背吃刀量取 0.5～1mm。

具体数值应根据机床说明书、切削用量手册，并结合实际经验等加以修正确定。

(2) 进给量（f）**与进给速度**（v_f）

铣削加工的进给量 f（mm/r）是指刀具转一周，工件与刀具沿进给运动方向的相对位移量。进给速度 v_f（mm/min）是单位时间内工件与铣刀沿进给方向的相对位移量。进给速度与进给量的关系为 $v_f=n\times f$（n 为铣刀转速，单位 r/min）。进给量与进给速度是数控铣床加工切削用量中的重要参数，可根据工件的表面粗糙度、加工精度要求、刀具及工件材料等因素，参考切削用量手册选取或通过选取每齿进给量 f_Z（mm/Z），再根据公式 $f=Z\times f_Z$（Z 为铣刀齿数）计算得到。每齿进给量 f_Z 的选取主要依据工件材料的力学性能、刀具材料、工件表面粗糙度等因素。工件材料强度和硬度越高，f_Z 越小；反之则越大。硬质合金铣刀的每齿进给量高于同类高速钢铣刀。工件表面粗糙度要求越高，f_Z 就越小。工件刚性差或刀具强度低时，应取较小值。

计算公式参见后面“第 4 章 加工工序与参数-4.2.6 进给率和速度”内容。

1.2 数控自动编程

1.2.1 数控自动编程简介

数控机床是数字控制机床，英文简称 CNC machine tools（computer numerical control machine tools）。数控机床是一种装有程序控制系统的自动化机床，其控制系统能按逻辑处理具有控制编码或其它符号指令规定的程序并将其译码成数控加工程序，用于驱动数控机床加工零件。数控系统是数控机床工作的核心部分，数控系统有很多种类，使用的数控程序语言格式也不相同。

数控加工程序的编程主要有两种方法：手工编程和自动编程。手工编程由人工来完成数控编程中各个阶段的工作，主要针对几何形状不复杂的工件（如平面轮廓类型），程序短、计算简单。手工编程耗费时间较长、易出错，无法完成对复杂形状工件的编程。自动编程是指在编程过程中，除了分析图样和制订工艺方案由人工进行外，其余工作均由计算机辅助完成，能胜任复杂形状工件的编程。手工编程的极限为 2.5 轴加工，自动编程可以对 3～5 轴联动机床编程。

1.2.2 数控机床的坐标系

数控机床坐标系（Machine Coordinate System，简称 MCS），是以机床原点 O 为坐标系原点并遵循右手笛卡儿直角坐标系建立的，由 X、Y、Z 轴组成的坐标系。机床坐标系是用来确定工件坐标系的基本坐标系。在进行数控编程时，为了保证描述机床的运动数据的互换性，数控机床的坐标系和运动方向已经标准化。如图 1-4。

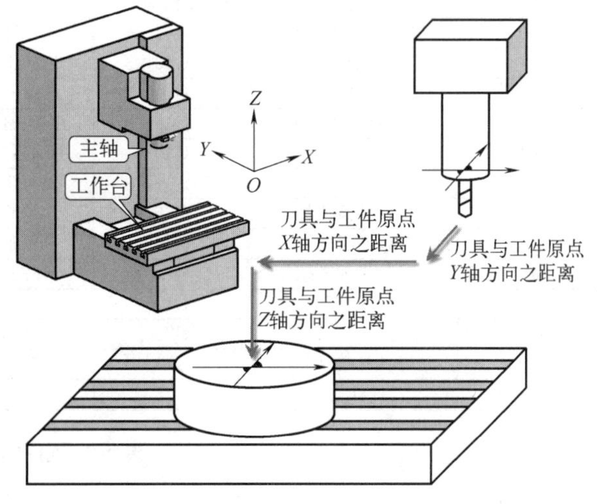

图 1-4　数控机床坐标系

（1）坐标系约定原则

① 遵循右手笛卡儿直角坐标系；

② 永远假设工件是静止的，刀具相对于工件运动；

③ 刀具远离工件的方向为正方向。

（2）确定坐标轴

① 先确定 Z 轴。a. 传递主要切削力的主轴为 Z 轴；b. 若没有主轴则 Z 轴垂直于工件装夹面；c. 若有多个主轴，选择一个垂直于工件装夹面的主轴为 Z 轴。

② 再确定 X 轴（X 轴始终水平，且平行于工件装夹面）。a. 没有回转刀具和工件，X 轴平行于主要切削方向，例如：牛头刨床。b. 有回转工件，X 轴是径向的，且平行于横滑座，例如：车床、磨床。c. 有刀具回转的机床分以下三类：Z 轴水平，由刀具主轴向工件

看，X 轴水平向右；Z 轴垂直，由刀具主轴向立柱看，X 轴水平向右；龙门机床，由刀具主轴向左侧立柱看，X 轴水平向右。

③ 最后确定 Y 轴。按右手笛卡儿直角坐标系确定。

1.2.3 数控编程的内容与步骤

(1) 数控编程的内容

分析工件图样，确定加工工艺过程；数值计算；编写工件加工程序单；输入/传送程序；程序校验，首件试切。

(2) 数控编程的步骤

如图 1-5 所示：

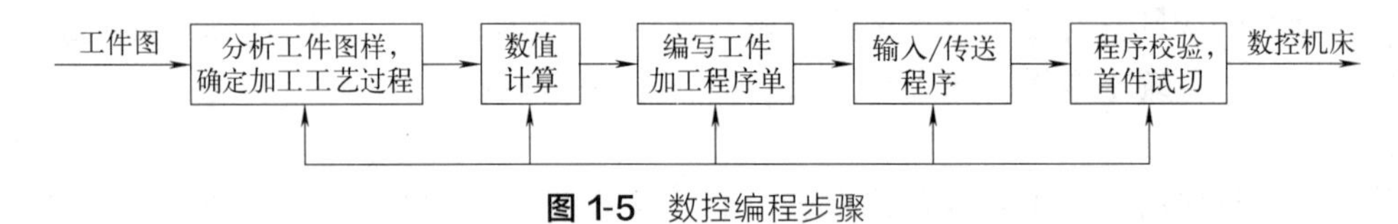

图 1-5 数控编程步骤

1.2.4 数控系统常用指令

自动编程首先是产生刀轨程序指令，这些指令将在经过“后处理”后，和指定的数控机床的数控系统指令相对应。

数控系统常用指令有：准备功能（G 代码）、主轴功能（S 代码）、进给功能（F 代码）、辅助功能（M 代码）。指令含义举例如表 1-1、表 1-2。

表 1-1 G 代码（FANUC 系统）

G 代码	含义	G 代码	含义	G 代码	含义
G00	快速移动点定位	G42	刀具补偿-右	G76	复合螺纹切削循环
G01	直线插补	G43	刀具长度补偿-正	G80	撤销固定循环
G02	顺时针圆弧插补	G44	刀具长度补偿-负	G81	定点钻孔循环
G03	逆时针圆弧插补	G49	刀具长度补偿注销	G90	绝对值编程
G04	暂停	G50	主轴最高转速限制	G91	增量值编程
G05	—	G54～G59	加工坐标系设定	G92	螺纹切削循环
G17	XY 平面选择	G65	用户宏指令	G94	每分钟进给量
G18	ZX 平面选择	G70	精加工循环	G95	每转进给量
G19	YZ 平面选择	G71	外圆粗切循环	G96	恒线速控制
G32	螺纹切削	G72	端面粗切循环	G97	恒线速取消
G33	—	G73	封闭切削循环	G98	返回起始平面
G40	刀具补偿注销	G74	深孔钻循环	G99	返回 R 平面
G41	刀具补偿-左	G75	外径切槽循环		

表 1-2 M 代码

M 代码	含义	M 代码	含义
M00	程序暂停	M07	2 号冷却液开
M01	计划暂停	M08	1 号冷却液开
M02	程序停止	M09	冷却液关
M03	主轴顺时针旋转	M30	程序停止并返回开始处
M04	主轴逆时针旋转	M98	调用子程序
M05	主轴旋转停止	M99	从子程序返回
M06	换刀		

1.3 CAM 软件简介

CAM（Computer Aided Manufacturing，计算机辅助制造）是指利用计算机进行生产设备管理控制和操作的过程。它输入的信息是工件的工艺路线和工序内容，输出的信息是刀具加工时的运动轨迹和数控程序。CAM 软件主要分为三类。

(1) CAD/CAM 一体化软件

常用主要有 UG、CATIA 等。这类软件的特点是优越的参数化设计、变量化设计及特征造型技术与传统的实体和曲面造型功能结合在一起，加工方式完备，可以从简单的 2 轴加工到复杂的 5 轴联动方式加工形状复杂的工件，并可以对数控加工过程进行自动控制和优化，同时提供了二次开发工具允许用户自定义和扩展。

(2) 相对独立的 CAM 软件

常用主要有 Edgecam、Mastercam 等。这类软件主要通过交换文件从其它 CAD 系统导入产品几何模型。系统主要有交互工艺参数输入模块、刀具轨迹生成模块、刀具轨迹编辑模块、三维加工动态仿真模块和后置处理模块等。

(3) 国产 CAM 软件

代表有 CAXA 制造工程师，中望的 VX 等。这些软件价格便宜，主要面向中小企业，符合我国国情和标准，所以受到广泛的欢迎，市场份额越来越大。

NX 软件是 Siemens PLM Software 公司出品的一个交互式 CAD/CAM 系统，可以轻松实现各种复杂实体及造型的建构。NX 加工基础模块为所有加工模块提供一个图形化窗口环境，用户可以在图形方式下观测刀具沿轨迹运动的情况并可对其进行图形化修改。该模块同时提供通用的点位加工编程功能，可用于钻孔、攻丝和镗孔等加工编程。该模块交互界面可按用户需求进行灵活的用户化修改和剪裁，并可定义标准化刀具库、加工工艺参数样板库，使初加工、半精加工、精加工等操作常用参数标准化。NX 软件所有模块都可在实体模型上直接生成加工程序，并保持与实体模型全相关。NX 的加工后置处理模块使用户可方便地建立自己的加工后置处理程序，该模块适用于世界上主流 CNC 机床和加工中心，适用于 2～5 轴或更多轴的铣削加工、2～4 轴的车削加工和电火花线切割。NX12 版本的后一个版本是 NX1847，已经成为相关行业三维设计的一个主流应用。

本书以 NX1847 版本软件进行自动编程讲解。

第2章

工序导航器和刀轨仿真分析

学习导引

本章作为自动编程软件的入门，通过分析 NC 程序实例讲解 NX 自动编程的工序导航器的使用，以及讲解如何查看刀轨。每次编程后都要通过查看刀轨进行分析和优化。

工序导航器和刀轨仿真分析

2.1 工序导航器

2.1.1 工序导航器的视图

（1）NX 界面及名称（如图 2-1）

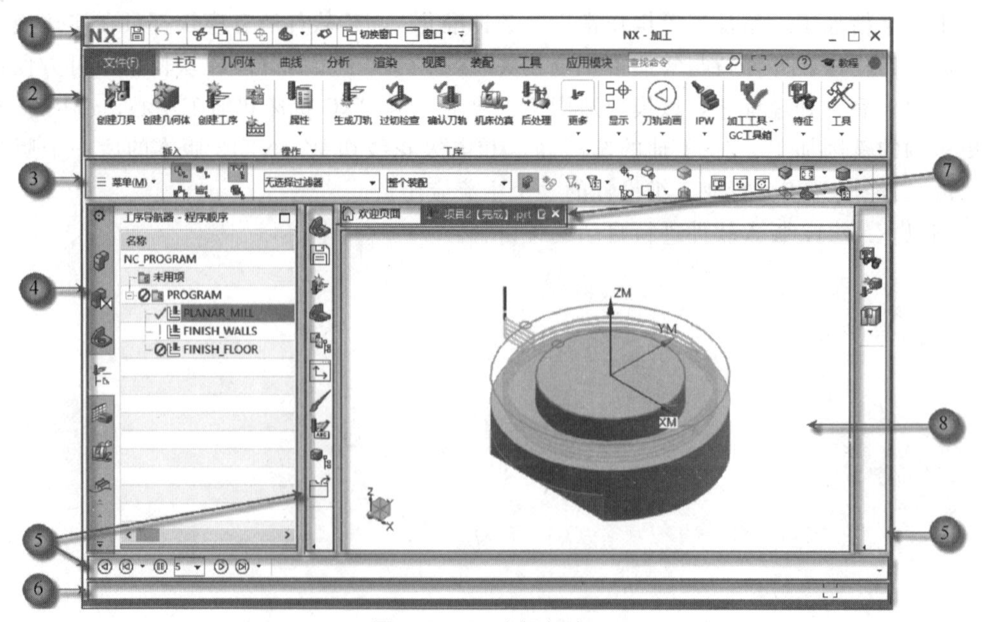

图 2-1 NX 主框架窗口

图中球形序号指向区域名称和功能如下。

1. 快速访问工具条：包含常用命令，如“保存”和“撤销”。
2. 功能区：将每个应用程序中的命令组织为选项卡和组。
3. 上边框条：包含“菜单”“选择组”“视图组”和“实用工具”命令。
4. 资源条：包含导航器和资源板。
5. 左、右和下边框条：显示添加的命令。
6. 提示行/状态行：提示下一步操作并显示消息。
7. 选项卡区域：显示在选项卡窗口中打开的部件文件的名称。
8. 图形窗口：建模、可视化并分析模型。

(2) 工序导航器分级视图

“工序导航器”有4个用来创建和管理NC程序的分级视图。使用“工序导航器”可以进行下列操作：

剪切或复制并粘贴工序、程序、方法或几何体（如果选择复制几何体或程序组也会同时复制工序，如果选择复制方法或刀具组，则不复制工序）；

在部件的组装内拖放组和工序；

指定公共参数；

打开特定参数继承；

在图形窗口中显示工序的刀轨和几何体，可查看定义的内容和加工的区域；

显示“IPW”（过程工件）。

如果想保留旧版本软件的刀轨或使用如清根手工切削顺序功能的刀轨，可以“锁定刀轨”。操作方法：在工序导航器中单击选择工序→右键单击并选择刀轨→选择“锁定”。此操作也可移除现有的锁定状态。

下面通过具体操作来熟悉导航器等常用操作。

☞ 打开图2-2的部件“项目2【完成】.prt”。

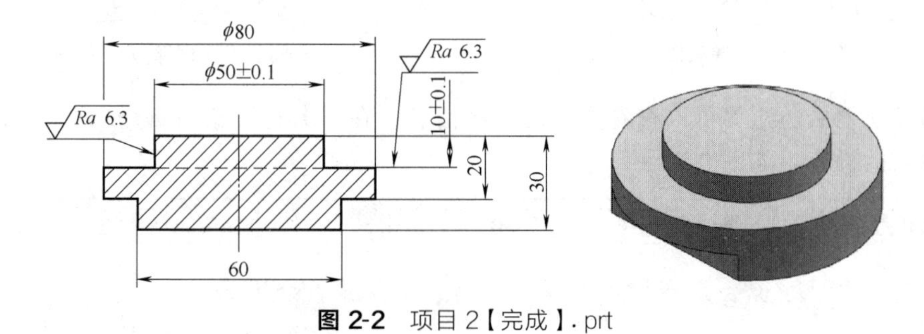

图2-2 项目2【完成】.prt

☞ 选择“应用模块”选项卡→在功能区中单击“加工”。

☞ 资源条中定位到“工序导航器”选项卡，显示工序导航器，如图2-3。

工序导航器可以显示下面四种视图模式：

—程序顺序视图；　　—机床视图；

—几何视图；　　—加工方法视图。

可以单击上边框条中的图标来切换这四种视图，如图 2-4。也可以通过右键单击操作导航器的背景来切换视图，如图 2-5。

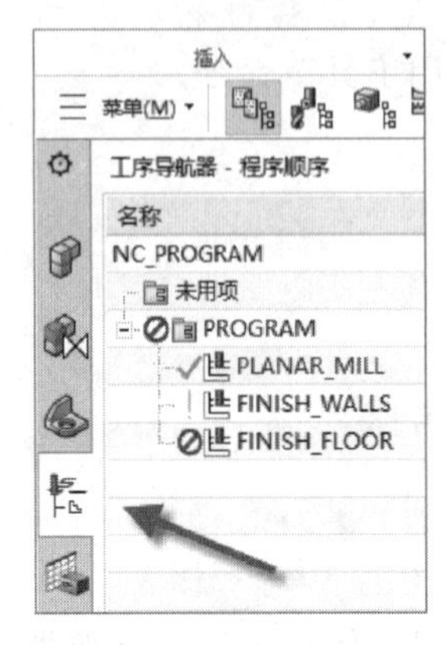

图 2-3　工序导航器

图 2-4　四种视图

① 程序顺序视图。程序顺序视图按工序在机床上的执行顺序来组织工序。单击“程序顺序视图”，如图 2-6。“PROGRAM”程序组内有 3 道工序：“PLANAR_MILL”（平面铣）、“FINISH_WALLS”（精铣壁）和“FINISH _ FLOOR”（精铣底面），按执行顺序排列。右键单击相应程序组或工序的名称可以重新命名。

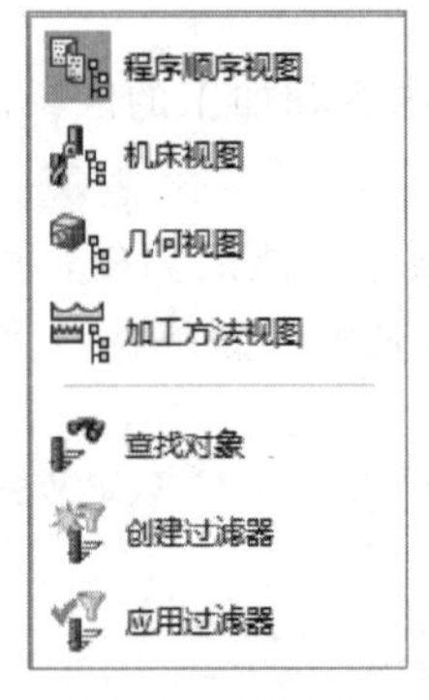

图 2-5　切换视图

图 2-6　程序顺序视图

拖动导航器右边边界可以查看更多的工序信息。在“名称”栏右键→“列”可以选择查看或隐藏列的内容，如图 2-7。

菜单(M)　无选择过滤器　整个装配

工序导航器 - 程序顺序

名称	换刀	刀轨	刀具	刀具号	时间	几何体	方法	余量	底面余量	切削...	步距	进给	速度
NC_PROGRAM					00:06:22								
未用项					00:00:00								
PROGRAM					00:06:22								
PLANAR_MILL	▮	✓	D20	1	00:05:10	WORKPIECE	MILL_ROUGH	0.5000	0.2000	2.0000	70 平直百分比	250 mmpm	800 rpm
FINISH_WALLS		✓	D20	1	00:00:29	WORKPIECE	MILL_FINISH	0.0000	0.2000		50 平直百分比	500 mmpm	1000 rpm
FINISH_FLOOR		✓	D20	1	00:00:31	WORKPIECE	MILL_FINISH	0.2000	0.0000		50 平直百分比	500 mmpm	1000 rpm

图 2-7　导航器扩展内容

② 机床视图。机床视图根据刀具指定程序组织工序。单击“机床视图”，在工序导航器中，单击“+”号展开这些组，如图 2-8。

“D20”表示“PLANAR_MILL”等三个工序使用的是“D20”刀具。顶端“GENERIC_MACHINE”表示程序当前没指定机床，后序将讲解如何指定机床。

③ 几何视图。几何视图将工序组织到包括部件、毛坯、检查几何体、加工坐标系（MCS）和安全平面组中。

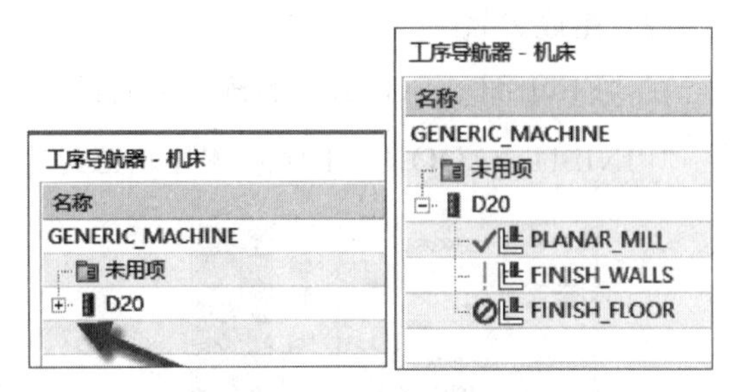

图 2-8 机床视图及展开组

单击“几何视图”，如图 2-9。下面三个工序使用了“MCS_MILL”和“WORKPIECE”几何体组。

MCS_MILL将定义输出刀轨的 *XM*，*YM*，*ZM* 坐标系，“PLANAR_MILL”等三个工序都使用“WORKPIECE”几何体组。

④ 加工方法视图。加工方法视图可查看切削方式（粗加工、精加工和半精加工工序）。

单击“加工方法视图”，如图 2-10。右键单击工序导航器的背景并选择全部展开。内公差、外公差、部件余量和进给率这些参数都由加工方法组定义。此程序包含“MILL_ROUGH”内的一个粗加工工序及“MILL_FINISH”内的两个精加工工序。

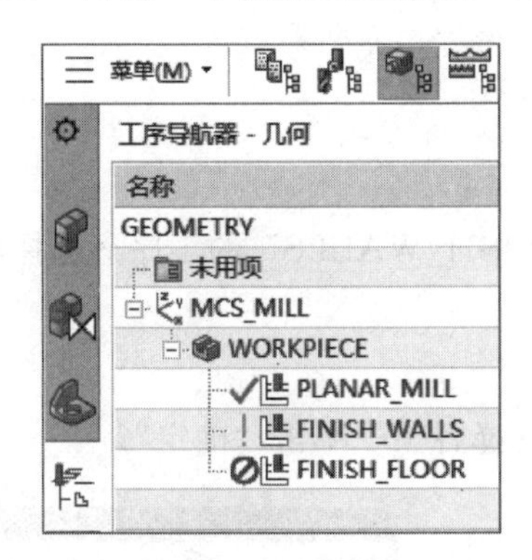

图 2-9 几何视图

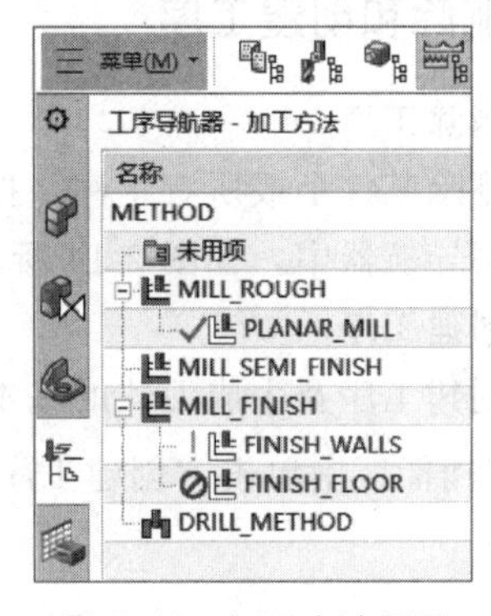

图 2-10 加工方法视图

2.1.2 刀轨的状态和生成

(1) 刀轨状态

工序导航器在每个工序和程序的左侧均显示有刀轨状态符号。

单击“程序顺序视图”。刀轨前面标注有如下符号：

⊘ 表示刀轨未生成，或者生成的刀轨已失效；

! 表示刀轨已经生成，但还未进行后处理；

✓ 表示刀轨已经生成，并且已经作后处理；

✗ 表示刀轨尚未生成，或者已经删除。

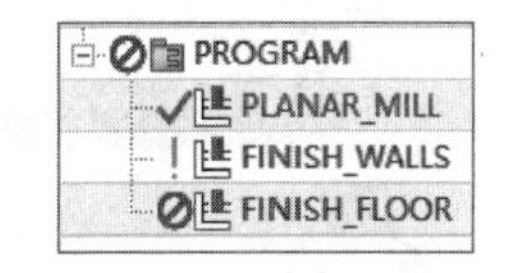

图 2-11 刀轨状态

如图 2-11，“PROGRAM”程序中“PLANAR_MILL”的“✓”表示刀轨已经生成并且已经进行过后处理，“FINISH_WALLS”的“!”表示刀轨生成但未进行后处理，“FINISH_FLOOR”的“⊘”表示用于工序的刀轨还未生成。

(2) 生成刀轨

在“FINISH_FLOOR”上按鼠标右键并单击“生成刀轨”，如图 2-12。

“FINISH_FLOOR”工序左侧显示已经生成刀轨（¦）状态，如图 2-13。

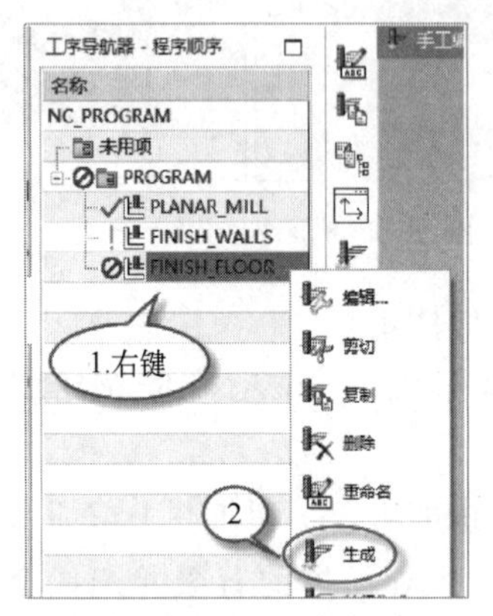

图 2-12　生成刀轨操作

图 2-13　已经生成刀轨

2.1.3　删除和创建工序

(1) 删除工序

可以删除某一个或所有工序，按下面操作进行。

在工序导航器中，如图 2-14 所示，右键名为“FINISH_WALLS”的工序→选择删除。

(2) 创建工序

这是创建工序及生成刀轨的基本步骤。

☞ 在功能区中单击“创建工序”→按图 2-15 选择各项→单击“确定”。

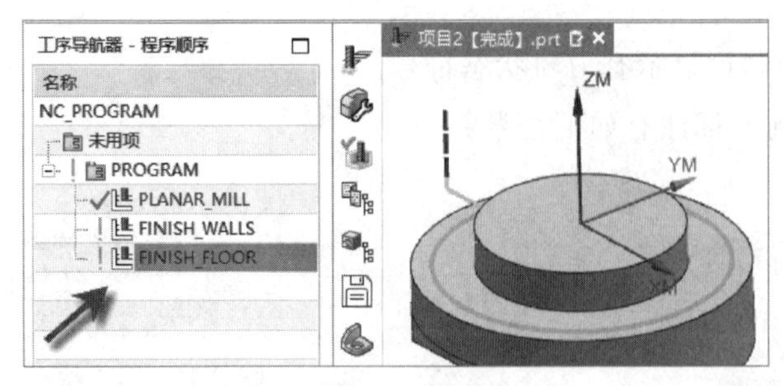

图 2-14　选择删除工序

图 2-15　创建工序

☞ 按图 2-16 步骤完成创建工序，之后单击工序对话框底部的“生成刀轨”。

☞ 单击“确定”完成工序。如图 2-17。

☞ 单击按住“FINISH_WALLS”拖动到“FINISH_FLOOR”前面（也可以用剪切和

粘贴来操作），这样可以重新安排工序顺序。

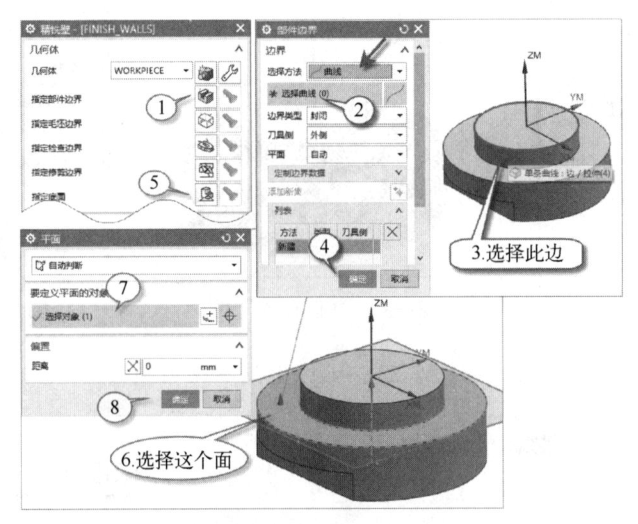

图 2-16 设置几何体

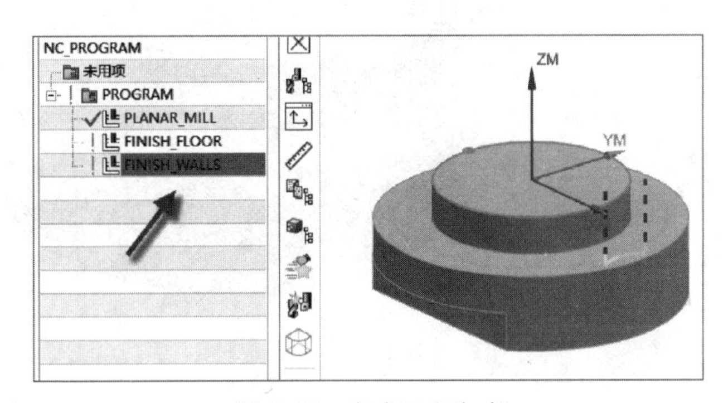

图 2-17 完成工序生成

2.2 除料仿真

2.2.1 除料仿真操作

☞ 在“程序顺序视图”中，单击“PROGRAM”程序。如图 2-18。

☞ 单击功能区中工序部分的“确认刀轨”→单击“3D 动态”→单击“播放”，结果如图 2-19。可将“动画速度”指针滑块拖动到“3”，减慢速度观看（重看需要单击“重置”后再播放）。

☞ 完成仿真后单击“确定”，退出刀轨可视化对话框。

2.2.2 刀轨的显示

下面进行刀轨的颜色选择和显示方式操作。

(1) 刀轨颜色的含义

☞ 双击工序导航器“FINISH_WALLS”工序，如图 2-20。

图 2-18　选择程序

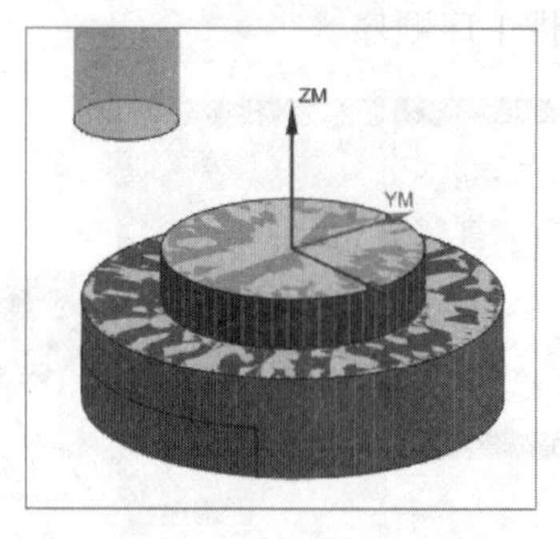

图 2-19　“3D 动态”结果

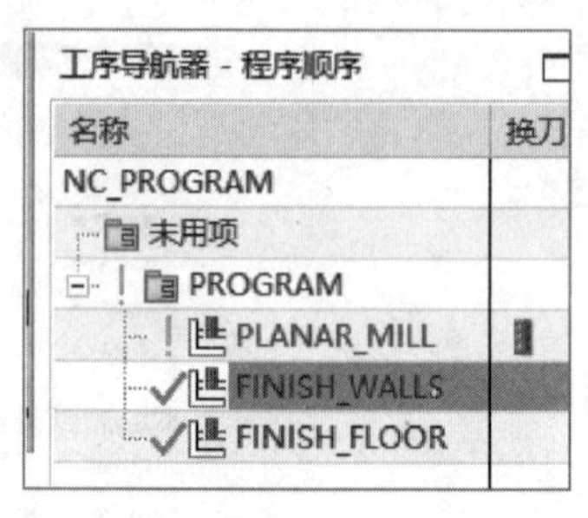

图 2-20　选择工序

☞ 单击“重播刀轨”，如图 2-21。工件上显示出刀轨。

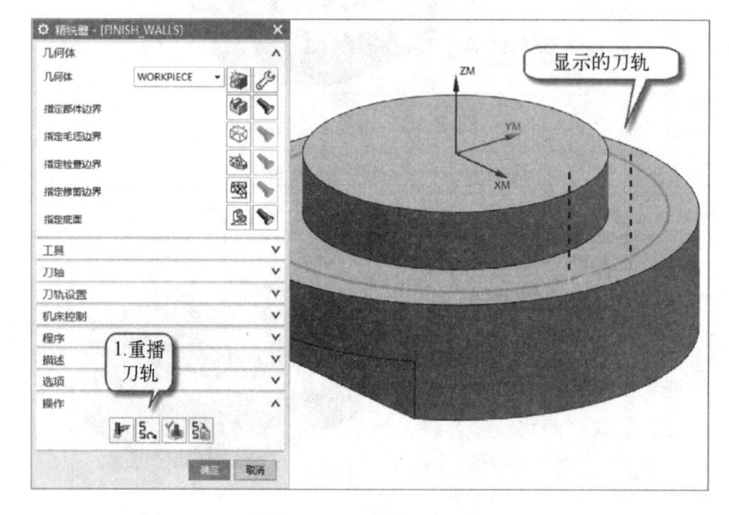

图 2-21　重播显示刀轨

☞ 按图 2-22 所示步骤操作，会出现图 2-23 对话框→单击“刀轨显示颜色”，显示出刀轨默认颜色的含义，单击“颜色”可以按自己喜好编辑改变这些颜色的含义。注：对于初学者不建议修改颜色，除非有特殊需要。

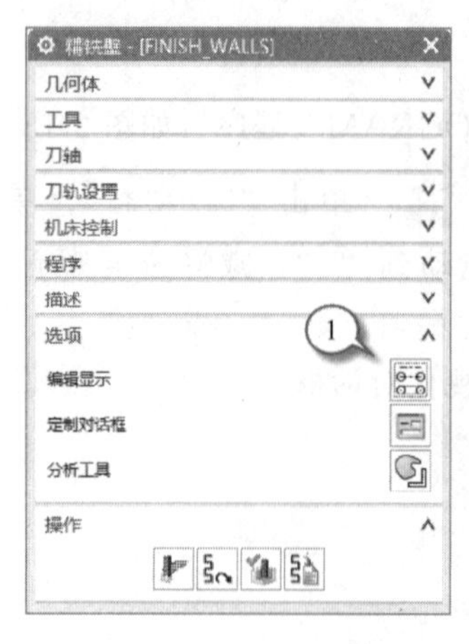

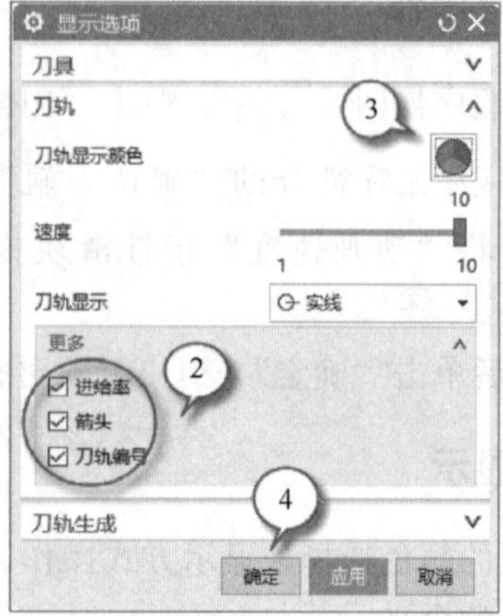

图 2-22　刀轨显示设置

运动类型	颜色
快进	红色
逼近	蓝色
进刀	黄色
第一刀切削	青色(蔚蓝色)
步进(步距)	绿色
切削	青色(蔚蓝色)
移刀	蓝色
退刀	白色(粉色)
离开	蓝色

图 2-23　刀轨颜色含义

(2) 刀具的运动类型

图 2-24 示意刀具各个运动的含义，轨迹用不同颜色加以区分。

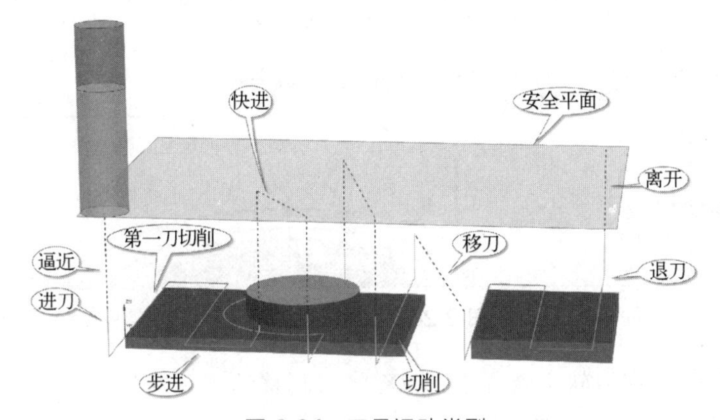

图 2-24　刀具运动类型

图 2-24 中刀具运动类型图示含义如下。

快进（转移/快速）：刀具从一条切削刀轨移动到另一条刀轨，一般是刀具从其当前位置移动到指定的平面（如安全平面），在指定平面内移动到进刀移动起点上面的位置；

逼近：刀具从“起点”位置移动到“进刀”位置的刀具运动；

进刀：刀具从“进刀”位置移动到初始切削位置的刀具运动；

第一刀切削：初始切削刀路；

步进（步距）：刀具移向下一个平行刀轨；

切削：刀具与部件几何体接触时的刀具运动；

移刀：快速水平非切削刀具运动；

退刀：刀具从“退刀”位置移动到最终刀轨切削位置的刀具运动；

离开：在部件安全距离处从退刀运动更改为离开运动。

接前面步骤：连续按“确定”退出工序对话框→单击工序对话框底部的“生成” 重新生成刀轨，如图 2-25。可见“进给率”“刀轨方向”已经显示在刀轨上。

2.2.3　更多刀轨显示功能

在功能区有更多的刀轨显示功能（图 2-26）。当在工序导航器里单击选中某一工序时，

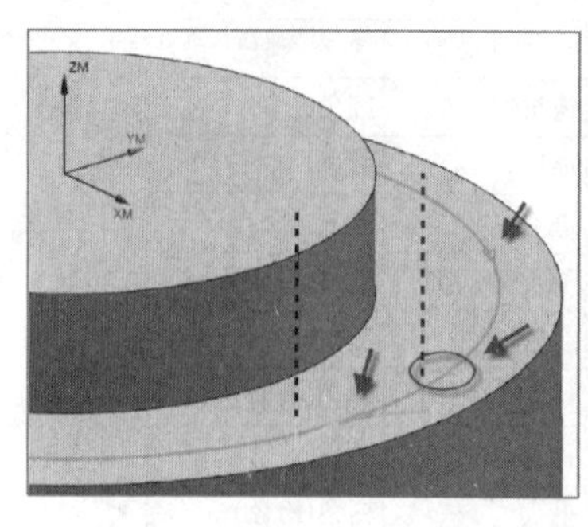

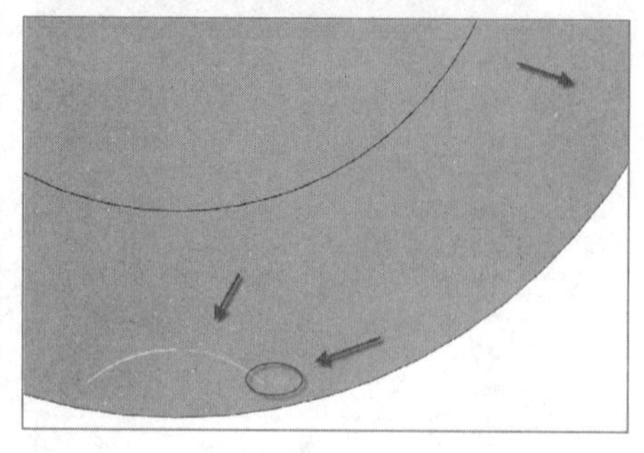

图 2-25 刀轨方向和进给率

可以根据图 2-26 圈出区域中的按钮来操作刀轨的生成、确认、查看、分析等。

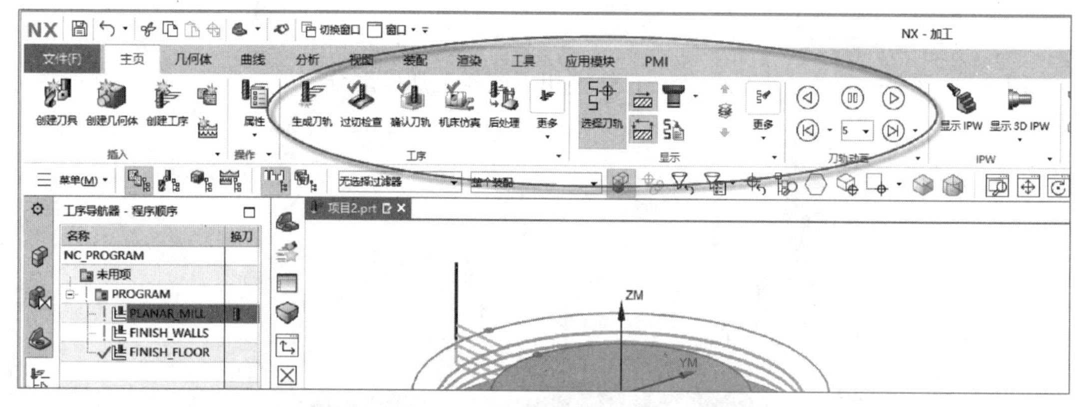

图 2-26 刀轨显示功能

“选择刀轨”：在刀轨上选择点。NX 将刀具移动到所选位置（可使用刀具捕捉点类型选项进一步控制点选择）。

“显示切削移动”：显示或隐藏切削运动。

“显示非切削移动”：显示或隐藏非切削运动。注：如果将显示切削移动和显示非切削移动都关闭，则 NX 会关闭工序导航器中选择的工序的刀轨显示。

“显示层”：显示选定刀轨中的第一层并使用下列选项。“前一层”：显示当前所示层之前的层。“下一层”：显示其后的层，每次一个，在底层结束。在下面的“显示刀轨”（单击“更多”下的▼）里还有：按颜色、对齐选项、点显示、显示路径等多组功能，如图 2-27。

图 2-27 更多刀轨显示

(1) 按颜色分类显示

“运动类型”：可保留 NX 9.0.2 之前各版本的刀轨显示。刀轨运动将在选项→编辑显示→刀轨显示颜色对话框中按设置的颜色来显示。可以将不同的颜色分配给不同的运动，如进刀、退刀、快进和切削移动。

“工序”：使用工序选项，可针对每个工序，用不同的颜色来显示刀轨的非快进移动。

“刀具”：可针对每种刀具使用不同的颜色来显示刀轨的非快进移动。

“刀轨查找结果”：可显示刀轨中的过切，以及机器人工序中的查找结果，如限制违规、展开和到达故障。如图 2-28 左，表示此处过切。

“运动输出类型”：以不同的颜色显示每种运动类型的刀轨，例如快进、进刀或切削。

“刀轨分析”：使用刀轨分析选项可以针对每种分析方法以不同的颜色显示刀轨运动。例如可以分析刀轨来获取段长度，极短的段可能表示存在锐刺，极长的段可能很难通过某些机床控制进行处理。如图 2-28 右。

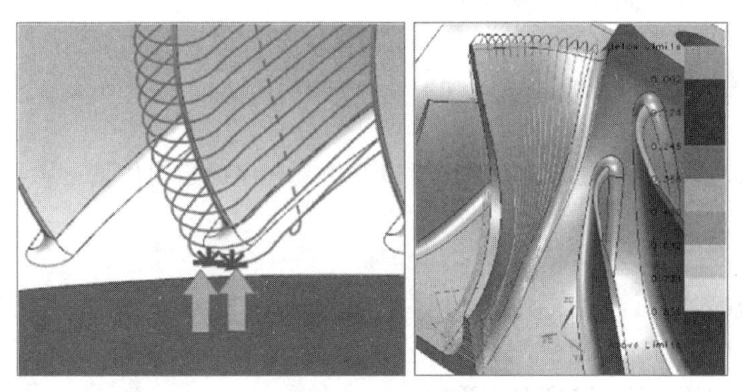

图 2-28　刀轨分析

(2) 对齐选项

“点”：选择刀轨上离选择光标最近的点。

“最近的终点”：在选定的刀轨段上选择最近的“GOTO”点。

“终点”：在选定的刀轨段上选择目标“GOTO”点。

(3) 点显示

“终点”：在运动终点显示一个点，可使用它来判断“GOTO”点的密度。

“显示刀具中心”：仅适用于球头铣刀。

(4) 显示路径

“显示刀轨”：显示刀具轨迹。

“重播刀轨”：可使用显示选项对话框中的所有选项，包括刀具、显示刀轨、重播速度、进给率、箭头和行号以及生成刀轨选项。

在下面的“刀具组”（单击右边的▼）里还有：刀具、刀具装配、点、不带夹持器的刀具、轴等功能。如图 2-29。

“刀具”：显示参数化刀具和夹持器。

“刀具装配”：如果某个刀具装配可用，则显示该刀具装配的实体模型。

“点”：仅显示选择点处的小圆。

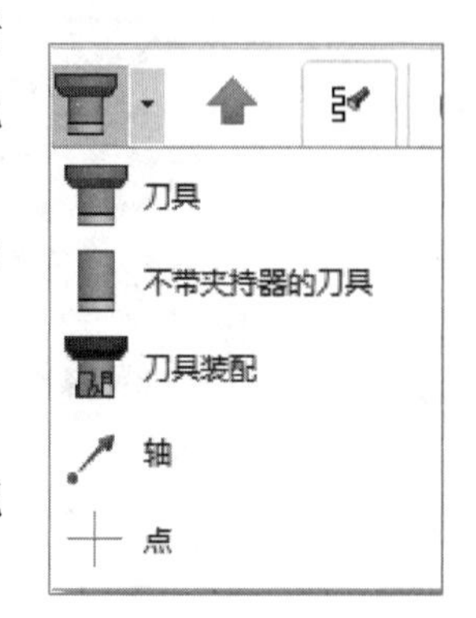

图 2-29　刀具显示

“不带夹持器的刀具”：显示不带夹持器的刀具。

“轴”：显示沿刀轴矢量的直线。

2.2.4 动画演示刀轨

使用主页选项卡动画组中的选项可以在选择或编辑工序时播放刀轨动画。图 2-30 中符号分别是：向前播放、暂停、向后播放、回起点（单步向后）、速度值（1～10）、到终点（单步向前）。

图 2-30 动画演示刀轨

2.3 机床仿真

机床仿真可以选择观看机床、安装工件以及仿真程序的运动仿真。

2.3.1 选择机床

在“工序导航器”的“机床视图”中，“GENERIC_MACHINE”表明程序尚未指派给机床。将从库中选择机床。如图 2-31。

☞ 双击“GENERIC_MACHINE”。

☞ 单击“从库中调用机床”。

☞ 从要搜索的类列表中选择“MILL”。

☞ 单击“确定”。

☞ 从列表中选择“sim01_mill_3ax_sinumerik”。

☞ 单击“确定”。

图 2-31 调用机床

2.3.2 安装工件

需要定位工件，步骤如下。

☞ 从“定位”列表中选择“使用装配定位”。单击图形区的工件，单击“确定”。如图 2-32。

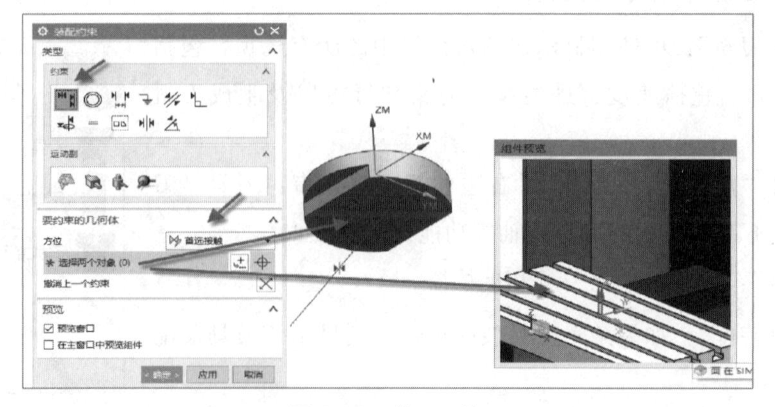

图 2-32 装配工件

☞“定位”选择“根据约束”，之后单击“确定”。（如果装配上台钳更逼真。）

☞“确定”后关闭“信息”窗口，“确定”关闭菜单，见图形窗口（图 2-33）。

2.3.3　机床仿真操作

可以在执行程序时观看机床仿真运动。

☞ 单击“顺序视图”。

☞ 单击程序“PROGRAM”。

☞ 主页选项卡，然后选择功能区中工序部分的“机床仿真”和“除料”。

☞ 在功能区中单击“播放”。

☞ 使用功能区中的“仿真速度”可以调整速度。

☞ 仿真时还可以进行缩放、平移和旋转。

☞ 继续仿真直到结束，或单击“停止”。

☞ 单击“关闭”。

☞ 在功能区中单击“完成仿真”（图 2-34）。

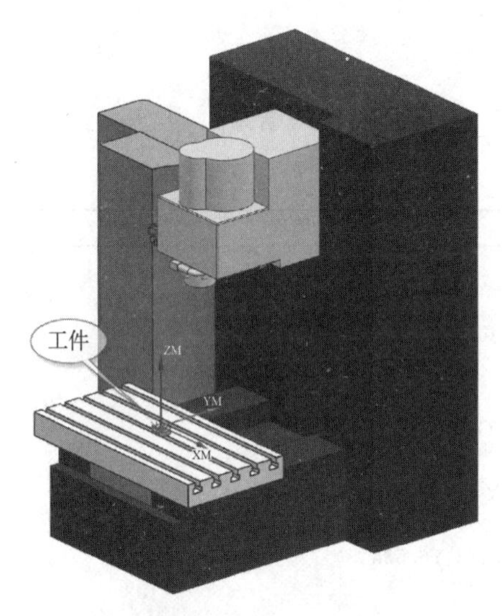

图 2-33　定位工件

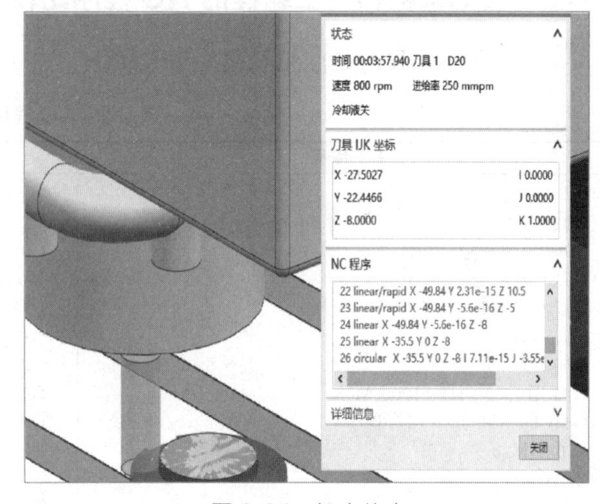

图 2-34　机床仿真

☞ 移除机床：在“工序导航器”的“机床视图”最上的“3-AX_MILL_VERTICAL POST CONFIGURATOR METRIC&INCH”右键“移除机床”。

2.4　后置处理

编程生成的刀轨需要进行后置处理才能在具体数控机床上使用。后置处理是自动编程过程中最后一个重要的独立步骤。

使用前面的工件编程例子，继续进行后置处理操作。

2.4.1　后置处理操作

后置处理（简称后处理）将常规的内部刀轨数据转换成与特定机床/控制器组合兼容的

格式，就是结合特定的机床把系统生成的刀具轨迹转化成机床能够识别的G代码指令。进行后处理需要刀轨和后处理器，工序中必须包含生成的刀轨。每个工序均应显示“重新后处理”（!）或“完成”（✓）状态符号。

以下步骤将对程序中的工序进行后处理。本操作例子对“精铣壁”“FINISH_WALLS”工序进行后处理生成NC程序。接续前面的操作。

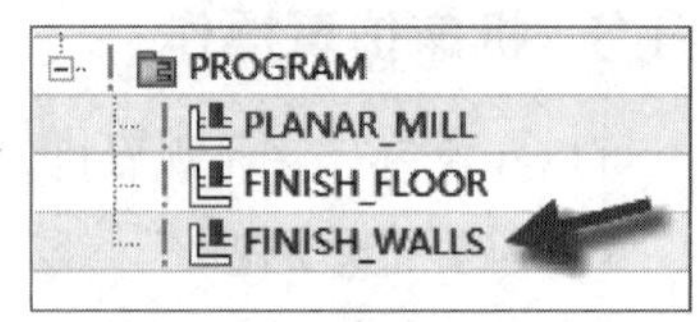

图 2-35 编辑工序

☞ 工序导航器中单击“PROGRAM”下的“FINISH_WALLS”，如图2-35。

☞ 单击“后处理”，或选择菜单→工具→工序导航器→输出→“后处理”（系统提供的后处理器显示在“后处理器”列表框中）→在“后处理”对话框中，从后处理器列表（最下一行）选择“FANUC_0i-mc”（需要先安装“FANUC_0i-mc”后处理器）。

☞ 单击“浏览查找输出文件”可指定输出的文件夹。

☞ 单击“确定”进行后处理。刀轨经过后处理后在“信息”窗口中列出代码。

☞“关闭”✕“信息”窗口。

2.4.2 自动编程和手工编程的NC程序比较

表2-1的NC程序是“精铣壁”“FINISH_WALLS”工序后处理的结果。

表 2-1 NC程序

手工编程	自动编程
%	
G91G28Z0	%
M06T1	G91G28Z0
(D20)	M06T1
G17 G40 G49 G80	(D20)
G90 G54	G17 G40 G49 G80
G00 X0. Y0.	G90 G54
G43 Z10.200 H1 S1000 M03	G00 X0. Y0.
G41G00 X36.661 Y10. D01	G43 Z10.200 H1 S1000 M03
Z10.2 M08	G00 X37.433 Y6.538
Z−6.8	Z10.2 M08
G01 Z−9.8 F500	Z−6.8
X35.	G01 Z−9.8 F500
G03 G90 X25. Y0.0 I0.0 J−10.	G03 G90 X35. Y0.0 I7.567 J−6.538
G02 X0.0 Y−25. I−25. J0.0	G02 X0.0 Y−35. I−35. J0.0
G02 X−25. Y0.0 I0.0 J25.	G02 X−35. Y0.0 I0.0 J35.
G02 X0.0 Y25. I25. J0.0	G02 X0.0 Y35. I35. J0.0
G02 X25. Y0.0 I0.0 J−25.	G02 X35. Y0.0 I0.0 J−35.
G03 X27.271 Y−6.346 I10. J0.0	G03 X37.433 Y−6.538 I10. J0.0
G01 Z−6.8	G01 Z−6.8
G00 Z10.2	G00 Z10.2
G40 G00X0Y0	M09
M09	M05
M05	G28 G91 Z0.0
G28 G91 Z0.0	M30
M30	%
%	

本例中，手工编程和自动编程之间的主要区别就是刀具半径补偿方式：手工编程刀具轨

迹用刀具补偿指令进行整体偏置，自动编程靠计算机计算刀具路径进行自动偏置。自动编程多用于加工复杂工件，优点是程序由软件自动生成，还可以仿真模拟加工结果。

2.5 定制工序对话框

☞ 按图 2-36 操作：双击工序导航器的“FINISH_WALLS”工序，然后按序号单击执行，可以把工序对话框变成浏览器形式（图 2-37）。

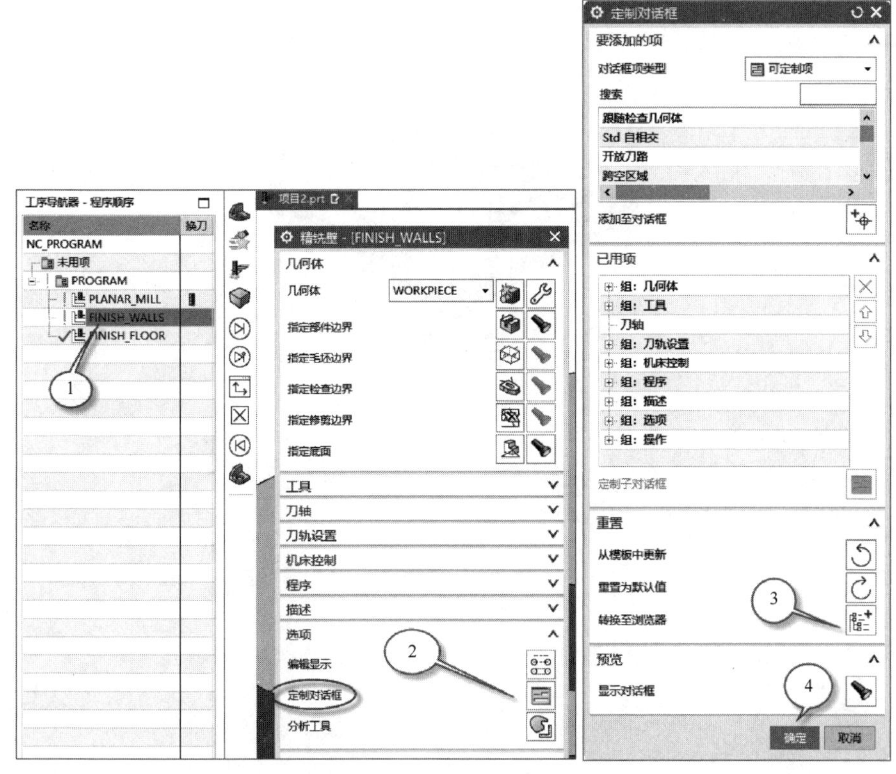

图 2-36　定制工序对话框

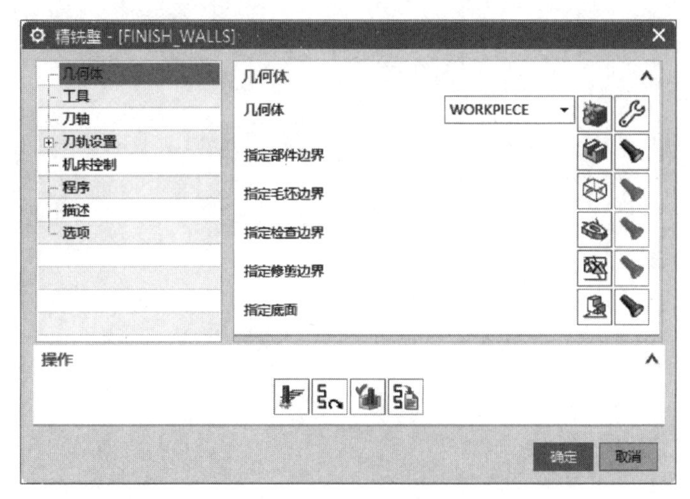

图 2-37　浏览器形式工序对话框

思考：如何把工序对话框变回原来的格式？

至此，已经完成讲解工序导航器使用及刀轨仿真分析等相关基本知识。

训练题

（1）使用“工序导航器”可以进行哪些操作？

（2）“工序导航器”可以显示哪四种视图模式？

（3）刀轨状态符号“⊘”，“！”，“✓”，“✗”各表示什么含义？

（4）将本书提供的“题图 2-1. prt”打开，按照本章介绍的步骤操作一遍。

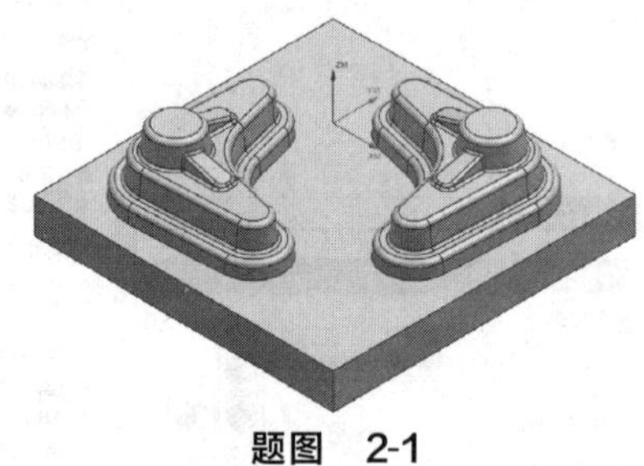

题图 2-1

第3章

NX自动编程

学习导引

本章通过一个较完整的装配部件（工件已经安装在机床夹具上），来介绍数控自动编程的步骤。其中着重讲解 NX 软件自动编程的操作。

NX 自动编程步骤

3.1 自动编程工作流程

3.1.1 自动编程的步骤

自动编程的步骤如图 3-1，方框内是关键步骤。

数控加工程序的编制方法主要有手工编程和自动编程，这里要讲的是 NX 软件自动编程，其主要步骤如下。

① 创建或导入包含装配的部件（工件），可以包含要加工的部件、毛坯、固定件、夹具和机床等。

② 建立或选用程序、刀具、加工方法和几何体。

③ 创建工序指定参数以定义刀轨。

④ 生成和验证刀轨。

⑤ 后处理刀轨生成机床可用 NC 程序代码。

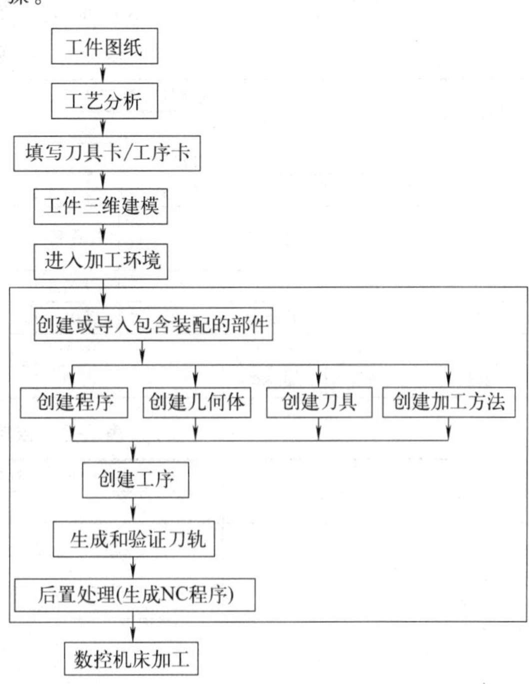

图 3-1 自动编程步骤

3.1.2 图纸工艺分析

如图 3-2 工件图纸，材料为铝合金，最大尺寸为 200mm×180mm×80mm（毛坯尺寸：202mm×182mm×83mm）。加工精度要求一般，为避免薄壁变形应采用层优先策略，型腔较深，注意选用适合的刀具长度。该工件需要正面和背面两次装夹加工。加工路线是先用大刀开粗，再使用直径较小的刀具铣角落残料。工件正面加工的工艺设计如下：

开粗加工→粗铣角→精加工型腔→精加工竖角→精加工底角→精加工平面→精加工外壁。

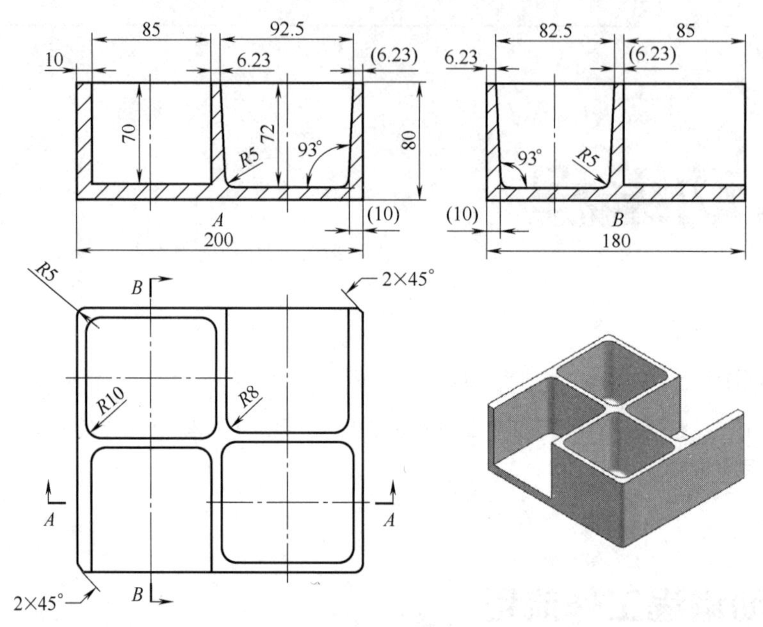

图 3-2 工件图纸

3.1.3 加工工艺文件

根据前面工艺分析撰写相关数控加工工艺文件。常用工艺文件如表 3-1～表 3-4。

表 3-1 数控加工工艺卡片

单位名称		产品名称(代号)			零件名称		零件图号		
工序号	程序编号	夹具名称			使用设备		车间		
		台钳							
工步号	工步内容			刀具号	刀具规格	主轴转速/(r/min)	进给速度/(mm/min)	背吃刀量/mm	备注
1	开粗			T01	D25R3	800	250	72,层深 2	
2	粗铣角			T02	D12R1	1500	200	72,层深 1	
3	……			……	……	……	……	……	
编制		审核		批准		年 月 日		共 页	第 页

表 3-2 数控加工工序卡片

单位		产品名称(代号)	零件名称	图号
工序简图		车间	使用设备	
		工艺序号	程序编号	
		夹具名称	夹具编号	
		台钳		

续表

工步号	工步作业内容	加工面	刀具号	刀补量	主轴转速/(r/min)	进给速度/(mm/min)	背吃刀量/mm	备注
1	开粗		T01		800	250	72,层深 2	
2	粗铣角		T02		1500	200	72,层深 1	
3	……		……		……	……	……	
编制		审核		批准		年 月 日	共 页	第 页

表 3-3 数控加工刀具卡片

产品名称(代号)				零件名称		零件图号	
序号	刀具号	刀具规格名称		数量	加工面	H	D
1	T01	D25R3	立铣刀	1	粗加工轮廓和内腔		
2	T02	D12R1	立铣刀	1	粗加工内腔角落残料		
……	……	……	……	……	……		
编制		审核		批准	年 月 日	共 页	第 页

表 3-4 数控加工程序单

产品名称		零件名称	零件图号		编制		审核		日期		材料
序号	程序名称	刀具号	刀具规格	刀具类型	刃数	刃长/mm	长度/mm	深度/mm	主轴转速/(r/min)	进给速度/(mm/min)	备注
1	1_CAVITY_MILL	T01	D25R3	立铣刀	2	80	100	72	800	250	
2	2_CORNER_ROUGH	T02	D12R1	立铣刀	2	80	100	72	1500	200	
3	……	……	……	……	…	…	…	…	……	……	
加工简图	Z 83 Y X 182 202								最大尺寸/mm X:202 Y:182 Z:83 对刀 X:分中 Y:分中 Z:顶面		

注：鉴于版面限制只列出前两个工步。刀具规格中 D 表示直径，R 表示底角半径。不同企业文件格式有所不同。

在实际自动编程时，“刀具卡片”和“工序卡片”两项比较常用。

3.1.4 导入和组装部件

NX 软件获得 CAD 模型主要有两种方式：直接创建模型和导入模型。下面例子介绍导入模型的操作。

打开本书提供的现成模型文件“项目 3-编程步骤_asm. prt”，工件如图 3-3。

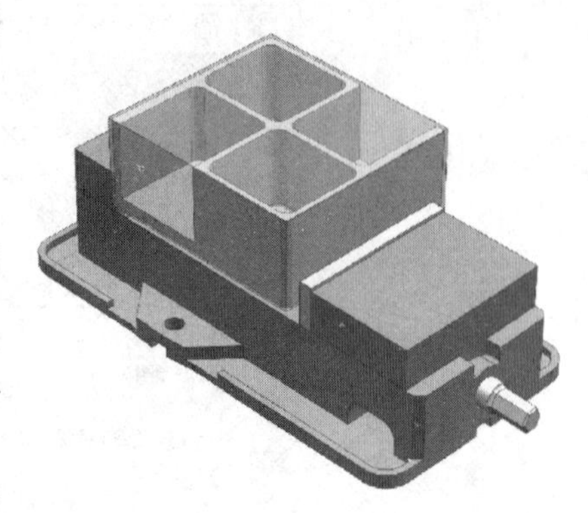

图 3-3 工件及毛坯

工件、毛坯、台钳、垫铁等零件已经装配完成，毛坯（已设成半透明显示）顶面距离工件上表面余量

2mm，下表面和四周余量1mm。下一步需要对工件进行分析，进一步验证和确定工艺方案。

3.1.5 使用NC助理检查和分析工件

用NX软件的NC助理工具分析工件，以协助制订工艺文件。通过NC助理可以知道工件的圆角尺寸、拔模角、平面分层、型腔深度等信息，用来确定刀具长度和半径，以及确定选取什么加工工序等。按如下步骤操作。

☞ 选择“应用模块”选项卡→“加工”。第一次进入加工环境会弹出“加工环境”对话框，如图3-4，选择“cam_general”和“mill_contour”。

“CAM会话设置”中“cam_general”是一个基本的加工环境，包括了所有的铣加工功能、车削加工功能、线切割电火花功能等。一般情况下“cam_general”加工环境基本上就可以满足要求。

☞ 在“装配导航器”中隐藏“项目3-毛坯”部件，如图3-5。

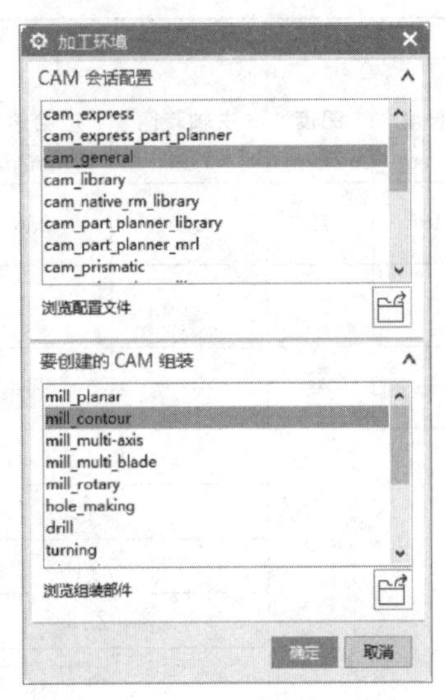

图3-4 “加工环境”对话框

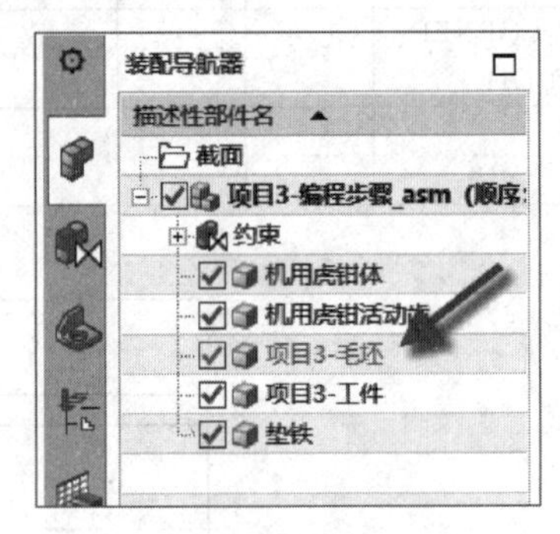

图3-5 隐藏毛坯

☞ 将工件装配定向到前视图，以便选择要分析的面。

☞ 选择“主页”选项卡→“分析”组→“NC助理”。如图3-6。

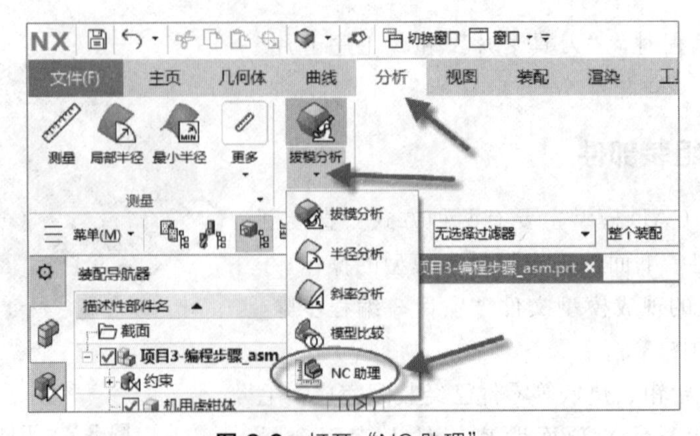

图3-6 打开“NC助理”

☞ “NC 助理”对话框：在要分析的面组中选择工件所有面（括号内的面数 0 变为 57）→“参考矢量”选 *ZC* 坐标轴正向→“参考平面”组→上边框条：“仅在工作部件内”切换成“整个装配” 整个装配 →按图 3-7 步骤执行。

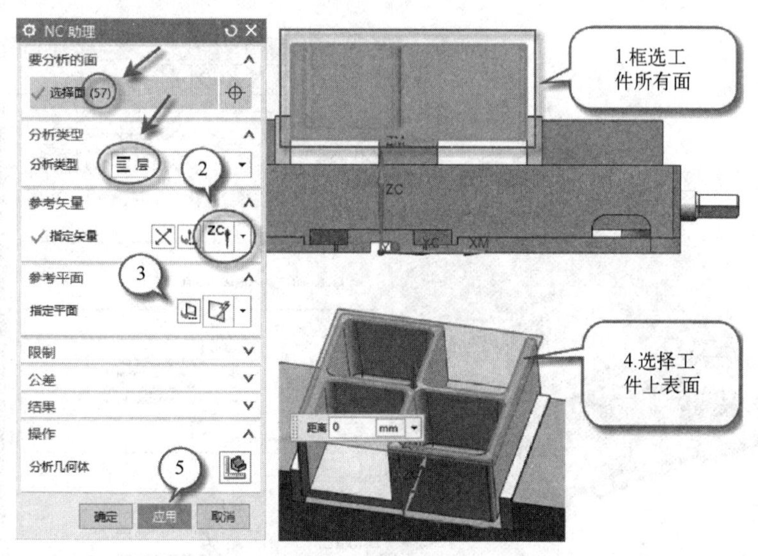

图 3-7 “NC 助理”分析工件

☞ 旋转视图可以看到工件所有平面按层的高低被标记不同的颜色，如图 3-8。

☞ 单击“结果”组的“信息” ⓘ 显示出图 3-9 所示信息窗口。工件上表面为深红色，数值是 0，往下是负值（深蓝色为垫铁上表面，也是工件的底面）。

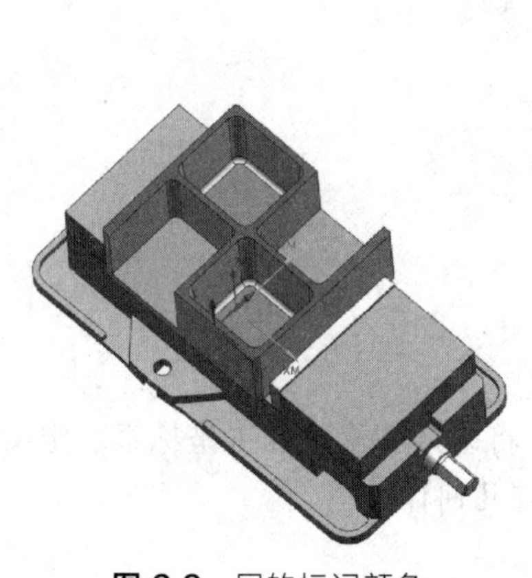

图 3-8 层的标记颜色

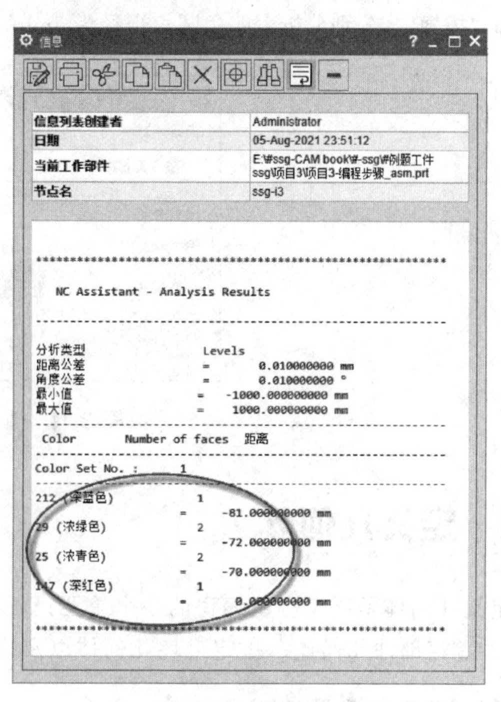

图 3-9 信息窗口

分析结果表明，工件的平面分为 4 层，内腔最大深度为 72mm，所以选用刀具切削刃长度要大于 72mm，刀具总长要保证刀柄不能碰到工件。

☞ 接着上面步骤，在“分析类型”组选分析类型为“拐角”，单击“应用”和“信息”ⓘ，如图 3-10。显示工件有 2 种半径的拐角（垂直的圆角）。

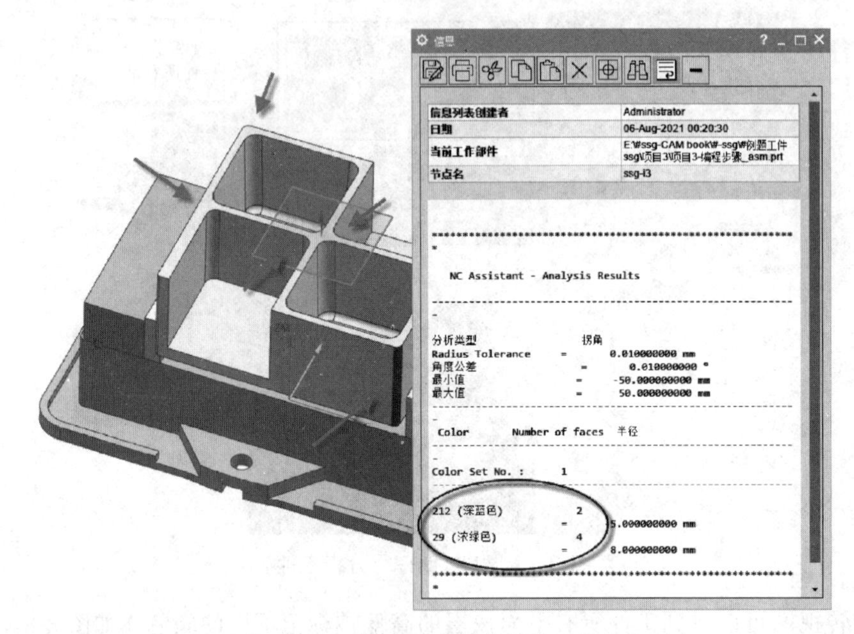

图 3-10 “NC 助理”分析结果信息

☞ 接着上面步骤不要退出，按图 3-11 操作。在“分析类型”组分别选“分析类型”为“圆角”和“拔模”。分别分析出底角圆角半径为 5mm，壁的拔模角为 3°，角落的拔模角为 4.2°。

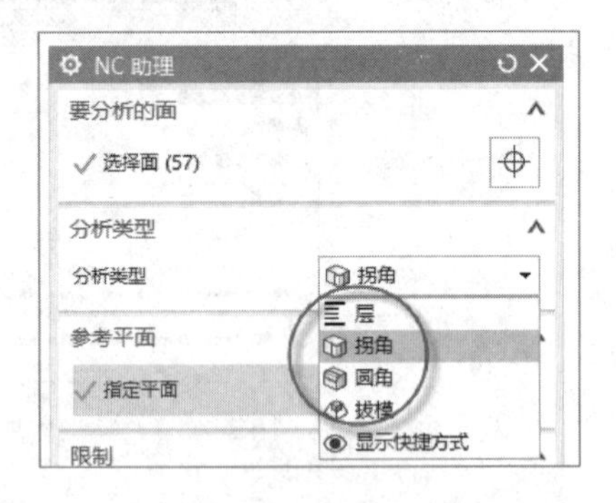

图 3-11 圆角分析

3.2 定义几何体

定义几何体是 NX 自动编程的一个重要设置任务，将确认和修改加工坐标系、定义安全平面 、指定部件几何体、指定毛坯几何体以及指定检查几何体。

3.2.1 加工坐标系（MCS）

下面讲解如何对“加工坐标系（MCS）”进行编辑。

根据“3.1 自动编程工作流程”的“3.1.5 使用 NC 助理检查和分析工件”的步骤，进行下面操作。

☞ 在“装配导航器”中显示“项目 3-毛坯”部件。

☞ 把工序导航器切换到几何视图（导航器中右键或者单击导航器上边的“几何视图”）→再单击“MCS_MILL”前的加号“+”展开子项→双击“MCS_MILL”。可以看到此时的 WCS 和 MCS 是重合状态。如图 3-12。

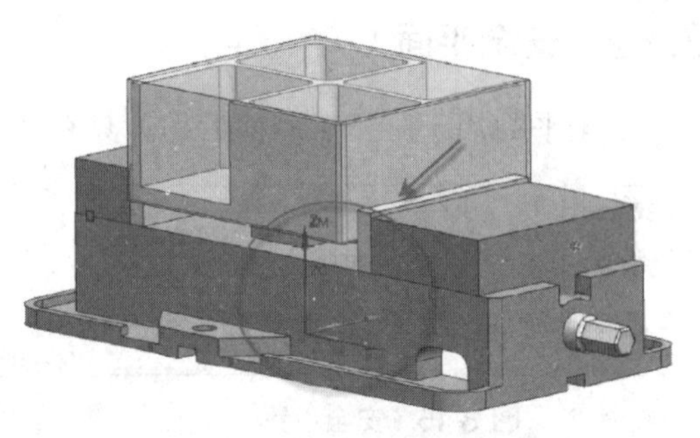

图 3-12　加工坐标系（MCS）

☞ 单击指定 MCS 右边图标（按图 3-13 步骤选择参数）→单击毛坯（注意：不要单击半透明毛坯里面的工件），可以看到 MCS 坐标系自动固定到毛坯顶部。固定在毛坯顶部目的是对刀方便（如果毛坯表面比较粗糙先铣平再对刀）。

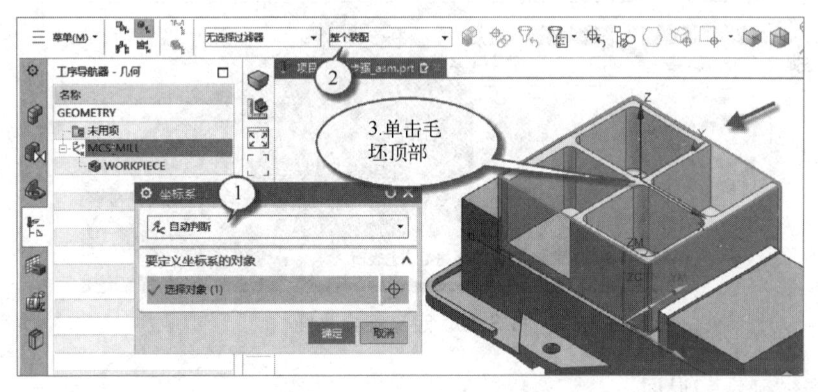

图 3-13　指定 MCS 原点

☞ 按图 3-14 步骤选择“动态”方式调整坐标系→单击 *XM-YM* 平面上的小球手柄逆时针拖动 90°。这样调整的目的是使 MCS 的 *XM*、*YM* 轴和机床的 *XY* 轴保持方向一致，台钳摇把朝外放置。

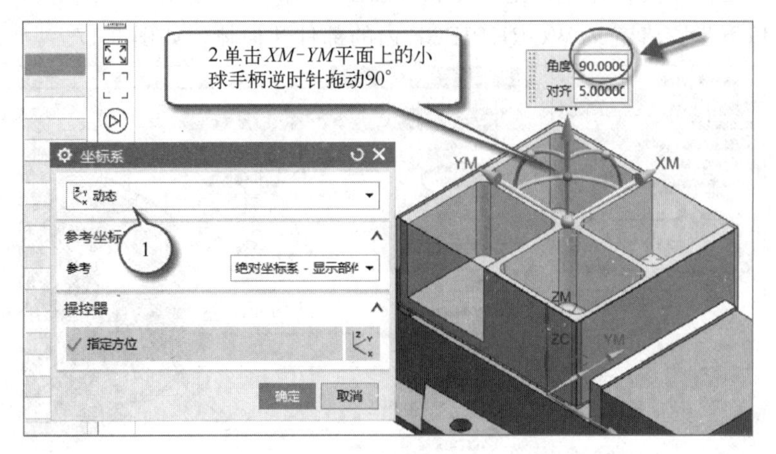

图 3-14　旋转 MCS

☞ 单击“确定”退出这一步。

3.2.2 安全平面

安全平面用于防止工序前后的刀具在非切削移动时和部件发生碰撞而定义的安全距离，参见“2.2.2 刀轨的显示”中图 2-23。

图 3-15 安全设置

接着前面的步骤继续操作。

☞ 在“MCS 铣削”对话框中，从“安全设置”选项列表中选择平面→单击“指定平面”，如图 3-15。

☞ 从类型列表中选择“按某一距离”→选择范围列表中选择“整个装配”→选择毛坯的顶面→“距离”输入“30mm”→然后按“Enter”键，如图 3-16。可看到安全平面高出毛坯顶面 30mm。实际的高度视工件大小、形状和夹具情况需要而定。

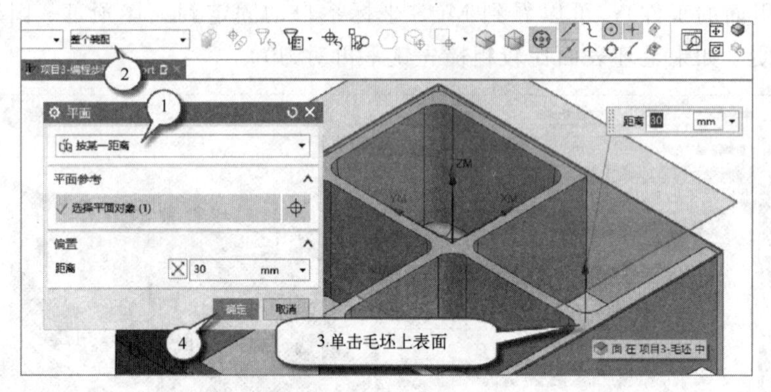

图 3-16 定义安全平面

☞ 单击“确定”退回。

☞ 在“MCS 铣削”对话框中单击“确定”退出。

3.2.3 部件几何体

定义部件（工件）几何体是确定 NX 软件加工完成时工件的形状，部件几何体将在创建工序时使用。以下步骤将定义 WORKPIECE 内的部件几何体，如图 3-17。

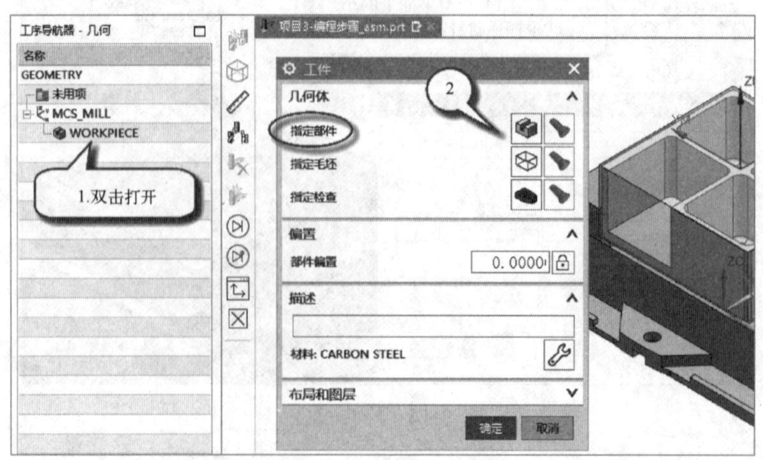

图 3-17 定义部件几何体

☞ 在工序导航器中，单击加号“+”展开“MCS_MILL”→双击 WORKPIECE 以编辑该组→单击指定部件。

下面一步选择要加工的部件（工件）。

☞ 鼠标光标在工件位置悬停 3s，出现如图 3-18 中“快速选取”对话框时选择“实体在项目 3-工件中”，选中后“选择对象”右边括号内的 0 变为 1，表示一个实体被选中→单击“确定”返回，会看到“指定部件”右边的手电筒图标（图 3-17）变为彩色，说明部件已经被指定。

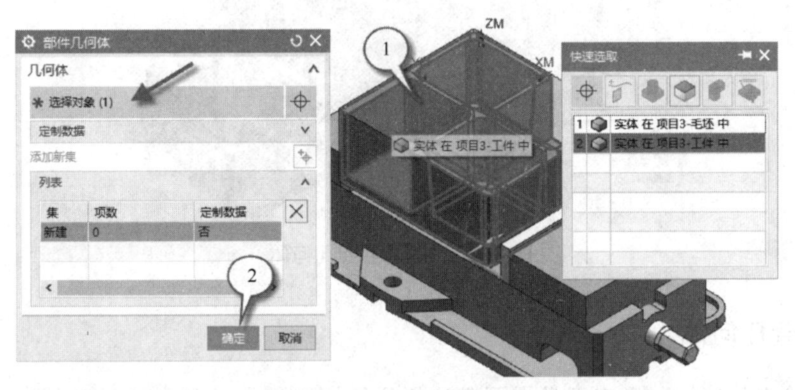

图 3-18 指定部件几何体

实践操作时注意：为避免实体中残留或隐藏的小片体使刀轨不规则而引起跳刀，在选择过滤器里选择“实体”。为避免碰撞和过切，应当选择整个部件（包括不切削的面）作为部件几何体，然后使用指定切削区域和指定修剪边界来限制要切削的范围。

3.2.4 毛坯几何体

定义毛坯几何体是确定 NX 软件加工前工件毛坯的形状，“毛坯几何体”将在创建工序时使用。以下步骤将定义“毛坯几何体”。

☞ 续接前面步骤，如图 3-17，在“工件”对话框中，单击“指定毛坯”。

如果已经有毛坯模型实体（如本例），用第一项“几何体”来指定毛坯模型实体即可。如果没有毛坯模型实体，根据工件的形状常用“包容块”或“包容圆柱体”等图表里的选项，如图 3-19。

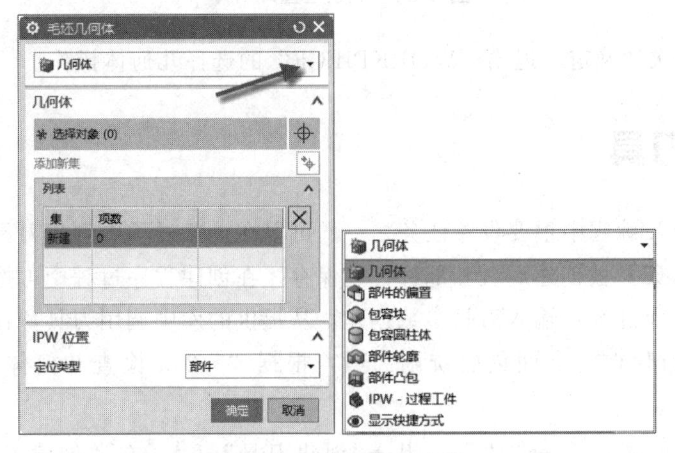

图 3-19 定义毛坯几何体

☞ 按图3-20操作选择毛坯实体→点“确定”退至上一步。会看到“指定毛坯”右边的手电筒图标变为彩色（图3-17）。

☞ 切换到“装配导航器”→隐藏毛坯→切换回“加工导航器”界面。

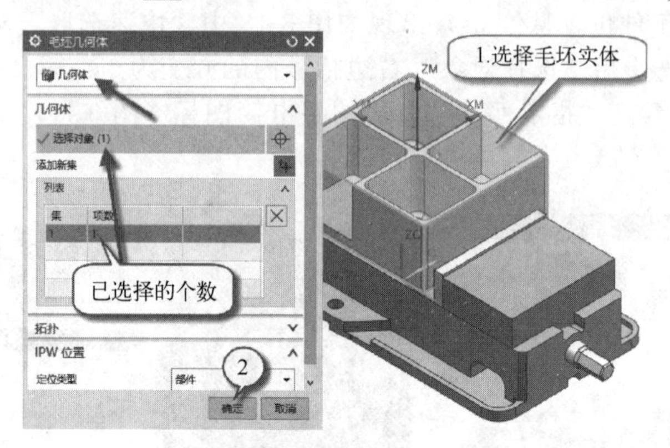

图 3-20 指定毛坯几何体

3.2.5 检查几何体

使用“检查几何体”指定刀具需要避让的几何体（如夹具和夹持设备等）。本例的“检查几何体”选择台钳的一对钳口。

☞ 续接前面步骤，单击“指定检查”（图3-17），按图3-21步骤操作。

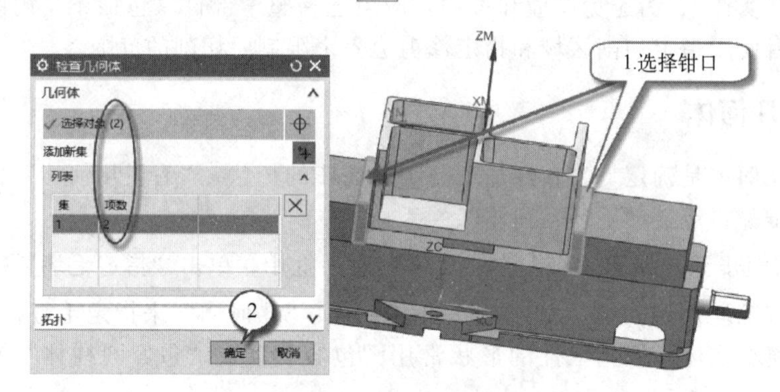

图 3-21 指定检查几何体

☞ 然后点两次“确定”退出“WORKPIECE”的选择几何体操作。

3.3 创建刀具

创建刀具是NX编程中重要设置任务之一。可以在设置过程中创建刀具，也可以在创建工序时创建刀具。刀具被创建后就和部件一起保存，在创建程序过程中可按需要使用。

创建刀具有三个途径：输入刀具参数创建，从提供的库中调用刀具，在工序导航器中复制刀具并对其进行修改。下面创建铣削刀具，根据“3.2.5 检查几何体”最后一步继续操作。

☞ 选择“主页选项卡”→“插入”组→“创建刀具”。在“创建刀具”对话框中的

“类型”选第二行“mill_contour”。

☞ 弹出“创建刀具”对话框，如图 3-22（a)→之后选中“刀具子类型”下一款刀具图标，例如第一个“MILL” →点“应用”会弹出“铣刀-5 参数”对话框，如图 3-22（b)，同时在图形窗口会显示刀具预览，如图 3-22（c)。

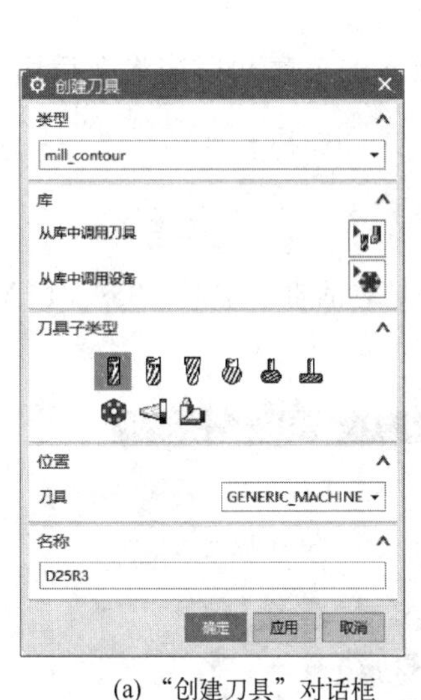

(a)“创建刀具”对话框

(b)“铣刀”参数

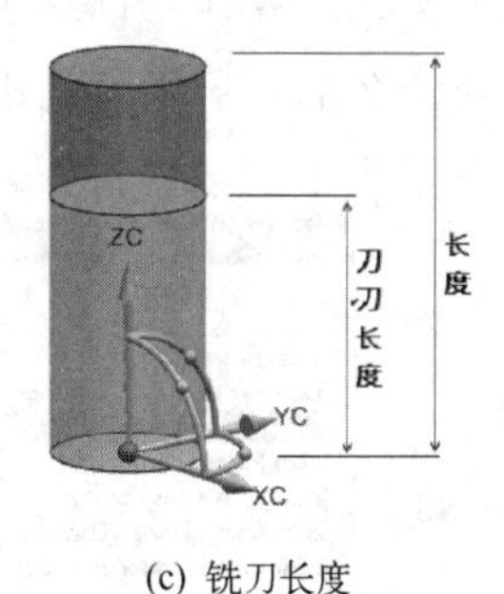

(c) 铣刀长度

图 3-22　创建刀具

☞ 在“名称”框中键入“D25R3”→在“刀具子类型”组中单击铣削“MILL” ，单击“应用”→在弹出“铣刀-5 参数”对话框中输入参数：

（*D*）直径=25mm；

（*R*1）下半径=3mm；

（*L*）长度=100mm；

（*FL*）刀刃长度=80mm；

刀具号=1。

刀刃长度设为 80mm，因为“第 3 章 NX 自动编程-3.1.5 使用 NC 助理检查和分析工件”中测得内腔最大深度为 72mm，刃长度要大于 72mm，刀具总长要保证刀柄不能碰到工件。

图形窗口会有刀具预览（如看不到可以向上拖动 *ZC* 手柄)。

☞ 单击“确定”，完成第一把刀具定义→单击“机床视图” →单击加号“+”展开可以看到刀具 D25R3 已经添加到第一个刀槽。

3.4 加工工序

3.4.1 加工工序简介

创建的工序类型取决于执行的加工类型和加工的几何体形状。创建工序位于：

“应用模块”→“加工” ；

“命令查找器”→“创建工序”。

加工工序的含义：生成一组刀轨，包含生成刀轨所需的信息（几何体、刀具和加工参数）。每个工序NX软件都会保存在当前部件中生成刀轨所用的信息。这些信息包括后处理器命令集、显示数据和定义坐标系。可以在每个工序中指定所有必需的参数信息。工序是可以复制粘贴的，修改部分参数再重复使用。

这里选择较常用的“mill_contour型腔铣”为例。更多的工序和用法将在后面章节再详细介绍。

3.4.2 创建粗加工工序

☞ 按图3-23操作，创建工序，弹出“创建工序”对话框。名称“CAVITY_MILL”是可以重新命名的，这里暂且不更改。

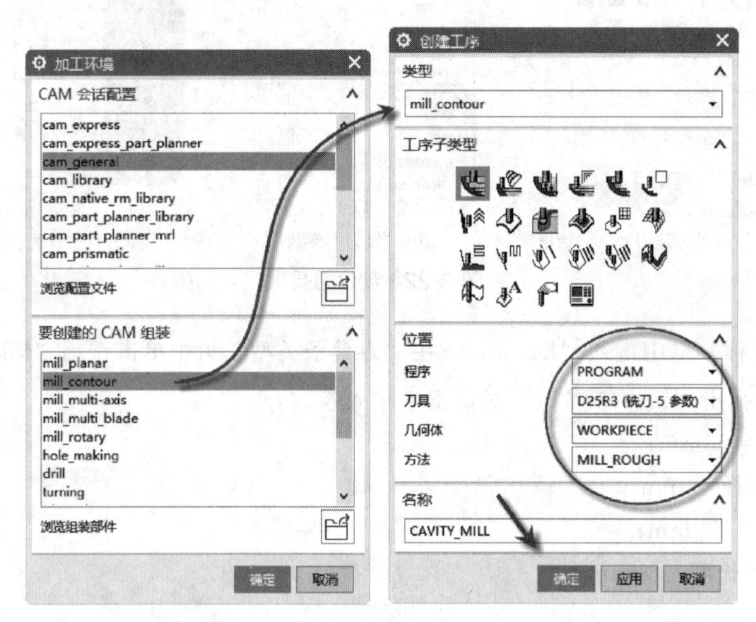

图 3-23 “创建工序”对话框

图3-23也能反映出“加工环境”和“创建工序”的对应关系。在“创建工序”对话框中可以重新指定“类型”。

该工序将放在“PROGRAM”程序中。它将使用在前面“WORKPIECE”中指定的部件和毛坯几何体，并且使用前面所创建的D25R3刀具。“MILL_ROUGH”（粗加工方法）允许此工序为后面精加工留出余量（可以修改相关参数）。按下面步骤操作。

☞ 在“刀轨设置”组中设置以下参数。

“切削模式”=“跟随周边”；

“步距”=“%刀具平直”；

“平面直径百分比”=“65”；

“切削层”：“公共每刀切削深度”=“恒定”；

“最大距离”=“2mm”。

☞“刀轨设置”组：“切削参数” →“切削参数”对话框的“策略”组。

“切削方向”=“顺铣”→“切削顺序”=“层优先”→“刀路方向”=“自动”；

“余量”组：“使底面余量与侧面余量一致”→“部件侧面余量”=“0.5mm”→“检查余量”=“1mm”；

“空间范围”组：“过程工件”=“无”。

☞在“刀轨设置”组中单击“进给率和速度” →“主轴速度（rpm）”=“800r/min”，“切削”=“250mm/min”→单击 主轴速度 (rpm) 800.0000 最右侧的 →单击“确定”返回。

☞单击“确定”保存设置并返回→单击“生成刀轨” ，如图3-24。结果显示刀轨自动避让了台钳的两个钳口。

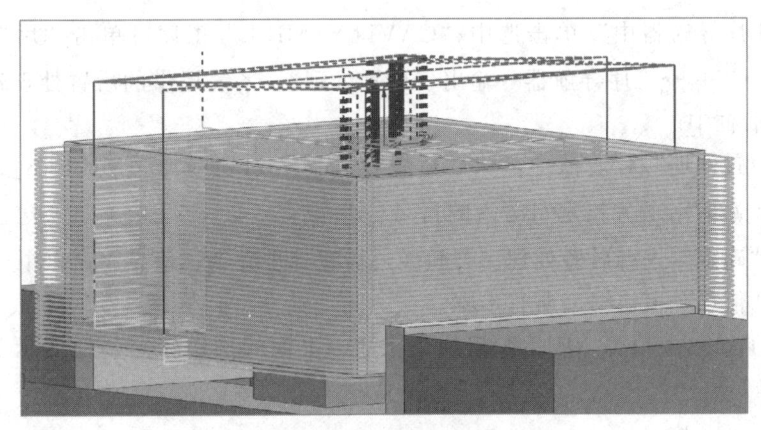

图3-24 生成的刀轨

☞在“装配导航器” 中隐藏“项目3-毛坯”部件。

☞在对话框底部单击“确认刀轨” →视图选“正等测图” →选“3D动态”→“动画速度”设置为“8”→单击“播放” 。“3D动态”仿真结果如图3-25。

☞单击“分析”得到彩色分析图，如图3-26。在工件的外壁点某处单击一下会显示此处的加工后余量。

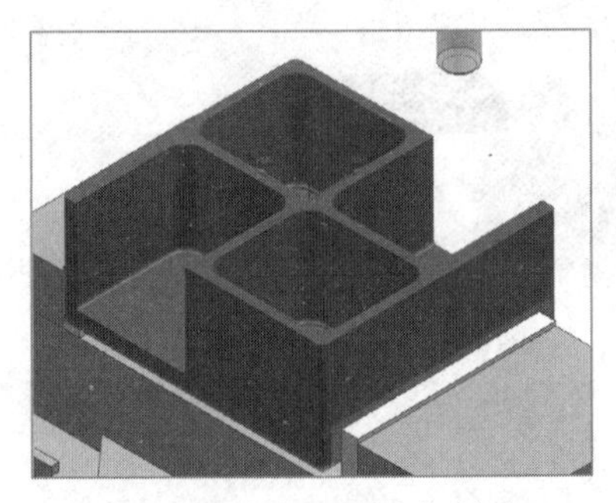

图3-25 “3D动态”仿真

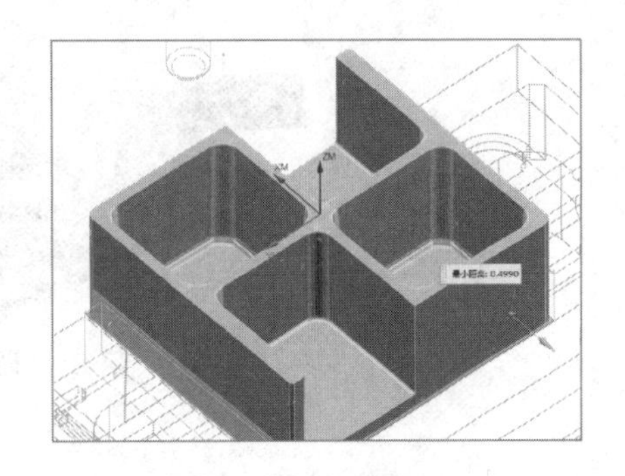

图3-26 彩色分析图

☞单击“确定”退出“刀轨可视化”对话框→单击“确定”完成工序→单击“程序顺序视图”→向右扩大导航器窗口可看到如图3-27信息。“CAVITY_MILL”是程序“PRO-

GRAM”中的第一个工序。

工序导航器 - 程序顺序

名称	换刀	刀轨	刀具	刀	时间	几何体	方法	余量	底面...	切削深度	步距	进给	速度
NC_PROGRAM					07:12:53								
未用项					00:00:00								
PROGRAM					07:12:53								
CAVITY_MILL	▮	✓	D25R3	1	07:12:41	WORKPIECE	MILL_ROUGH	0.5000	0.5000	2 mm	65 ...	250...	800...

图 3-27 扩大导航器窗口

3.4.3 后置处理

☞ 单击程序顺序视图，程序中的“CAVITY_MILL”工序显示“重新后置处理”（!）状态。如图 3-27 左侧名称栏。

☞ 在“工序导航器中”单击选中“CAVITY_MILL”工序，单击“后置处理”，或选择“菜单→工具→工序导航器→输出→后置处理”。系统提供的后置处理器显示在“后置处理器”列表框中。

☞ 在“后置处理”对话框中，从“后置处理器”列表选择“MILL_3_AXIS”。单击“浏览查找输出文件”并指定可写入的目录。

☞ 单击“确定”进行后置处理。刀轨经过后置处理并在“信息”窗口中列出。

☞ 关闭“信息”窗口结束所有步骤。

至此完成了“CAVITY_MILL”粗加工工序。上面的操作较完整地演示了 NX 自动编程的基本步骤。

（1）叙述自动编程工作流程主要步骤。

（2）数控加工工艺文件有哪些？

（3）“NC 助理”有什么功能？

（4）什么是“后置处理”？

（5）模拟上述步骤，对本书所提供的部件“题图 3-1. prt”进行编程操作。

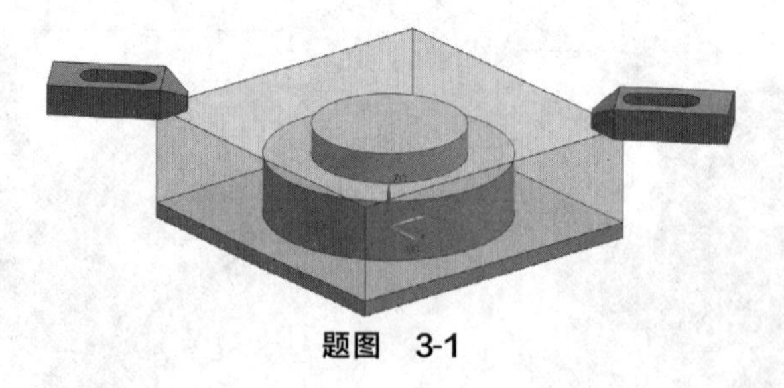

题图 3-1

第4章 加工工序与参数

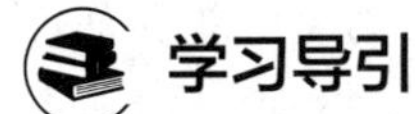

学习导引

前面已经讲解了 NX 软件自动编程的步骤，其中主要的两大步骤是：建立程序、刀具、加工方法和几何体；创建工序指定参数以定义刀轨。本章内容重点讲解这些步骤中常用设置和选项的含义。

学习建议：掌握最常用的设置与查找方法。把本章作为手册，各项设置可供使用时查阅。

4.1 几何体、刀具、加工方法和程序

在第 2 章中，已经讲解了“工序导航器”有四个用来创建和管理 NC 程序的分级视图：“程序顺序视图”、“机床视图”、“几何视图”、“加工方法视图”。每个视图根据视图的主题按组来组织工序。这四个视图中内容可以在“主页”功能区对应的“创建程序”、“创建刀具”、“创建几何体”、“创建方法”四个按钮进行创建，对应关系如图 4-1（a）。

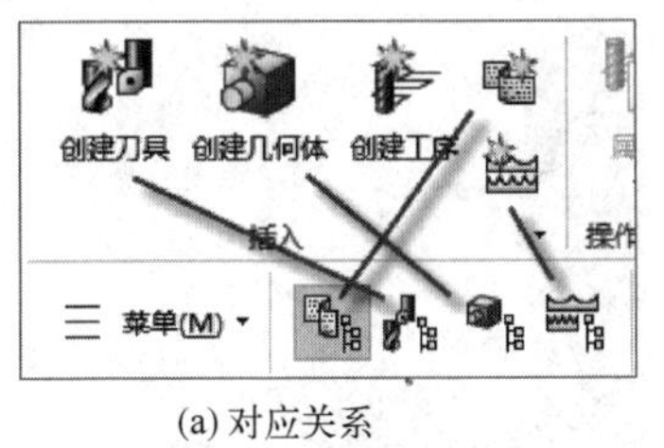

(a) 对应关系

(b) 一个程序组示例

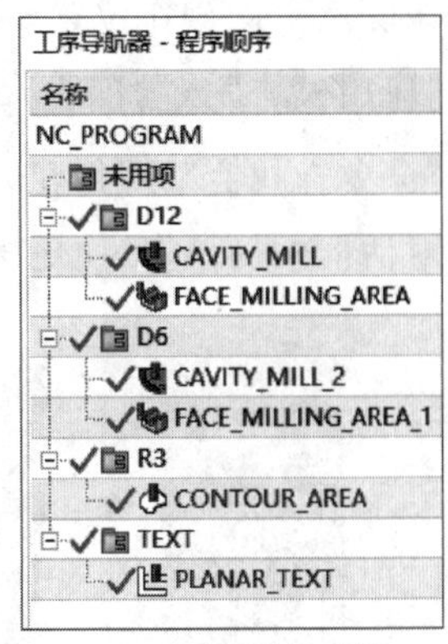

(c) 四个程序组示例

图 4-1 创建操作和程序视图

4.1.1 创建程序

使用“创建程序”命令创建程序组。程序父组可以包含下列项：

① 其它程序组；

② 工序。程序父组可控制后处理工序的顺序。“程序顺序视图”根据工序在机床上的执行顺序来组织工序。程序导航器中提供了一个名为“PROGRAM”的程序组，可以根据需要重新命名。如果需要多个程序组，可以新建或者拷贝。在创建工序时要指定工序所在程序组。图 4-1（b）是名字为“PROGRAM”的程序组，有三道工序，在加工时会按照这个顺序执行加工。

实践操作时：对于不能自动换刀的机床，常按刀具名命名程序组，每换一次刀执行对应的程序组中的所有工序。例如图 4-1（c）例子，6 道工序用了 D12、D6、R3、TEXT 共 4 把刀具，后处理时可以输出 4 个程序，换刀时按顺序分别执行。

4.1.2 创建刀具

创建刀具是 NX 编程中重要设置任务之一。创建刀具有三个途径：输入刀具参数创建、从提供的库中调用刀具、在工序导航器中复制刀具并对其进行修改。刀具被创建后就和部件一起保存在创建程序过程中，可按需要使用。

（1）“机床视图”中“刀具组”

图 4-2（a）是名字为“D20”的刀具（直径 20mm 平底刀），用于其组内的三道工序。如图 4-2（b），有 7 个刀具组，组内是每把刀具应用的工序。

（2）铣削跟踪点

如图 4-3 中小圆球，编程生成的刀具轨迹是刀具上一个点的运动轨迹，NX 称这个刀具上的点为“铣削跟踪点”。NX 铣刀的默认跟踪点都在刀具末端的中心线上，NX 也可以为任何铣刀修改、定义及附加跟踪点。此操作位置如下。

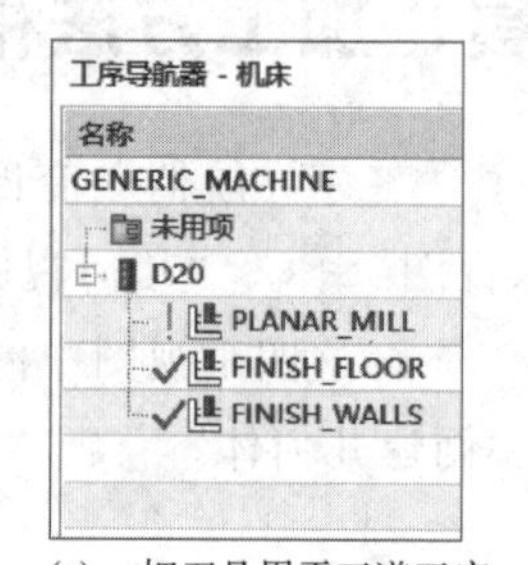

(a) 一把刀具用于三道工序

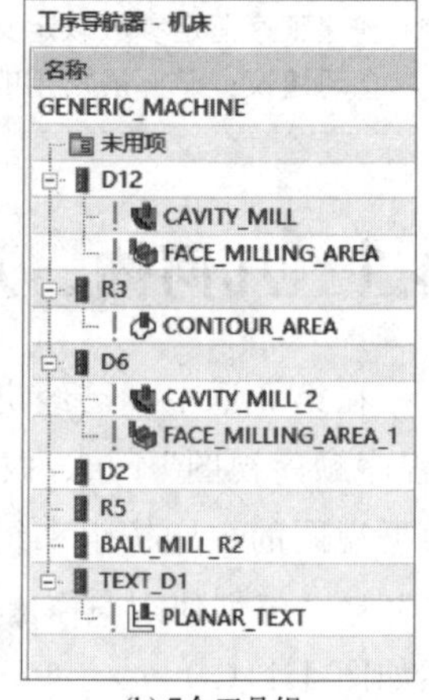

(b) 7个刀具组

图 4-2 机床视图域

“应用模块”→“加工”；

“命令查找器”→“创建刀具”；

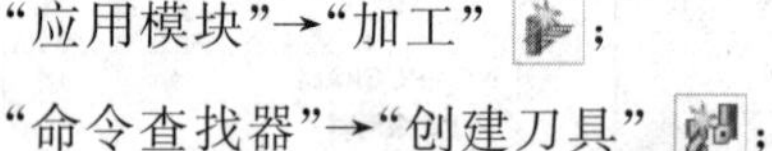

对话框中的位置：“更多选项卡”→“跟踪组”→“跟踪点”。

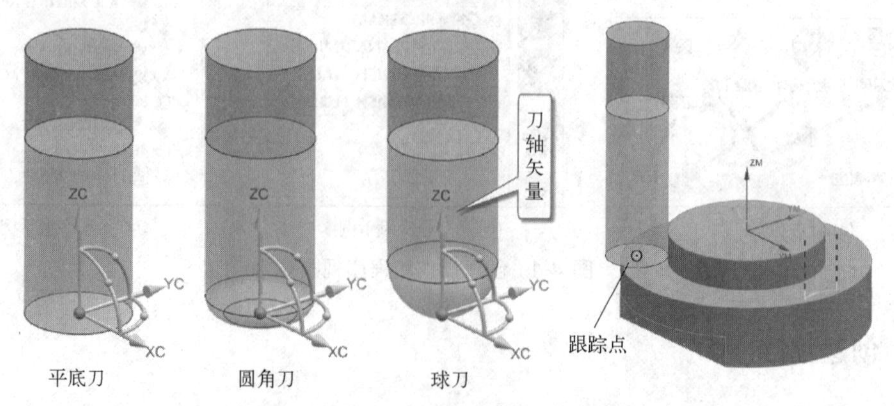

图 4-3 铣削跟踪点

(3) 常用铣刀具子类型

“创建刀具”对话框中不同的“类型”中“刀具的子类型”列出的刀具种类会有所不同，实际应用中“5 参数铣刀”用得最多。常用铣刀具子类型如表 4-1。

表 4-1 常用铣刀具子类型

刀具及图标	图示及参数	刀具及图标	图示及参数
5 参数铣刀  【★常用】	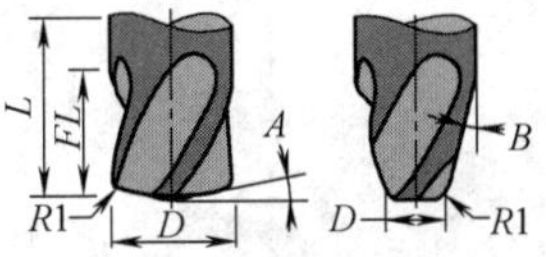	球头铣刀 	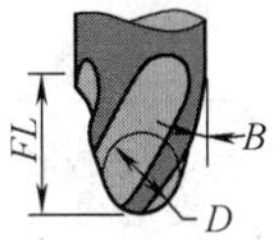
倒斜铣刀 	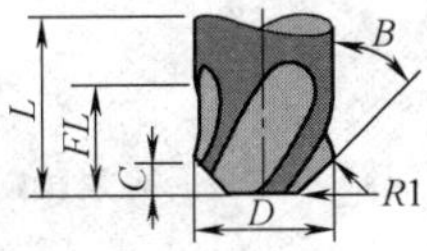	球面铣刀 	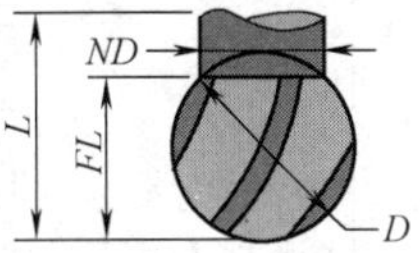
7 参数铣刀 	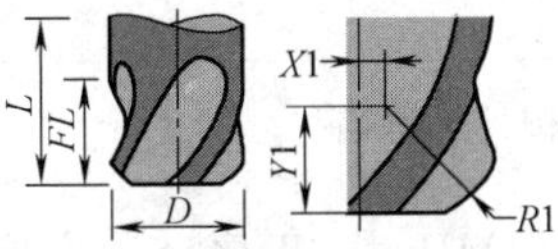	10 参数铣刀 	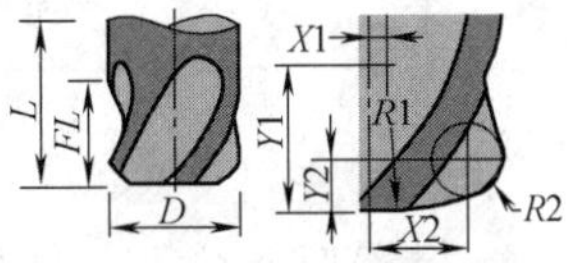
鼓形刀 	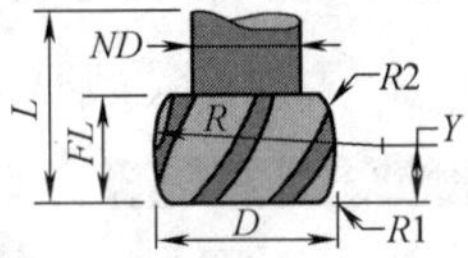	T 型刀 	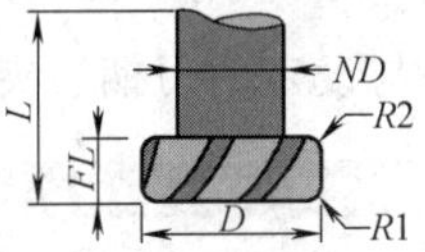
螺纹铣刀 	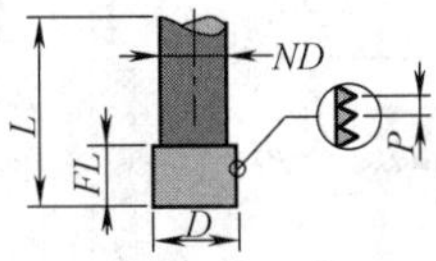		

参数说明	
(A)顶锥角	(P)螺距
(B)锥角、倒斜角	(R1)下半径【★常用】
(C)倒斜角长度	(R2)上半径
(D)直径【★常用】	(X1)X 中心 R1
(FL)刀刃长度【★常用】	(X2)X 中心 R2
(ND)颈部直径	(Y1)Y 中心 R1
(L)长度【★常用】	(Y2)Y 中心 R2

(4) “刀柄”和“夹持器”

使用“刀柄”和“夹持器”选项可以帮助避免工件、夹具等与装有夹持器的刀具发生碰撞。在加工工件上有深腔或较高凸包时需要用较长刀具，这需要考虑设置“夹持器”以检查碰撞。下面通过操作讲解如何使用“刀柄”和“夹持器”。

☞ 继续“第 3 章”的操作→打开文件“项目 3-编程步骤_asm. prt”并进入加工环境→将“工序导航器”→“机床视图”→按图 4-4 创建“刀柄”和“夹持器”。

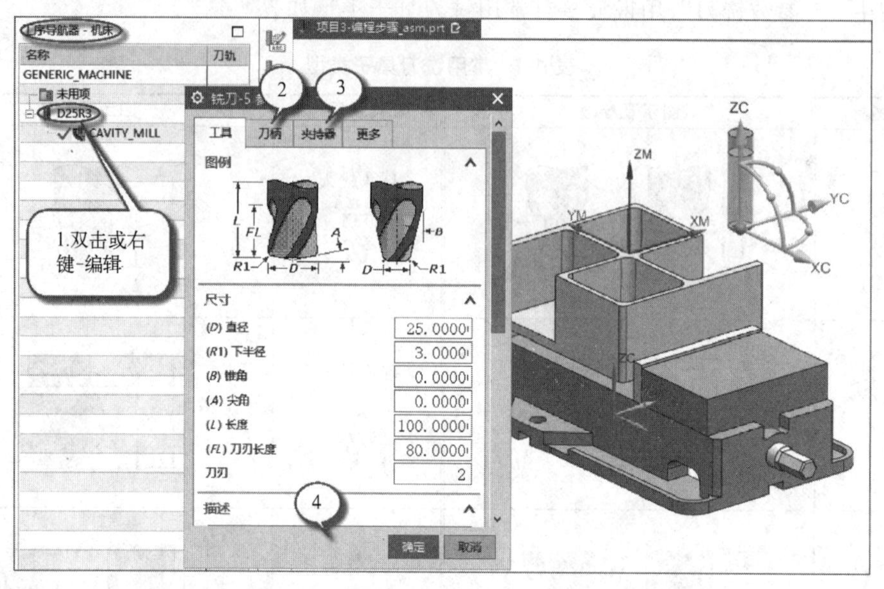

图 4-4 创建“刀柄”和“夹持器”

☞ 设置如下参数，如图 4-5。单击“CAVITY_MILL”工序→“生成刀轨”→“确认刀轨”→用“3D 动态”观看→“确定”退出。新的刀轨已经重新计算，避免了工件、夹具等与设定的刀柄、夹持器、工具发生碰撞。

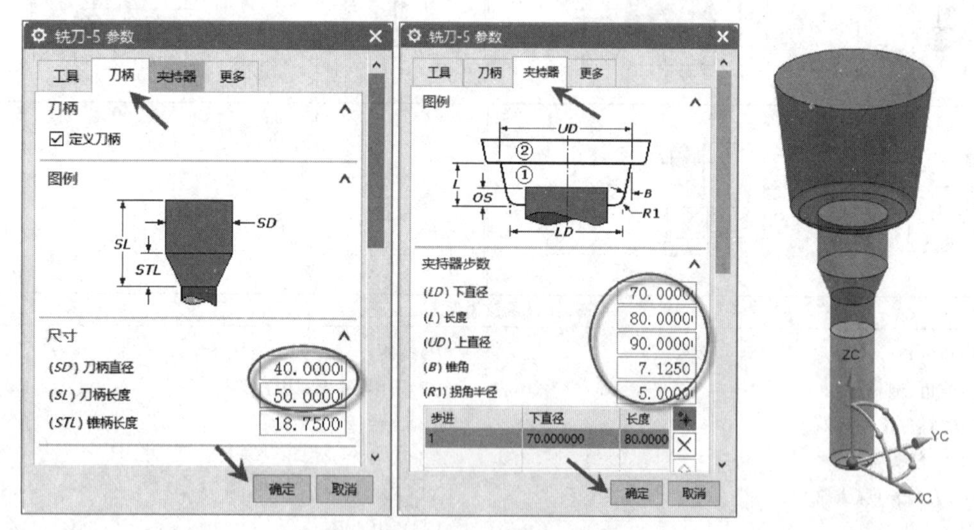

图 4-5 设置“刀柄”和“夹持器”

实际中要按所选用真实的工具、刀柄和夹持器尺寸设置参数。NX 软件一般只设置夹持器即可。

4.1.3 创建几何体

创建和设置几何体是初学者不容易理解的内容。

(1) 创建几何体操作

使用“创建几何体” 命令可定义“机床坐标系（MCS）”父组。可以指定位置、方位、装夹偏置、安全平面和刀轴信息。例如：

部件上要加工的区域；

不必加工的区域，例如夹具和装夹；

刀具空间范围的边界；

部件材料。

可以通过如下方式创建：

“应用模块”→“加工”；

“命令查找器”→“创建几何体” 。

创建几何体在对话框中的位置如下：

几何体父级：“创建几何体”对话框→“类型”→“几何体子类型”→“铣几何体”对话框→“几何体”组；

工序特定几何体：“铣工序”对话框→“几何体”组。

几何体可以有“父子”关系。下面例子的“父子”关系：“加工坐标系 MCS_MILL” （内含“MCS”、“安全平面”、“刀轴等”）→“加工几何体 WORKPIECE” （内含“指定部件” 、“指定毛坯” 、“指定检查” 、“材料”等）→“指定切削区域” 和“指定修剪边界” 。

第一级：铣削加工坐标系“MCS_MILL”包含的内容。

☞ 继续前面的操作，将“工序导航器”切换到“几何视图” →双击“MCS_MILL”查看→单击“确定”退出。如图 4-6。

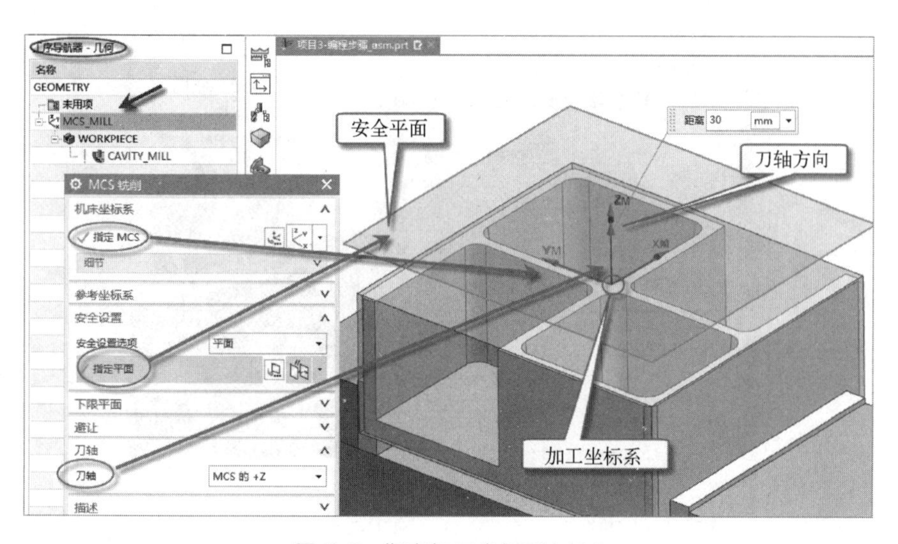

图 4-6 指定加工坐标系 MCS

第二级：指定几何体“WORKPIECE”。

☞ 继续前面的操作，双击“MCS_MILL”下的“WORKPIECE”查看→单击“确定”退出，如图 4-7。

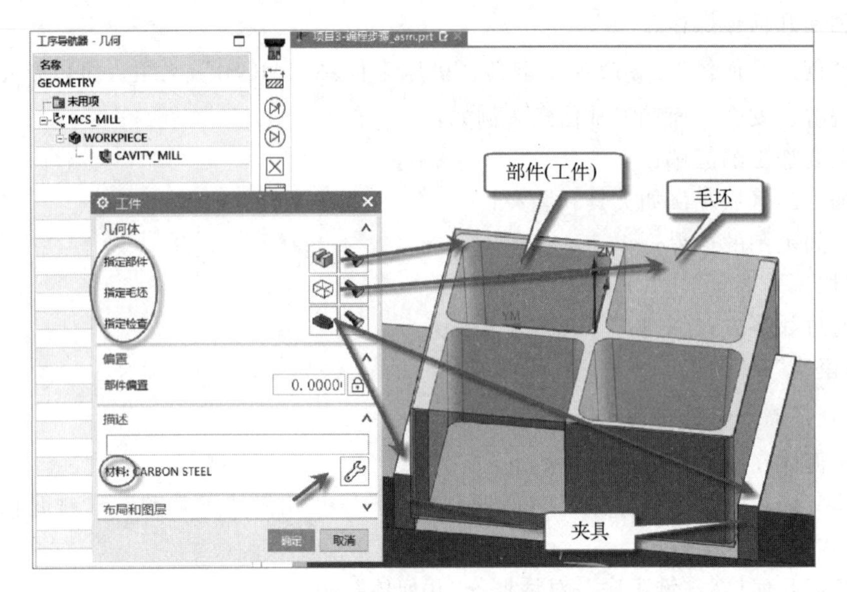

图 4-7 指定几何体

第三级：工序“CAVITY_MILL”中指定的“指定切削区域”，见下面操作。

☞ 双击“WORKPIECE”下“CAVITY_MILL”进入型腔铣工序对话框→“几何体”组→“指定切削区域”（选图中 6 个面）→“刀轨设置”组：“最大距离”=“5mm”→重新“生成刀轨”。如图 4-8。

并列第三级：工序“CAVITY_MILL”中的“指定修剪边界”。按下面步骤操作。

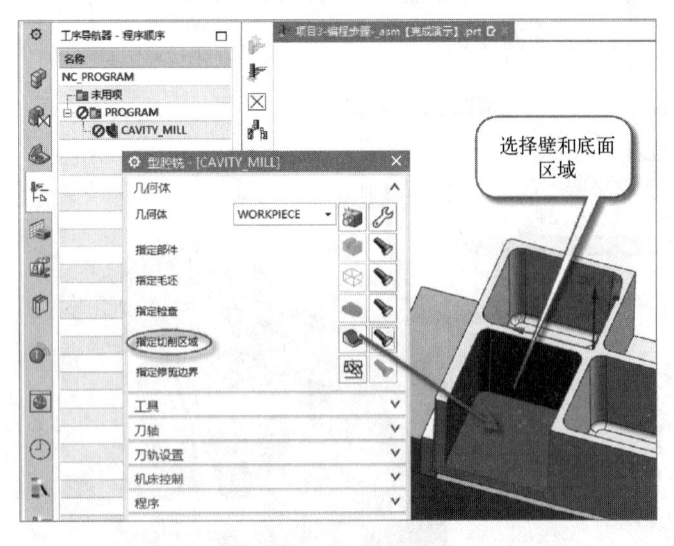

图 4-8 指定切削区域

☞“创建工序”→“指定修剪边界”→“刀轨设置”组：“最大距离”=“5mm”→“生成刀轨”。如图 4-9。

(2) 铣削几何体种类

铣削几何体种类如表 4-2。

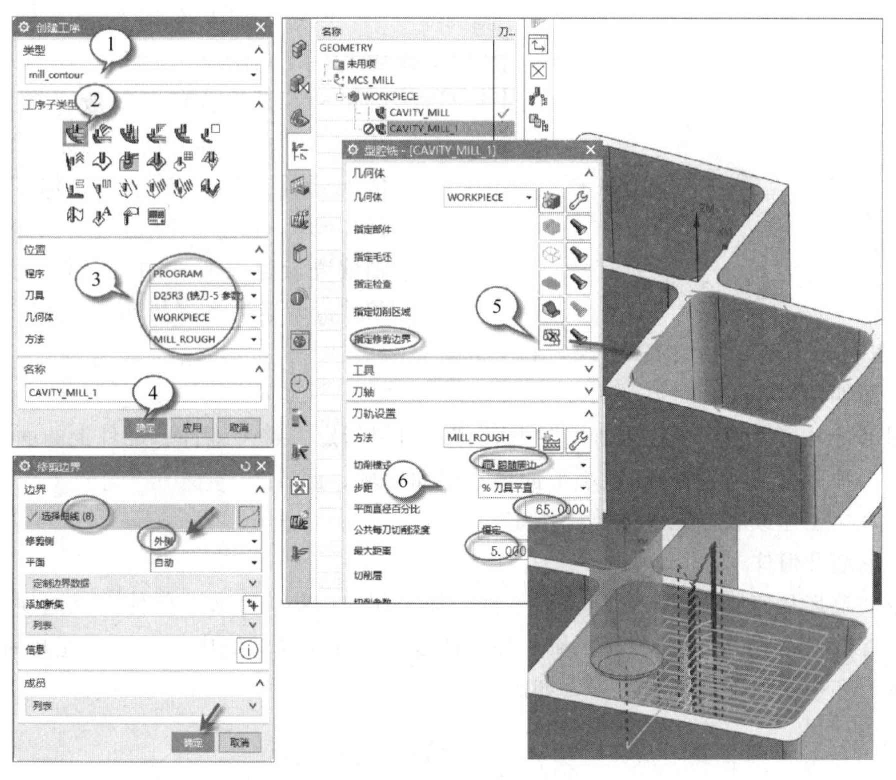

图 4-9　指定修剪边界

表 4-2　铣削几何体种类

几何体	说明
MCS	使用铣削 MCS 指定：MCS、RCS、安全平面、下限平面、避让
工件	使用铣削工件指定：部件、毛坯、检查、部件偏置、部件材料
铣削区域	使用铣削区域指定：部件、检查、切削区域、壁、修剪边界
铣削边界	使用铣削边界指定：部件边界、毛坯边界、检查边界、修剪边界、底面
铣削文本	使用铣削文本指定：制图文本、底部面
铣削几何体	使用铣削几何体指定：部件、毛坯、检查、部件偏置、部件材料
钻加工几何体	使用钻加工几何体指定：孔、部件表面、底面、刀轴

（3）加工坐标系 MCS

在 NX 加工界面的图形窗口中会看到三个坐标系：视图三重轴，如图 4-10（a）；工作坐标系 WCS（可能处于隐藏状态），如图 4-10（b）；加工坐标系 MCS，如图 4-10（c）。

视图三重轴：指示视图在空间的方向，位于图形窗口左下角。工作坐标系（WCS）：建模时使用的坐标系，决定大部分输入参数，例如刀具出发点、安全平面、刀轴等。加工坐标系（MCS）：又称“编程坐标系”“工件坐标系”，加工坐标系（MCS）决定方位组中各项工序的刀轨方位和原点，定义输出刀轨。MCS 可以有多个，可以有主 MCS 和多个局部 MCS。

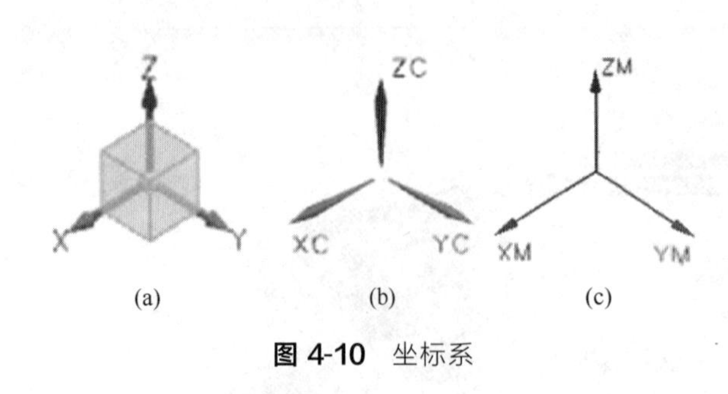

图 4-10 坐标系

刚进入加工环境时，NX 默认“工作坐标系（WCS）”和“加工坐标系（MCS)”是重合的。一般要根据工件形状、工序、夹具方向、机床 *XY* 方位等情况重新定义或调整“加工坐标系（MCS)”。在加工时通过对刀输入 *XYZ* 轴偏置量建立起“加工坐标系（MCS)”和“机床坐标系（机床原点）”之间的关联，把 NX 的加工坐标系（MCS）映射到了机床中。

(4) 部件几何体

使用部件几何体指定工序要加工的几何体。可以指定：整个工件、工件上的面。有效选择选项有：片体或实体（首选）、小平面体、曲面区域、面。

可以直接创建或者在工序中创建指定。

(5) 毛坯几何体

使用“毛坯几何体”指定毛坯，即工件经加工前的形状。有效几何体选择选项有：片体或实体（首选）、小平面体、曲面区域、面、曲线。在几何体父级中定义“毛坯几何体”时，还可以将毛坯指定为下列种类之一，如图 4-11。

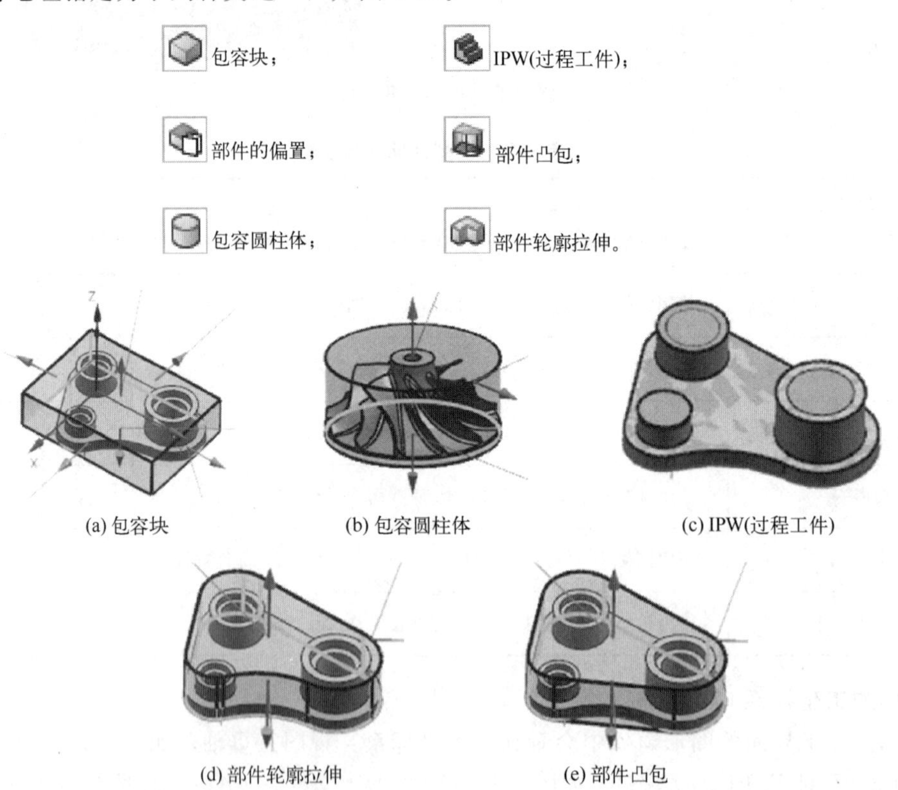

(a) 包容块　(b) 包容圆柱体　(c) IPW(过程工件)

(d) 部件轮廓拉伸　(e) 部件凸包

图 4-11 毛坯几何体

(6) 检查几何体（夹具几何体）

使用“检查几何体”指定刀具需要避让的几何体（如夹具和夹持设备等），有效选择选项有：片体或实体（首选）、小平面体、面、曲线。软件标识的“检查几何体”与要除料体积重叠的区域，刀具在“检查几何体”周围切削或退刀，跨过“检查几何体”移刀，然后进刀。如图4-12（a），指定的“检查几何体”是一对夹具压板，如图4-12（b）、图4-12（c）加工时刀具避让开了“检查几何体”（压板）。

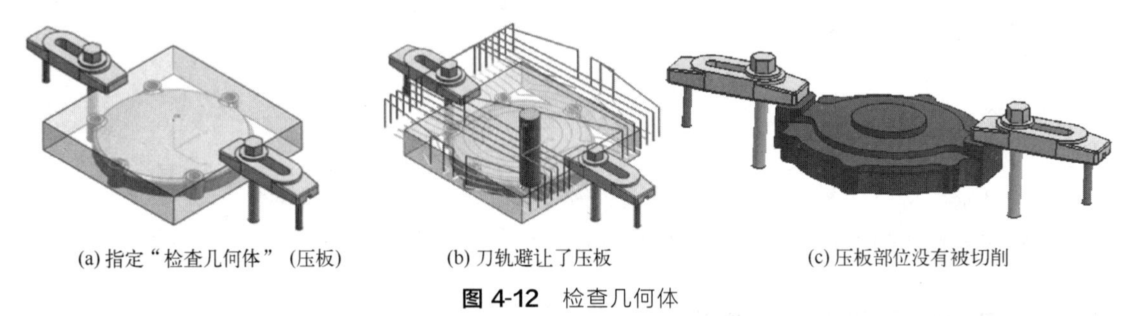

(a) 指定“检查几何体”（压板）　(b) 刀轨避让了压板　(c) 压板部位没有被切削

图4-12　检查几何体

4.1.4　创建方法

在创建工序前或者在工序中需要指定或创建“加工方法”。使用“创建方法”命令创建父级方法并指定某些常用工序参数和显示设置。可以在工序导航器的“加工方法视图”中查看“方法组”。系统给出常用的4种加工方法。

① MILL_ROUGH：铣削粗加工；

② MILL_SEMI_FINISH：铣削半精加工；

③ MILL_FINISH：铣削精加工；

④ DRILL_METHOD：钻加工。

可以选用一种“加工方法”，也可以重新编辑方法里面的参数。

如图4-13（a）是“第2章-2.1.1 工序导航器的视图”的“加工方法视图”。可以看到“MILL_ROUGH”（铣削粗加工）方法下有一道“PLANAR_MILL”工序。“MILL_FINISH”（铣削精加工）方法下有“FINISH_FLOOR”“FINISH_WALLS”两道工序。

☞ 双击（或右键编辑）加工方法视图里的“MILL_ROUGH”，得到图4-13（b）的

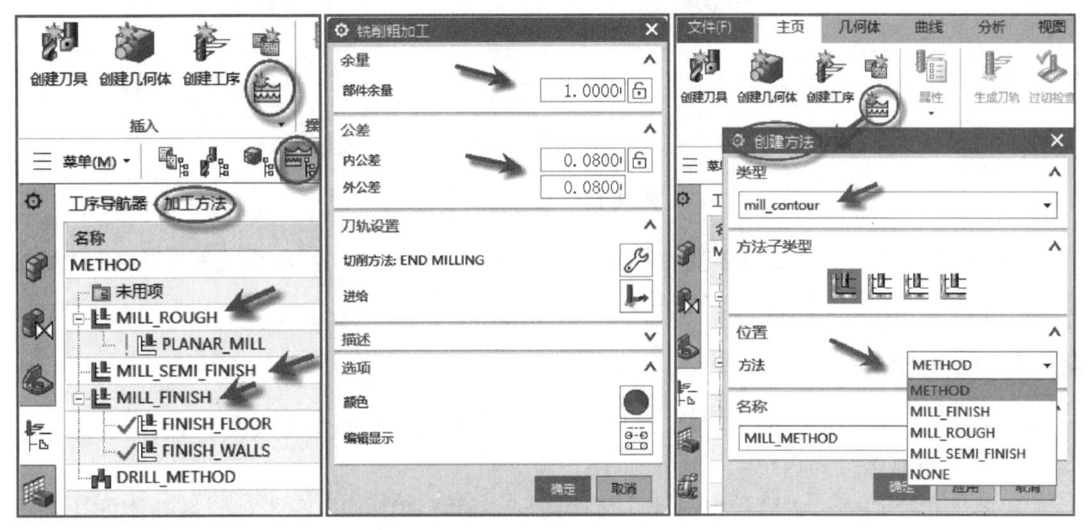

(a) 加工方法视图　(b) 编辑粗加工方法　(c) 创建方法

图4-13　创建加工方法

“铣削粗加工”对话框。

还可以用“创建方法”重新创建加工方法，如图 4-13（c）。

“加工方法”对话框中的参数包括：

余量；

公差；

进给率；

显示颜色；

刀具显示。

通常需要修改的参数是“余量”和“公差”。

4.2 刀轨设置常用选项

在第 3 章里已经讲解了自动编程基本步骤，在最主要的 NX 自动编程环节中已经介绍了几何体、刀具、加工方法的创建或设置，在创建加工工序最主要和修改、使用频率最高的是下面工序对话框，如图 4-14 中的“3. 刀轨设置”。下面以第 3 章里的实例进一步讲解“刀轨设置常用选项”。

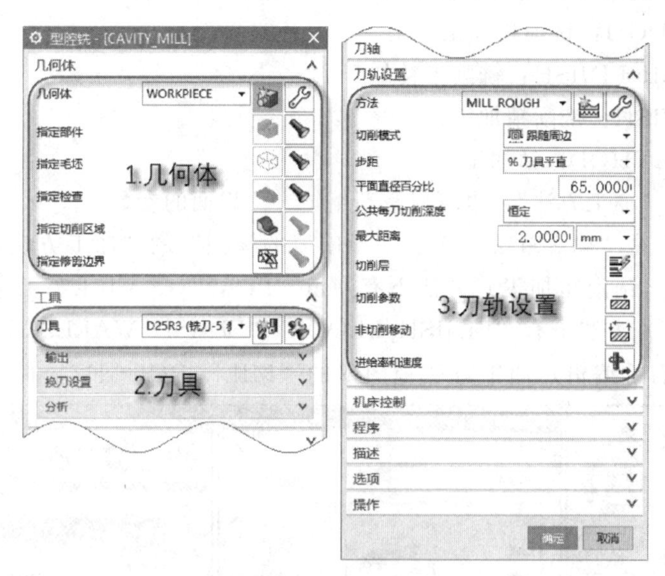

图 4-14　工序对话框

使用刀轨设置选项指定和修改控制刀轨的参数，可以指定“切削模式”“步距”“切削层”“切削参数”“非切削移动”“进给率和速度”等。

4.2.1 切削模式

如图 4-15，选择用于加工切削区域的刀轨模式。可用的切削类型取决于工序。

(1)“跟随部件”

“跟随部件”切削模式沿指定部件几何体的同心偏置切削，如图 4-16。最外侧的边和所有内部岛、型腔具有刀轨，这样就没有必要再使用岛清理刀路。“跟随部件”保持顺铣（或逆铣）。常见工件加工区域的“跟随部件”切削刀轨形状如图 4-17。

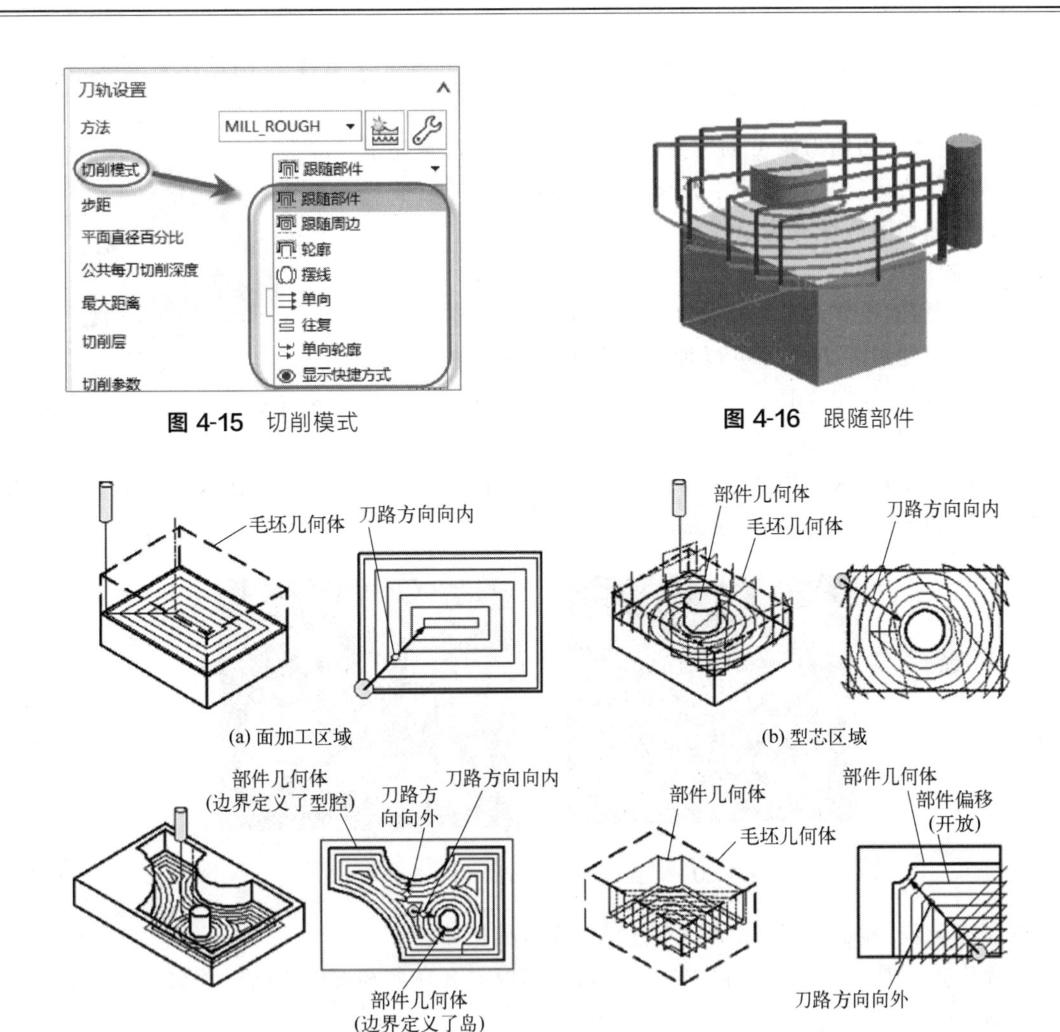

图 4-15 切削模式

图 4-16 跟随部件

图 4-17 “跟随部件”切削刀轨形状

(2)“跟随周边”

“跟随周边”切削模式沿部件或毛坯几何体定义的最外侧边缘偏置进行切削。内部岛和型腔需要有岛清根或清根轮廓刀路。保持顺铣或逆铣。如图 4-18。

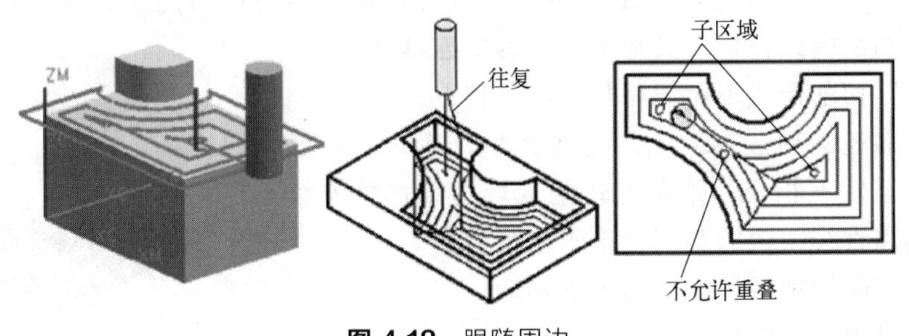

图 4-18 跟随周边

对于“向内”刀路方向，第一刀是在周边切削，然后切削刀路向内递进。对于“向外”刀路方向，首先完成内切，然后切削刀路向外递进至周边。刀具将根据起始几何体和工序设置插入或斜向切入部件。对于“自动”刀路方向，刀轨方向可基于区域和切削层进行优化。

例如，具有开放周边的区域可创建向内刀轨，而部分或完全被壁包围的区域可使用向外刀轨。

“跟随周边”切削刀路可创建封闭形状，这些形状偏离于切削区域的周边环。只要刀路不相交，“跟随周边”切削模式的刀轨就跟随切削区域轮廓以保持连续切削运动。

(3)“轮廓”

“轮廓”切削模式沿部件壁加工，由刀具侧面创建精加工刀路。刀具跟随边界方向。可以加工“开放区域”也可以加工“封闭区域”。如图 4-19。

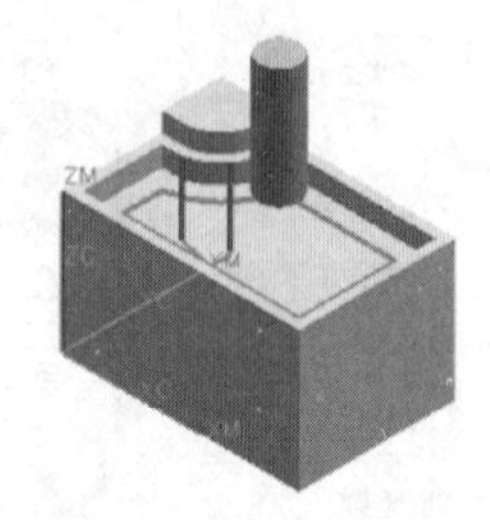

图 4-19 “轮廓”切削模式

(4)“摆线”

“摆线”切削模式使用环进行切削，以限制多余的步距并控制刀具嵌入。如图 4-20，使用“摆线”切削模式具有以下特点。

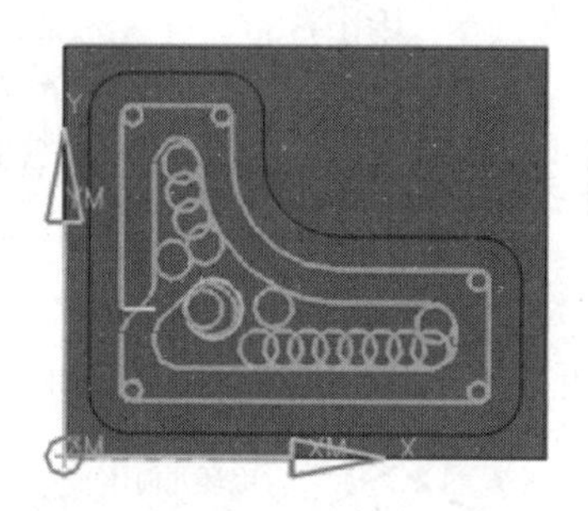
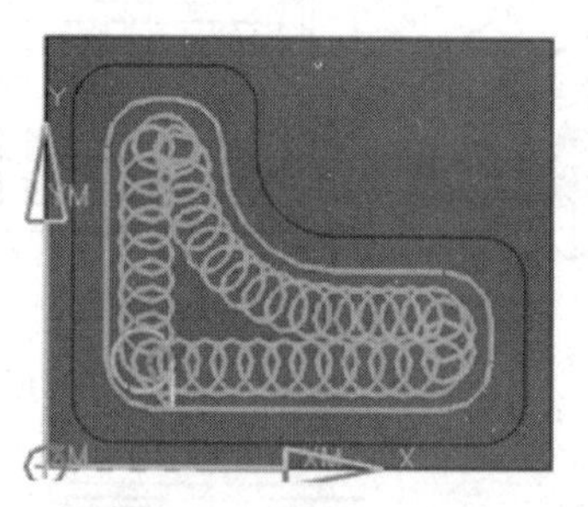

图 4-20 “摆线”切削模式（向外、向内）

限制多余步距防止刀具完全嵌入材料造成刀具损坏。

避免嵌入刀具。在进刀过程中，大多数切削模式会在岛和部件之间以及狭窄区域中产生嵌入区域。

对于“摆线”切削模式，向外和向内切削方向之间有着明显区别。

向外方向通常从远离部件壁处开始，向部件壁方向行进。这是首选模式，它将圆形回路和光顺的跟随运动有效地组合在一起。

向内方向沿回路中的部件切削，然后以“光顺”跟随周边模式向内切削。

(5)“往复”

如图 4-21，“往复”切削模式以一系列相反方向的平行直线刀路进行切削，同时向一个方向步进。此切削模式允许刀具在步进过程中连续进刀。

在“往复”切削模式下，刀路具有以下特点。

尽可能从靠近圆周边界起点的地方开始，除非指定区域起点。只要刀轨不相交，则跟随切削区域轮廓保持连续切削运动。偏离直线刀轨的距离仅小于步距值。

具有始终跟随切削区域轮廓的步进移动。

如果存在障碍则会缩短。

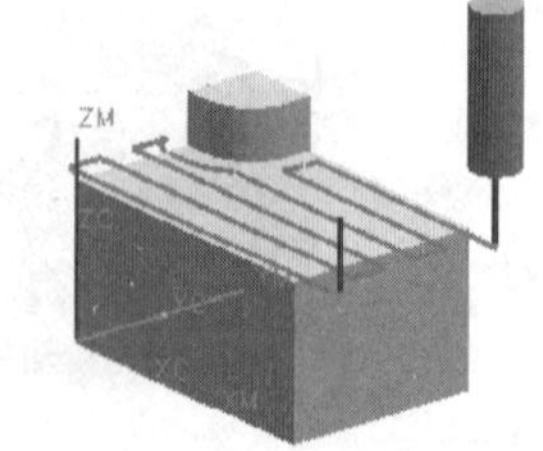

图 4-21 “往复”切削模式

注意：忽略“往复”切削模式切削方向设置（顺铣或逆铣），因为切削方向在各刀路之间会有变化。要防止在下一切削层部件上壁遗留太多材料，建议使用壁清理选项。

(6)“单向”和“单向轮廓”

“单向”切削模式始终以一个方向切削。刀具在每个切削结束处退刀，然后移到下一个切削刀路的起始位置。保持顺铣或逆铣。如图 4-22（a）。

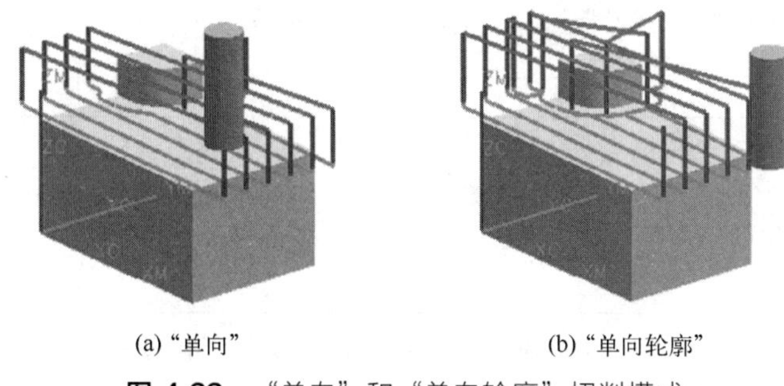

(a)“单向”　　(b)“单向轮廓”

图 4-22　“单向”和“单向轮廓”切削模式

“单向轮廓”切削模式以一个方向的切削进行加工。沿线性刀路的前后边界添加轮廓加工移动。在刀路结束的地方，刀具退刀，并在下一切削的轮廓加工移动开始的地方重新进刀。保持顺铣或逆铣。如图 4-22（b）。

4.2.2 步距

“步距”是指刀路之间的距离。可以直接通过输入一个常数值或刀具直径的百分比来指定该距离；也可以输入残余高度，由系统计算切削刀路间的距离来指定该距离。常用的选项是“步距”和“残余高度”。如图 4-23。

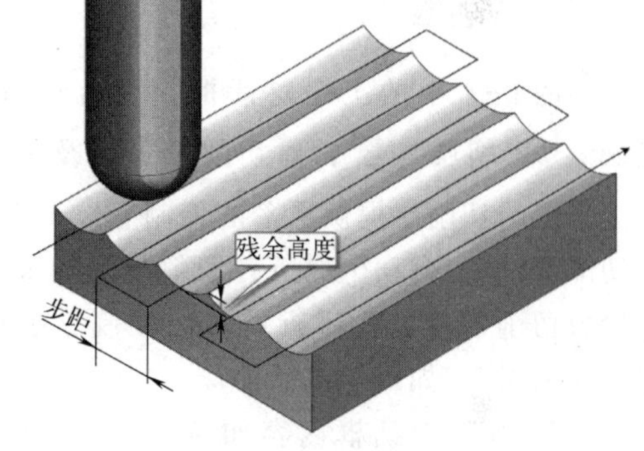

图 4-23　“步距”

设置“步距”时，“切削模式”不同，“步距”选项可能不同，如图 4-24 和表 4-3。

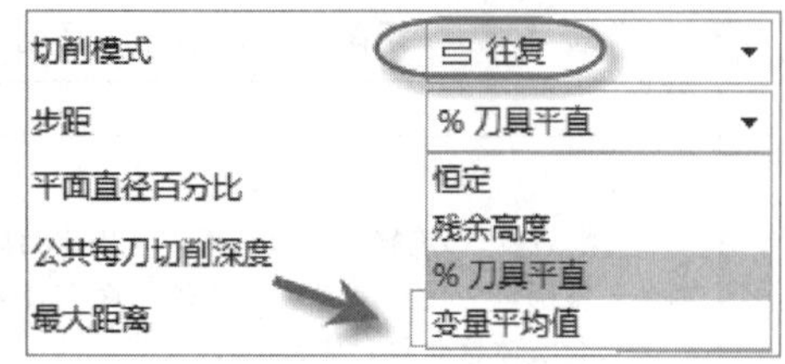

图 4-24　“步距”种类列表

表 4-3　步距种类及说明

图示	说明
	“恒定”：指定连续刀轨之间的最大距离
	“%刀具平直”：连续刀路之间的固定距离作为有效刀具直径的百分比。有效刀具直径＝$D-2CR$（CR 为底角半径） 球头铣刀使用全直径

续表

图示	说明
	"残余高度":指定刀路之间可以遗留的最大材料高度
	"多重变量":用于跟随部件、跟随周边、轮廓铣和标准驱动切削模式。通过多重变量可指定多个步距和相应的刀路数
	"变量平均值":用于往复、单向、单向步进、单向轮廓、同心往复、同心单向、同心单向步进和同心单向轮廓。 软件能计算在平行于往复刀路的壁之间均匀适合的最小步距数;调整步距以确保刀具切削始终与平行于往复切削的边界相切;刀具沿壁切削而不会遗留多余材料

4.2.3 切削层

如图4-14中的工序对话框"刀轨设置"区域。"切削层"：对切削范围以及每个切削范围的切削层提供更多的控制。"公共每刀切削深度"：自动生成所有切削范围的最大的每刀切削深度。要进行更多的控制就要使用"切削层"。如图4-25。

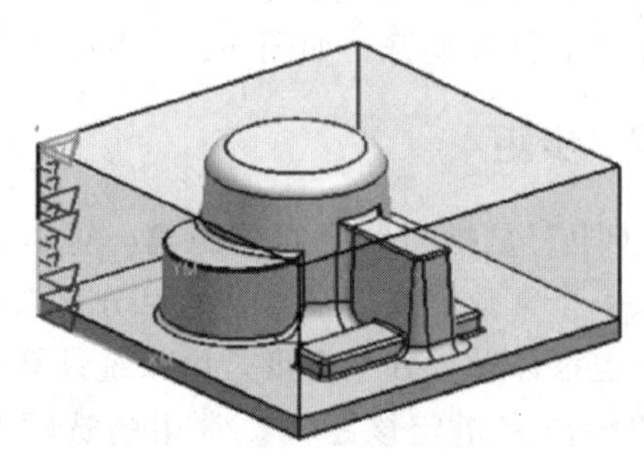

图4-25 切削层

—切削范围；—局部每刀切削深度。

"切削层"对话框内容如表4-4，具体操作在后面章节详细介绍。

表4-4 "切削层"对话框（适用于型腔铣、深度轮廓铣、插铣）

类型	选项	
范围类型	"自动":(默认)设置范围以与垂直于固定刀轴的平的面对齐。范围定义临界深度且与部件关联。各范围均显示一个包含实体轮廓的大平面符号	ZC XC YC
	"用户定义":指定各个新范围的底部平面。通过选择面定义的范围将保持与部件的关联。但部件的临界深度不会自动删除	ZC XC YC
	"单个":根据部件和毛坯几何体设置一个切削范围	ZC XC YC

续表

类型	选项
切削层	“恒定”：按“公共每刀切削深度”值保持相同的切削深度 “优化”：调整切削深度，以便部件间隔和残余高度更为一致。“优化”可创建其它切削，作为从陡层到浅层的倾斜变化。最大切削深度不超过“公共每刀切削深度”值。（注：适用于“深度加工”工序） “仅在范围底部”：

4.2.4　切削参数

如图 4-14 中的“3-刀轨设置”，单击“切削参数”弹出如图 4-26 对话框。

使用“切削参数”选项可执行的操作如下。

定义切削后在部件上保留多少余量。

提供对切削模式的额外控制，如切削方向和切削区域排序。

确定输入毛坯并指定毛坯距离。

添加并控制精加工刀路。

控制拐角的切削行为。

控制切削顺序并指定如何连接切削区域。

图 4-26 切削参数对话框中各个选项卡的说明如下。

图 4-26　“切削参数”对话

(1)“策略”选项卡

①“切削方向”。根据材料侧或边界方向，以及主轴旋转方向计算切削方向。可用选项取决于工序类型和子类型。选项如表 4-5。

表 4-5　“切削方向”

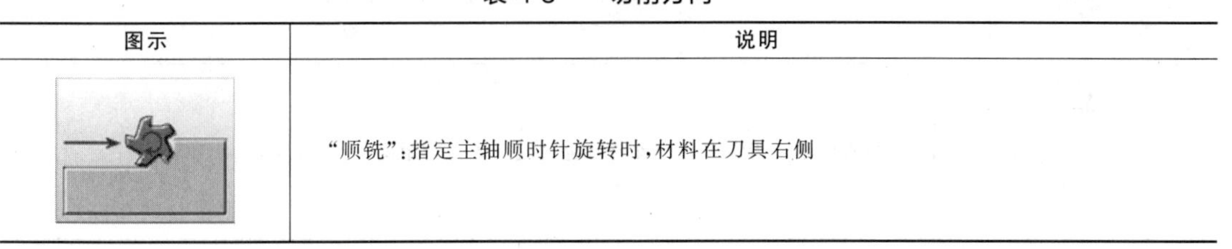

图示	说明
	“顺铣”：指定主轴顺时针旋转时，材料在刀具右侧

续表

图示	说明
	“逆铣”:指定主轴顺时针旋转时,材料在刀具左侧

②“切削顺序”。指定如何处理具有多个区域的刀轨，适用于平面铣、型腔铣。选项如表4-6。

表4-6　切削顺序

图示	说明
	“层优先”:切削最后深度之前在多个区域之间精加工各层。该选项可用于加工薄壁腔
	“深度优先”:移动到下一区域之前切削单个区域的整个深度

③ 其它选项。其它选项如表4-7。

表4-7　其它选项

图示	说明
	“添加精加工刀路”:控制刀具在完成主要切削刀路之后,所作的最后切削的一条或多条刀路
	“毛坯距离”:基于部件几何体定义工序内毛坯的偏置距离

(2)“余量”选项卡

①“设置余量”。“设置余量”选项如表4-8。

表4-8　“设置余量”

图示	说明
	“部件余量”:指定加工后遗留的材料量。默认情况下如果不指定,NX会对底面或壁应用“部件余量”值。适用于底壁铣、面铣、平面铣和曲面轮廓铣工序
	“检查余量”:指定刀具位置与已定义检查边界的距离

续表

图示	说明
	“毛坯余量”:指定刀具偏离已定义毛坯几何体的距离。注:适用于底壁铣、面铣、平面铣和型腔铣工序
	“部件底面余量”:指定底面上遗留的材料。仅用于切削层的部件表面,是平面且垂直于刀轴的。注:适用于型腔铣和深度铣工序
	“部件侧面余量”:指定壁上剩余的材料,是在每个切削层上沿垂直于刀轴的方向(水平)测量的。注:适用于型腔铣和深度铣工序
	“使底面余量与侧面余量一致”:将“底面余量”设置为与“部件侧面余量”值相等。注:适用于型腔铣和深度铣工序
	“修剪余量”:指定自定义的修剪边界放置刀具的距离。注:适用于平面铣、型腔铣和深度铣工序

②“设置公差”。公差指定刀具可以偏离部件表面的距离。“内公差”和“外公差”值越小，所允许与曲面的偏离度就越小，并可产生更光顺的轮廓，但是需要更多的处理时间，因为这会产生更多的切削步。请勿将两个值都指定为零。内外公差图示说明如表 4-9。

表 4-9 “设置公差”

图示	说明
	“内公差”:指定刀刃切入部件表面时偏离预期刀轨最大距离。适用于平面铣、型腔铣、深度铣、面铣和曲面轮廓铣工序
	“外公差”:刀刃远离部件表面切削时可以偏离预期刀轨最大距离。适用于平面铣、型腔铣、深度铣、面铣和曲面轮廓铣工序

(3)“连接”选项卡

①“切削顺序”（区域排序）。系统提供了几种自动和手工指定切削区域加工顺序的方法。用于平面铣、型腔铣、面铣和底壁铣。如表 4-10。

表 4-10 “切削顺序”

图示	说明
	“标准”：软件自动执行此操作，确定切削区域的加工顺序
	“优化”：根据最有效加工时间设置加工切削区域的顺序。从一个区域移到另一个区域时刀具总移动距离最短
	“跟随起点”：根据指定区域起点的顺序设置加工切削区域的顺序
	“跟随预钻点”：根据指定预钻进刀点的顺序设置加工切削区域的顺序

② “跨空区域”。指定存在空区域时的刀刃移动。空区域是指完全封闭的腔或孔。用于平面铣、型腔铣中的单向、往复和单向轮廓切削模式以及面铣和底壁铣切削模式。如表 4-11。

表 4-11 “跨空区域”

图示	说明
	“跟随”：指定存在空区域时必须抬刀
	“切削”：指定以相同方向跨空切削时刀具保持切削进给率
	“移刀”：指定刀具完全跨空时，刀具从切削进给率更改为移刀进给率。刀具按相同方向继续切削
	“最小移刀距离”：允许刀具按切削进给率空切的最长距离。如果最小移刀距离被超出，进给率将从切削进给率改为移刀进给率

③ “开放刀路”。在部件的偏置刀路与区域的毛坯部分相交时形成的。用于“跟随部件”切削模式。如表 4-12。

表 4-12　“开放刀路”

图示	说明
	“保持切削方向”：指定移动开放刀路时保持切削方向
	“变换切削方向”：指定移动开放刀路时变换切削方向

(4) “空间范围”选项卡

①“毛坯”组的设置选项。毛坯用于移除不接触材料的切削运动。精加工工序不考虑毛坯。如表 4-13。

表 4-13　“空间范围”选项卡

图示	说明
	“无”：切削部件的现有形状
	“轮廓线”：根据所选部件几何体的外边缘创建毛坯几何体，适用于型腔铣

②“过程工件”组的设置选项。用于可视化先前工序遗留的材料（剩余材料）、定义毛坯材料并检查刀具碰撞。不适用于使用“轮廓铣”切削模式的插铣或深度铣工序。如表 4-14。

表 4-14　“过程工件”组的设置选项

图示	说明
	“无”：使用现有的毛坯几何体（如果有），或切削整个型腔。适用于型腔铣、插铣和剩余铣工序
	“使用 3D”：使用相同几何体组而非初始毛坯。“几何体”组中的“指定毛坯”被“指定前一个 IPW”代替。“显示所得到的 IPW”已添加到“操作”组。适用于型腔铣、插铣和剩余铣工序
	“使用基于层的”：基于层的 IPW 使用先前工序的 2D 切削区域，这些工序被引用以标识剩余的余量。适用于型腔铣和剩余铣工序

续表

图示	说明
	“最小除料量”：用于过滤掉仅切削极少量材料的切削区域。当“过程工件”选项为“使用3D”或“使用基于层的”时可用

③“碰撞检查”组的设置选项。用于面铣、深度铣、平面轮廓铣、3D轮廓铣、3D实体轮廓铣、深度轮廓铣、型腔铣、底壁铣、槽铣和曲面轮廓铣工序。

a.“检查刀具和夹持器”：这个选项不可用于曲面轮廓铣工序。如表4-15。

表4-15 “检查刀具和夹持器”

图示	说明
	“☐检查刀具和夹持器”：在碰撞检查中仅检查刀具
	“☑检查刀具和夹持器”：在碰撞检查中包括刀具夹持器

b.“IPW碰撞检查”：选择检查刀具和夹持器（适用于型腔铣），指定是否检查IPW碰撞。如表4-16。

表4-16 “IPW碰撞检查”

图示	说明
	“☐IPW碰撞检查”：如果已经知道部件上遗留了多少材料，则占用的内存更少且可改进性能
	“☑IPW碰撞检查”：不知道部件上遗留了多少材料时防止碰撞

c.“小于最小值时抑制刀轨”：小于最小值时抑制刀轨。如表4-17。

表4-17 “小于最小值时抑制刀轨”

图示	说明
	“☑小于最小值时抑制刀轨”：如果工序仅移除少量材料，则不要输出刀轨

④“小区域避让”组的设置选项。小封闭区域指定如何处理腔或孔之类的小特征，适用于型腔铣。如表 4-18。

表 4-18　“小区域避让”组的设置选项

图示	说明
	“切削”：只要刀具适合，即可切削小封闭区域
	“忽略”：忽略小封闭区域。刀具在该区域上方切削

⑤“参考刀具”组的设置选项。适用于型腔铣、深度铣、平面铣、平面铣-2D 轮廓、平面铣-3D 轮廓。如表 4-19。

表 4-19　“参考刀具”组的设置选项

图示	说明
	“参考刀具”：当前工序中的较小刀具移除先前工序较大参考刀具无法进入的未切削区域中遗留的材料
	“重叠距离”：将要加工区域的宽度沿剩余材料的相切面延伸指定的距离。适用于型腔铣、深度铣

(5)“拐角”选项卡

①“拐角处的刀轨形状”组的设置选项。

a.“光顺”：提供添加圆弧到刀轨的选项，如表 4-20。

表 4-20　“光顺”

图示	说明
	“无”：对刀轨拐角和步距不应用光顺半径
	“所有刀路”：应用光顺半径到刀轨拐角和步距。加工硬质材料或高速加工材料时，要为所有拐角添加圆角防止方向突然改变，避免方向突然改变导致机床和刀具应力过大

b.“半径”：输入拐角和步距光顺圆弧的尺寸，如表 4-21。

表 4-21 “半径”

图示	说明
	输入拐角和步距运动的光顺圆弧尺寸，只能输入一个值。建议“半径”值不要超过“步距”值的 50%

c. “步距限制”：在拐角处为拟合拐角半径步距，如表 4-22。

表 4-22 “步距限制”

图示	说明
	控制在拐角处为拟合拐角半径而增大的步距。最好保留默认值为 150%

② “圆弧上进给调整”组。用于调整进给率，图示及说明如表 4-23。

表 4-23 “圆弧上进给调整”

图示	说明
❶ ❷	“在所有圆弧上”：应用补偿因子以保持内、外接触面处的进给率近似恒定。 “最小补偿因子”：增大或减小进给率的最小补偿因子。 “最大补偿因子”：增大或减小进给率的最大补偿因子

③ “拐角处进给减速”组的设置选项。“减速距离”：支持将这些选项用于中心线刀轨。当在“非切削移动”对话框的“更多”选项卡中选择“输出接触/跟踪数据”刀具补偿选项时，上述选项将不应用于刀轨。

a. “无”：不应用进给率减速。

b. “当前刀具”：设置选项如下。

“%刀具直径”：使用刀具直径百分比作为减速距离；

“减速百分比”：设置原有进给率的减速百分比，默认设置为 110%；

“步数”：设置应用到进给率的减速步数，默认设置为一步；

“最小拐角角度”：设置识别为拐角的最小角度，默认值为 0°；

“最大拐角角度”：设置识别为拐角的最大角度，默认值为 175°。

c. “上一个刀具”：使用上一个刀具的直径作为减速距离。

(6) “更多”选项卡

① “安全距离（最小间隙）”组的设置选项。用于支持刀具夹持器检查的工序。安全距离内的逼近移动部分使用进刀进给率。

② “原有”组的设置选项。用于“平面铣”、“型腔铣”的“跟随部件”、“跟随周边”和“轮廓”模式。

a. “区域连接”：选择是否连接切削区域，如表 4-24。

表 4-24 “区域连接”

图示	说明
	“☐区域连接”
	“☑区域连接”：最小化发生在一个部件的不同切削区域之间的进刀、退刀和移刀移动数

b. “边界逼近”：选择是否边界逼近，如表 4-25。

表 4-25 “边界逼近”

图示	说明
	“☐边界逼近”
	“☑边界逼近”：当边界或岛包含二次曲线或 B 样条时，缩短处理时间及刀轨长度

c. “容错加工”：“容错加工”是在不过切部件情况下查找正确的可加工区域。“容错加工”是大部分铣削工序的首选方法（“容错加工”选项默认为开。）对型腔铣工序适用。如表 4-26。

表 4-26 “容错加工”

图示	说明
	“容错加工”打开时
	“容错加工”关闭时

③ “下限平面”组的设置选项（适用于“型腔铣”和“面铣”工序）。

a. “下限选项”：定义切削和非切削刀具运动的下限。如表 4-27。

表 4-27 “下限选项”

图示	说明
	“使用继承的”:MCS 几何体父组的下限平面
	“无”:切削和非切削运动没有下限
	“平面”:可以指定此工序的下限平面

b. “操作”：当某一运动将刀具定位在下限平面下面时，指定所需操作。如表 4-28。

表 4-28 “操作”

图示	说明
	“警告”:显示警告,不修改 GOTO 刀位,允许刀具运动与下限平面发生冲突
	“垂直于平面”:显示警告,沿下限平面法矢将发生冲突的 GOTO 刀位投影到下限平面,忽略发生冲突的刀具运动
	“沿刀轴”:显示警告,沿刀轴矢量将发生冲突的 GOTO 刀位投影到下限平面,忽略发生冲突的刀具运动。通过沿刀轴刀具可跟随部件轮廓切削到部件与下限平面相交处

c. “显示”：单击以显示继承的下限平面。

4.2.5 非切削移动

参见图 4-14 中的“3-刀轨设置”，单击“非切削移动”，弹出如下对话框，如图 4-27。

图 4-27 “非切削移动”对话框

使用“非切削移动”命令可避免与部件或夹具设备发生碰撞。非切削移动可以执行以下操作。

将刀具放在切削移动之前、之后或之间。

创建与切削移动段相连的非切削刀轨段以便在单个工序内形成完整刀轨。

非切削移动可以简单到单个的进刀和退刀，或复杂到一系列定制的进刀、退刀和转移（离开、移刀、逼近）移动，这些移动的设计目的是协调刀路之间的多个部件表面、检查曲面和抬刀工序。

非切削移动包括刀具补偿，因为刀具补偿是在非切削移动过程中激活的。

如图 4-27，非切削移动类型由工序类型和子类型选项确定，这些移动按功能组织并放置在对话框的属性选项卡上。说明如下。

“进刀”：指定将刀具带到刀路起点的移动。

“退刀”：指定将刀具带离刀路终点的移动。

“起点/钻点”：通过标识区域起点，指定刀具进刀位置和步距方向。预钻点选项在先前已钻孔或毛坯材料的其它空白区域中指定进刀位置。

“转移/快速”：指定如何从一条切削刀路移到另一条切削刀路。

“避让”：指定、激活、取消和操作点、直线或符号，用于在切削运动之前和之后定义刀具安全运动。

“更多”：应用于刀轨检查碰撞、确定在何处应用刀具补偿和输出刀具接触数据的其它选项。

“切削移动”和“非切削移动”示意图如图 4-28。

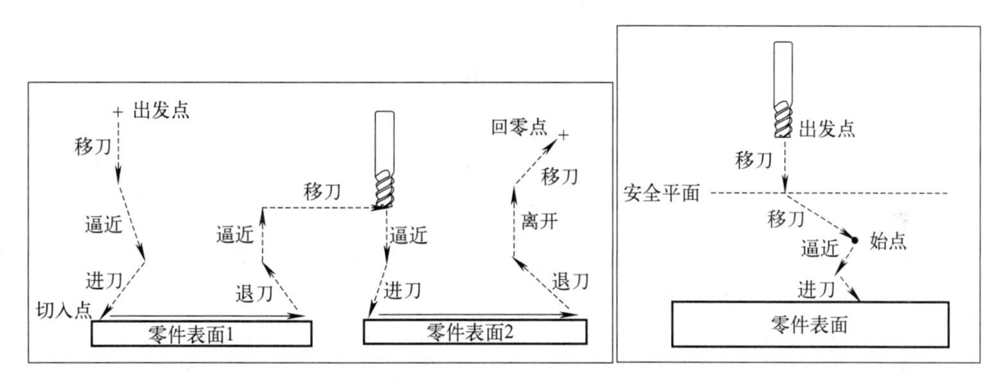

图 4-28 移动类型示意图

(1)“进刀”选项卡

① 封闭区域和初始封闭区域进刀类型。封闭区域是指刀具在到达当前切削层之前必须切入部件材料中的区域。如果选“与开放区域相同”，处理封闭区域的方式与开放区域类似，且使用“开放区域”的移动定义。适用于平面，型腔铣，深度加工工序。各个选项图示和说明如表 4-29。

表 4-29 封闭区域和初始封闭区域进刀类型

图示	说明
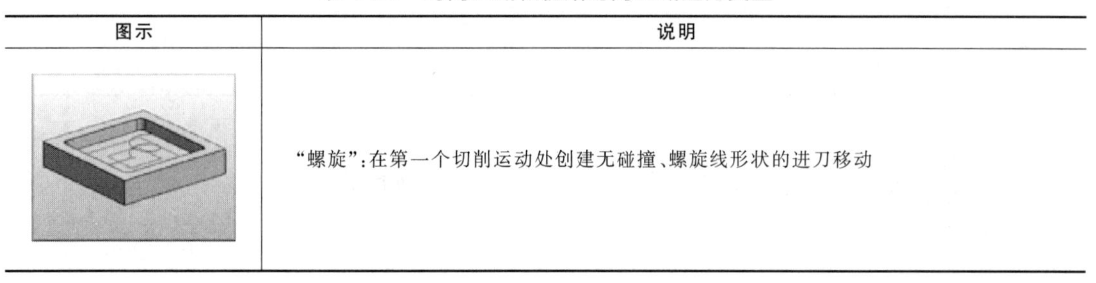	“螺旋”：在第一个切削运动处创建无碰撞、螺旋线形状的进刀移动

续表

图示	说明
	“沿形状斜进刀”:创建一个斜进刀移动,该进刀会沿第一个切削运动的形状移动
	“插削”:直接从指定的高度进刀到部件内部。为避免碰撞,“高度”必须大于面上的材料厚度
	“无”:不输出任何进刀移动
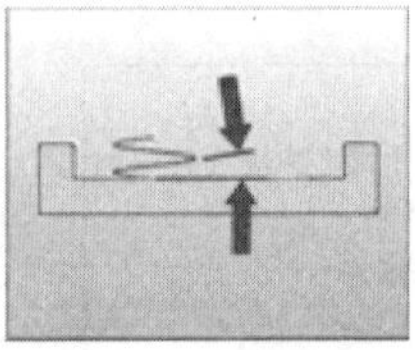	“斜坡角”:控制刀具切入材料的倾斜角度,必须大于0°且小于90°
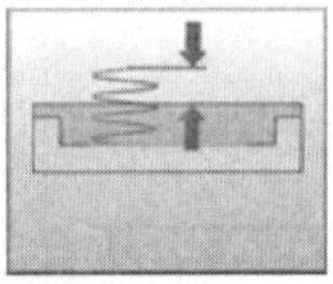	“高度”:指定要在切削层的上方开始进刀的距离。“高度”必须大于面上的材料厚度
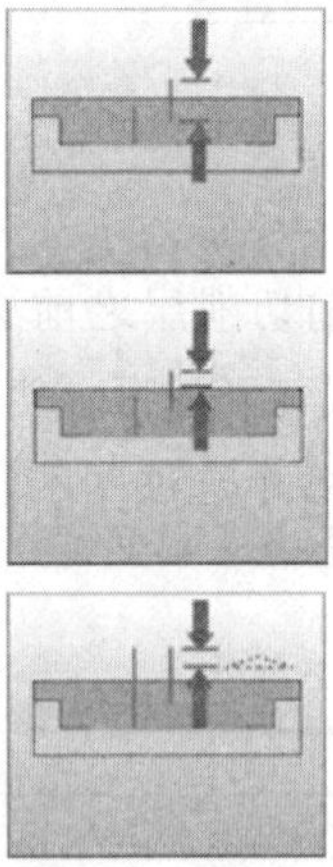	“高度起点”:指定封闭区域进刀移动高度的位置。用于型腔铣、平面铣、面铣和深度加工工序。分为:当前层、前一层、平面三种
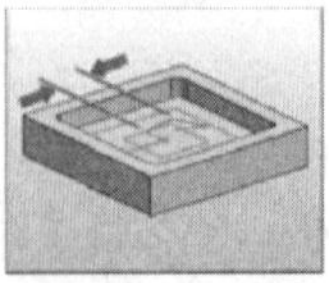	“最大宽度”:指定决定“斜进刀”总体尺寸的“距离”值

续表

图示	说明
	“最小安全距离”：指定刀具逼近不加工区域的最近距离与退刀倾斜离部件的远近
	“最小斜面长度”：控制自动斜削或螺旋进刀切削材料时刀具必须移动的最短距离。适用于型腔铣、深度铣和剩余铣工序
	“☑定制进给和速度”：开启或关闭定制进给和速度控制。“速度”：可设置进刀运动过程中使用的定制主轴速度；“进给”：可设置进刀运动过程中使用的定制进给率；“驻留(秒)”：设置刀具到达螺旋进刀范围底部后的驻留时间
	“初始封闭区域”：控制工序的初始移动到第一个封闭区域切削区域/层
	“进刀类型”：“初始封闭区域”与“封闭区域”具备相同的选项

②“开放区域，初始开放区域”进刀类型。开放区域是指刀具可悬空进入当前切削层的区域。如果选“与封闭区域相同”选项，NX将使用封闭区域默认值。适用于平面，型腔铣，深度加工工序。各个选项图示和说明如表4-30。

表4-30　“开放区域，初始开放区域”进刀类型

图示	说明
	“线性”：在与第一个切削运动相同方向的指定距离处，创建进刀移动
	“线性-相对于切削”：创建与刀轨相切(如果可行)的线性进刀移动
	“圆弧”：创建一个与切削移动的起点相切(如果可能)的圆弧进刀移动
	“点”：为线性进刀指定起点
	“线性-沿矢量”：进刀方向。用“矢量构造器”可定义进刀方向

续表

图示	说明
	“角度-角度-平面”：指定起始平面。旋转角度和斜坡角定义进刀方向。平面将定义长度
	“矢量平面”：指定起始平面。使用“矢量构造器”可定义进刀方向
	“无”：不创建进刀移动。进刀移动（如果需要）直接与切削移动相连
	“长度”：设置进刀的线性长度
	“旋转角度”：在与切削层相同的平面中用该角度进刀
	“斜坡角”：设置此值以在切削层上方进刀
	“高度”：在切削层的上方开始进刀的距离。“高度”值必须大于面上的材料厚度

③“最小安全距离”。指定刀具可以逼近不加工部件区域的最近距离，选项如表4-31。

表 4-31 “最小安全距离”选项

图示	说明
	“无”：不应用“最小安全距离”
	“修剪和延伸”：“最小安全距离”值将未接触部件的运动修剪为最小安全距离，或将穿过部件的运动延伸为最小安全距离

续表

图示	说明
	“仅延伸”:“最小安全距离”值将穿过部件的运动延伸为最小安全距离
	“最小安全距离”:指定刀具可以逼近不加工部件区域的最近距离

(2)“退刀”选项卡

退刀是指使刀具远离刀路末端。选取“与初始进刀相同”则与“进刀”移动相同，不过它是使刀具远离部件而非朝向部件。分为平面铣工序和曲面轮廓铣工序，分别如表4-32、表4-33。

表4-32　平面铣工序“退刀”类型

图示	说明
	“与初始进刀相同”:与“进刀”移动相同,不过是使刀具远离部件而非朝向部件
	“线性”:在指定的距离创建一个退刀移动,方向与第一个切削运动的方向相同
	“线性-相对于切削”:创建与刀轨相切(如果可行)的线性退刀移动
	“圆弧”:创建一个与切削移动的起点相切(如果可能)的圆弧退刀移动
	“点”:指定在返回到安全平面之前要移动的目标点
	“抬刀”:在切削运动结束时的竖直退刀
	“线性-沿矢量”:退刀方向。可使用“矢量构造器”定义退刀方向
	“角度-角度-平面”:使用“平面构造器”指定要移动到的目标平面。旋转角度和斜坡角将定义退刀距离

续表

图示	说明
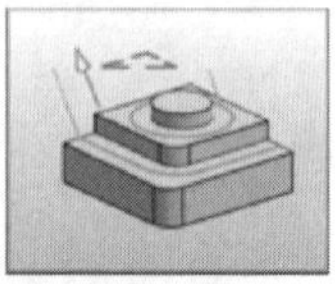	“矢量平面”：在返回到安全平面之前要移动到的目标平面（非安全平面）。可使用“矢量构造器”定义退刀方向
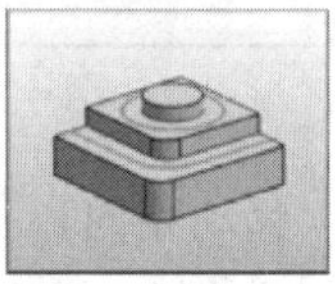	“无”：不创建退刀移动。离开移动与切削移动直接相连
	“最终”：为跟随切削移动的最后一个退刀移动指定参数
	“退刀类型”：与“退刀”的选项相同。或选择“与退刀相同”

表 4-33 曲面轮廓铣“退刀”类型

图示	说明
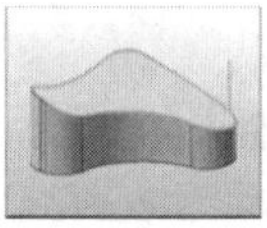	“线性”：根据边界段和刀具类型，沿着一个矢量自动计算安全线性退刀。这通常是指定进刀或退刀移动的最快的方式。可以为长度、旋转角度和斜坡角指定其它参数
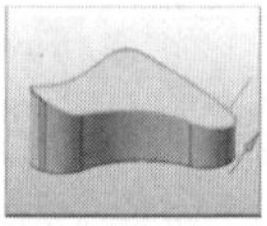	“线性-沿矢量”：使用矢量构造器可定义退刀方向
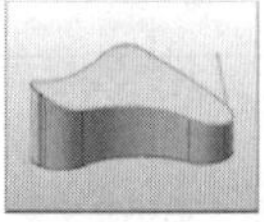	“线性-垂直于部件”：指定垂直于部件表面的退刀方向
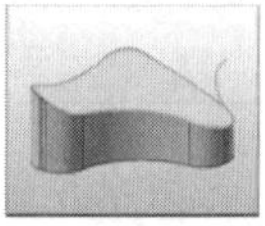	“圆弧-平行于刀轴”：在由切削方向和刀轴定义的平面中创建圆弧移动。圆弧与切削方向相切
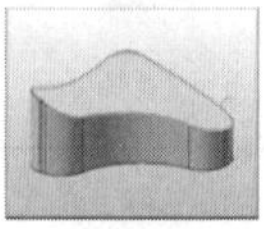	“圆弧-垂直于刀轴”：在垂直于刀轴的平面中创建圆弧移动。圆弧的末端垂直于刀轴，但是不必与切削矢量相切。这种运动类型将 G02/G03 记录输出到机器文件中
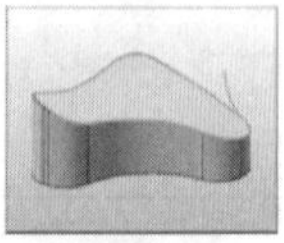	“圆弧-相切离开”：在由切削矢量和相切矢量定义的平面中，在离开移动的开始处创建圆弧移动。圆弧移动与切削矢量和离开移动都相切
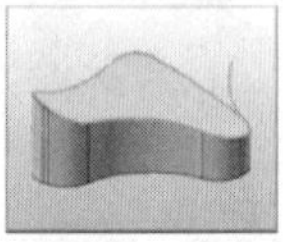	“圆弧-垂直于部件”：使用部件法向和切削矢量来定义包含圆弧刀具运动的平面。弧的末端始终与切削矢量相切
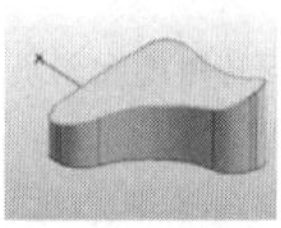	“点”：指定退刀起点位置。可以选择预定义的点或使用点构造器指定点

续表

图示	说明
	“抬刀”：指定在切削运动结束时的竖直退刀
	“无”：不创建退刀移动。切削移动与离开移动直接相连
	“退刀至距离”：指定刀具退刀至的位置与部件的距离。可以是长度、旋转角度和斜坡角
	“退刀至平面”：指定刀具退刀至的用户定义平面

(3)“转移/快速”选项卡

以平面铣工序为例，分为如下选项。

①“间隙”组的安全设置选项。“间隙”组的安全设置选项如表4-34。

表4-34　“间隙”组的安全设置选项

图示	说明
MCS	“使用继承的”：使用在MCS中指定的“安全平面”
	“无”：不使用安全平面
	“自动平面”：将“安全距离”值加到部件几何体的平面中。对于“型腔铣”：部件、检查、毛坯及毛坯距离或用户定义顶层的最高区域
	“平面”：为此工序指定安全平面。使用“平面对话框”定义安全平面

续表

图示	说明
	“点”:指定要转移到的安全点。可以选择预定义的点或使用“点构造器”指定点
	“包容圆柱体”:指定圆柱形作为安全几何体。圆柱尺寸由部件形状和“安全距离”决定。沿 Z 轴拉伸
	“圆柱”:指定圆柱形作为安全几何体,圆柱无限长。创建圆柱必须输入:半径、中心点、指定刀轴方向
	“球”:指定球形作为安全几何体。要创建球必须输入半径值并指定中心点
	“包容块”:指定包容块作为安全几何体。包容块尺寸由部件形状和指定的“安全距离”决定

② “区域之间”组的设置选项。控制不同切削区域之间的退刀、转移和进刀。如表 4-35。

表 4-35 “区域之间”组的设置选项

图示	说明
	“安全距离-刀轴”:所有移动沿刀轴方向返回到安全几何体
	“安全距离-切削平面”:所有移动沿切削平面返回到安全几何体

续表

图示	说明
	“安全距离-最短距离”：所有移动根据最短距离返回到安全平面
	“前一平面”：所有移动都返回到前一切削层，此层可以安全移刀，使刀具沿平面移动到新的切削区域
	“直接”：在两个位置之间进行直连转移。“直接”选项会忽略安全距离
	“Z 向最低安全距离”：首先应用直接移动。如果移动无过切，则使用前一个安全深度加工平面
	“毛坯平面”：使刀具沿着要除料的上层定义的平面转移。在平面铣中是指定的部件边界和毛坯边界中最高的平面。在型腔铣中，是指定的切削层中最高的平面

③“区域内”组的设置选项。控制切削区域内或切削特征各层之间材料的退刀、转移和进刀移动。如表 4-36。

表 4-36　“区域内”组的设置选项

图示	说明
	“进刀/退刀”：使用默认进刀/退刀定义
	“抬刀和插削”：以竖直移动产生进刀和退刀。输入“抬刀/插削高度”

续表

图示	说明
	"传递类型":指定刀具移动的位置。选项与"区域之间"相同,也可选"切削平面"
	"切削平面":可使"进刀"和"退刀"移动归零,让刀具停留在切削平面上直至检测到碰撞或过切
	"安全距离":指定要与"前一平面、毛坯平面"或"Z 向最低安全值"相加以便安全地清除障碍的距离

④"初始和最终"组的设置选项。控制工序到第一切削区域/第一切削层的初始移动,并使工序的最终移动远离最后一个切削位置。

a. "逼近类型":"逼近类型"选项如表 4-37。

表 4-37 "逼近类型"

图示	说明
	"安全距离-刀轴":从已标识的安全平面沿着刀轴方向创建逼近移动
	"安全距离-最短距离":从已标识的安全平面基于最短距离创建逼近移动
	"安全距离-切削平面":从进刀移动之前的已标识安全平面沿着切削平面创建逼近移动
	"相对平面":在初始进刀点上方定义平面。逼近从这平面移动到初始进刀点。沿刀轴的平面距离由"区域内"组中的"安全距离"值设置
	"毛坯平面":沿要除料的上层定义的平面。平面铣中是部件边界和毛坯边界中的最高平面,型腔铣中是切削层中的最高平面
	"无":不添加初始逼近移动

b. “离开类型”：“离开类型”选项如表 4-38。

表 4-38　“离开类型”

图示	说明
	“安全距离-刀轴”：创建沿刀轴方向的离开移动，至退刀移动后的已标识安全平面
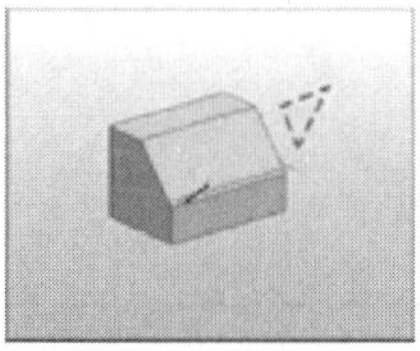	“安全距离-最短距离”：根据最短距离创建离开移动，至进刀移动之前的已标识安全平面
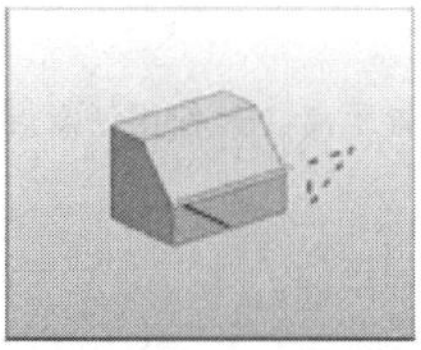	“安全距离-切削平面”：沿切削平面到“安全设置组”指定的安全平面创建最终离开移动
	“相对平面”：在最终退刀点上方定义平面，从这平面到最终退刀点的离开移动。沿刀轴的平面距离由“区域内”组中的“安全距离”值设置
	“无”：不添加最终离开移动

(4)“点/钻点”选项卡

以平面铣工序为例。

①“重叠距离”组的设置。重叠距离是指定要倒圆的切削结束点和起点的重叠深度。如表 4-39。

表 4-39　“重叠距离”组设置

图示	说明
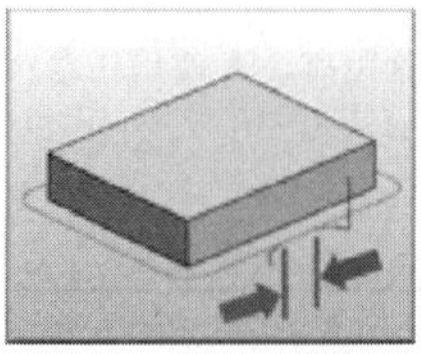	“重叠距离”：此选项确保在发生进刀和退刀移动的点进行完全清理。刀轨在切削刀轨原始起点的两侧同等地重叠

②“区域起点”组的设置选项。区域起点指定从何处开始加工。如表 4-40。

表 4-40 “区域起点”组设置

图示	说明
	“中点”:(默认)刀轨在切削区域内最长的线性边中点开始。如果没有线性边,则使用最长的段
	“拐角”:从指定边界的起点开始
	“有效距离”:指定——NX可忽略指定距离外的点。无——不设置距离,NX使用任意点
	“指定点”:可以手动指定切削区域起点位置。手动指定的点的优先级高于“默认区域起点”

③“预钻点”组的设置选项。预钻点指预先钻好孔，刀具将下降到该孔并开始加工。如表4-41。

表 4-41 “预钻点”组设置

图示	说明
	“指定点”:指定预钻点位置
	“有效距离”:指定——NX可忽略指定距离外的点。无——不设置距离,NX使用任意点

(5)“光顺”选项卡

“转移/快速”组的设置，如表4-42。

表 4-42　“转移/快速”组设置

图示	说明
☑光顺拐角　☐光顺拐角	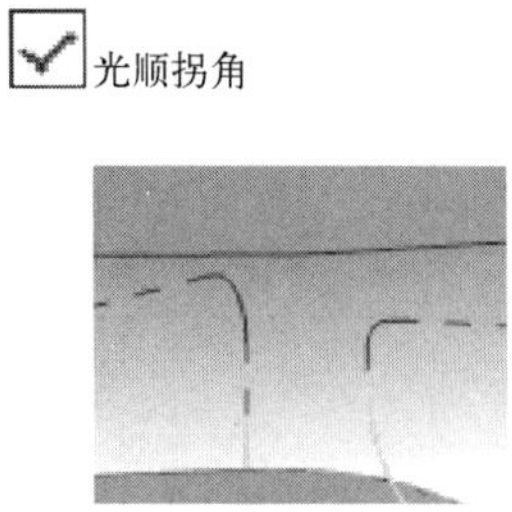 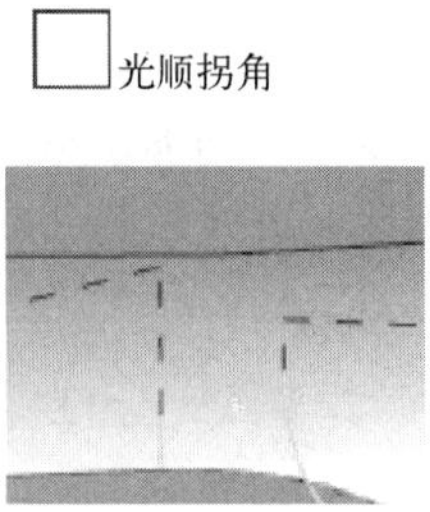 “光顺拐角”：是否将光顺应用于切削区域之间的运动
☑光顺移刀拐角　☐光顺移刀拐角	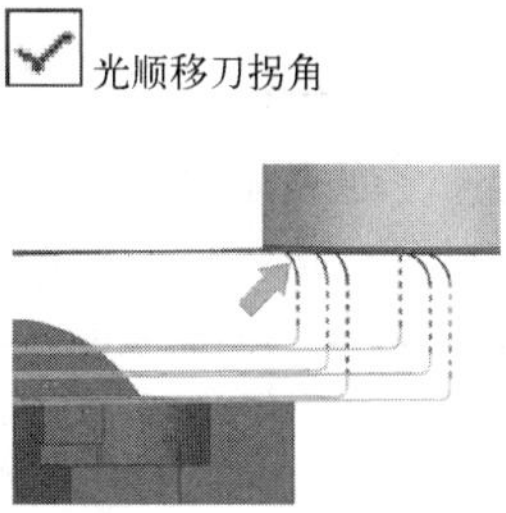 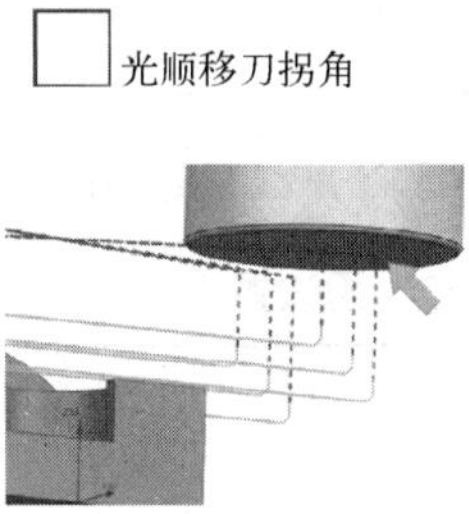 “光顺移刀拐角”：确定光顺是否应用于移刀和相邻逼近移动之间，或者应用于移刀和离开移动之间

(6)“避让”选项卡

此选项卡上的选项适用于所有铣削工序、孔加工工序和一般特征工序。

①“出发点”组的设置。指定新刀轨开始处的初始刀具位置。如表 4-43。

表 4-43　“出发点”组设置

选项	图示	说明
点选项	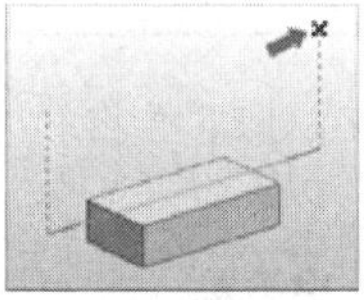	指定：设置出发点位置
	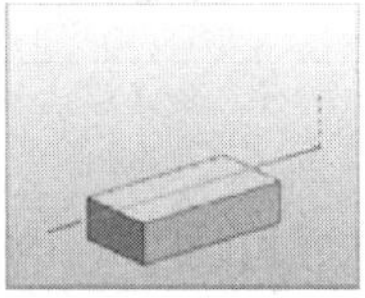	无：不使用指定的出发点
刀轴	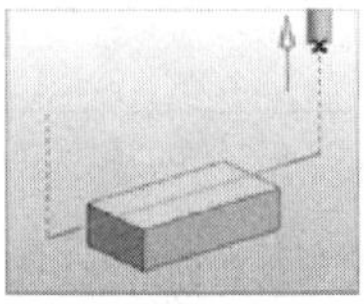	指定：设置刀轴方位
	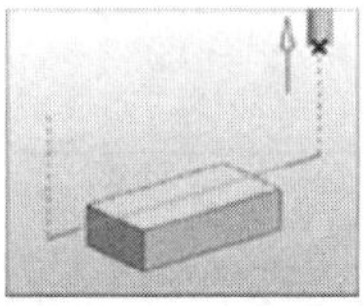	无：将刀轴出发点设为 0,0,1

②“起点”组的设置。在启动序列之前指定避让几何体和夹具组件的刀具位置。如表 4-44。

表 4-44 “起点”组设置

选项	图示	说明
“点”选项	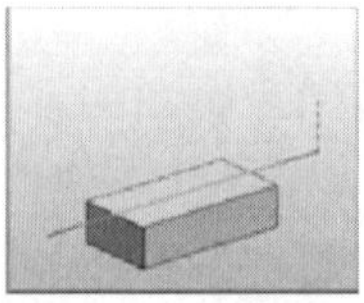	“无”:不使用指定的起点位置
	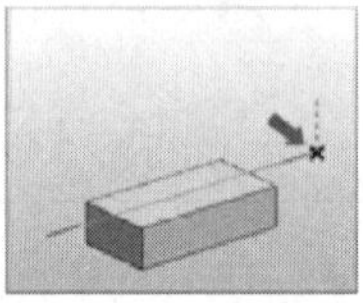	“指定”:设置起点位置

③“返回点”组的设置。指定切削序列结束时离开部件的刀具位置。如表 4-45。

表 4-45 “返回点”组设置

选项	图示	说明
“点”选项	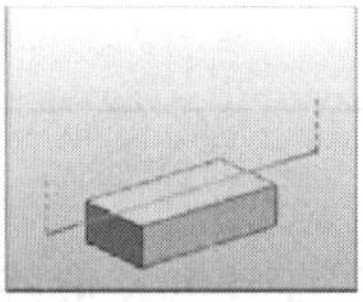	“无”:不使用指定的返回点位置
	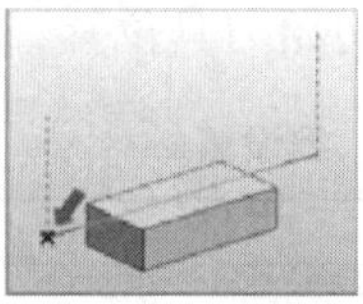	“指定”:设置返回点位置

④“回零点”组的设置。指定最终刀具位置。后处理器将“回零点”命令解释为“快速”移动。如表 4-46。

表 4-46 “回零点”组设置

选项	图示	说明
“点”选项	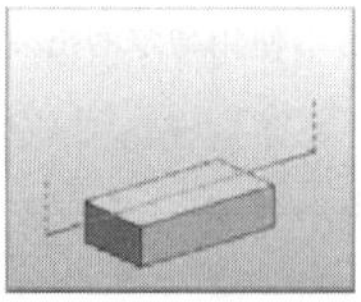	“无”:不使用指定的回零点位置
	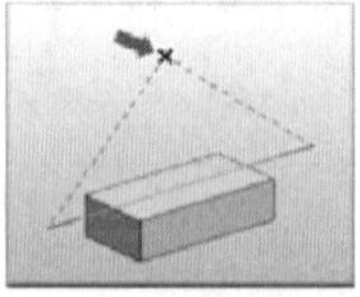	“与起点相同”:使用指定的出发点位置作为回零点位置
	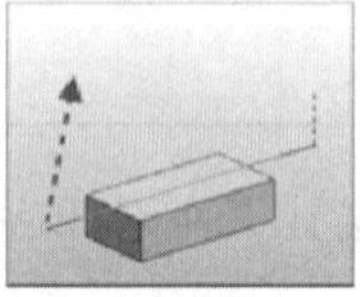	“回零-没有点”:后处理器中定义的回零点移动。默认值为(0,0,0)

续表

选项	图示	说明
“点”选项		“指定”：设置回零点位置。您可以选择预定义点或使用点构造器指定点
“刀轴”		“无”：使用当前刀轴方位
		“指定”：设置刀轴方位。您可以选择几何体或使用矢量构造器定位刀轴

(7) **“碰撞检查”选项卡**

① “碰撞检查”组的设置。选定时，系统检测与选定部件和检查几何体的碰撞。如表 4-47。

表 4-47　“碰撞检查”组设置

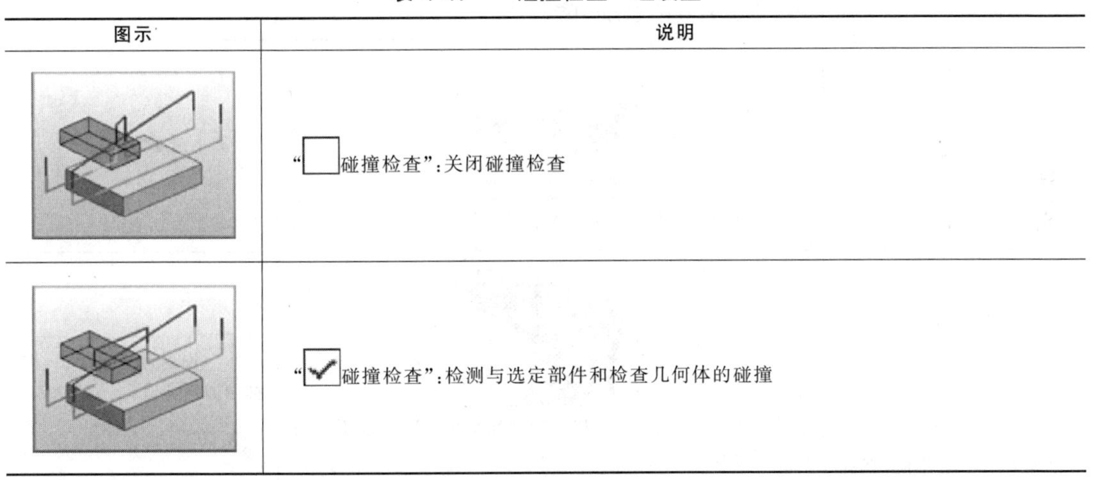

图示	说明
	“☐碰撞检查”：关闭碰撞检查
	“☑碰撞检查”：检测与选定部件和检查几何体的碰撞

② “刀具补偿”组的设置。启用刀具补偿时，NX 会输出刀具接触位置的刀轨，因此刀轨结果对不同尺寸的刀具均有效。在禁用刀具补偿时，NX 会输出刀具中心线处的刀轨。如表 4-48。

表 4-48　“刀具补偿”组设置

选项	图示	说明
“刀具补偿”位置：指定何处应用刀具补偿	不应用刀具补偿	“无”

续表

选项	图示	说明
“刀具补偿”位置：指定何处应用刀具补偿	自动提供“CUTCOM”语句，并将“LEFT/RIGHT”参数、“最小移动”值和“最小角度”值添加到所有刀路中	“所有精加工刀路”
	应用刀具补偿到最终精加工刀路。选择“最终精加工刀路”时，“输出接触/跟踪数据”选项变为可用状态	“最终精加工刀路”
	刀具补偿随后会应用于该线性移动、圆弧进刀以及刀路的其余部分，直到进行退刀运动	“最小移动”
	指定角度线性延伸从圆弧半径开始旋转	“最小角度”
“如果小于最小值，则抑制刀具补偿”	即使偏置值小于“最小移动”和“最小角度”值，也不要关闭刀具补偿	“□如果小于最小值，则抑制刀具补偿”
	如果偏置值小于“最小移动”和“最小角度”值，则关闭刀具补偿	“☑如果小于最小值，则抑制刀具补偿”
“输出平面”	不要将平面数据包含在刀具补偿命令中	“□输出平面”

续表

选项	图示	说明
“输出平面”	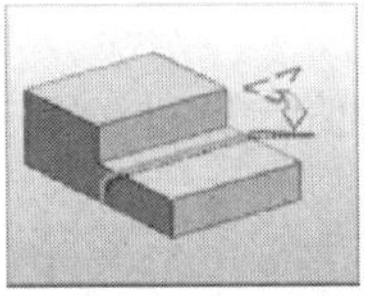 将平面数据包含在“刀具补偿”命令中。插入到刀具补偿命令中的平面将是应用刀具补偿的平面	“☑输出平面”
“输出接触/跟踪数据”(适用于平面铣、面铣和型腔铣工序)	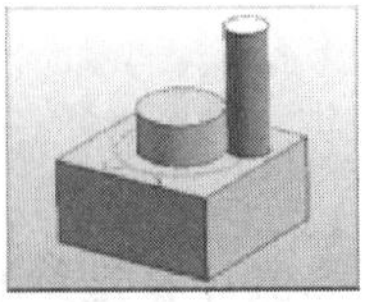 在一个 NC 工序中输出所有切削运动的刀具中心	“□输出接触/跟踪数据”
	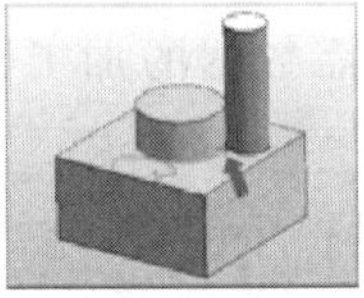 在一个工序中输出所有切削运动刀具接触位置,非一个刀具结束位置。 “刀具接触位置”为接触部件的位置。“刀具结束位置”位于刀具中心	“☑输出接触/跟踪数据”

4.2.6 进给率和速度

进给率和主轴速度可根据刀具和加工材料查询相关手册和说明来选择确定,也可用如式 4-1、式 4-2 计算。切削速度示意图如图 4-29。

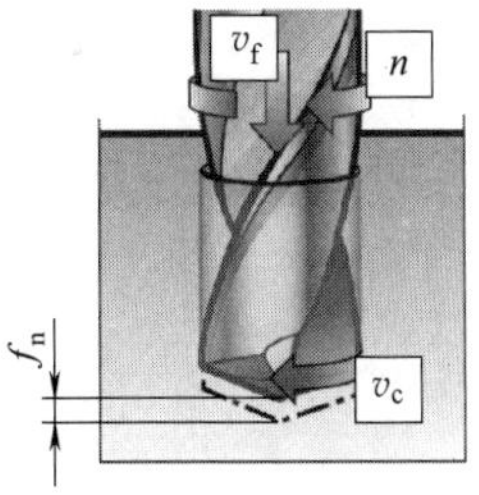

图 4-29 切削速度

主轴速度 n (r/min):

$$n=(1000\times v_c)/(\pi\times d) \tag{4-1}$$

式中 v_c——切削速度,m/min;

d——刀具直径,mm。

进给速度(率)v_f (mm/min):

$$v_f= f_n\times n \tag{4-2}$$

式中 f_n——每钻进给量,mm/r ($f_n=Z\times f_z$);

f_z——每刃进给量,mm;

Z——刀具刃数。

在图 4-14 工序对话框中的“刀轨设置”,单击“进给率和速度”弹出对话框,如图 4-30,创建或编辑铣削工序时可以设置进给率和主轴速度。

“进给率和速度”命令可定义“进给率”和“主轴速度”。可在“工序”或“方法组”中指定值。如果在方法组中指定值,则工序将继承此信息。也可使用进给率和速度库自动设置进给率和速度。

(1)“主轴速度”

可通过以下方法设置主轴速度。

直接作为 r/min（rpm）值。

通过指定表面速度并单击“基于此值计算进给和速度”▦来间接设置。

通过“设置加工数据”⚡提供所需数据的加工数据库来自动设置。

(2)“进给率”

可通过以下方式指定切削输入。

直接指定为每分距离或每转距离值。

通过指定每齿进给量并单击“基于此值计算进给和速度”▦来间接设置。

通过“设置加工数据”⚡提供所需数据的加工数据库来自动设置。

“更多”含义见“4.2.5 非切削移动”中的图 4-27。

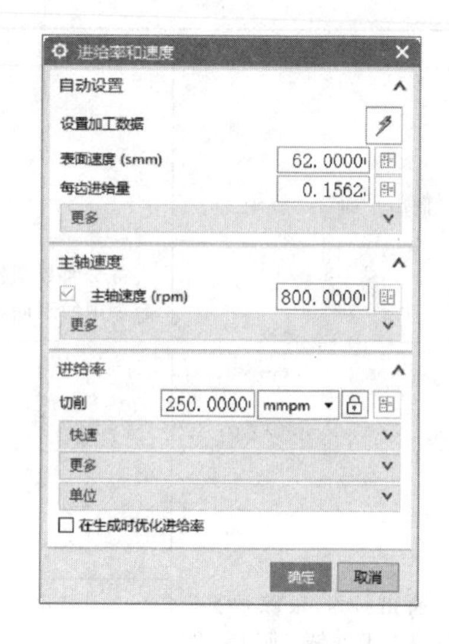

图 4-30 “进给率和速度”对话框

第5章 加工工序种类及应用

学习导引

NX 的“加工工序”内容包括刀轨、生成刀轨所需的信息（几何体、刀具和加工参数）。针对粗、精加工顺序，工件的几何形状，加工的效率，加工的质量等不同情况，NX 设计了种类丰富的加工工序供选择使用。本章介绍这些工序分类和用途。

学习建议：学习者把本章作为手册，在选择工序时查阅使用。

5.1 常用铣工序子类型

5.1.1 NX 的工序

NX 软件“工序”的功能：生成一条刀轨；包含生成刀轨所需的信息，包括几何体、刀具和加工参数。

对于每个工序，软件都会保存在当前部件中生成刀轨所用的信息。这些信息包括后处理器命令集、显示数据和定义坐标系。工序可以复制，如果工序的几何体相同可以复制该工序形成新工序，只需要修改少数的其它参数，这样可节省重复劳动时间。

创建工序首先在“应用模块”中单击“加工”，可以在“命令查找器”中查找“创建工序”，也可以在加工主页单击“创建工序”进入。

进入“创建工序”对话框后一般需要选择“类型”，如图 5-1。常用类型是：平面铣（mill_planar）、型腔铣（mill_contour）、钻孔加工（dirll 或 hole_making）。

鼠标在“工序子类型”图标上悬停时会有功能提示，如图 5-2。

5.1.2 铣工序子类型

图 5-3 显示了 NX 铣加工的工序和主要子工序分类逻辑关系。

固定轴铣工序子类型如下。

(1) 平面铣类

① 基于体积的 2.5D 铣：使用基于体积的 2.5D 铣后处理器的工序子类型切削实

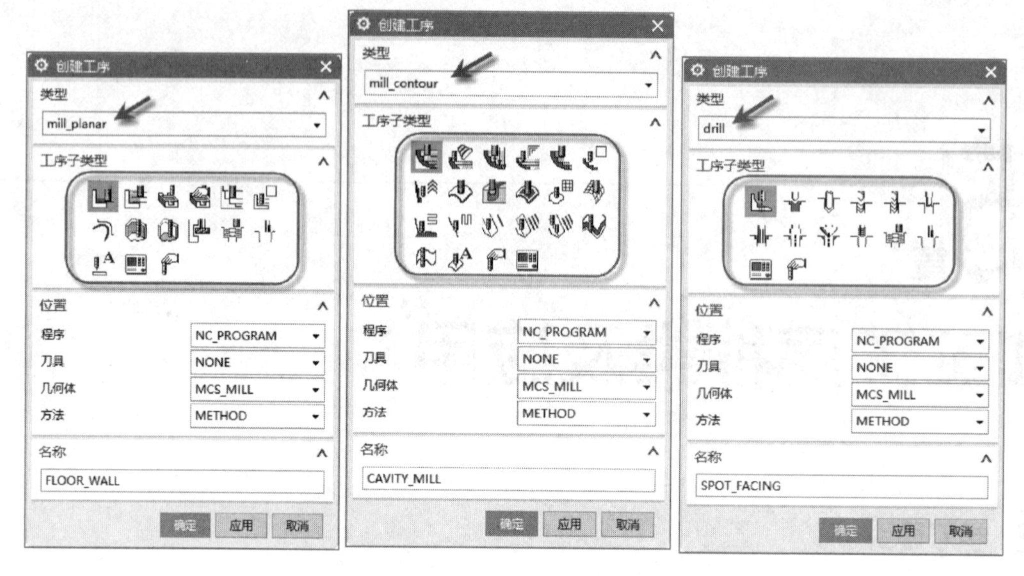

图 5-1 工序类型

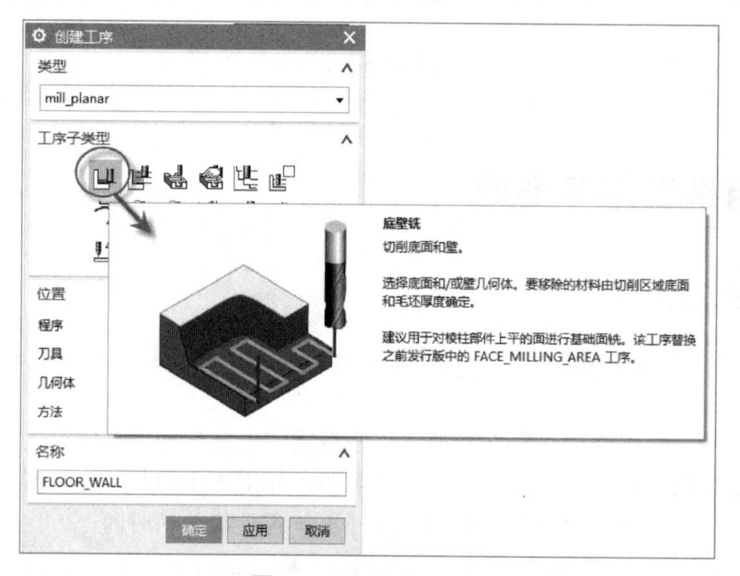

图 5-2 工序功能提示

体上的平面，可高效加工棱柱部件和特征。

② 槽铣削：使用槽铣削处理器的工序子类型切削实体上的平面，可高效加工线型槽和使用 T 型刀具的槽。

③ 面铣：使用面铣处理器的工序子类型在实体上切削平的面。例如，铸件上的凸垫。

④ 平面铣：使用平面铣处理器的工序子类型跟随 2D 边界，沿着垂直壁或与刀轴平行的壁除料。平面铣移除垂直于固定刀轴的平面层中的材料。部件上要加工的区域包括垂直于刀轴的“平的岛”和“平底面”。

⑤ 平面铣-2D 轮廓：使用平面铣 2D 轮廓处理器沿着部件边界切削，形成单独的轮

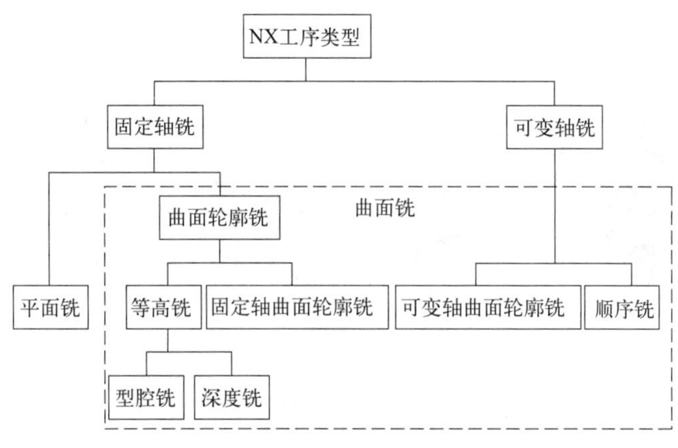

图 5-3 工序分类逻辑关系

廓加工刀路。

⑥ 平面铣-3D 轮廓：使用平面铣 3D 轮廓处理器的工序子类型沿着 3D 几何体切削，形成一条或多条轮廓加工刀路，深度由边界上的边或曲线决定。这些工序子类型常用于修边模。

⑦ 平面文本：使用平面文本处理器直接在平的曲面上雕刻制图文本。制图文本可以包含零件号和模具型腔 ID 号。

(2) 曲面（型腔）铣类

① 型腔铣：使用型腔铣处理器的工序子类型可进行大体积除料。型腔铣移除垂直于固定刀轴的平面层中的材料。部件几何体可以是平的或带轮廓的。型腔铣对于粗切部件，如冲模、铸造和锻造，是理想选择。

② 插铣：当刀具沿 *Z* 轴移动时，PLUNGE_MILLING 处理器沿垂直方向切削，以利用增加的刚度。插铣进行高效的粗加工，以移除毛坯的大体积部分，然后可以装配较长和刚度较低的刀具对难以到达的深壁进行精加工。

③ 深度铣：使用深度铣处理器的工序子类型对部件或切削区域进行轮廓加工。深度铣移除垂直于固定刀轴的平面层中的材料。部件几何体可以是平的或带轮廓的。

④ 固定轴曲面轮廓铣：使用固定轴曲面轮廓铣处理器的工序子类型对部件或切削区域进行轮廓加工。固定轴曲面轮廓铣沿部件轮廓除料。

注：本书只介绍“固定轴”部分的常用工序；“管加工”等部分本书不作介绍。

5.2 铣工序子类型说明

下面详细说明各个工序的特点和用途。标有【主要】的工序通常可以通过设置后取代其它的工序。

表 5-1 详细说明了各子工序应用的工序、加工的部位形状、适合的几何体等。

注：其它工序通常可以用【主要】工序设置出取代；原有面铣工序，将 NX 8.5 之前版本的面铣工序迁移至合适的工序类型，见表 5-2。

表 5-1 常用工序子类型及说明（含索引）

工序类型	常用子类型及主要工序	几何体		建议工序				说明	图示（应用形状和刀具）
		线框	实体、面	粗加工	二次开粗	半精加工	精加工		
平面铣 mill_planar	底壁铣【主要】 FLOOR_WALL		√				√	切削底面和壁。 要移除的材料由底面和毛坯厚度确定。 建议用于棱柱部件上平的面。（该工序替换之前发行版中的 FACE MILLING AREA 工序）	
	底壁铣 IPW FLOOR_WALL_IPW		√				√	使用 IPW 切削底面和壁。 要移除的材料由所选几何体和 IPW 确定。 建议通过 IPW 跟踪未切削材料时铣削 2.5D 棱柱部件	
	带边界面铣 FACE_MILLING		√				√	垂直于平面边界定义区域内的固定刀轴进行切削	
	手工面铣 FACE_MILLING_MANUAL		√				√	切削垂直于固定刀轴的平面的同时，允许向每个包含手工切削模式的切削区域指派不同切削模式	
	平面铣【主要】 PLANAR_MILL	√	√	√	√			移除垂直于固定刀轴的平面切削层的材料。 定义平行于底面的部件边界。部件边界确定关键切削层。 建议用于粗加工带直壁的部件上的大量材料	

续表

工序类型	常用子类型及主要工序	几何体		建议工序				说明	图示（应用形状和刀具）
		线框	实体、面	粗加工	二次开粗	半精加工	精加工		
平面铣 mill_planar	平面轮廓铣 PLANAR_PROFILE	√	√		√		√	使用“轮廓”切削模式来生成单刀路和沿部件边界描绘轮廓的多层平面刀路。 建议用于下平面壁或边	
	清理拐角 CLEANUP_CORNERS	√	√		√		√	使用 2D 过程工件来移除完成之前工序后所遗留的材料。 建议用于移除在之前工序中使用较大直径刀具后遗留在拐角的材料	
	精铣壁 FINISH_WALLS	√	√				√	使用“轮廓”切削模式来精加工壁，同时留出底面上的余量。 建议用于精加工直壁，同时留出余量以防止刀具与底面接触	
	精铣底面 FINISH_FLOOR	√	√				√	使用“限随部件”切削模式来精加工底面，同时留出壁上的余量。 建议用于精加工底面，同时留出余量以防止刀具与壁接触	
曲面轮廓铣 mill_contour	型腔铣【主要】 CAVITY_MILL		√	√	√			通过移除垂直于固定刀轴的平面切削进行粗加工。 建议用于移除模具型腔与型芯、凹模、铸造件上的大量材料	

续表

工序类型	常用子类型及主要工序	几何体		建议工序				说明	图示（应用形状和刀具）
		线框	实体、面	粗加工	二次开粗	半精加工	精加工		
曲面轮廓铣 mill_contour	自适应铣 ADAPTIVE_MILLING		√	√				在垂直于固定轴的平面切削层使用自适应切削模式对一定量的材料进行粗加工，同时维持刀具进刀一致。 建议用于需要考虑延长刀具和机床寿命的高速加工硬材料	
	插铣 PLUNGE_MILLING		√	√			√	通过沿连续插削运动中刀轴切削来粗加工轮廓形状。 建议用于对需要较长刀具和增强刚度的深层区域中的大量材料进行有效的粗加工	
	拐角粗加工 CORNER_ROUGH		√		√			对刀具处理不到的拐角中的遗留材料进行粗加工。将在之前粗加工工序中使用的刀具指定为“参考刀具”以确定切削区域。 用于粗加工由于之前刀具和拐角半径的原因而处理不到的材料	
	剩余铣 REST_MILLING		√		√			使用型腔铣来移除之前工序所遗留下的材料。切削区域由基于层的 IPW 定义。 建议用于粗加工由于部件余量、刀具大小或切削层而导致被之前工序遗留的材料	
	深度轮廓铣【主要】 ZLEVEL_PROFILE		√			√	√	使用垂直于刀轴的平面切削对指定层的壁进行轮廓加工。还可以清理各层之间缝隙中遗留的材料。 建议用于半精加工和精加工轮廓形状，如注塑模和锻造	

续表

工序类型	常用子类型及主要工序	几何体		建议工序				说明	图示（应用形状和刀具）
		线框	实体、面	粗加工	二次开粗	半精加工	精加工		
曲面轮廓铣 mill_contour	深度加工角 ZLEVEL_CORNER						√	使用轮廓切削模式精加工指定层中前一个刀具无法触及的拐角。必须定义部件和参考刀具。 建议用于移除前一个刀具由于其直径和拐角半径的原因而无法触及的材料	
	固定轮廓铣【主要】 FIXED_CONTOUR					√	√	用于对具有各种驱动方法、空间范围和切削模式的部件或切削区域进行轮廓铣的基础固定轴曲面轮廓铣工序。 建议用于精加工轮廓形状	
	区域轮廓铣 CONTOUR_AREA					√	√	使用区域铣削驱动方法来加工切削区域中的固定轴曲面轮廓铣工序。 建议用于精加工特定区域	
	曲面区域轮廓铣 CONTOUR_SURFACE_AREA						√	使用曲面区域驱动方法，选定面定义的驱动几何体进行精加工的固定轴曲面轮廓铣工序。 建议用于精加工包含顺序整齐的驱动面矩形栅格的单个区域	

续表

工序类型	常用子类型及主要工序	几何体		建议工序				说明	图示（应用形状和刀具）
		线框	实体、面	粗加工	二次开粗	半精加工	精加工		
曲面轮廓铣 mill_contour	流线 STREAMLINE						√	使用流曲线和交叉曲线来引导切削模式并遵照驱动几何体形状的固定轴曲面轮廓铣工序。 建议用于精加工复杂形状，尤其是要控制光顺切削模式的流和方向	
	非陡峭区域轮廓铣 CONTOUR_AREA_NON_STEEP						√	切削陡峭度小于特定陡峭壁角度的区域的固定轴曲面轮廓铣工序。 与 ZLEVEL_PROFILE 一起使用，用于精加工具有不同策略的陡峭和非陡峭区域	
	陡峭区域轮廓铣 CONTOUR_AREA_DIR_STEEP						√	切削陡峭度大于特定陡峭壁角度的区域的固定轴曲面轮廓铣工序。 在 CONTOUR_AREA 后使用，通过在陡峭区域中进行十字交叉往复切削来减少残余高度	
	单刀路清根 FLOWCUT_SINGLE						√	通过清根驱动方法使用单刀路精加工或修整拐角和凹部的固定轴曲面轮廓铣工序。 建议用于移除精加工前拐角处的余料	

续表

工序类型	常用子类型及主要工序	几何体		建议工序				说明	图示（应用形状和刀具）
		线框	实体、面	粗加工	二次开粗	半精加工	精加工		
曲面轮廓铣 mill_contour	多刀路清根 FLOWCUT_MULTIPLE						√	通过清根驱动方法使用多刀路精加工或修整拐角和凹部的固定轴曲面轮廓铣工序。 建议用于移除精加工前后拐角处的余料	
	清根参考刀具 FLOWCUT_REF_TOOL						√	使用清根驱动方法在指定参考刀具确定的切削区域中创建多刀路。 建议用于移除由于之前刀具直径和拐角半径的原因而处理不到的拐角中的材料	
	实体轮廓 3D SOLID_PROFILE_3D		√				√	沿着选定直壁的轮廓描绘轮廓。 建议用于需要精加工 3D 轮廓边（如在修边模上发现的）的直壁	
	轮廓 3D PROFILE_3D	√					√	使用部件边界描绘 3D 边或曲线的轮廓。 选择 3D 边以指定平面上的部件边界。 建议用于线框模型	

表 5-2 NX 8.5 之前版本与当前版本的面铣工序对照

NX 8.5 之前版本的面铣工序	当前版本面铣和底壁铣工序
FACE_MILLING_AREA，使用跟随部件、跟随周边、轮廓、摆线、单向、往复或单向轮廓切削模式	FLOOR_WALL，底壁铣
FACE_MILLING_AREA，使用混合切削模式	FACE_MILLING_MANUAL，手工面铣削
FACE_MILLING，使用边界	FACE_MILLING，带边界面铣

5.3 孔、凸台和螺纹铣工序简介

“mill_planar”工序类型包括“孔切削”和“螺纹加工”等工序，更多的加工孔和凸台功能可使用“hole_making”（或“drill”）工序类型。

孔加工操作子类型默认设置为适合该操作的特定钻循环。大多数钻操作允许指定不同的钻循环和运动输出类型：一个 Cycle/语句或单独的 GOTO 语句。

“钻孔”操作子类型说明如表 5-3。

表 5-3 “钻孔”操作子类型

图示	说 明
	SPOT_DRILLING【定心钻】 钻取模板中指定的默认深度值。如果默认的工具深度会违反零件，NX 将深度降低到一个安全的值
	DRILLING【钻孔】 默认情况下，使用一个基本的钻机循环进行钻孔
	DEEP_HOLE_DRILLING【深孔钻削】 使用包括主轴、冷却剂和进给量控制在内的钻削周期来钻深孔。过程特征卷可识别任何已经被加工的先导孔或交叉孔
	COUNTERSINKING【埋头钻】 钻孔的直径大于孔的直径。如果一个倒角没有根据孔的特征建模，NX 估计一个初始值
	BACK_COUNTERSINKING【背面埋头钻】 用一种工具将通孔的后端进行沉孔，该工具的颈部与柄的中心线相抵。在接合和缩回过程中，NX 会根据需要将工具移离中心，以安全通过井眼。如果一个倒角没有根据孔的特征建模，NX 估计一个初始值

续表

图示	说明
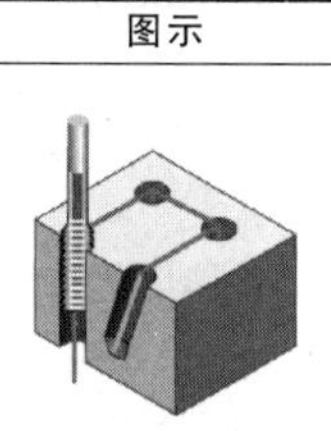	TAPPING【攻丝】 用攻丝工具在孔中切割螺纹。攻丝工具的主要直径必须等于要切割的特征的直径。所有要切割的特征必须有相同的直径
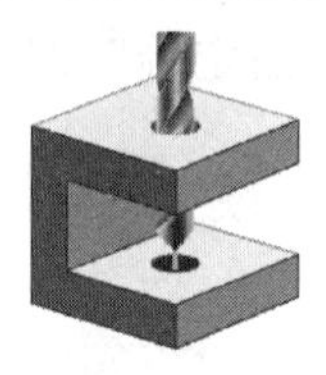	SEQUENTIAL_DRILLING【序列钻孔】 钻一系列同轴孔。使用钻探周期,包括用于穿越空隙的额外进给率控制。正在处理的功能卷可识别空隙

"铣孔"操作子类型说明如表5-4。

表5-4 "铣孔"操作子类型

图示	说明
	HOLE_MILLING【铣孔】 使用螺旋、圆形、组合螺旋和螺旋切割模式机器盲和通孔
	BOSS_MILLING【凸台铣削】 使用螺旋、圆形、组合螺旋和螺旋切割模式的机器铣凸台
	HOLE_CHAMFER_MILLING【孔倒角铣削】 使用倒角工具在圆形图案中铣倒角
	THREAD_MILLING【铣内螺纹】 NX可以直接从模型中确定形状和节距,也可以从表中选择参数。刀具的形状和节距必须与操作中规定的形状和节距相匹配
	BOSS_THREAD_MILLING【铣外螺纹】 NX可以直接从模型中确定形状和节距,也可以从表中选择参数。刀具的形状和节距必须与操作中规定的形状和节距相匹配

续表

图示	说　明
	RADIAL_GROOVE_MILLING【径向槽铣】 将铣槽和铣孔结合起来,用T型槽铣刀加工一系列圆形槽。该操作以具有多个径向和轴向通道的圆形模式进行切割

至此，NX软件的主要工序介绍完毕。需要说明的是，本书只介绍“固定轴”部分的常用工序。

第6章

平面铣

学习导引

“平面铣 mill_planar”工序类型是在水平切削层上创建刀路轨迹的一种加工类型，可加工带竖直壁（或和刀轴平行的壁）的部件，其主要工序是“平面铣”（PLANAR_MILL）。除了平面铣工序还有一种“面铣”工序，“面铣”中常用的工序是“底壁铣”（FLOOR_WALL）。

本章主要对上述两类工序通过实例进行详细讲述。

6.1 平面铣工序

6.1.1 平面铣工序类型及子类型

“平面铣 mill_planar”工序类型是在水平切削层上创建刀路轨迹的一种加工类型，可加工带竖直壁（或和刀轴平行的壁）的部件。如图 6-1。平面铣编程的优点是计算快，程序短，效率高。它还可以比较精准地控制刀路。常用于平面直壁类工件的加工。在复杂的模具类工件中，局部特征的加工也常常用到，比如，平面直壁部分、直线边、流道、凸轮槽等。

图 6-1 平面铣

在创建工序时如果“类型”选择“平面铣 mill_planar”，其工序子类型显示如图 6-2。

其子类型分类如下。

(1) 2D 边界类型平面铣

这是平面铣最主要的一组工序类型。平面铣工序子类型跟随 2D 边界，沿着垂直壁或与刀轴平行的壁进行除料。平面铣移除垂直于固定刀轴的平面层中的材料。部件上要加工的区域包括垂直于刀轴的“平的岛”和“平底面”。工序有如下 5 种。

① “平面铣”：是主要的平面铣工序子类型。

② “平面轮廓铣”：使用“轮廓”切削模式定制此工序子类型。

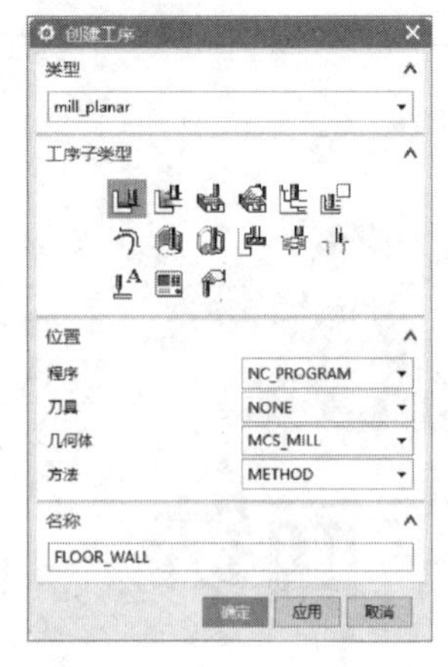

图 6-2　平面铣工序子类型

③ “清理拐角”：常用于清除拐角中前一刀具留下的材料。

④ “精铣壁”：使用“轮廓”切削模式定制此工序子类型。

⑤ “精铣底面”：使用“跟随部件”切削模式，仅用于精加工底面。

其关系对应粗、精加工工序。“平面铣”、“平面轮廓铣”常用于开粗加工和二次开粗加工，“清理拐角”用于角落二次开粗，“精铣壁”、“精铣底面”用于精加工。

在 NX1847 以前的版本中，平面铣加工编程方法一般只用第一个“平面铣”工序，用这个工序来进行粗、精加工所有工序。NX1847 版本建议用上面列举的工序组合编程。

(2) 其它类型平面铣工序

① “基于体积的 2.5D 铣”：切削实体上的平面，可高效加工。

② “槽铣削”：可高效加工线型槽和使用 T 型刀具的槽。

③ “平面铣-3D 轮廓”：沿着 3D 几何体切削，形成一条或多条轮廓加工刀路。深度由边界上的边或曲线决定。这些工序子类型常用于修边模。

④ “平面文本”：直接在平面上雕刻制图文本，如零件号、模具型腔 ID 等。

以上工序详细说明参见“第 5 章 加工工序种类及应用-5.2 铣工序子类型说明”。

6.1.2　平面铣加工实例操作

(1) 工件分析

工件如图 6-3，忽略材料和进给速度要求，只做生成刀轨的操作。通过测量分析，可用直径为 30mm 的平底刀开粗。由于内圆角半径为 10mm，D30 刀开粗后，角上会有残料，需用 D16 刀具清角(清角刀具半径要小于工件内角半径，防止刀具拐弯时由于冲击损伤刀具或过切)，然后精加工壁和底面。

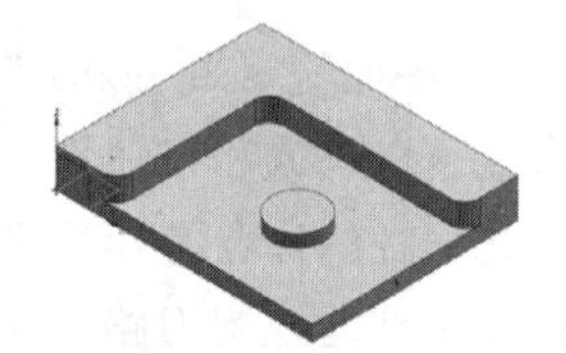
图 6-3　E6-1 部件

工序步骤如表 6-1。

表 6-1　简化工序卡

工序	内容	刀具号	刀具尺寸	主轴转速 /(r/min)	进给速度 /(mm/min)	层深/mm	余量/mm
1	开粗	T1	D30			2	壁 0.5,底 0.25
2	粗铣角	T2	D16			2	壁 0.5,底 0.25
3	精铣壁	T2	D16				底 0.25
4	精铣底面	T1	D30				壁 0.15

(2) 创建工序

① 创建刀具。

☞ 打开本书提供的现成模型，打开文件“E6-1. prt”。

平面铣加工实例操作

☞ 选择“应用模块”选项卡→“加工” 。如果弹出“加工环境”对话框，选择“cam_general”和“mill_planar”。

☞ 在“主页选项卡”→“插入”组→“创建刀具” →“创建刀具”对话框如图 6-4（a）→“刀具子类型”=MILL →创建名称为“D30”和“D16”直径分别为“30mm”“16mm”的 2 把平底刀，如图 6-4（b）、图 6-4（c）→点“确定”退出。

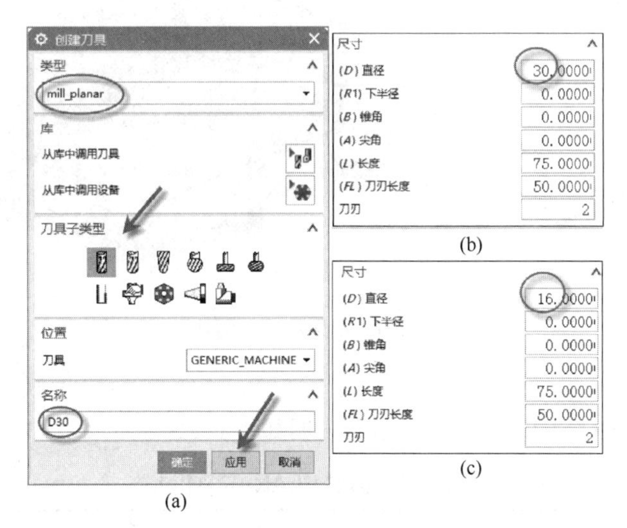

图 6-4 创建刀具

② 调整加工坐标系。

☞ 工序导航器切换到几何视图（导航器中右键或者单击导航器上边的“几何视图” ）→单击“MCS_MILL”前的加号“+”展开子项→双击“MCS_MILL”。此时的 WCS 和 MCS 是重合状态。

☞ 单击指定 MCS 右边图标 →按图 6-5 步骤操作→单击“确定”返回。

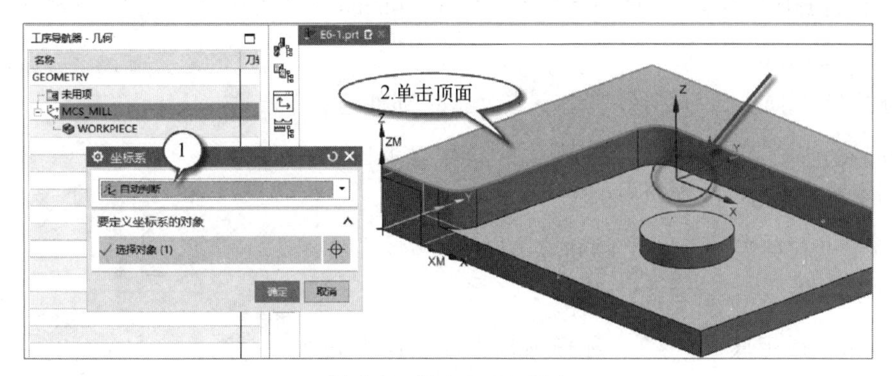

图 6-5 指定 MCS 原点

☞“MCS 铣削”对话框：单击“确定”退出。（安全平面使用默认，暂不设定。）

③ 定义部件几何体。

☞ 双击“WORKPIECE”以编辑该组→单击“指定部件” →选择图形区的部件（选中后“选择对象”右边括号内的 0 变为 1，表示一个实体被选中）→单击“确定”返回

（会看到“指定部件”右边的手电筒图标变为彩色）。

☞ 定义毛坯几何体：续接前面步骤，在“工件”对话框中单击“指定毛坯” →列表中选“包容块”，如图 6-6→其它参数用默认→点“确定”返回。

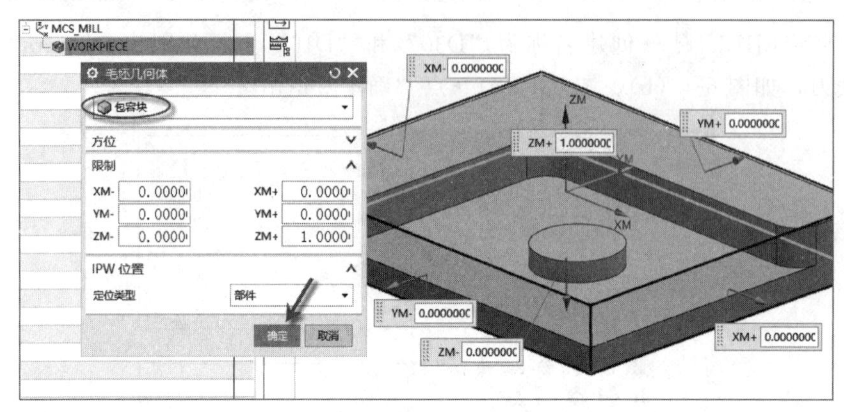

图 6-6　定义毛坯几何体

④ 创建开粗工序。

“平面铣 PLANAR_MILL”工序图示及说明如表 6-2。

表 6-2　“平面铣 PLANAR_MILL”

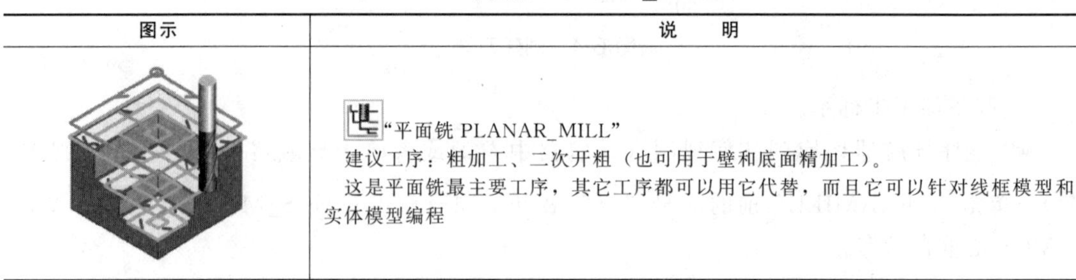

图示	说　明
	“平面铣 PLANAR_MILL” 建议工序：粗加工、二次开粗（也可用于壁和底面精加工）。 这是平面铣最主要工序，其它工序都可以用它代替，而且它可以针对线框模型和实体模型编程

☞ “创建工序”对话框→“类型”组→“mill_planar”→“工序子类型”组→“PLANAR_MILL” 。如图 6-7。

☞ 按图 6-8 操作。“几何体”组→点“指定部件边界” （增加新边界要用“添加新集”）→点“确定”返回。图中第 5 步时“刀具侧”改为“内侧”。

☞ 在“几何体”组中点“指定毛坯边界” 。按图 6-9 序号步骤操作。

☞ 单击“指定底面” 。选择圆柱根部平面为底面（加工的深度终点）。

至此完成了“平面铣”几何体的指定和创建。“平面铣”几何体说明和用途如图 6-10。刀轨在每一层边界开始，在下一层边界结束，再开始，直至加工到指定的底面。

☞ 刀轨设置：“切削模式”→“跟随周边”→“步距”=“%刀具平直”→“平面直径百分比”=“70”。如图 6-11（a）。

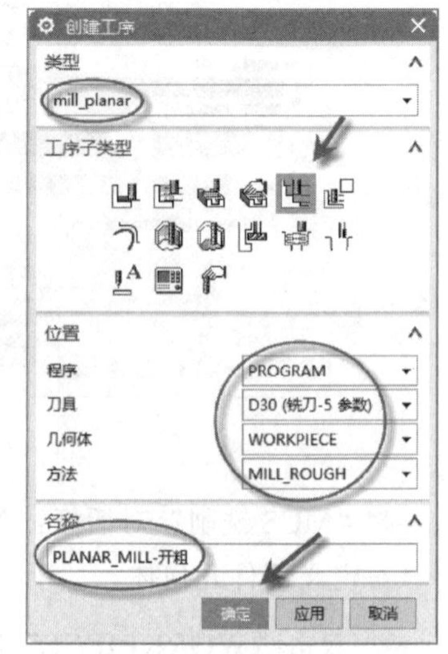

图 6-7　创建工序

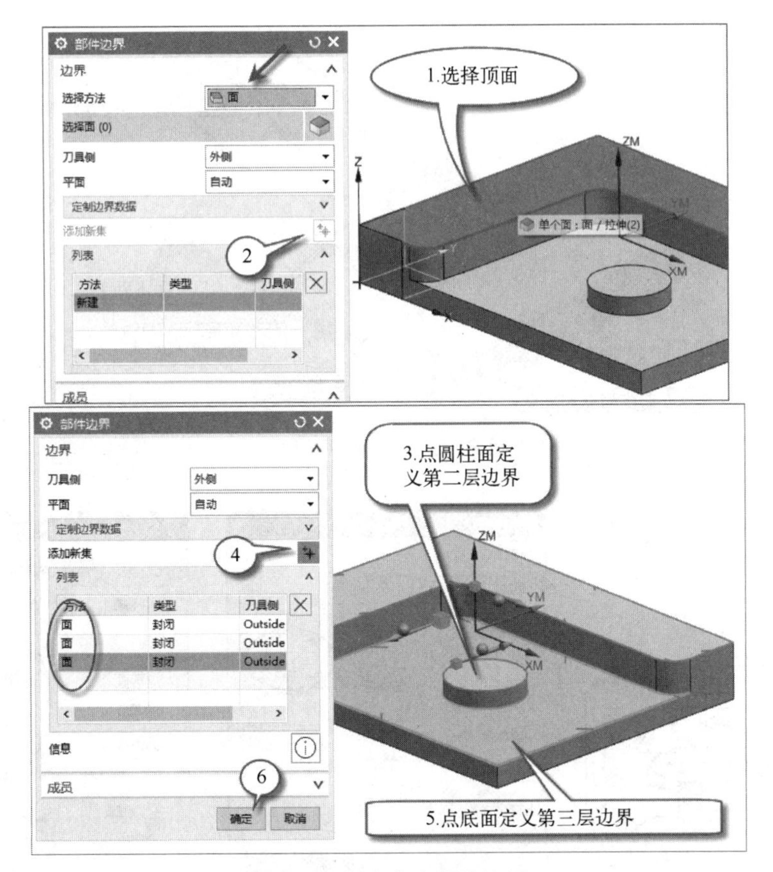

图 6-8　创建多个部件边界

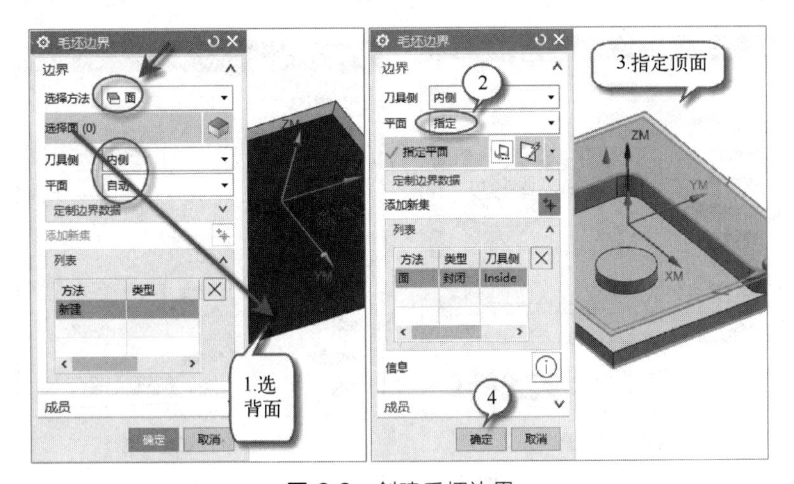

图 6-9　创建毛坯边界

☞ 单击“切削层”→“每刀切削深度”对话框中：“公共”=“2”（每一层厚度为2mm)→其它参数用默认值。如图 6-11（b）。

☞ “切削参数”→“策略”选项卡设置，如图 6-11（c)→“余量”选项卡设置［图 6-11（d)］。注意：“平面铣”底面余量需要手动设置。

☞ “非切削移动”→“起点/钻点”选项卡设置，如图 6-11（e）。

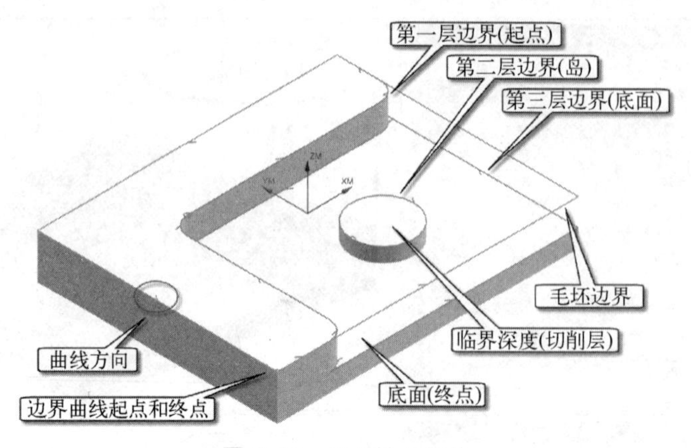

图 6-10 平面铣几何体

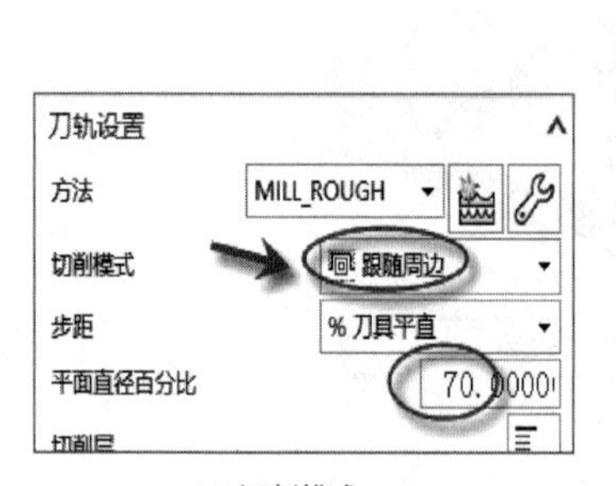

(a) 切削模式

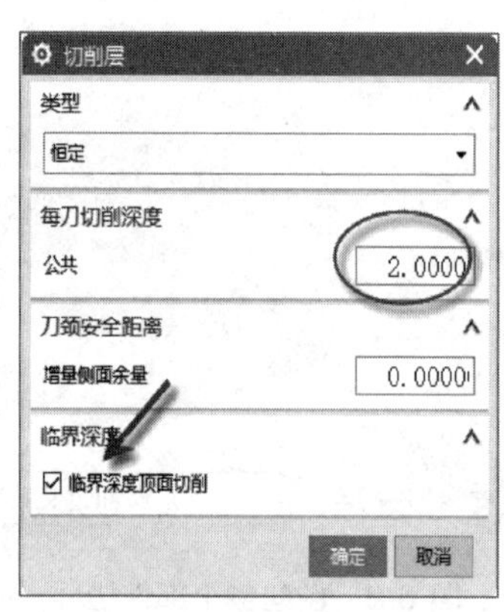

(b) 切削层设置

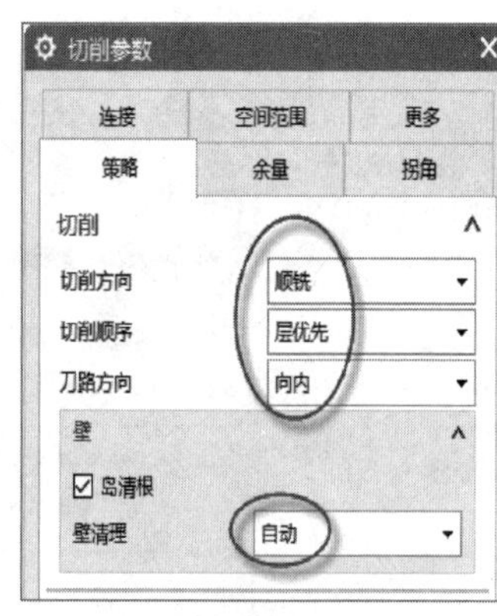

(c) 更改策略

(d) 设置余量

(e) 设置进刀点

图 6-11 刀轨设置

☞ 上述参数设置完成后→单击“生成刀轨”→单击“确认刀轨”→选“3D 动态”→“动画速度”设置为“4”→单击“播放”。输出的刀轨和 IPW 如图 6-12 所示。

刀轨反映出了前面所设各个参数的结果。图中显示的花纹面表示没有余量的面，蓝色面代表有加工余量的面。

☞ 单击“确定”退出工序设置。

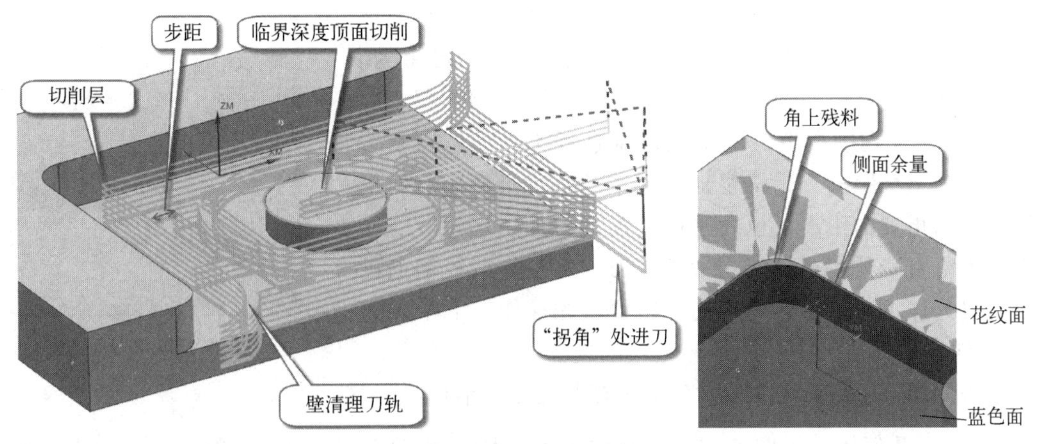

图 6-12　开粗刀轨

⑤ 创建粗清角工序。

☞“程序顺序视图” ：在刚才创建的“PLANAR_MILL-开粗”工序上右键“复制”→在“PROGRAM”上右键选“内部粘贴”→复制 3 份→在新复制的工序上右键分别重命名，如图 6-13。复制的目的是这些工序的几何体基本相同，可以省去设置几何体操作。

☞ 双击“PLANAR_MILL-清角”工序，打开工序对话框→展开“工具”组→将刀具换成 D16。如图 6-14。

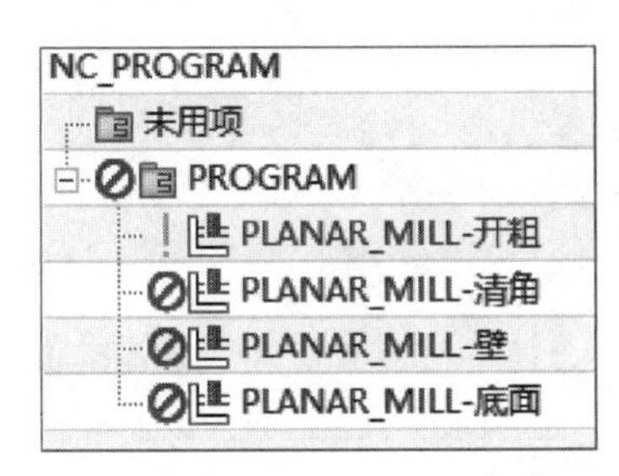

图 6-13　复制工序

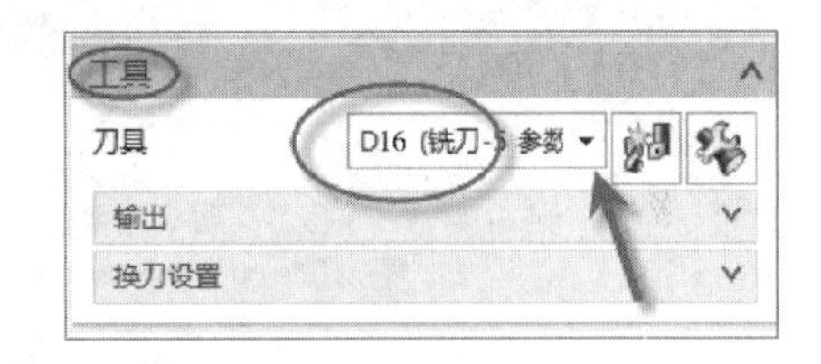

图 6-14　更换刀具

☞ 按下面操作。在“刀轨设置”组中设置以下参数。

“方法”=“MILL_SEMI_FINISH”；

“切削模式”=“跟随周边”；

“步距”=“%刀具平直”；

“平面直径百分比”=“60”。

☞“刀轨设置”组单击“切削参数” →“切削参数”对话框。

“余量”组：“部件余量”=“0.35mm”，“底面余量”=“0mm”；

“空间范围”组→“毛坯”组：“过程工件”=“使用参考刀具”；

“参考刀具”组：“参考刀具”=“D30”。

☞ 单击“确定”返回。

☞ 单击“非切削参数” →“非切削参数”对话框：“进刀”选项卡“开放区域”组“进刀类型”=“圆弧”→单击“确定”返回。

☞ 单击“确定”保存设置并返回→“生成刀轨” 。结果如图 6-15。

上面的“PLANAR_MILL-清角”工序 D16 的刀具只是切削了角上的残料，前一把刀 D30 能切到的地方，“参考刀具”工序不予考虑。

见“4.2.4 切削参数”的空间范围选项卡“参考刀具”组说明。其“重叠距离”是将要加工区域的宽度沿剩余材料的相切面延伸到指定的距离，也就是前后两把刀加工区域要有一点重叠以免留有残料痕迹。使用“参考刀具”只是假设前面已经被大的刀具加工过，实际使用前一定要有先导加工工序。

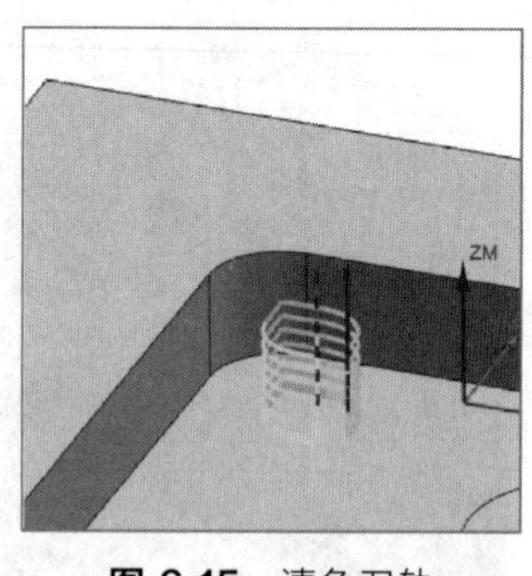

图 6-15 清角刀轨

⑥ 创建精铣壁工序。

双击“PLANAR_MILL-壁”工序打开工序对话框。

☞ 在“几何体”组中点“指定部件边界” （按图 6-16 操作）→删除 2 条边界，保留圆柱边界→再添加 1 条开放边界→最后单击“确定”返回。

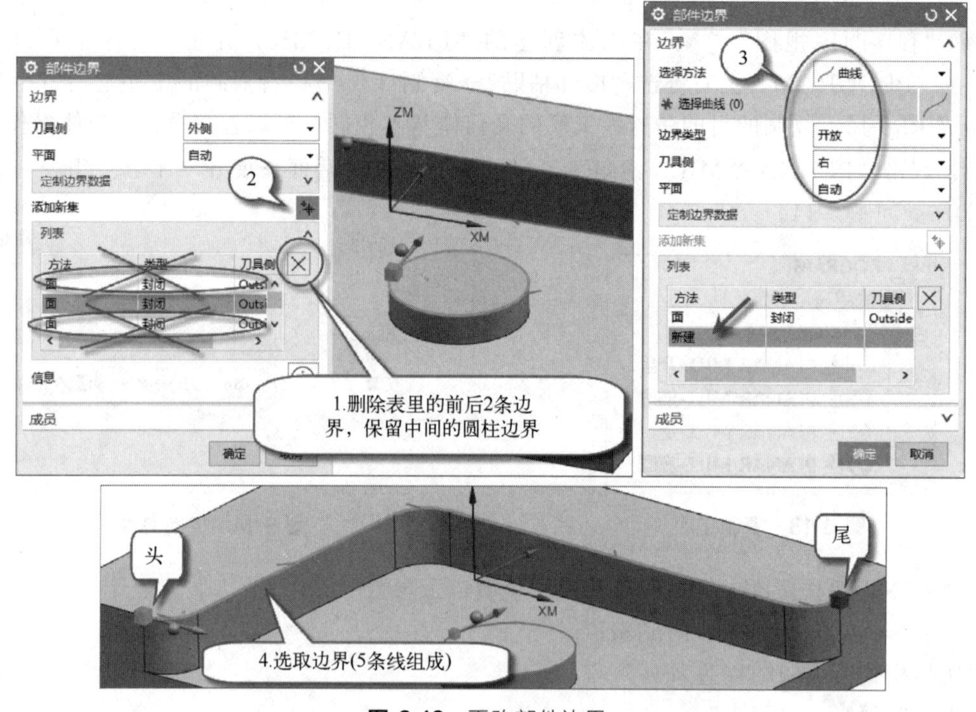

图 6-16 更改部件边界

注意：边界是有方向的，如图 6-16。刀具和边界位置是相切或者居中的。图中刀具在边界前进方向右侧与边界相切（相当于封闭边界的内侧）。

☞ 展开“工具”组→将刀具换成“D16”。

☞ 在“刀轨设置”组中，设置以下参数：

“方法”=“MILL_FINISH”；

“切削模式”=“轮廓”；

“步距”=“%刀具平直”；

“平面直径百分比”=“70”；

“切削层”—“类型”=“恒定”；

“公共每刀切削深度”=“0” mm。

☞ 在“刀轨设置”组中单击“切削参数” →在“切削参数”对话框的“余量”组：“部件余量”=“0mm”，“最终底面余量”=“0.25mm”。

注意：实际应用中IPW二次开粗或参考刀具的侧面余量最好大于上一道开粗工序的余量，这样有利于保护刀具和工件。

☞ 单击“确定”返回。

☞ 单击“确定”保存设置并返回→单击“生成刀轨” ，结果如图6-17（a）。

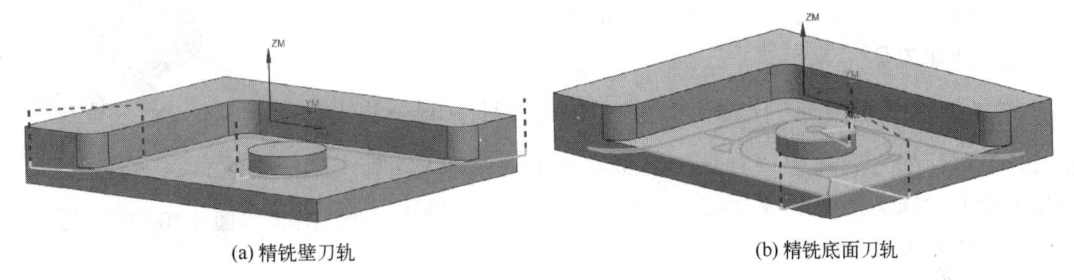

(a) 精铣壁刀轨　　(b) 精铣底面刀轨

图6-17 生成的刀轨

⑦ 创建精铣底面工序。

☞ 双击“PLANAR_MILL-底面”工序打开工序对话框。

☞ 按下面操作：在“刀轨设置”组中，设置以下参数。

“方法”=“MILL_FINISH”；

“切削模式”=“跟随周边”；

“步距”=“%刀具平直”；

“平面直径百分比”=“70”。

☞ 切削层：“类型”=“底面及临界深度”。

☞ 在“刀轨设置”组中单击“切削参数” →“切削参数”对话框“余量”组：“部件余量”=“0.15mm”→“最终底面余量”=“0mm”。

注意：实际应用中精铣壁底面留0.25mm余量，精铣底面壁留0.15mm余量。这样做可避免刀具同时加工侧壁和底面。

☞ 单击“确定”返回。

☞ 单击“确定”保存设置并返回→单击“生成刀轨” ，结果如图6-17（b）。

☞ 在“程序顺序视图”下单击“PROGRAM”→单击主页选项卡的“确认刀轨” →“3D动态”→“动画速度”=“5”→“播放”。可以看到所有4道工序加工运动过程。结果如图6-18。

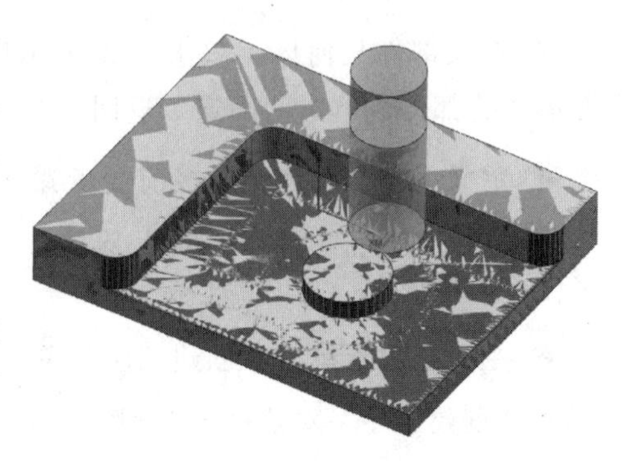

图6-18 仿真结果

（3）结果分析

从图6-18仿真结果中可以看出，加工出的最后IPW和原始工件重合（露出花纹），证明所有余量已经为0，达到预期加工效果。

试用下面平面铣工序组合对上面工件进行编

程，比较一下两种方法优缺点。

“平面铣”→“清理拐角”→“精铣壁”→“精铣底面”。

6.1.3 半开放边界平面铣加工实例

半开放边界平面铣加工实例

（1）导入工件并进入加工环境

☞ 打开本书提供的现成模型，打开文件“E6-2. prt”。如图 6-19。

☞ 选择“应用模块”选项卡→“加工”。如果弹出“加工环境”对话框，选择“cam_general”和“mill_planar”。

（2）创建刀具

☞ 在“主页选项卡”→“插入”组→“创建刀具”→弹出“创建刀具”对话框之后选中“刀具子类型”下第一个“MILL”→创建名称为“D24L70”的平底刀，如图 6-20→单击“确定”退出。

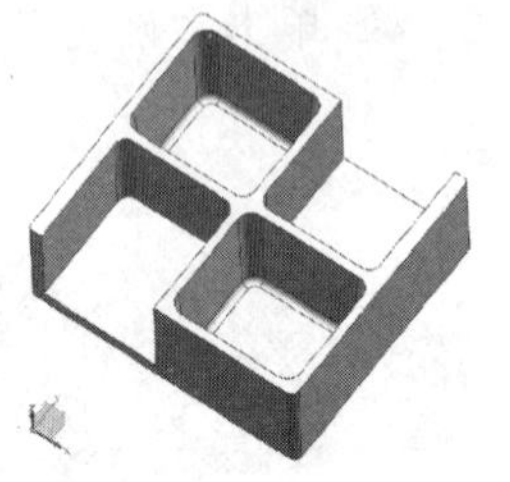

图 6-19 E6-2 工件

（3）调整加工坐标系

☞ 把工序导航器切换到“几何视图”（导航器中右键或者单击导航器上边的“几何视图”）→单击“MCS_MILL”前的加号“+”展开子项→双击“MCS_MILL”。

☞ 单击指定 MCS 右边图标“坐标系对话框”→“自动判断”→单击工件上表面，坐标原点移到上表面中心→再一次单击“坐标系对话框”→“动态”→*X* 轴旋转 90°（目的是使有开口一面避开台钳钳口），如图 6-21。

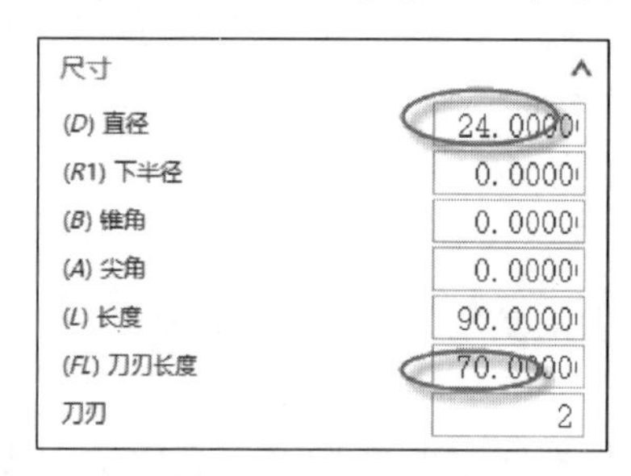

图 6-20 刀具尺寸

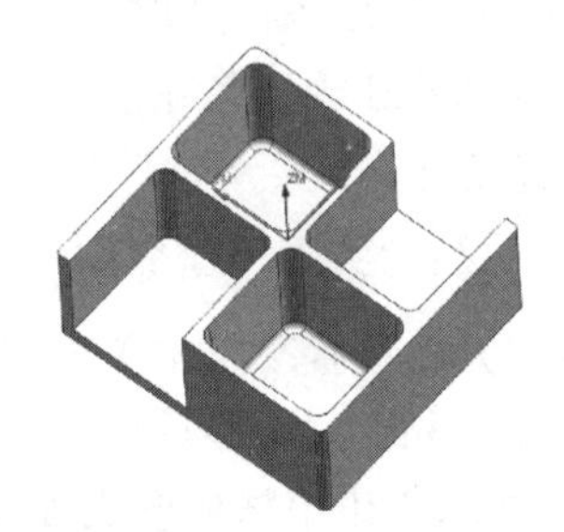

图 6-21 加工坐标系 MCS

☞ 单击“确定”退出。安全平面使用默认，暂不设定。

（4）定义几何体

☞ 定义部件几何体：双击“WORKPIECE”以编辑该组→单击“指定部件”。选择图形区的部件→单击“确定”返回。

☞ 定义毛坯几何体：续接前面步骤→在“工件”对话框中单击“指定毛坯”→列表中选“包容块”→点“确定”返回。

（5）创建工序

☞ 主页选项卡单击“创建工序”。

☞ “创建工序”对话框→“类型”组→“mill_planar”→“工序子类型”组→“PLANAR_MILL”→名称默认→“位置”组选择参数如下：

"程序"="PROGRAM";

"刀具"="D24L70";

"几何体"="WORKPIECE";

"方法"="MILL_ROUGH"。

☞ 按图 6-22 操作。在"几何体"组点"指定部件边界"→"选择方法"="面"→选直壁凹腔底面→"刀具侧"="内侧"→"平面"="指定"→选工件顶面→点"确定"返回→单击"指定底面"（加工的深度终点）。

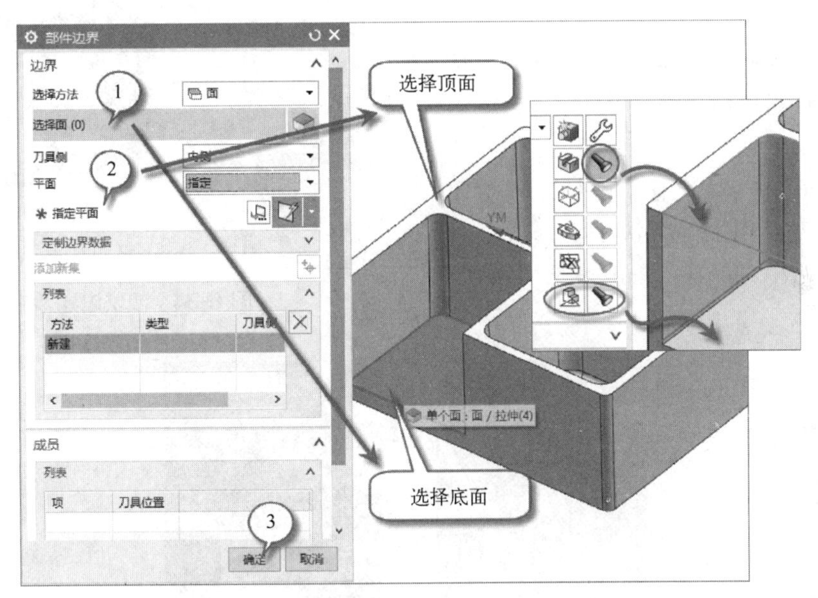

图 6-22 指定边界和底面

☞ 刀轨设置："切削模式"="跟随周边"→"步距"="%刀具平直"→"平面直径百分比"="70"。

☞ 单击"切削层"→在"每刀切削深度"对话框中的"公共"框中键入"5" mm（这是观测值，实际加工一般为 0.5～1mm，根据工件材料和刀具确定）→其它参数用默认值。

☞ 单击"生成刀轨"→单击"确认刀轨"→选"3D 动态"→单击"播放"。输出的刀轨和 IPW 结果如图 6-23。

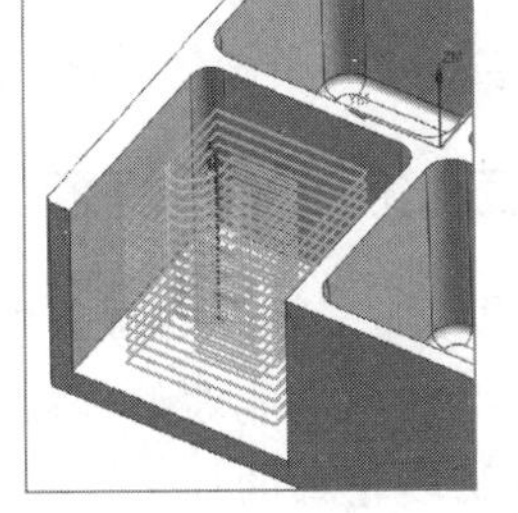

图 6-23 刀轨和 IPW

(6) 结果分析及改进

从图 6-23 可以看出结果不合理，凹腔开口处没有铣削通透。这是因为在之前"指定部件边界"选边界的时候刀具默认是和边界曲线相切的，所以需要手动把和这一段边界"相切"的刀具位置改为"对中"。

☞"几何体"组→"指定部件边界"→按图 6-24 操作→点"确定"返回。

☞"切削参数"→"策略"选项卡→切削组："刀路方向"="向内"→"确定"返回。

（目的：从外部开口出进刀，保护刀具。）

☞ 单击“生成刀轨”→单击“确认刀轨”→选“3D 动态”→单击“播放”。生成的刀轨和 IPW（过程工件）结果如图 6-25。

最后结果分析：把开放段边界刀具“相切”改为“对中”后，加工完开口处已没有残料。

☞ 单击“确定”退出工序设置。注意：保存文件后面还要使用。

总结：

① “平面铣”对于有“开口”不封闭的工件特征需要用上述方法手动修改刀具和边界曲线的相对位置，一般是把“相切”改为“对中”；

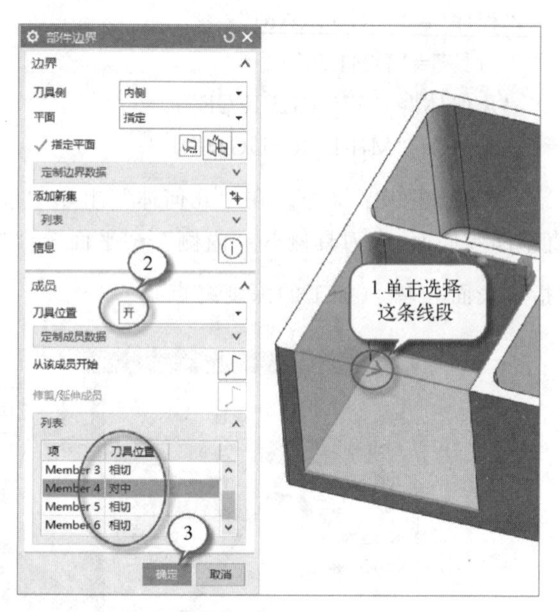

图 6-24 修改边界

平面铣加工实例-线框模型

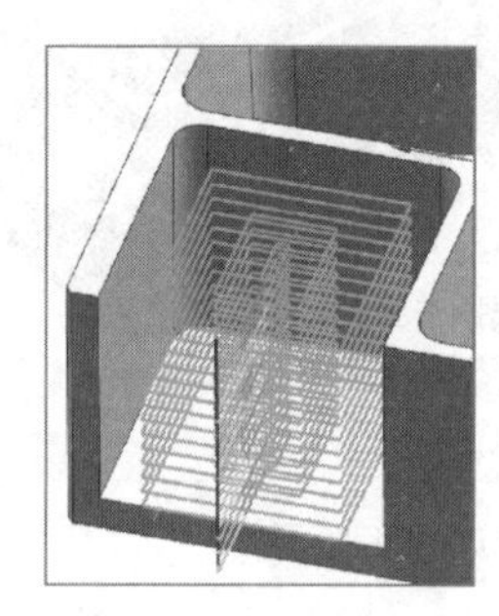

图 6-25 新刀轨和 IPW（过程工件）

② 当选定的“切削模式”刀具是在封闭边界内运动，或者刀具始终沿着边界曲线运动，这种情况不用指定“毛坯边界”，想把刀具限制在一定范围（毛坯界限内）时才需指定“毛坯边界”，否则系统可能提示“没有在岛的周围定义要切削的材料”；

③ 平面铣的边界也可以用画辅助曲线方式创建。

6.1.4 平面铣加工实例——线框模型

NX“平面铣”编程加工零件的对象可以是实体、曲面或曲线等。平面铣本质上说是 2D 线框加工，不需要三维模型就能够编程加工，这样做算法简单，生成刀路速度快。曲线线框加工编程还能够进行某段轮廓的加工、模具流道加工、凸轮槽加工等。下面是一个根据曲线线框编程加工的例子。

下面是“第 2 章”所用的模型（图 2-1 工件图纸），可以简化成曲线线框。建模只画两个圆即可（也可用其它 CAD 软件画完导入），如图 6-26。

☞ 打开本书提供的现成线框模型“E6-3. prt”。见图 6-27。

☞ 选择“应用模块”选项卡→“加工”。如果弹出“加工环境”对话框，选择“cam_general”和“mill_planar”。

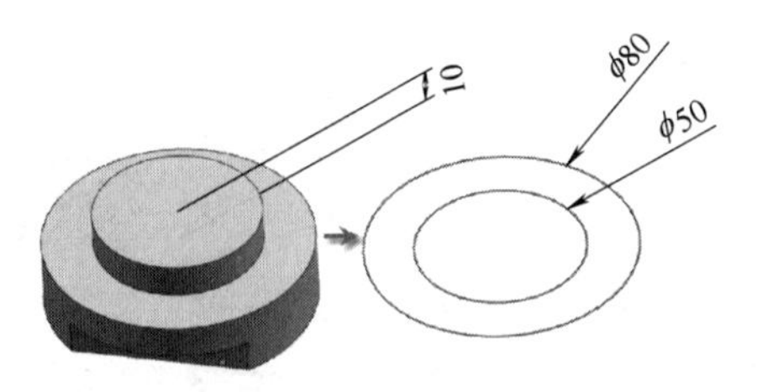

图 6-26 工件模型简化

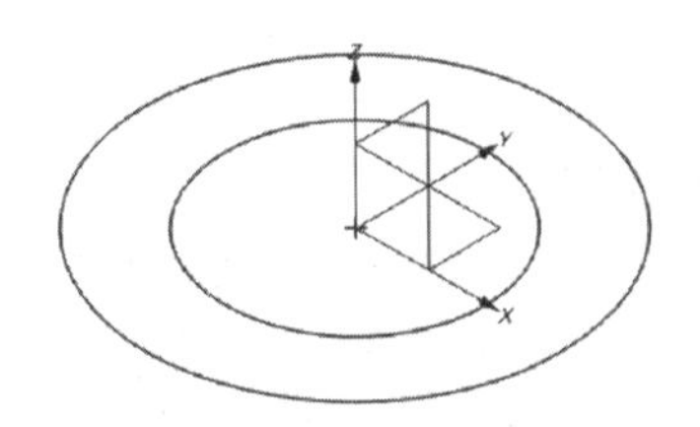

图 6-27 E6-3 线框模型

☞ 在“主页选项卡”→“插入”组→“创建刀具”→弹出“创建刀具”对话框之后选中“刀具子类型”下第一个“MILL”→创建名称为“D20”的平底刀，直径为 20mm→点“确定”退出。

☞ MCS 和安全平面使用默认，暂不设定。

☞ 主页选项卡单击“创建工序”。

☞“创建工序”对话框→“类型”组→“mill_planar”→“工序子类型”组→“PLANAR_MILL”→名称默认→“位置”组选择参数如下：

“程序”=“PROGRAM”；

“刀具”=“D20”；

“几何体”=“WORKPIECE”；

“方法”=“MILL_ROUGH”。

☞ 在“几何体”组点“指定部件边界”→选择方法：“曲线”→选“小圆”→“刀具侧”=“外侧”→点“确定”返回。

☞“指定毛坯边界”→选择方法：“曲线”→选大圆→“刀具侧”=“内侧”→“成员”组“刀具位置”：“开”（“对中”）→“确定”返回。

☞ 单击“指定底面”：见图 6-28。

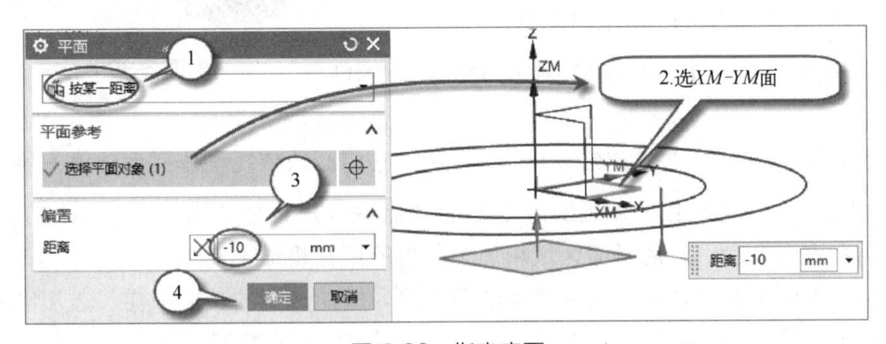

图 6-28 指定底面

☞ 刀轨设置：“切削模式”=“跟随周边”，“步距”=“%刀具平直”，“平面直径百分比”=“70”。

☞ 单击“切削层”→在“每刀切削深度”对话框中的“公共”框中键入“2”mm。

☞ 单击“生成刀轨”，输出刀轨如图 6-29。

☞ 单击“确认刀轨”→选“重播刀轨”→“动画速度”选“5”→“播放”。由于只有线框，并没有“指定部件”实体，也没有“指定毛坯”实体，所以不能进行“3D 动态”和“2D 动态”仿真模拟。

☞ 单击“确定”退出工序设置。

结果分析：上面所生成刀轨可以正常进行后处理生成 NC 程序。通过这个例子介绍了 NX 软件“平面铣”的实质原理。

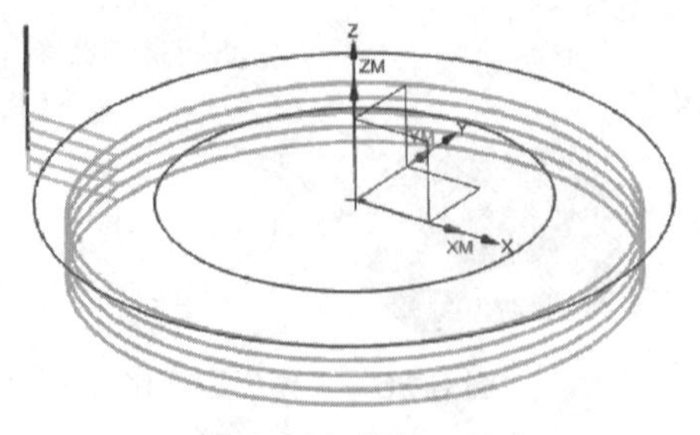

图 6-29 线框刀轨

实践中编程工程师很少看“3D 动态”和“2D 动态”仿真，他们只看刀轨就能判断其是否合理。这样对于一些简单板类工件就可快速高效地用“平面铣”编程。

如果零件数据类型为实体，NX 软件会自动计算避让、干涉等，能避免刀具与工件之间的碰撞和过切等。所以如果时间允许最好用实体进行编程加工。

6.2 面铣工序简介与实例

6.2.1 面铣工序

(1) 面铣工序介绍

“面铣”一般是通过选择平面的区域来加工表面余量一致的零件，和前面“平面铣”相比，它不需要指定底面，加工深度由余量决定。示意图如图 6-30。

“面铣”工序类是指：

底壁铣【主要】(FLOOR_WALL)；

底壁铣 IPW (FLOOR_WALL_IPW)；

带边界面铣 (FACE_MILLING)；

手工面铣【常用】(FACE_MILLING_MANUAL)。

图 6-30 面铣

虽然“面铣”归类在“平面铣”子工序中，但它们必须依托实体模型。第一项“底壁铣 (FLOOR_WALL)”工序替代旧版 NX 的“面铣 (FACE_MILLING_AREA)”。此工序常用在表面余量一致的平面区域精加工，也能用在粗加工上。

其它三个工序可看作是底壁铣的扩展辅助工序，所能达到的功能一样，选几何体等操作有区别。详见“第 5 章 加工工序种类及应用-5.2 铣工序子类型说明”。关于本书所用的 NX1847 版本和以前版本，这些子工序名称及功能的区别见“第 5 章 加工工序种类及应用”的“表 5-2 NX8.5 之前版本与当前版本的面铣工序对照”。

(2) 底壁铣特殊选项

“底壁铣”有一些特殊选项，如表 6-3。

后面介绍比较常用的“底壁铣 (FLOOR_WALL)”和“手工面铣 (FACE_MILLING_MANUAL)”。

表 6-3　“底壁铣”特殊选项

	选项	说明
“几何体”组	“指定切削区域底面”	可以指定用于定义切削区域的底面
	“指定壁几何体”	可以指定环绕切削区域的壁
	“自动壁”	可从与所选切削区域面相邻的面中自动查找壁
“刀轨设置”组	“切削区域空间范围”	底面：让刀轨使用侧重于底面的 2.5D 切削区域空间范围。 壁：让刀轨使用侧重于壁的切削区域空间范围
	“切削模式”	跟随部件；轮廓；单向；单向轮廓；跟随周边；摆线；往复
	“步距”	用于指定各切削刀路之间的距离。 ①恒定。 ②残余高度。 注意：为保护刀具在除料时不至于负载过重，最大步距被限制在刀具直径的三分之二以内。 ③刀路：用于指定所需刀路数。 ④变量平均值：适用于单向、往复和单向轮廓切削模式。用于指定最小和最大距离值。NX 将先分析第一条刀路，接着分析壁，然后在刀路和壁之间创建相等的间距。 ⑤精确：用于指定步距。 ⑥多个：适用于跟随部件、跟随周边和轮廓铣切削模式
	“底面毛坯厚度”	设置将移除的可加工区域底面上方毛坯材料的厚度
	“每刀切削深度”	设置切削层的最大深度
	“Z 向深度偏置”	在所选壁底边下设置隐式偏置，且设置 Z 轴上每刀切削深度，刀路将从此处开始
	“附加刀路”	仅对“底壁铣”工序铣削中的轮廓切削模式可用。指定一些附加的刀路
	“距离”	设置刀路之间的步距

6.2.2 底壁铣（FLOOR_WALL）实例

“底壁铣（FLOOR_WALL）”工序图示及说明如表 6-4。

下面通过一个旋钮工件的精加工来介绍“底壁铣”。

底壁铣（FLOOR_WALL）实例

(1) 导入工件并进入加工环境

假设工件还剩 0.5mm 的余量待加工。

☞ 打开本书提供的现成模型“E6-4.prt”，如图 6-31。

表 6-4 “底壁铣（FLOOR_WALL）”

图示	说明
	“底壁铣(FLOOR_WALL)” 建议工序：切削底面和壁，要切除的材料由底面和毛坯厚度确定。 注意：该工序替换旧版本中的“FACE MILLING AREA”工序

☞ 选择“应用模块”选项卡→“加工”。如果弹出“加工环境”对话框，选择“cam_general”和“mill_planar”。

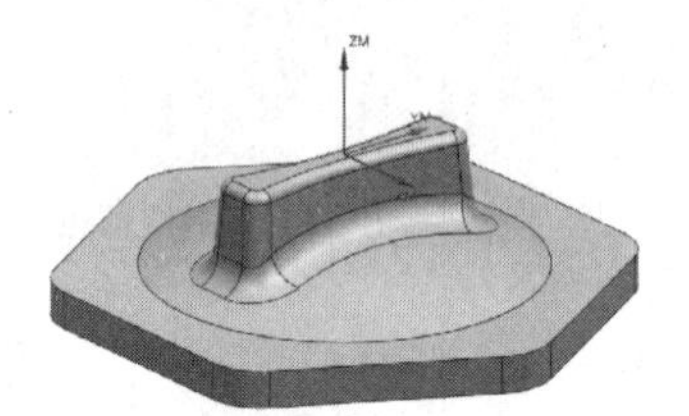

图 6-31 E6-4 工件

(2) 创建刀具

☞ 在“主页选项卡”→“插入”组→“创建刀具”→弹出“创建刀具”对话框之后选中“刀具子类型”下第一个“MILL”→创建名称为“D12”平底刀，“直径”=“12mm”→点“确定”退出。

(3) 调整加工坐标系

☞ 把工序导航器切换到“几何视图”（导航器中右键或者单击导航器上边的“几何视图”）→再单击“MCS_MILL”前的加号“+”展开子项→双击“MCS_MILL”。

☞ 单击指定 MCS 右边图标“坐标系对话框”→“自动判断”→单击工件上表面，坐标原点移到上表面中心，如图 6-32→“确定”返回。

☞ 单击“确定”退出。(定义安全平面使用默认的 10，暂不修改。)

(4) 定义几何体

☞ 定义部件几何体：双击“WORKPIECE”以编辑该组→单击“指定部件”。选择图形区的部件→单击“确定”返回。

☞ 定义毛坯几何体：续接前面步骤→在“工件”对话框中单击“指定毛坯”→列表中选“部件的偏置”→“偏置”=“0.5mm”→“确定”返回。注：毛坯余量为 0.5mm。用“部件的偏置”作为毛坯不能被预览。

(5) 创建工序

☞ 主页选项卡单击“创建工序”→“创建工序”对话框→“类型”组→“mill_planar”→“工序子类型”组→“底壁铣”（位置是第一个）→“名称”用默认的“FLOOR_WALL”→“位置”组选择参数：

“程序”=“PROGRAM”；

“刀具”=“D12”；

“几何体”=“WORKPIECE”；

“方法”=“MILL_FINISH”（精加工）。

☞ 在“几何体”组点“指定切削区底面”→“选择方法”：“面”→选顶面→“添加新集”→选六角顶面平面部分，如图 6-32→点“确定”返回。

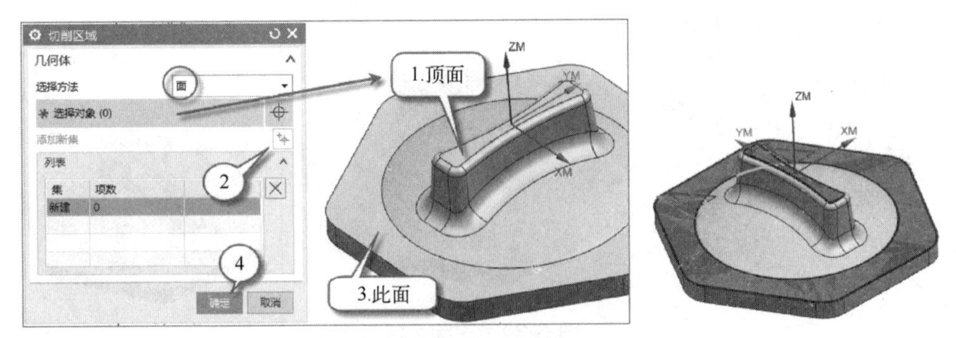

图 6-32 指定切削区底面

☞ 刀轨设置："切削模式"="跟随部件"，"步距"="%刀具平直"，"平面直径百分比"="50"。

☞ 单击"生成刀轨"，输出的刀轨如图 6-33。

☞ 单击"确认刀轨"→选"重播刀轨"→"动画速度"选"3"→"3D 动态"→"播放"。

☞ 单击"确定"退出工序设置。注意：保存文件后面还要使用。

图 6-33 底壁铣结果

(6) 结果分析及改进

"底壁铣"可以同时选择多个面加工，前提是这些面的余量是一样的。由于每个面是一样的"切削模式"，所以有的面上的刀轨可能并不理想。比如这个旋钮顶面很窄，铣刀走一次就行，这样的刀轨显然不好。解决办法是分解工序，或者使用后面的"手工面铣削(FACE_MILLING_MANUAL)"工序。

下面尝试一下分解工序。

☞ 将上面创建的工序"FLOOR_WALL"双击打开。

☞ 在"几何体"组点"指定切削区底面"→列表：删除大的那个面→"确定"返回。如图 6-34。

☞ 刀轨设置："切削模式"→"单向"→"步距"="刀路数"→"刀路数"="1"。

☞ 单击"生成刀轨"，输出刀轨如图 6-35（a）。

☞ 单击"确定"退出该工序设置。

☞ 在刚创建的工序"FLOOR_WALL"上右键复制再粘贴，如图 6-35（b）。

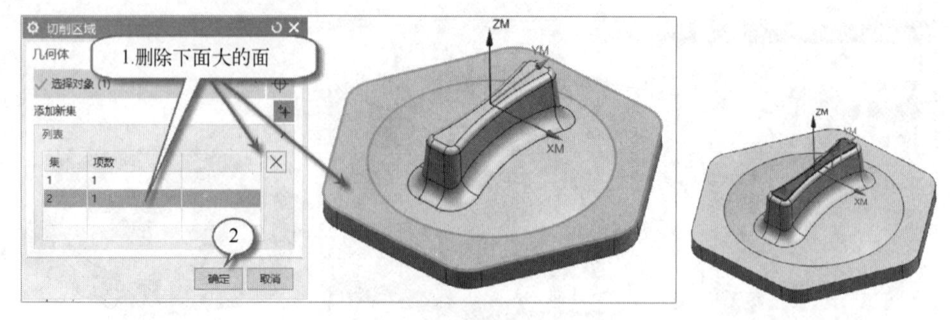

图 6-34 删除区域

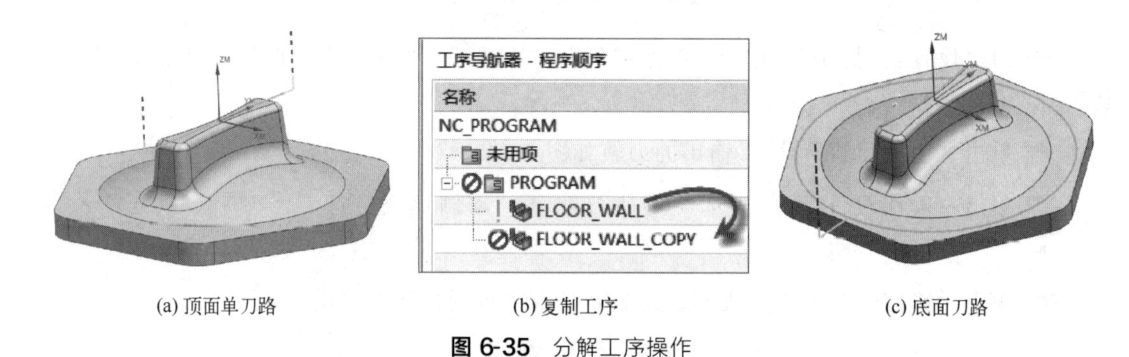

(a) 顶面单刀路　　(b) 复制工序　　(c) 底面刀路

图 6-35 分解工序操作

☞ 双击打开刚复制的工序“FLOOR_WALL_COPY”。

☞在“几何体”组点“指定切削区底面”→列表：“删除所有面”→重新选下面大的面→“确定”返回。

☞ 刀轨设置：“切削模式”=“跟随部件”→“步距”=“恒定”→“最大距离”=“50%”。

☞ 单击“生成刀轨”，输出刀轨如图 6-35（c）。

☞ 单击“确定”退出工序设置。

最后结果分析：每个面分别设置一道工序，刀轨更合理。但是创建多个工序在步骤上显得繁琐。对于一次要加工多个相同工序的面最好用“手工面铣削（FACE_MILLING_MANUAL)”工序。

6.2.3 底壁铣开粗用法

“底壁铣”也可用于开粗工序，举例说明。

☞ 打开前面“平面铣加工实例-半开放边界”已经完成的现成模型“E6-2.prt”。

☞ 使用已经设置好的 MCS 和几何体等设置，刀具也用已设置完成的。

☞ 工序导航器“程序顺序”视图界面：在已创建的“PLANAR_MILL”工序上“右键”→“刀轨”组→“删除”。这样就删除了这道工序已经生成的刀轨。如图 6-36。

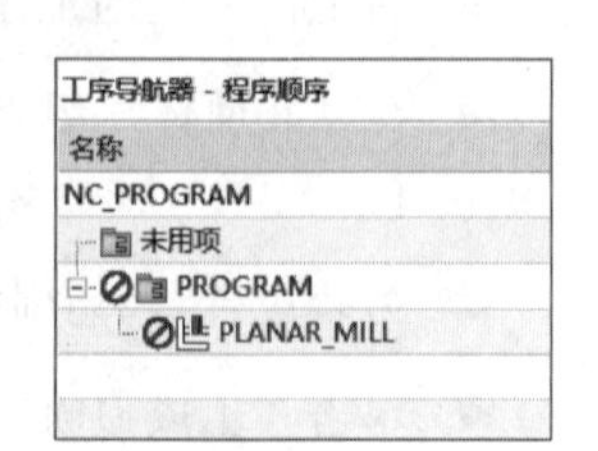

图 6-36 删除刀轨保留工序

☞“创建工序”对话框→“类型”组→“mill_planar”→“工序子类型”组→“底壁铣”（位置是第一个)→“名称”用默认的

“FLOOR_WALL” →“位置” 组选择参数如下：

“程序”=“PROGRAM”；

“刀具”=“D24L70”；

“几何体”=“WORKPIECE”；

“方法”=“MILL_ROUGH”（粗加工）。

☞ 在 “几何体” 组点 “指定切削区底面” →选择方法：“面”→选开口凹腔底面→点“确定” 返回。如图 6-37。

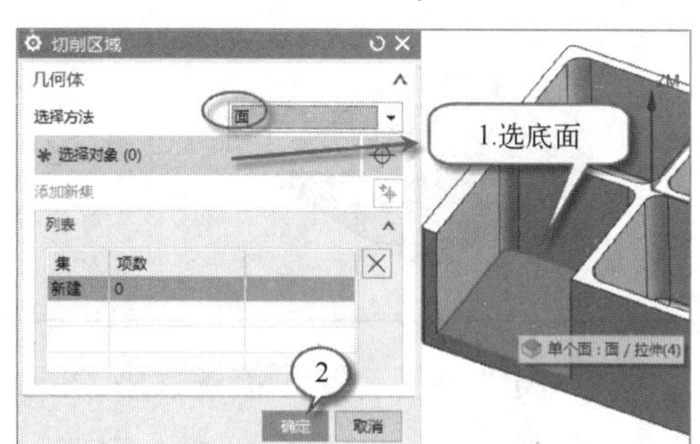

图 6-37 指定切削区底面

☞ “刀轨设置” 组：“切削模式”=“跟随周边”→“步距”=“恒定”→“最大距离”=“70%刀具直径”→“底面毛坯厚度”=“70mm”→“公共每刀切削深度”=“5mm”。

“底壁铣” 较常用设置：

底面毛坯厚度：底面上方毛坯材料的厚度。

公共每刀切削深度：设置切削层的最大深度。

底面毛坯厚度÷公共每刀切削深度=刀轨层数。

由于此凹腔深度为 70mm，所以 “底面毛坯厚度” 为 70mm。

☞ 设置 “切削参数”→“策略” 选项卡 “切削” 组：“刀路方向”=“向内”→“确定” 退出。

☞ 设置 “非切削参数”→“进刀” 选项卡 “开放区域” 组：“进刀类型”=“圆弧”→“确定” 退出。（目的是从外部进刀。）

☞ 单击 “生成刀轨” ，输出刀轨如图 6-38。

☞ 单击 “确认刀轨” →“重播刀轨”→“动画速度”=“3” →“3D 动态”→单击 “播放” 。

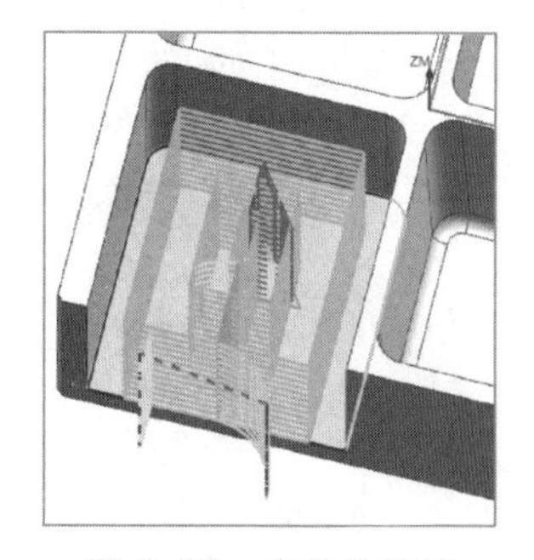

图 6-38 底壁铣结果

☞ 单击 “确定” 退出工序设置。

结果分析：如果掌握好 “底壁铣” 的 “底面毛坯厚度” 和 “每刀切削深度” 的关系，此工序代替平面铣开粗也是可行的。

6.2.4 手工面铣工序（FACE_MILLING_MANUAL）

手工面铣工序（FACE_MILLING_MANUAL）

（1）删除旧工序

继续使用 “底壁铣（FLOOR_WALL）” 实例。打开实例 “E6-4.prt。只删除工序、刀具、加工坐标系，几何体保留不变。

☞ 选择 “应用模块” 选项卡→“加工” →删除前面建好的工序。

（2）创建手工面铣工序

☞ “创建工序” 对话框→“类型” 组→“mill_planar”→“工序子类型” 组→“手工面铣” →“名称” 用默认 “FACE_MILLING_MANUAL”→“位置” 组选择参数：

“程序”=“PROGRAM”；

“刀具”=“D12”；

“几何体”=“WORKPIECE”；

“方法”=“MILL_FINISH”。

“手工面铣”工序图示和说明如表6-5。

表6-5 “手工面铣（FACE_MILLING_MANUAL）”

图示	说　明
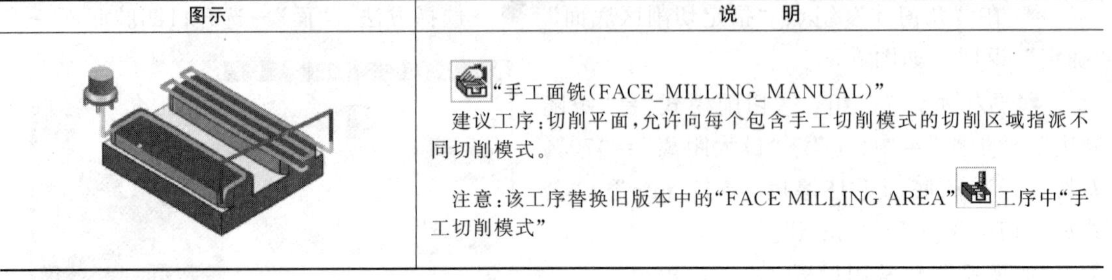	“手工面铣(FACE_MILLING_MANUAL)” 建议工序：切削平面，允许向每个包含手工切削模式的切削区域指派不同切削模式。 注意：该工序替换旧版本中的“FACE MILLING AREA”工序中“手工切削模式”

☞“确定”进入“手工面铣（FACE_MILLING_MANUAL)”对话框。

☞ 在“几何体”组点“指定切削区”→“选择方法”：“面”→选顶面→“添加新集”→选六角顶面平面部分→点“确定”返回。操作和“6.2.2 底壁铣（FLOOR_WALL）实例”相同。如图6-39。

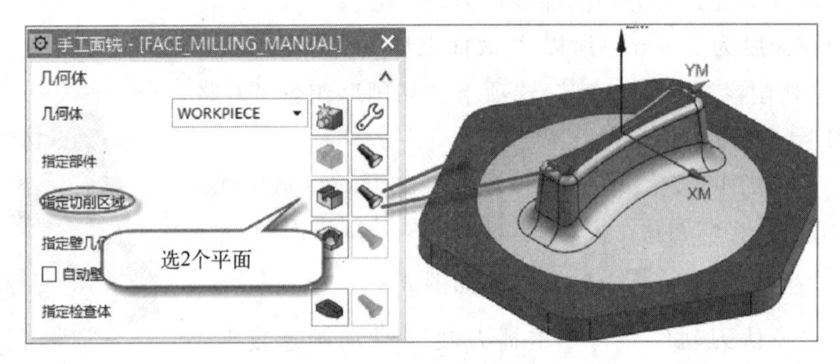

图6-39 指定切削区

☞ 刀轨设置：“切削模式”=“混合”→“步距”=“%刀具平直”→“平面直径百分比”=“75”。

☞ 单击“生成刀轨”，弹出“区域切削模式”对话框→按图6-40步骤操作。

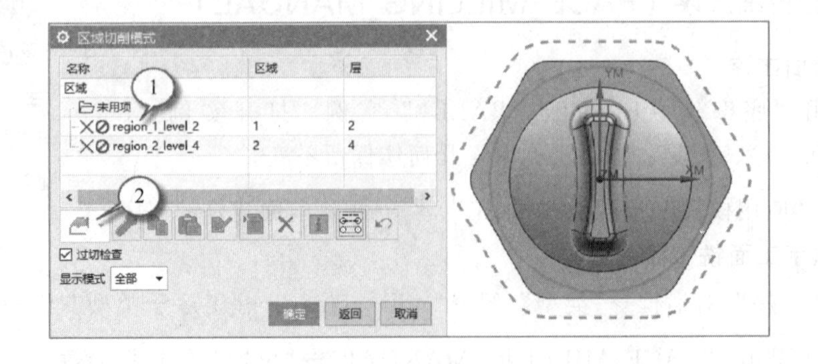

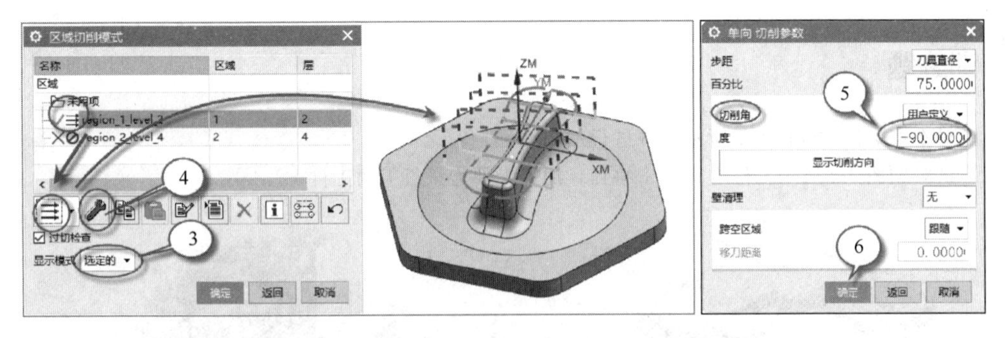

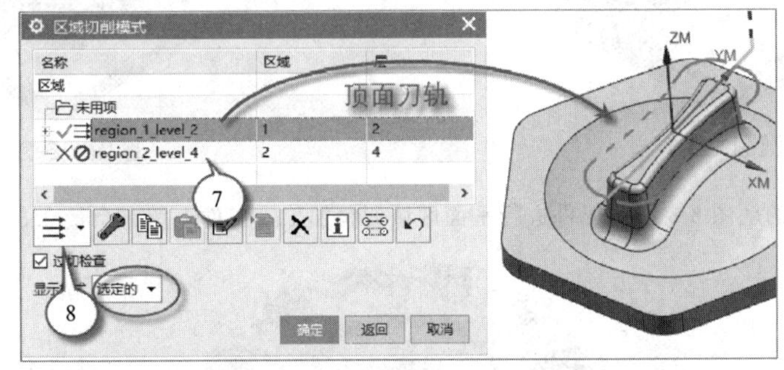

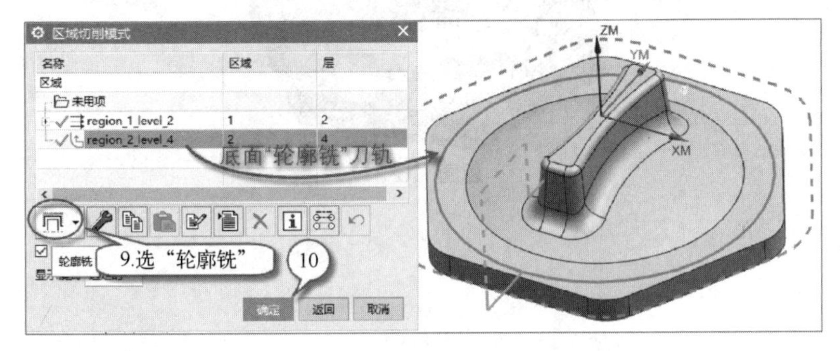

图 6-40 "区域切削模式"对话框

☞ 单击"确定"退出工序设置→单击刚创建的工序，可看如图 6-41 的刀轨。

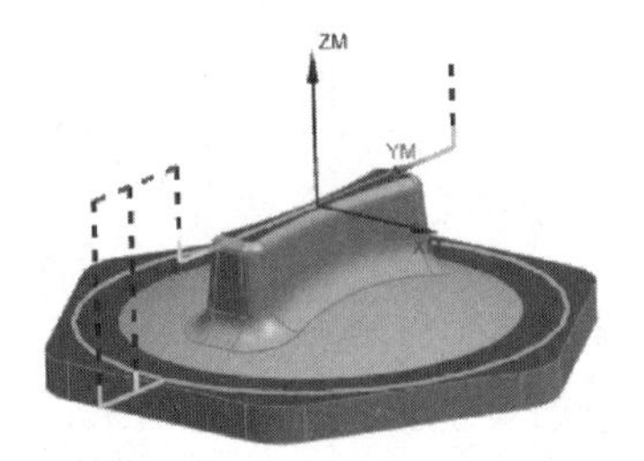

图 6-41 "手工面铣"刀轨

(3) 结果分析

可以看到改进后的刀路更简单合理。"手工面铣"在对多个相同余量的平面进行表面编程加工时，效率更高，操作更简便。

"带边界面铣（FACE_MILLING）"工序功能和"手工面铣"功能相近，也有"混合"切削模式。它在指定加工区域需要指定面的边界，操作略繁琐。

训练题

（1）对本书提供的题图 6-1 所示工件进行加工编程。

（2）试对题图 6-2 所示工件进行加工编程，加工工件为压板下的工件。

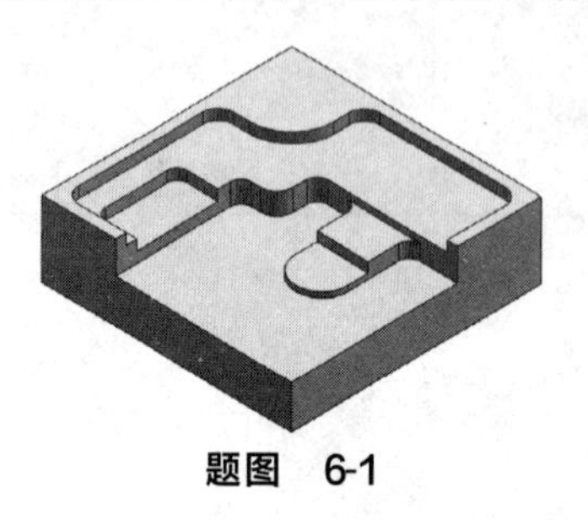

题图 6-1

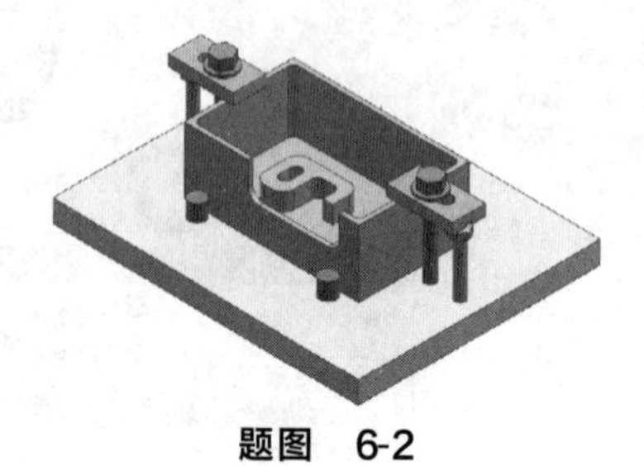

题图 6-2

（3）对本书提供的题图 6-3 所示工件进行平面区域的精加工，工件上留有余量 0.5mm，材料为 45 钢。

题图 6-3

第7章 型腔铣——开粗加工

学习导引

“型腔铣 CAVITY_MILL”工序类型通过对垂直于固定刀轴的平面分层进行切削加工。型腔铣工序可以大量地除料，能用于平面和曲面形状的工件，通常用于如模具、铸造件和锻造件的粗加工。

本章将讲解利用型腔铣工序进行开粗加工和二次开粗加工操作。

7.1 型腔铣工序

7.1.1 等高铣工序原理

等高铣是刀具逐层切削材料的一种加工类型，适用于大量切削材料的粗加工工序和工件陡壁的精加工工序。

(1) 等高铣原理

等高线是地理术语，指地形图上高度相等的相邻各点所连成的闭合曲线，等高铣的刀轨和等高线很像。等高铣刀具逐层切削工件材料，有时也称水线加工法，如图 7-1 所示，每一层刀轨的形状都是零件对应高度轮廓线形状。

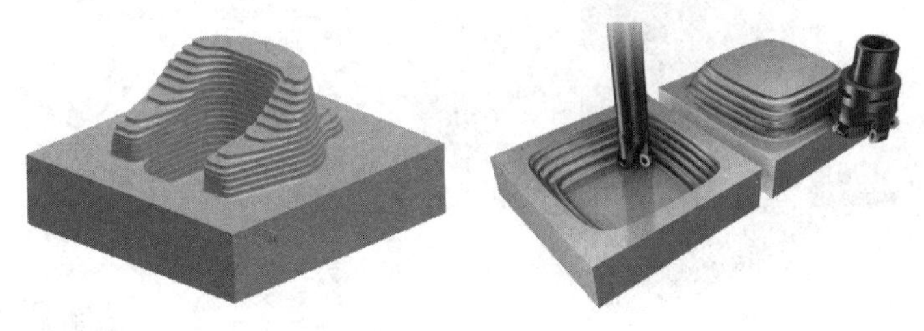

图 7-1 等高铣削原理

由于每层刀轨是在同一平面上的，所以等高铣削可以是二轴半（机床两个轴在同时进给运动，另一个轴做周期性进给运动）和三轴联动机床加工。

(2) 等高铣工序类型

从图 7-1 可以看出，工件陡峭的部位加工效果较好，平缓区域加工效果较差，所以等高铣只适用于大量切除材料的粗加工和陡壁部位的精加工。大量切除材料的粗加工对应的工序是“型腔铣”，陡壁部位的精加工对应的工序是“深度铣”。其在NX工序中的位置如图7-2。

等高铣在NX“应用模块”→“加工”→“加工环境”→“mill_contour”处。英文“contour”的含义是“轮廓”和“等高线”。

在“创建工序”时可以在“类型”中选择“CAVITY_MILL”和“ZLEVEL_PROFILE”，如图7-3。

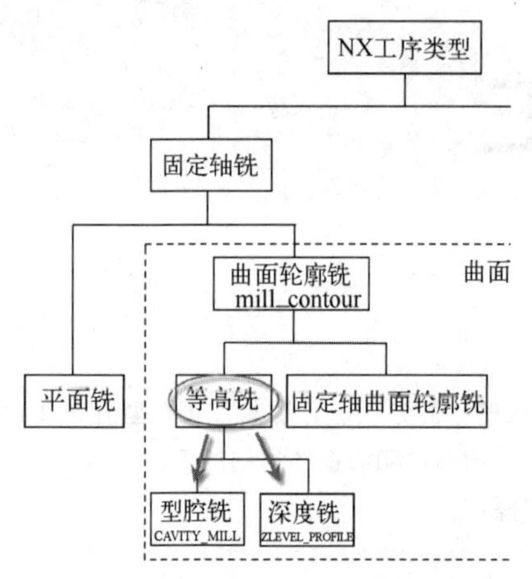

图 7-2 等高铣削子工序关系图

图 7-3 曲面轮廓（等高）铣削工序

各个工序说明见“第5章 加工工序种类及应用-5.2 铣工序子类型说明”。

7.1.2 型腔铣工序及选项

(1) 型腔铣工序

按不同形状的部位选择工序及顺序，如图7-4。型腔铣用于曲面工件开粗编程。

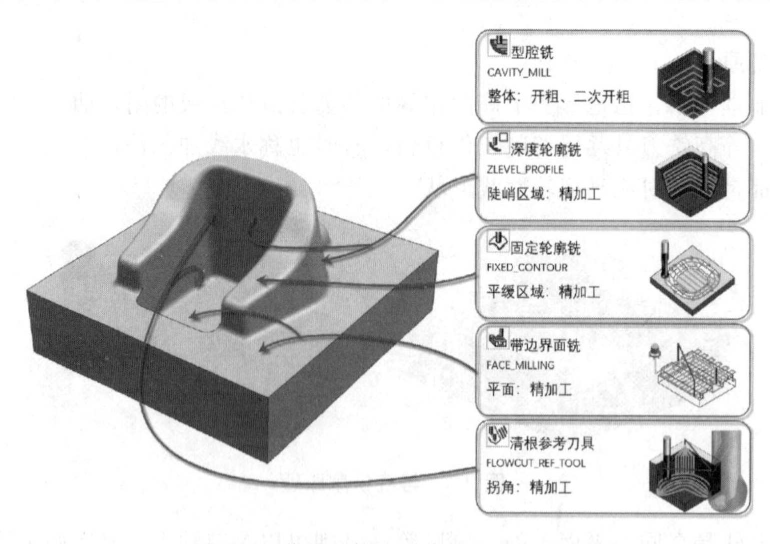

图 7-4 曲面形状和对应的工序和顺序

工件加工过程一般至少分三种类型的工序：开粗加工（含二次开粗加工）、半精加工和精加工。对于形状较复杂的曲面工件，首先要按粗、精加工选择工序。图7-4工件包含了各类工件常见形状特征。从上面工序顺序来看，“型腔铣 CAVITY_MILL”是曲面工件开粗加工和二次开粗加工的重要工序。本章重点讲解“型腔铣”的相关操作。

“型腔铣”通过对垂直于固定刀轴的平面分层进行切削加工，可大量地除料，能用于平面和曲面形状的工件，常用于如模具、铸造件和锻造件的粗加工。“型腔铣”工序图示和说明如表 7-1。

表 7-1 “型腔铣 CAVITY_MILL”

图示	说　明
	“型腔铣 CAVITY_MILL” 建议工序：粗加工、二次粗加工。 常用刀具：圆鼻刀（R 角刀、圆片铣刀）。 这是等高铣最主要的工序之一，其它开粗工序可以用它代替

(2) 型腔铣特定选项

型腔铣大部分选项与其它工序公用，但有些选项是型腔铣特定的。

①“型腔铣几何体”。型腔铣工序可以指定以下类型的几何体：部件，毛坯，检查，切削区域，修剪边界。

具体操作可以复习“第 4 章 加工工序与参数-4.1.3 创建几何体”操作实例。

②“报告最短刀具”。“报告最短刀具”选项可以计算加工工序不会发生刀具夹持器碰撞材料的最短刀具。勾选后需要更新刀轨，结果显示在该复选框下面。操作见图 7-13 的步骤。

③“公共每刀切削深度”。

a.“恒定”：每层厚度。如果每刀切削深度或公共每刀切削深度设为“0”mm，NX 软件将按完整深度创建单个切削（一刀到底），如刀刃长度小于切削深度时会发出警告。

b.“残余高度”：NX 计算沿与刀轴成 45°角的平面的切削深度。如图 7-5。

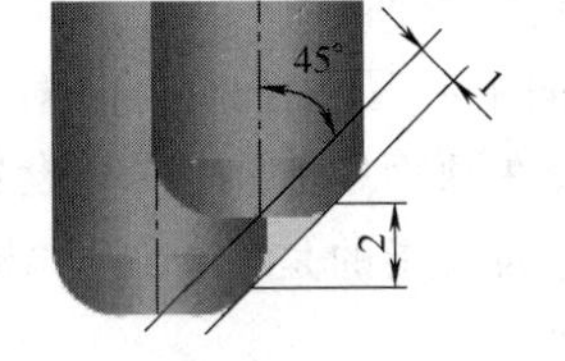

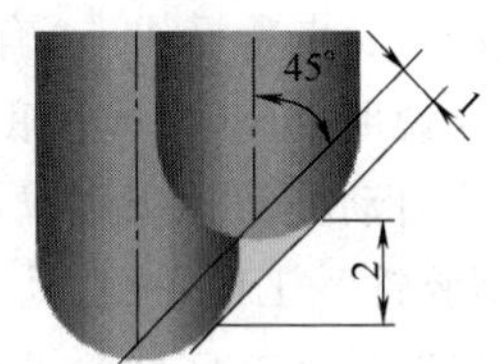

图 7-5 公共每刀切削深度——残余高度

1—残余高度；2—切削深度

④“切削层”。详见“第 4 章 加工工序与参数-4.2.3 切削层”。

⑤“分析工具”。使用分析工具可以直观地检查平面铣和型腔铣刀轨。操作步骤见图 7-14。

7.1.3 型腔铣开粗工序

型腔铣开粗、二次开粗工序

下例为了显示清楚，刀具和切削层等设置并非真实加工参数，实际加工请按真实刀具参数设置。按下面步骤操作。

(1) 导入工件并进入加工环境

☞ 打开本书提供的现成模型文件“E7-1.prt”。工件如图 7-4。

☞ 选择“应用模块”选项卡→“加工” →如果弹出“加工环境”对话框选择“cam_general”→“mill_contour”，见图7-6。

(2) 创建刀具

☞ 在“主页选项卡”→“插入”组→“创建刀具” →“刀具子类型”→“MILL” （铣刀-5参数)→“名称”=“D16R2”→“直径”=“16mm”、“下半径”=“2mm”→点“确定”退出。步骤如图7-7。

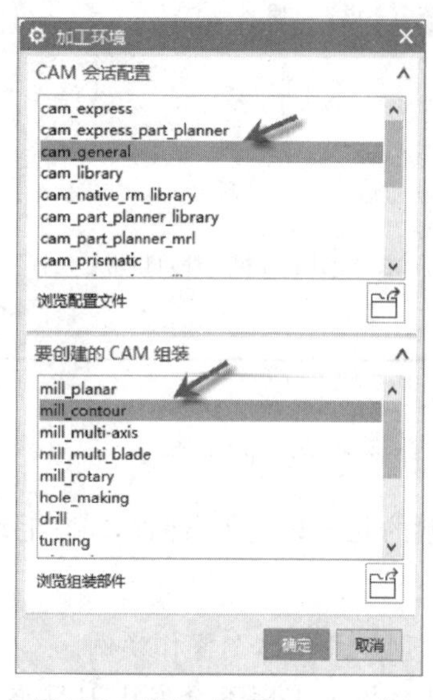

图7-6 选择“mill_contour”

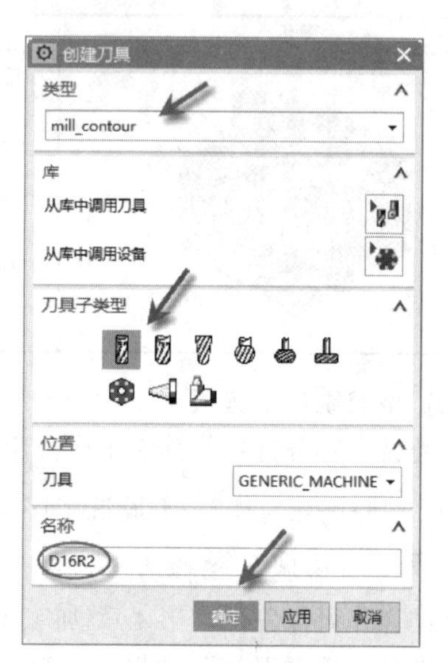

图7-7 创建刀具

(3) 调整加工坐标系

☞ 工序导航器切换到几何视图 →单击“MCS_MILL”前的加号“+”展开子项→双击“MCS_MILL”(此时的WCS和MCS是重合状态)→单击指定“MCS”右边图标 →按图7-8步骤操作→“确定”返回。

说明：MCS选在底面中心是为了换刀时对刀方便，因为开粗加工后顶面已经被铣去。对于自动换刀机床可以设在顶面中心；“安全设置”选“自动平面”上方10mm高度。对于“型腔铣”工序，“自动平面”指的是“部件”“检查”“毛坯”及“毛坯距离”或“用户定义顶层”的最高区域的平面。

(4) 定义几何体

☞ 定义部件几何体。按图7-9操作：双击“WORKPIECE”→单击“指定部件” →选择图形区的部件（选中后“选择对象”右边括号内的0变为1，表示一个实体被选中)→单击“确定”返回，会看到“指定部件”右边的手电筒图标变为彩色。

☞ 定义毛坯几何体：续接前面步骤，“工件”对话框→单击“指定毛坯” →选“包容块”→“*ZM*+”=“1mm”→其它参数用默认→点“确定”返回。如图7-10。

(5) 创建工序

☞ “创建工序” 对话框→“类型”组→“mill_contour”→“工序子类型”组→“CAVITY_MILL” →按图7-11操作。

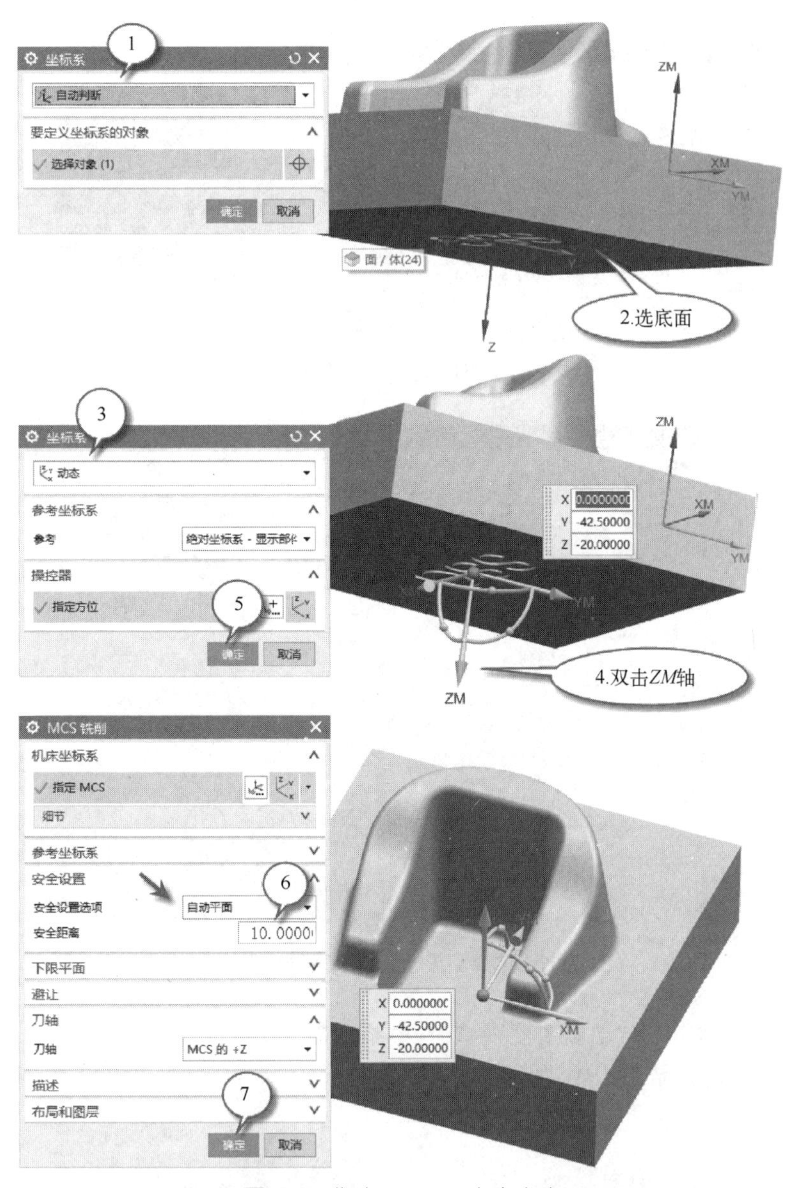

图 7-8　指定 MCS 和安全高度

图 7-9　定义部件几何体

注意：实际加工设置切削层时，钢料的公共每刀切削深度一般不超过 0.5mm，具体取值按粗、精加工，材料，刀具推荐值情况设定。这里设置 2mm 为了便于观察刀轨。

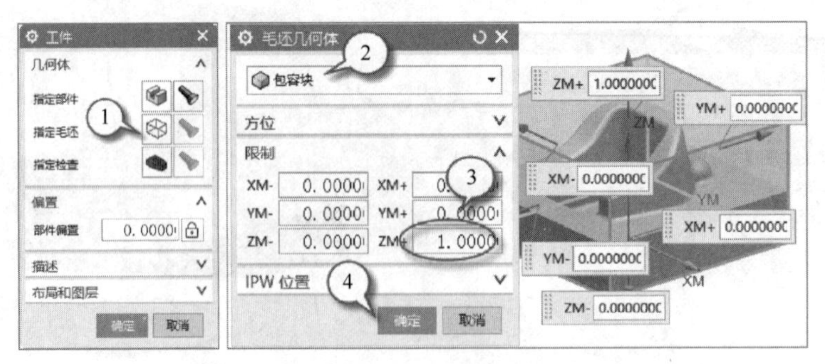

图 7-10　定义毛坯几何体

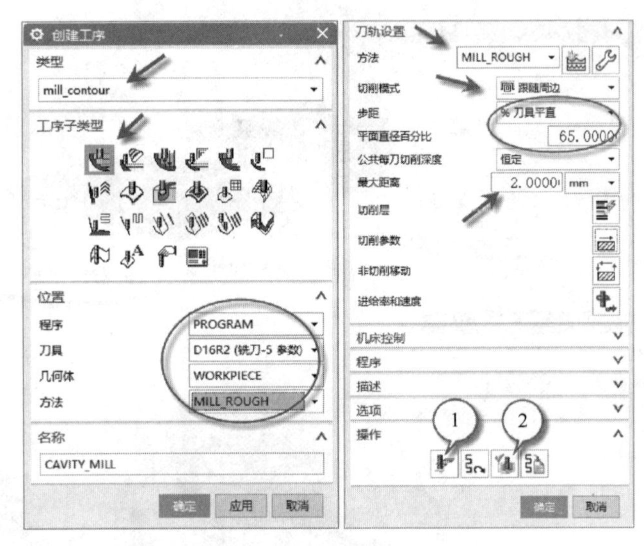

图 7-11　选择和设置 CAVITY_MILL 参数

☞ 选择“3D 动态”→“动画速度”=“6”→“播放” ▶。

生成的刀轨和仿真结果 IPW 如图 7-12。

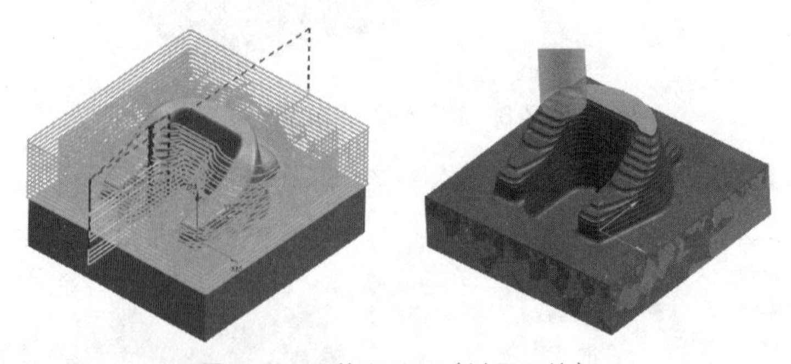

图 7-12　刀轨和 IPW（过程工件）

(6) 验证刀具长度（选作）

☞ 在工序导航器中双击前面创建的型腔铣工序“CAVITY_MILL”，按下面步骤操作（图 7-13），创建一个刀具夹持器。按“确定”返回。

☞ 点“生成刀轨” 重新生成刀轨，会见到结果显示在该复选框下面，报告最短刀具值是近似推荐值不是绝对值。原来的刀具长 75mm（刃长 50mm）>40.97mm，所以不会和

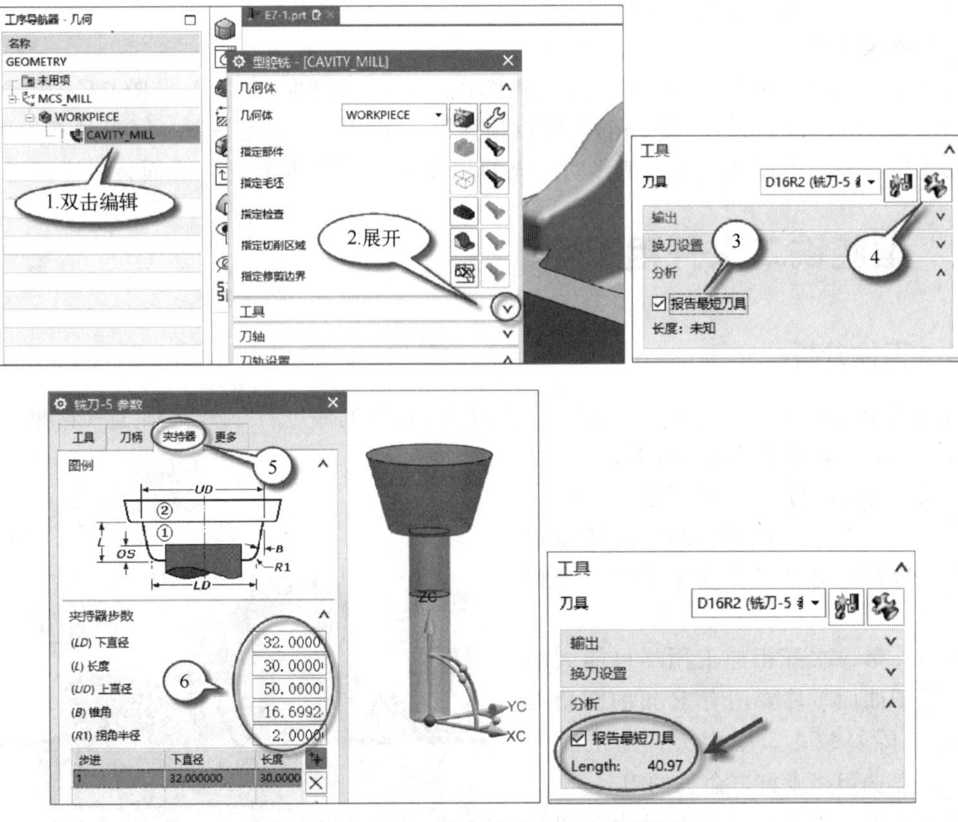

图 7-13　创建刀具夹持器及报告最短刀具

工件等实体发生碰撞。此项操作会增加计算时间。

(7) 用分析工具分析工序（选作）

☞ 在工序导航器中单击刚创建的“CAVITY_MILL”右键→“刀轨”→“过切检查”→“确定”（如果存在“过切”表中会列出）→“确定”返回。

☞ 双击“CAVITY_MILL”打开型腔铣工序对话框→工序导航器下面“选项”组展开→“分析工具”→按图 7-14 操作→“确定”返回。

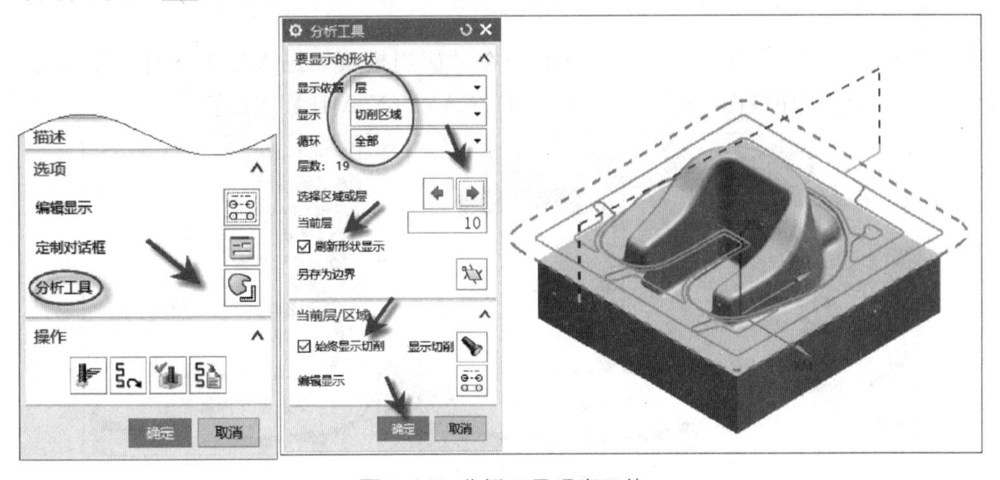

图 7-14　分析工具观察刀轨

保存文件，后面操作还要使用到。

(8) 结果分析

采用了“跟随周边”切削模式，刀轨连续规整，抬刀较少。“MILL_ROUGH”粗加工默认的余量1mm，而切削层厚2mm，所以顶面没产生刀轨。加工完每一层刀具都抬回到安全平面比较费时，可以在“非切削移动”里的“转移/快速”里优化，后面将会详细讲解。

7.2 型腔铣二次开粗工序

7.2.1 工件分析

前面用型腔铣（CAVITY_MILL）对“E7-1.prt”工件进行了开粗加工（结果如图7-12）。图7-15是其剖视和放大的效果，部件余量是1mm，每刀切削深度为2mm，可见陡峭区域和平缓区域残料厚度相差很大，平缓区域有必要减小切削层厚度进行二次粗加工。

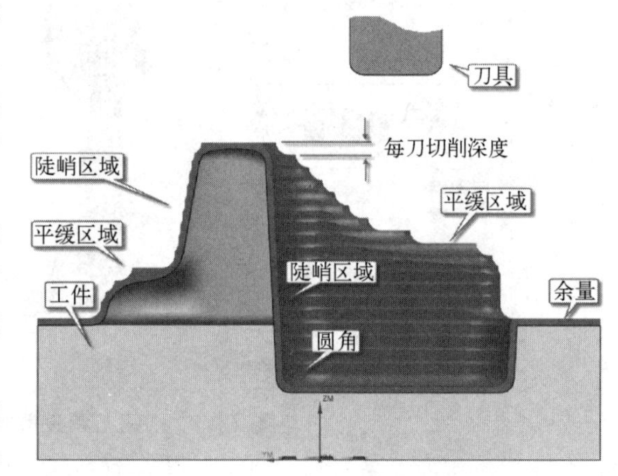

图7-15　第一次粗加工后的工件（IPW）

注意：第一次开粗加工用尽可能大的刀具（对于曲面零件要用有R角的圆角刀具），由于除料较多，受力大，加工时间也较长，要选用强度好寿命长的刀具。

首次粗加工使用的刀具尺寸大、切削层设定的也较厚，所以加工后的工件（IPW＝in-process workpiece，也称过程工件）上的残料比较大，一般需要进行二次粗加工（或半精加工）进一步剔除IPW上的残料，使IPW变得光滑，否则对精加工刀具损伤较大。下面使用小一点的刀具，切削层设定小一些进行二次粗加工。

7.2.2 型腔铣二次开粗工序

(1) 复制创建工序

☞ 打开前面操作过的文件（E7-1.prt）→在“应用模块”进入加工→将“工序导航器”视图切换到“程序顺序视图”→按图7-16复制“CAVITY_MILL”工序。

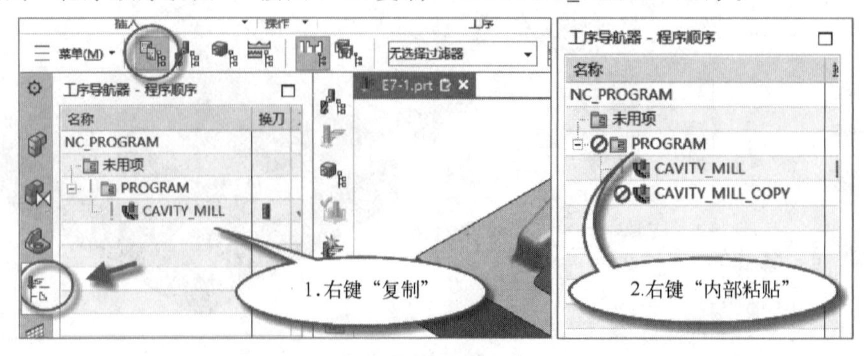

图7-16　复制工序

由于要进行的二次开粗加工所用的几何体和工序类型和前面的一样，所以复制前面的工序，只需要修改刀具、切削层等部分参数即可。

注意：是“内部粘贴”，如不小心将“CAVITY_MILL_COPY”粘贴到其它位置可以用鼠标拖到图 7-16 所示位置。所复制的“CAVITY_MILL_COPY”必须在第一次粗加工“CAVITY_MILL”后面。

(2) 创建刀具

☞ 双击打开“CAVITY_MILL_COPY”工序→新建一把“D8R1”刀具→将上一道工序所用的“D16R2”刀具替换成“D8R1”刀具。如图 7-17。

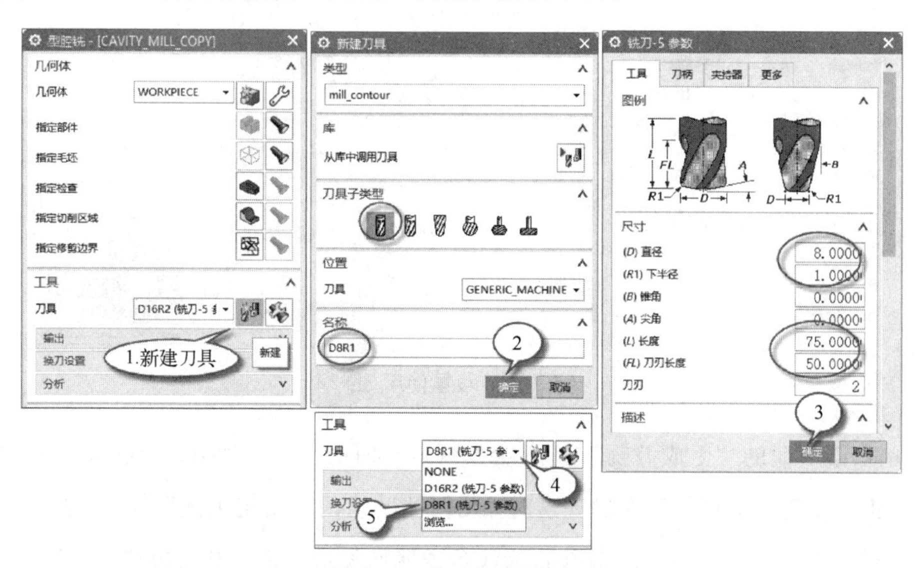

图 7-17 新建和替换刀具

(3) 修改工序参数

☞ 将“公共每刀切削深度”改为“最大距离”=“1”mm→单击最下面的“生成刀轨”。

☞“确认刀轨”→“3D 动态”，结果如图 7-18。

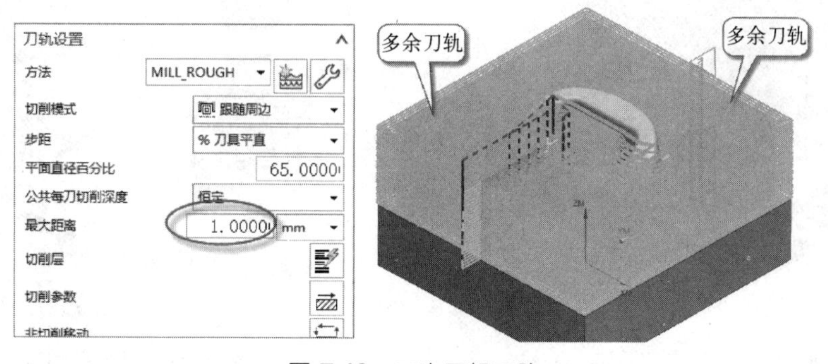

图 7-18 二次开粗刀路

结果分析：仿真模拟后会发现生成的 IPW（过程工件）变光滑了，如图 7-18，残料减少很多。但是，这一步产生了大量的多余刀轨，刀具在前面工序已经切除材料的地方空走刀，这将浪费大量时间。解决办法如下。

①“使用 3D”。

☞“刀轨设置”组→“切削参数”→“空间范围”选项卡→“毛坯”组→“过程工件”→“使用 3D”，如图 7-19。

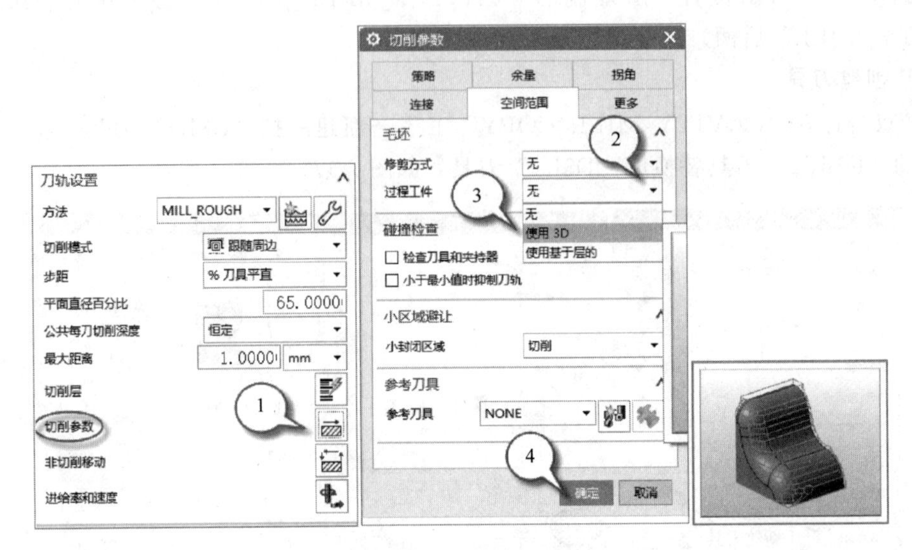

图 7-19 设置使用 3D

☞ 单击最下面的“生成刀轨”。会发现计算时间变长，生成的刀轨如图 7-20。

观察图 7-21 工序对话框，会发现这时“几何体”组的“指定毛坯”不见了，取而代之的是“指定前一个 IPW”，其颜色为浅色说明已经被指定，其右边的手电筒处于彩色状态也说明其被指定。这些情况说明上一道工序（CAVITY_MILL）产生的 IPW（过程工件）被系统默认指定为本道工序的毛坯了。再有，工序对话框中“操作”组的第 4 个按钮变成“显示所得的 IPW”。

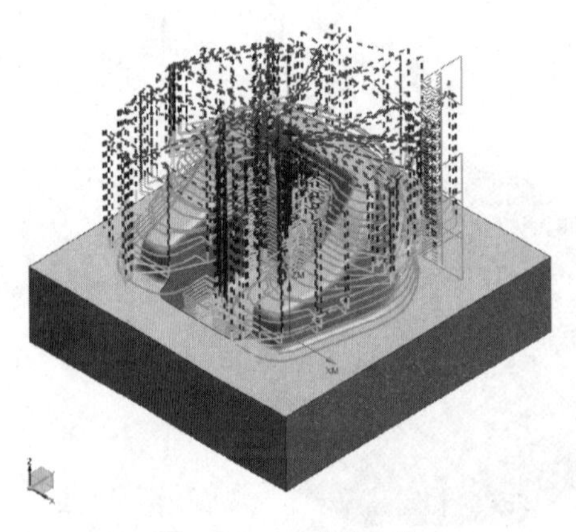

图 7-20 生成的刀轨

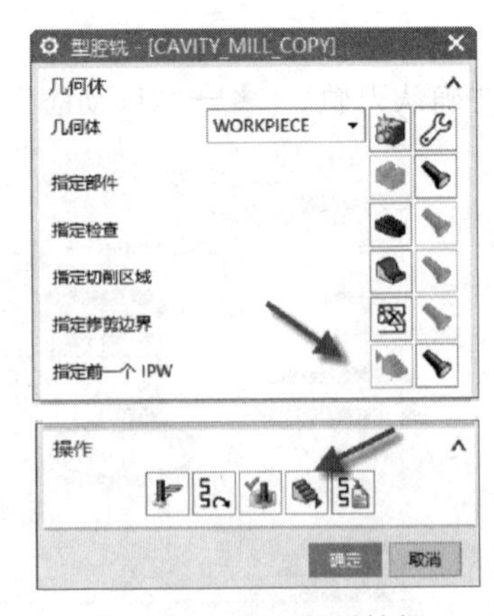

图 7-21 IPW 显示按钮

☞ 继续操作：在图形区右键→刷新（或按 F5 键）隐藏刀轨。

☞ 在图 7-21 单击工序对话框中“几何体”组的“指定前一个 IPW”旁边的，会看到上一道工序产生的 IPW，如图 7-22。

☞ 鼠标在图形区空白处右键“刷新”（或按“F5”键）→再单击工序对话框中“操作”组的第 4 个按钮（“显示所得的 IPW”），结果如图 7-23。

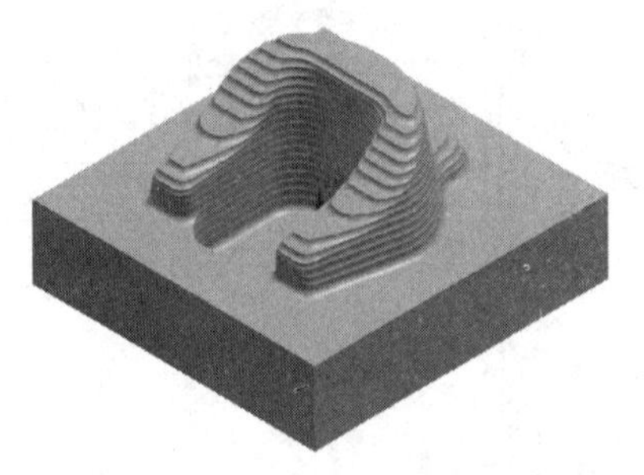

图 7-22　首次开粗工序产生的 IPW

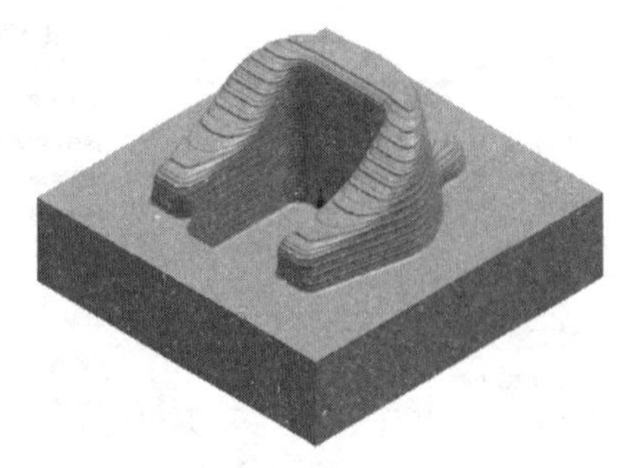

图 7-23　二次开粗工序所得 IPW

结果分析：可以观察到二次开粗后得到的 IPW 变得光滑一些，拐角处的残料也少了。但是这两道工序还有一些不完美之处。第一道开粗加工工序刀具加工完每一层后都会抬回到安全平面，这样比较费时，同时也存在抬刀高度较高的问题，而且抬刀次数也较多，平缓区域的残料还是较多，陡峭区域在二次粗加工后效果并不显著；再有，存在二次开粗加工时 IPW 计算时间比较长等问题。这些问题有待优化。下面结合具体操作讲解利用型腔铣的“刀轨设置”解决这些问题。

☞ 首先解决抬刀过高的问题，按图 7-24 操作。在工序导航器中双击前面创建的型腔铣工序“CAVITY_MILL”，打开型腔铣工序对话框→“刀轨设置”组：“非切削移动”→“转移/快速”选项卡→“区域之间”组“转移类型”=“前一平面”（安全距离默认为 3mm）；“区域内”组→“转移类型”=“前一平面”（安全距离默认为 3mm）→“确定”返回。操作时注意弹出的图形提示。

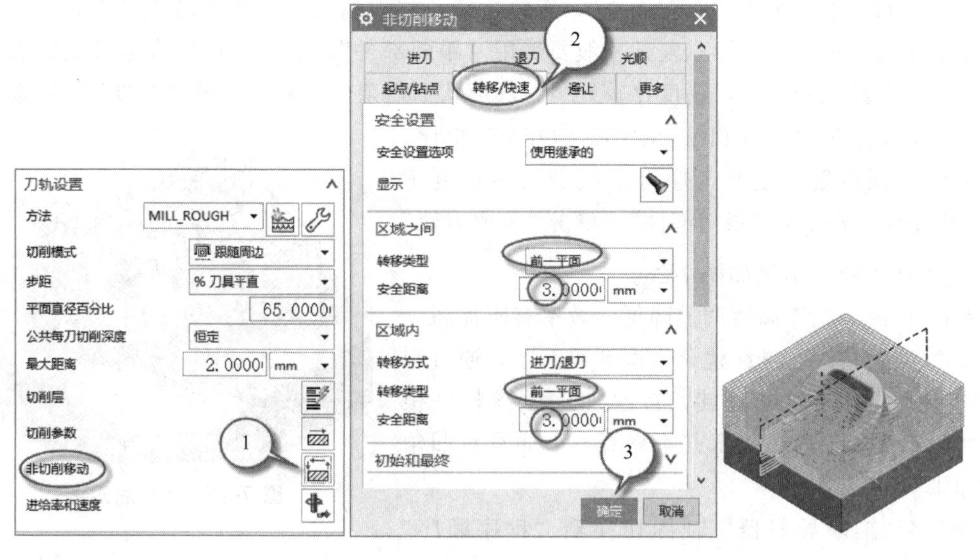

图 7-24　设置“转移/快速”

☞ 继续优化操作：单击“切削参数”→步骤如图 7-25→点“确定”返回。

☞ 单击最下面“生成刀轨”重新生成刀轨→单击“确定”退出。

图 7-25　设置“切削参数”

上面优化操作的目的如下。

a. 二次开粗加工对于复杂形状其“策略”一般采用“深度优先”，刀具转移次数较少效率更高。注：如果有多个型腔并且它们之间的壁很薄（一般高度厚度比＜15∶1），为防止薄壁受力变形要采用“小切深”和“层优先”策略。

b. 开粗加工时最好不用系统的默认余量，而是分别设置侧面余量（一般为 0.3～0.5mm）和底面余量（一般为 0.2～0.3mm）。

c. 为防止刀具突然改变方向产生冲击，导致机床和刀具受力过大，拐角要设为“光顺”。这在加工硬质材料或高速加工材料时尤为重要。建议半径值不要超过步距值的 50%，步距限制最好保留默认值为 150%。

首次开粗加工尽量用“跟随周边”，刀轨连续，移刀抬刀少，效率高。二次开粗加工和后面精加工时，如果工件形状复杂一般要采用“跟随部件”，抬刀虽然较多但其是沿着工件形状切削，刀路比较安全，精度比较好。工件形状不复杂优先采用“跟随周边”切削模式。

☞ 双击打开“CAVITY_MILL_COPY”工序，重复上面相同设置（复制工序可以减少很多重复工作）→把切削模式改为“跟随部件”→单击“生成刀轨” 重新生成刀轨。结果如图 7-26。

对比图 7-20 抬刀高度明显降低，效率有所提高。

②“参考刀具”。继续优化二次开粗工序。通过观察发现，由于内腔的壁较陡，首次加工后残料已很少，所以二次加工内腔陡壁并不划算。下面只对凹角二次加工。

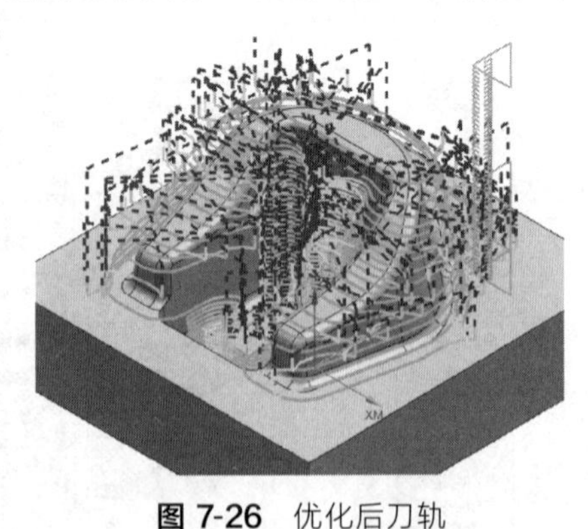

图 7-26　优化后刀轨

☞ 将“工序导航器”视图切换到“程序顺序”视图。复制“CAVITY_MILL_COPY”工序，粘贴为“CAVITY_MILL_COPY_COPY”，如图 7-27。参考前面“图 7-16 复制工序”操作。

☞ 鼠标在“CAVITY_MILL_COPY”上右键→点“刀轨”→点“删除”。

☞ 按图 7-28 步骤操作，双击打开“CAVITY_MILL_COPY_COPY”工序→“几何体”

组：“切削模式”=“跟随部件”→“刀轨设置”组：“切削参数”→“空间范围”→“过程工件”=“无”→“参考刀具”选择“D16R2”（前一把刀具)→“重叠距离”=“1mm”→“确定”返回→“刀轨设置”组：“非切削移动”→“进刀”选项卡→“开放区域”组→“进刀类型”=“圆弧”→“确定”返回。这样做是为了避免进刀时刀具和壁发生冲击碰撞。

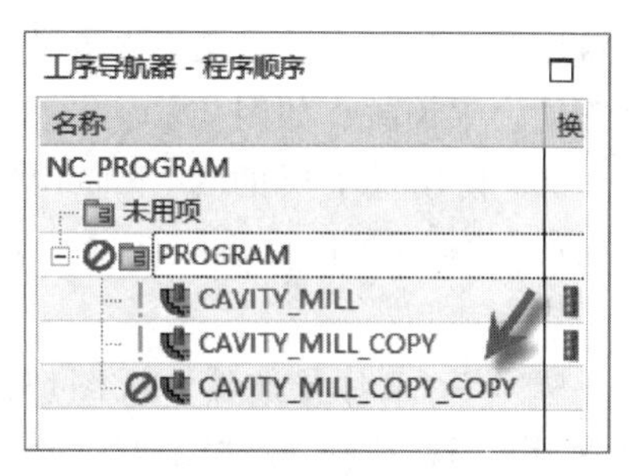

图 7-27　复制工序

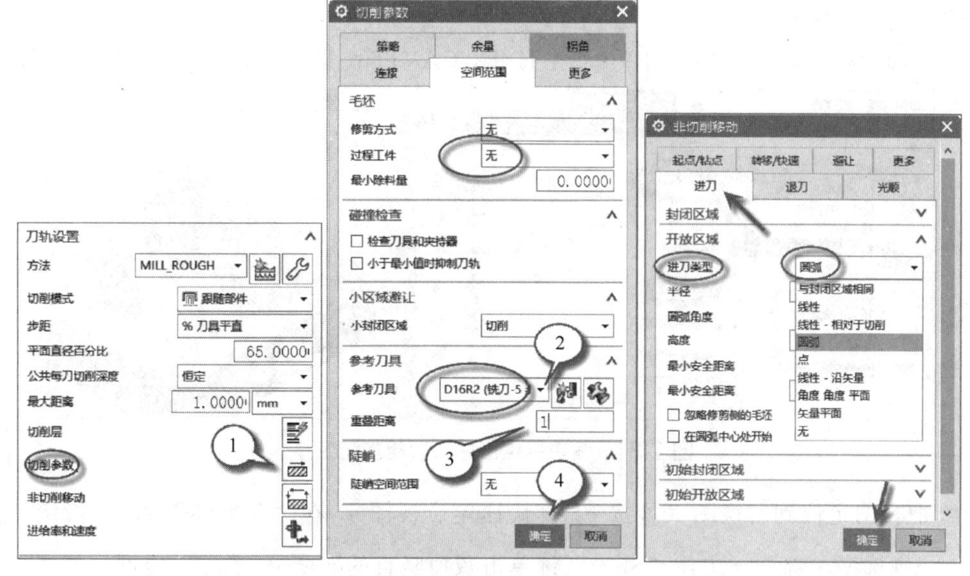

图 7-28　“参考刀具”操作

☞“生成刀轨”→“确认刀轨”→“3D 动态”→“播放”。结果如图 7-29。

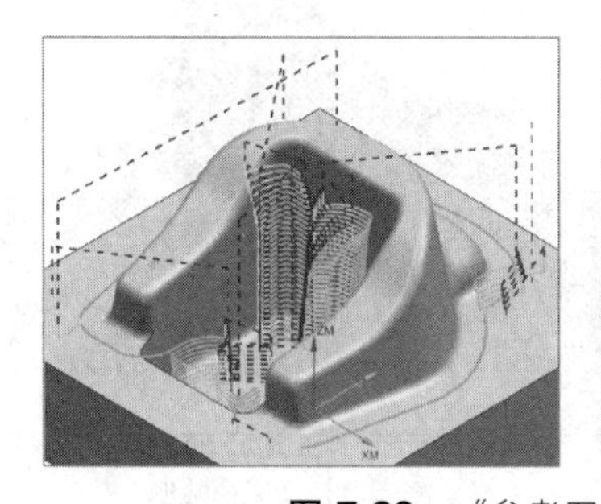
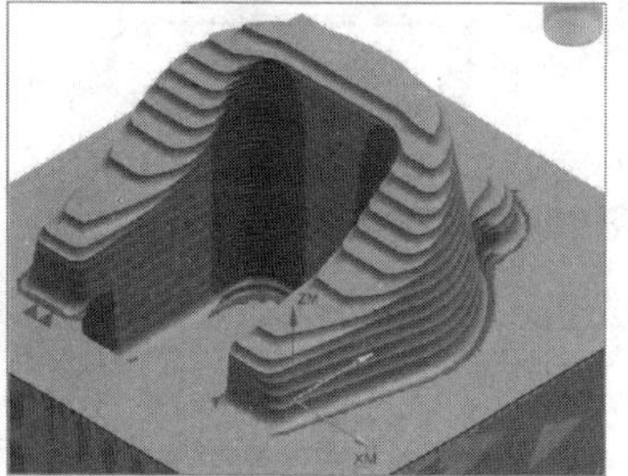

图 7-29　“参考刀具”的刀轨及 IPW

可见，用“参考刀具”方法只加工了前一把大刀不能加工的凹角，其它大刀能加工的地方小刀并未加工。

注意：“参考刀具”是在理论上认为大刀具加工不到的地方由小刀具来加工，至于大刀具是否真的加工过并不能识别。所以，一定要确认在“参考刀具”前已经有大刀具加工过以避免损坏小刀具。“参考刀具”尽量使用“跟随部件”切削方式。

关于“参考刀具”：创建工序时如果使用的较小刀具参考了较大的刀具，则较小刀具仅切除大刀具不能切削到的材料。“重叠距离”是大刀具能加工到的区域和小刀具加工区域的重叠距离，用这个距离来避免在交界处留下残料痕迹。“参考刀具”适用于型腔铣、深度铣、平面铣、平面铣。如图 7-30。

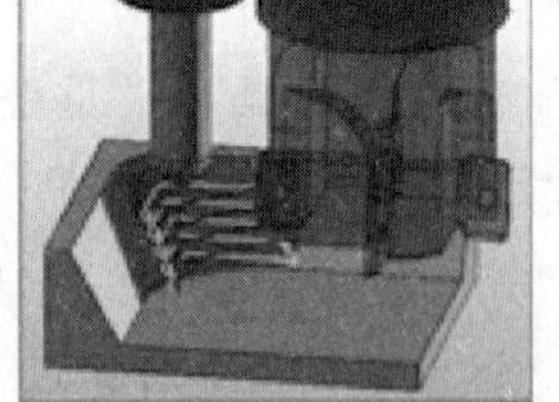
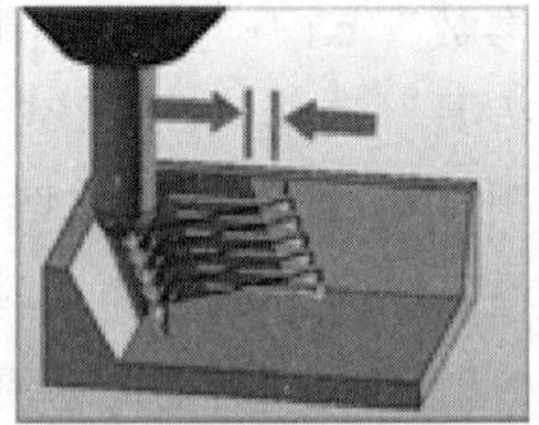

图 7-30 “参考刀具”和“重叠距离”

③“使用基于层的”。下面用“使用基于层的”继续优化对平缓区域二次开粗加工工序。

☞ 将“工序导航器”视图切换到“程序顺序”视图→将“CAVITY_MILL_COPY”工序和“CAVITY_MILL_COPY_COPY”工序分别重命名为“CAVITY_MILL_J”和“CAVITY_MILL_P”→双击打开“CAVITY_MILL_P”工序。步骤如图 7-31。

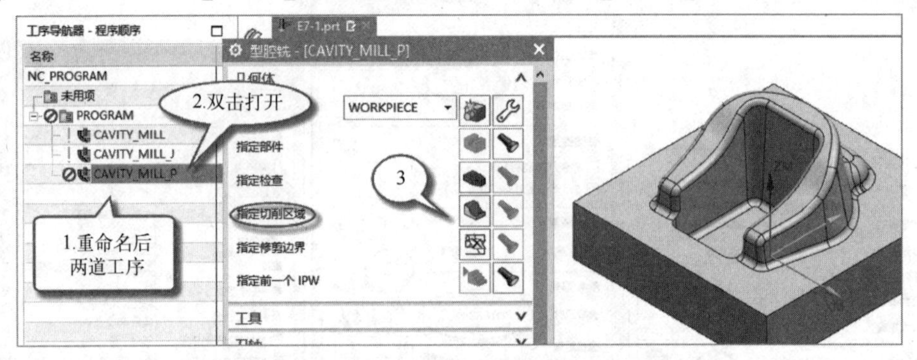

图 7-31 编辑平缓区域二次粗加工工序

☞ 把视图定位到右视图（可按 F8 键快速定位视图）。在“几何体”组→“指定切削区域”→框选型芯部分→按住“Shift”键单击减掉竖直的陡壁→“确定”返回。如图 7-32。

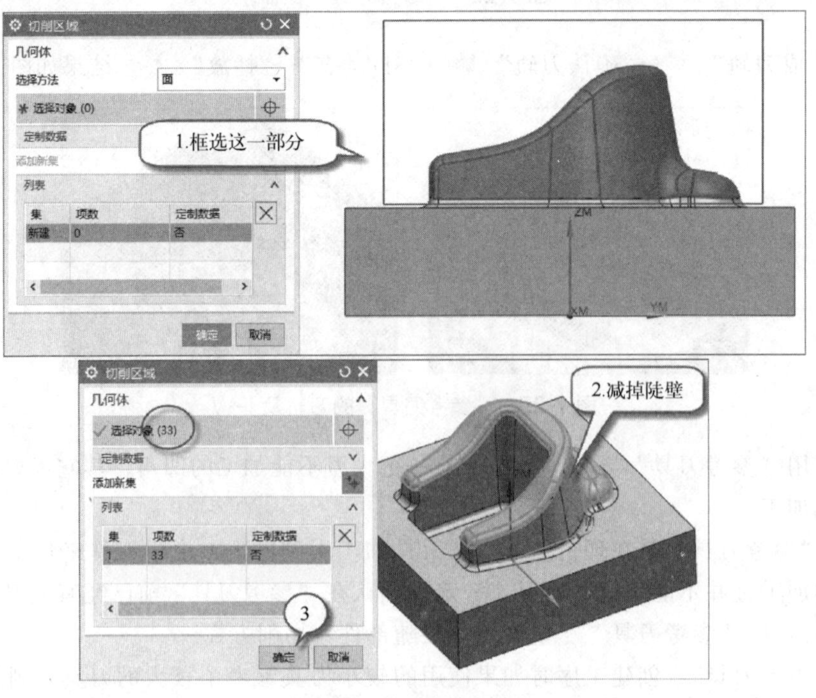

图 7-32 指定切削区域

☞ 按图 7-33 设置各项参数："刀轨设置"组"切削参数"→"空间范围"选项卡→"毛坯"组→"过程工件"＝"使用基于层的"→"确定"返回→"生成刀轨" →"确认刀轨" →"3D 动态"→"播放" 。结果如图 7-34 所示。

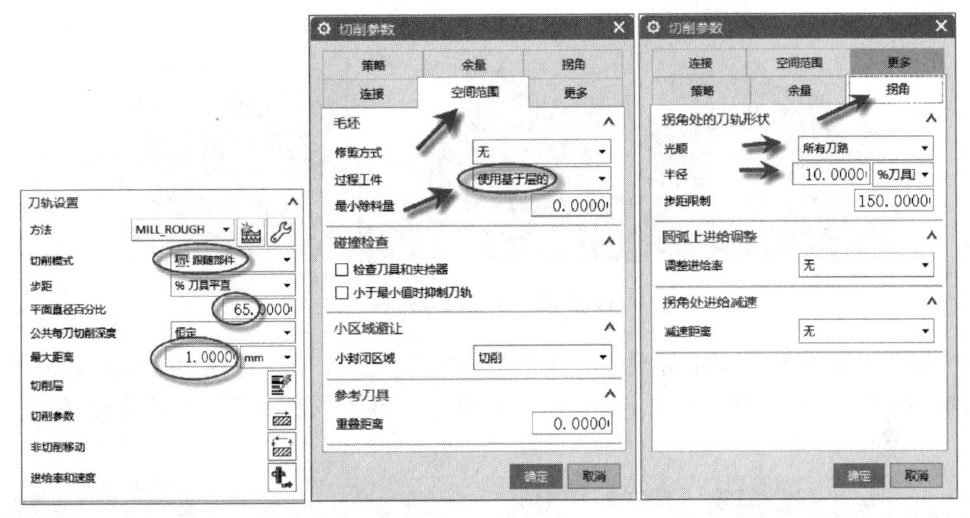

图 7-33　参数设置

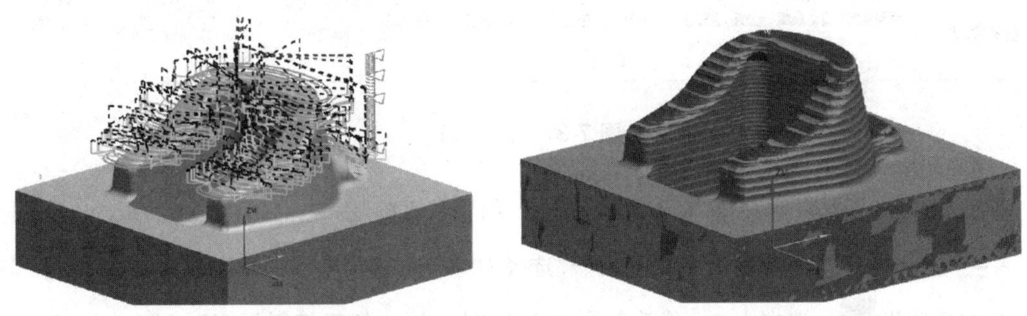

图 7-34　"使用基于层的"结果

结果分析：计算时间很快，刀轨也比前面"使用 3D"的简单。

知识："使用基于层"优点如下。

a. 可有效地对上一个工序留下的拐角和阶梯面残料进行切削。

b. 刀轨处理时间远远短于使用"使用 3D"选项时间。"使用基于层的"选项适用于型腔铣、插铣和剩余铣工序。和使用"3D IPW"相比，"使用基于层的"无法查看基于层的 IPW。如图 7-35 是这两种方式的算法图示比较。

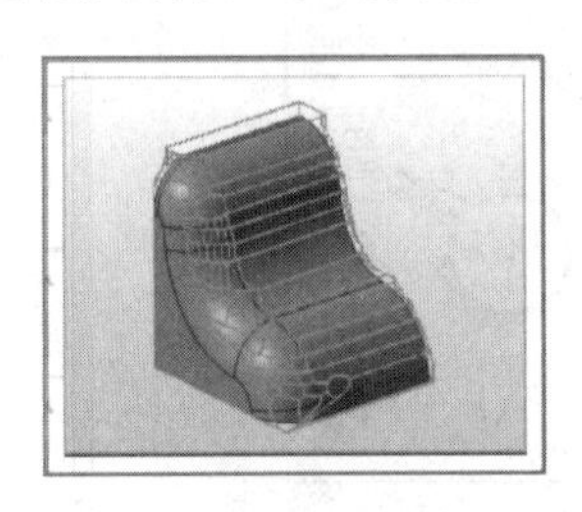

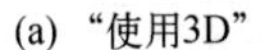

(a) "使用3D"

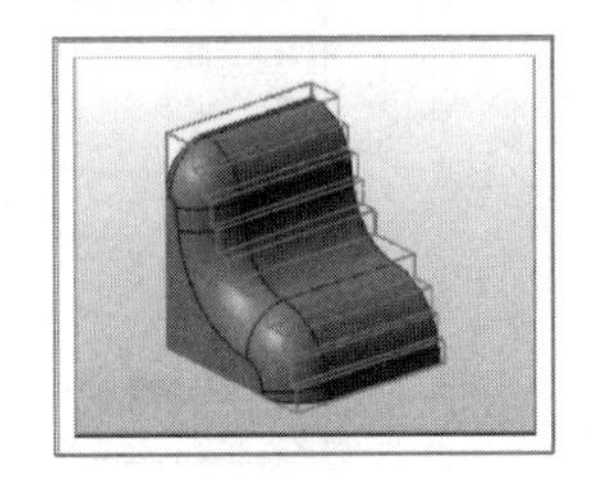

(b) "使用基于层的"

图 7-35　两种方式的算法图示比较

图 7-36 是加工后的结果，可看出平缓区域残料还是较大。下面用设置“切削层”优化。

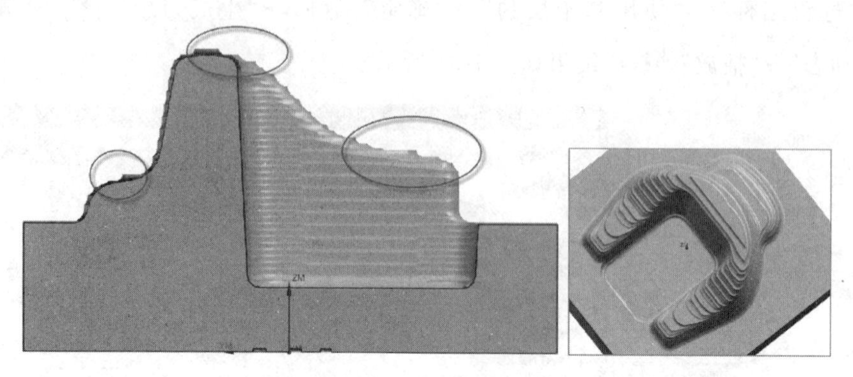

图 7-36　平缓区域残料

☞ 按图 7-37 操作，双击打开“CAVITY_MILL_P”工序→把视图定位到右视图（按 F8 快速定位视图)→“视图”选项卡：显示“光顺边”。保存文件，第 8 章还要使用。

图 7-37　显示设置

☞ 按图 7-38 步骤操作，在“刀轨设置”组→“切削层”→“范围”组→“范围类型”=用户定义→“范围定义”组→“选择对象”→选端点 1→“添加新集”→选端点 2→“添加新集”→选端点 3→修改范围 1 和范围 3 的“每刀切削深度”=“0.5mm”→“确定”返回。

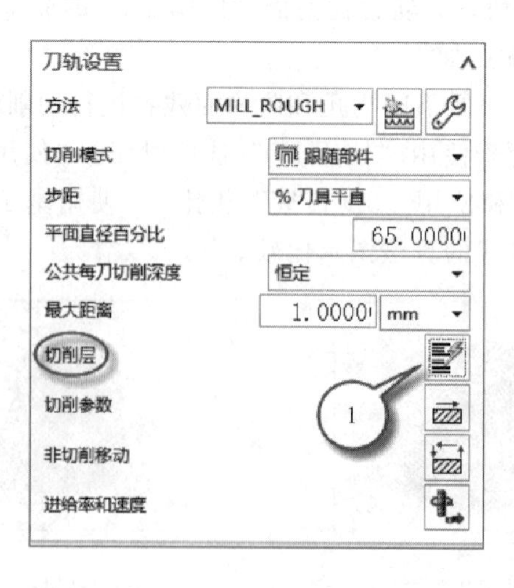

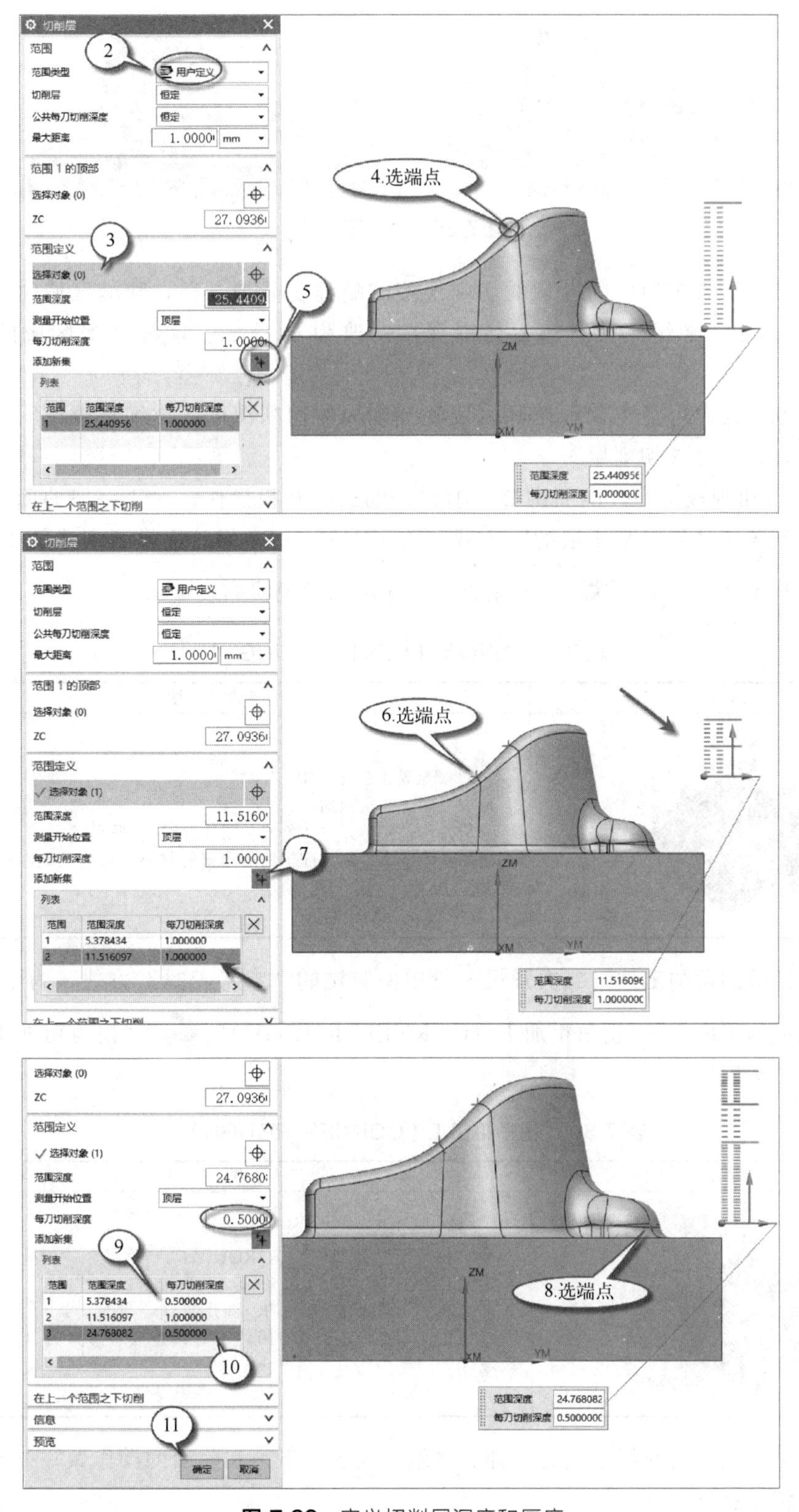

图 7-38 定义切削层深度和厚度

☞ 单击“生成刀轨”，结果如图 7-39。

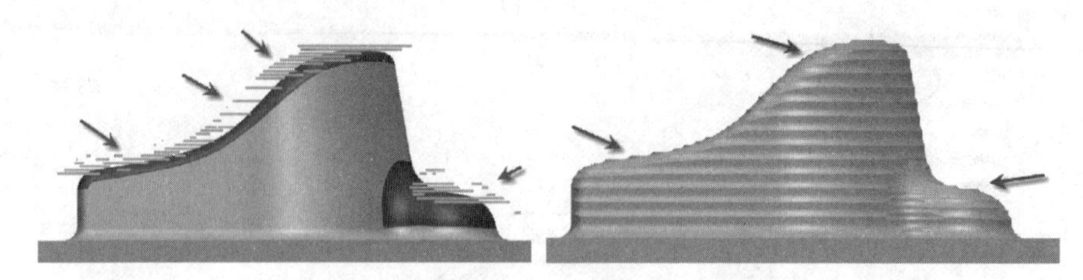

图 7-39 刀轨和 IPW

结果分析：将选定的切削区域的切削层按陡峭程度分为 3 段，陡峭区域“每刀切削深度”保持为 1mm，平缓区域“每刀切削深度”改为 0.5mm。这样平缓区域的残料明显改善。

使用切削层命令可指定切削范围以及各范围中的切削深度。详细参数说明见“第 4 章 加工工序与参数-4.2.3 切削层”。

④ 二次开粗现成工序。前面讲解了型腔铣的二次开粗操作，对于一般曲面拐角，二次开粗一般用型腔铣“使用基于层的”方式，为了方便，NX 为此提供了现成的工序——“剩余铣（REST_MILLING）”。“剩余铣”工序图示和说明如表 7-2。

表 7-2 “剩余铣（REST_MILLING）”

图示	说　明
	“剩余铣 REST_MILLING” 建议工序：二次粗加工。 常用刀具：圆鼻刀（R 角刀、圆片铣刀）、平底刀。 使用型腔铣来移除之前工序所遗留的材料。切削区域由基于层的 IPW 定义

针对有陡峭凹角的工件，二次开粗一般用型腔铣的“参考刀具”方式，为了方便，NX 也提供了现成的工序——“拐角粗加工（CORNER_ROUGH）”。“拐角粗加工”工序图示和说明如表 7-3。

表 7-3 “拐角粗加工（CORNER_ROUGH）”

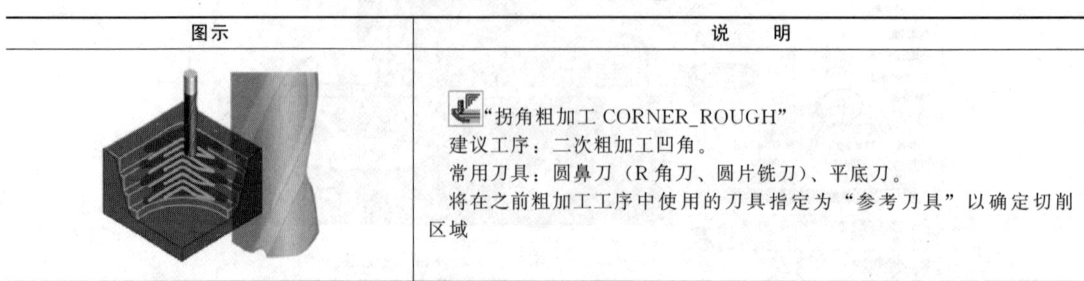

图示	说　明
	“拐角粗加工 CORNER_ROUGH” 建议工序：二次粗加工凹角。 常用刀具：圆鼻刀（R 角刀、圆片铣刀）、平底刀。 将在之前粗加工工序中使用的刀具指定为“参考刀具”以确定切削区域

思考：尝试把前面的例子用这两种工序编程加工一下，和前面的操作做一下比较。

(4) 分析和总结

型腔铣是 NX 自动编程最重要和常用的工序，开粗加工时往往使用该工序。上面通过“学习—操作—分析—改进”循环操作方法，较完整地介绍了型腔铣开粗工序。

7.3 其它开粗工序

曲面类工件的开粗加工一般情况用“型腔铣”，但在一些机床和刀具条件限制情况下可以用“自适应铣”和“插铣”进行开粗加工。下面分别介绍。

7.3.1 自适应铣

一些情况下跟随周边等传统粗加工模式在切削时可能会使用完整刀具直径切入工件材料，如图 7-40，这种情况首先是影响废屑排出（尤其是较长废屑）。其次刀具侧面一面是顺铣，另一侧是逆铣。这种情况有损刀具和机床寿命，也影响加工质量，要尽量避免。

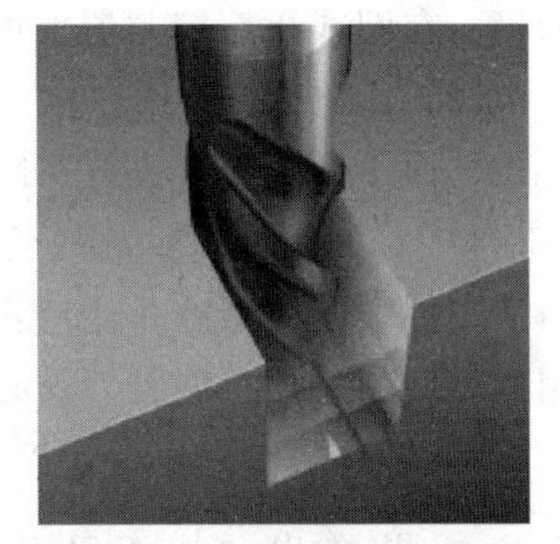

图 7-40　完整刀具直径切削

型腔铣中的跟随部件、跟随周边等传统切削模式，刀具按平面分层切削，只用到刀尖部分局部切削刃，这样刀具局部受力大且较易磨损。

以上两种情况对于高速铣削较硬材料很不利，NX 为解决这种情况设置了“自适应铣（ADAPTIVE_MILLING）”工序。自适应铣工序是高速铣削硬材料的最好选择，能够提高生产效率，延长刀具寿命。

自适应铣

(1) 自适应铣（ADAPTIVE_MILLING）

“自适应铣（ADAPTIVE_MILLING）”工序位于：

“应用模块”→“加工”；

“命令查找器”→“创建工序”；

位置是“类型组”→“mill_contour”→“工序子类型”组→“自适应铣”。

“自适应铣”工序图示和说明如表 7-4。

表 7-4　“自适应铣（ADAPTIVE_MILLING）”

图示	说　明
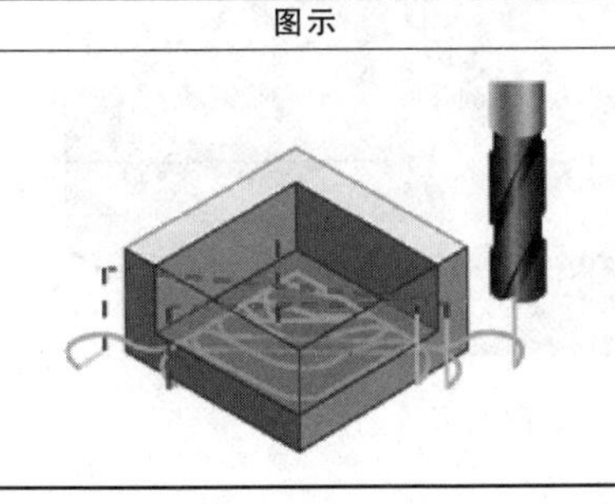	“自适应铣 ADAPTIVE_MILLING” 建议工序：粗加工、二次粗加工。 常用刀具：平底刀、圆鼻刀（非完全支持）。 建议用于需要考虑延长刀具和机床寿命的高速加工和硬材料加工

创建自适应铣工序时必须遵守下面事项。

“几何体”：不能在自适应铣工序中指定切削区域几何体，必须使用修剪边界来限制切削区域。

“刀具”：不完全支持圆鼻刀具。当刀具拐角半径大于刀具直径的 10%时，自适应铣工序可能会遗留材料。

“刀轨设置”：自适应铣使用的切削较深，步距较小，热量能在切屑中发散而不是被刀具吸收，这有助于减少刀具磨损并改善高速切削下的性能。默认情况下，“步距”设置为“平面直径百分比”等于“7.0”；“公共每刀切削深度”设为“200.0%刀刃”。

“切削参数”：默认情况下，“策略”选项卡上的“切削方向”设为“顺铣”，“切削顺序”设为“层优先”。

“非切削移动”：可以在“低高度转移”组“转移/快速”选项卡上设置参数来输出只在切削平面以上小幅退刀的步进移动，代替一系列的传统非切削移动。

“机床控制”：如果将“运动输出类型”设为“圆弧-垂直于刀轴”或“圆弧-垂直/平行于刀轴”，自适应铣工序则可以输出圆弧运动。启用圆弧输出有助于减小刀轨大小和转至点密度（在旧式机床控制器上可能会出现问题）。

(2) 实例操作

下面用一个工件进行实际操作讲解。

☞ 打开本书提供的现成模型，打开文件“E7-2.prt”。图 7-41 右图是已经钻孔的毛坯，由于工件中间有型腔，注意：“自适应铣”主要用侧刃切削，加工型腔刀具必须从预钻孔进入。

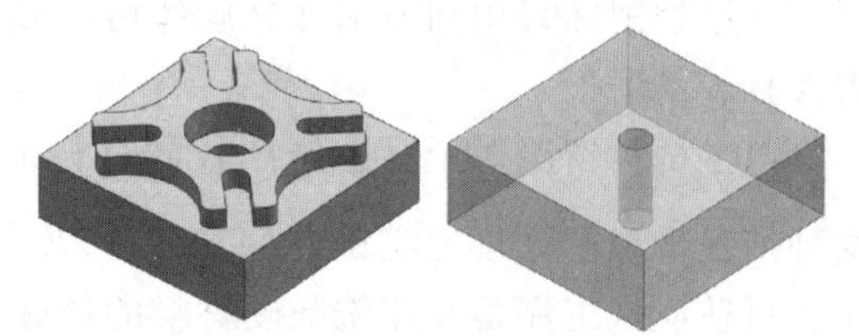
图 7-41 E7-2工件和毛坯

☞ 选择“应用模块”选项卡→“加工”。如果弹出“加工环境”对话框，选择“cam_general”和“mill_contour”。

☞ 在“主页选项卡”→“插入”组→“创建刀具”→弹出“创建刀具”对话框之后选中“刀具子类型”=“MILL”→创建名称为“D8”，直径为“8”mm 平底刀，刀长用默认值→点“确定”退出。

☞ 把工序导航器切换到几何视图，双击“MCS_MILL”→单击“指定 MCS”右边图标按图 7-42 步骤操作。单击“确定”返回。

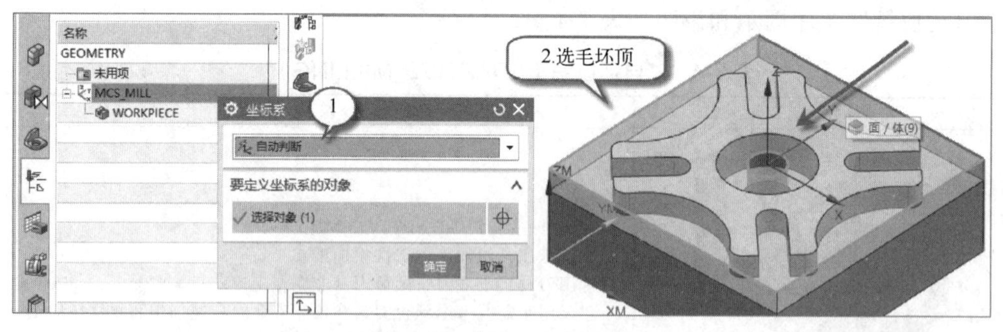

图 7-42 指定 MCS 原点

☞ 定义安全平面：使用默认暂不设定。单击“确定”退出。

☞ 定义部件几何体：双击“WORKPIECE”→单击“指定部件”→选择工件。

☞ 定义毛坯几何体：续接前面步骤，在“工件”对话框中单击“指定毛坯”→列表中选“几何体”→选半透明的带孔毛坯→点 2 次“确定”返回。

☞ 毛坯上右键→“隐藏”，隐藏毛坯。

☞“创建工序”对话框→“类型”组→“mill_contour”→“工序子类型”组→“ADAP-

TIVE_MILLING”→按图 7-43 步骤序号操作定义切削层。

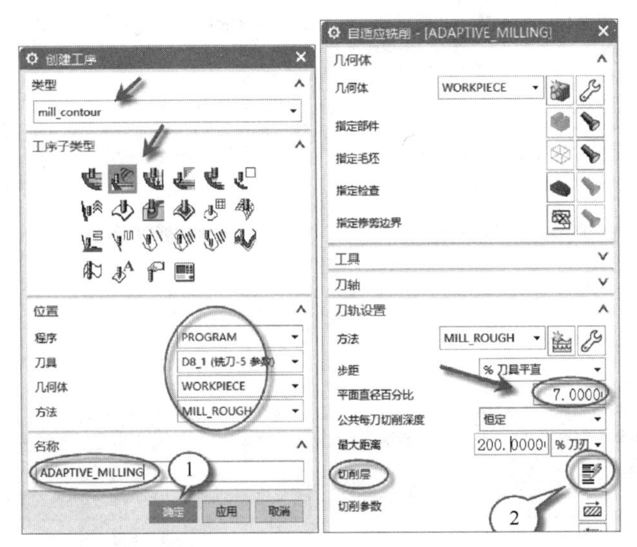

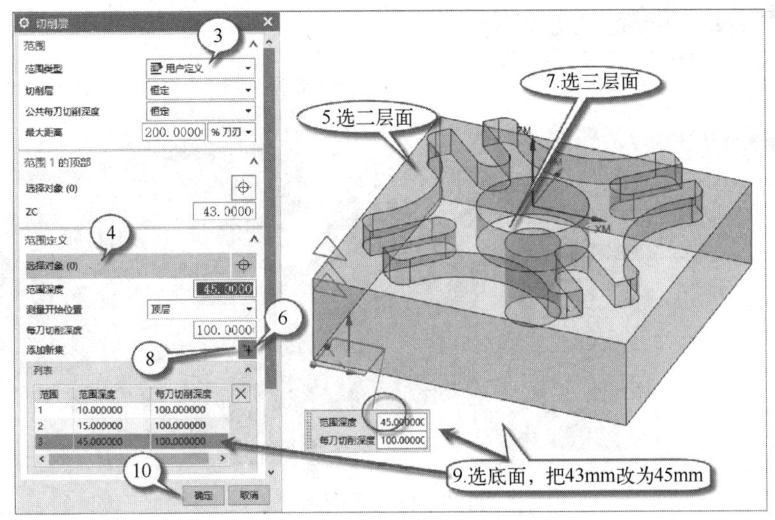

图 7-43 定义切削层

该工件从顶层到底面中间有 3 段高度，分别是 0～10mm、0～15mm、0～43mm，考虑到刀具要从中间孔要穿出底面（设定 2mm），第三段设为：0～45mm，否则底面孔边缘可能有毛刺。

☞“刀轨设置”组→“非切削移动”→“起点/钻点”选项卡→“指定点”→“自动判断点”→点顶面孔边缘（自动找到圆心）→“确定”返回。如图 7-44。

☞ 单击“生成刀轨”→“确认刀轨”→“3D 动态”→“播放”。结果见图 7-45。

结果分析：“自适应铣”在开放区域时刀具在外侧进刀，以刀具直径 7%步距厚度用侧刃切削，此厚度相当于型腔铣切削层厚度，相当于把型腔铣的垂直刀轴平面切削层变成平行于刀轴切削层。在中间的封闭型腔内刀具从预钻点进入，然后向外侧方向用侧刃切削，并没有用刀尖插铣。整个过程没有刀具以整个直径（满槽）切削的情况，有效地保护了刀具和机床。

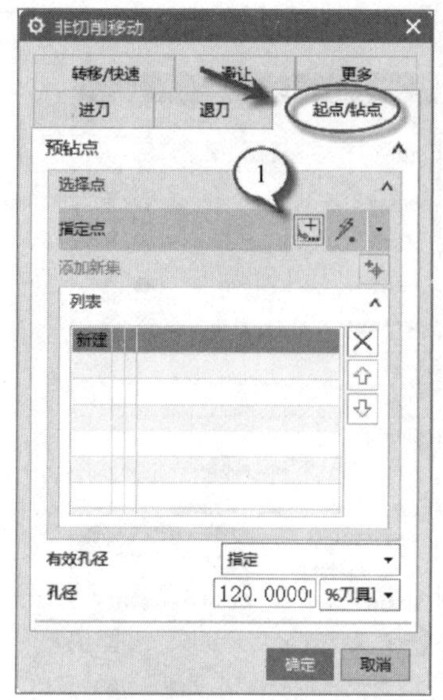

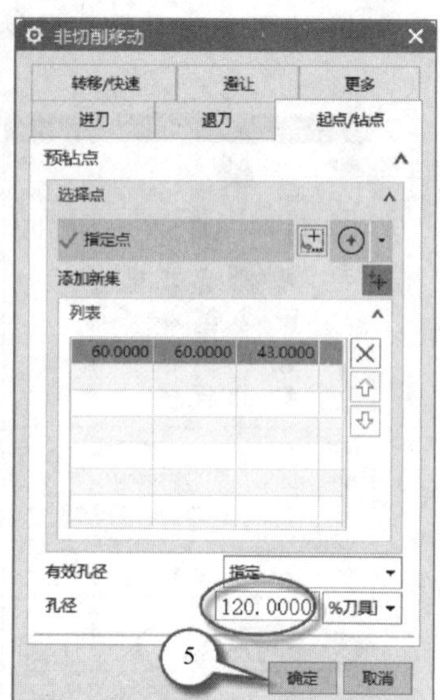

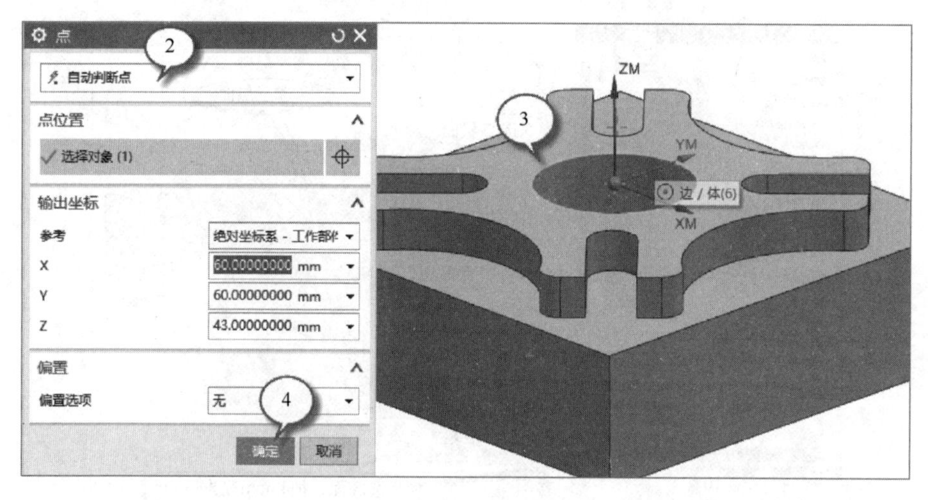

图 7-44 选预钻点

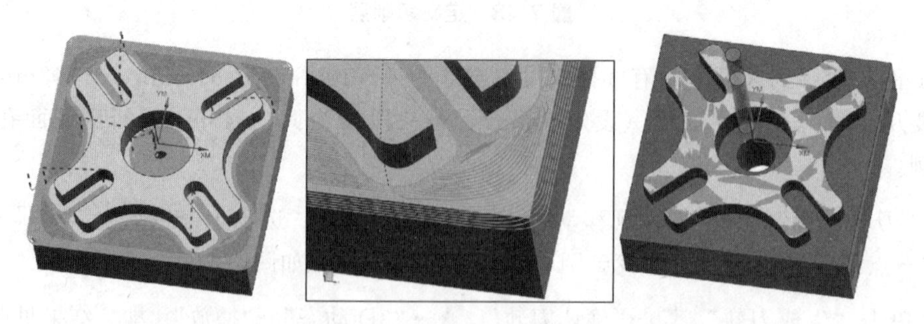

图 7-45 “自适应铣”的刀轨和 IPW

注意：对于封闭的型腔，刀具要通过预钻孔进入，否则是插铣进刀，会损伤刀具和机床。

实际操作时注意：由于用长侧刃切削，“第一刀切削”进给要设置得慢一点，否则容易断刀。

7.3.2 插铣

插铣

插铣用在需要长刀具加工的较深区域，刀具连续沿 Z 轴移动高效地切掉大量的毛坯材料。插铣非常适合型腔的粗加工。由于径向力减小，可以使用细长的刀具来切削除料，所以也适合对较深壁和凹角进行精加工。如图 7-46。

插铣的加工效率高于常规端面铣削方法，在需要快速切除大量金属材料时可使加工时间缩短一半以上。插铣还具有以下优点：可减小工件变形，可降低作用于铣床的径向切削力（机床功率低、装夹刚性差、主轴轴系已磨损仍然可用于插铣加工而不影响加工质量），能实现对高温合金材料的加工。插铣用于卧式机床有助于排屑。

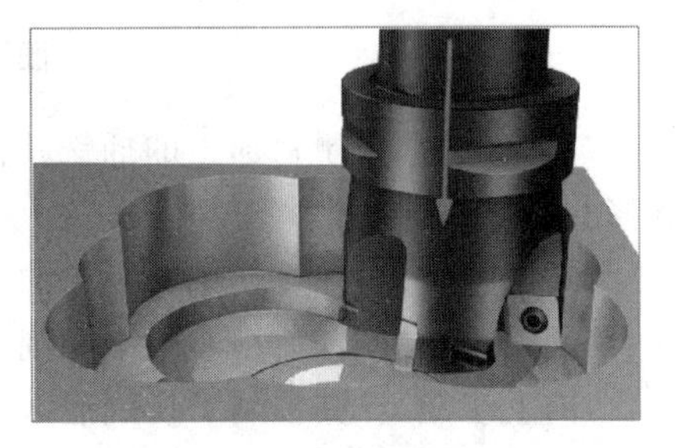

图 7-46 插铣

(1) **“插铣**（PLUNGE_MILLING）”

“插铣”工序图示和说明如表 7-5。

表 7-5 “插铣（PLUNGE_MILLING）”

图示	说　明
	“插铣 PLUNGE_MILLING” 建议工序：开粗加工、凹角加工。 常用刀具：插铣刀、钻削刀具（直径≤35mm）。 建议用于对需要较长刀具和增强刚度的深层区域中的大量材料进行有效的粗加工

“插铣 PLUNGE_MILLING”工序位于：

“应用模块”→“加工”；

“命令查找器”→“创建工序”；

对话框中的位置是“类型”组→“mill_contour”→“工序子类型”组→“PLUNGE_MILLING”。

“插削顺序”：如图 7-47，插铣在插入的最深处开始。型腔有多个区域时可将其分组然后按自下而上的顺序切削。因为插铣是自下而上的工序，所以要自上而下切削需创建多个工序，每个工序的范围都在上一个工序的范围之下。

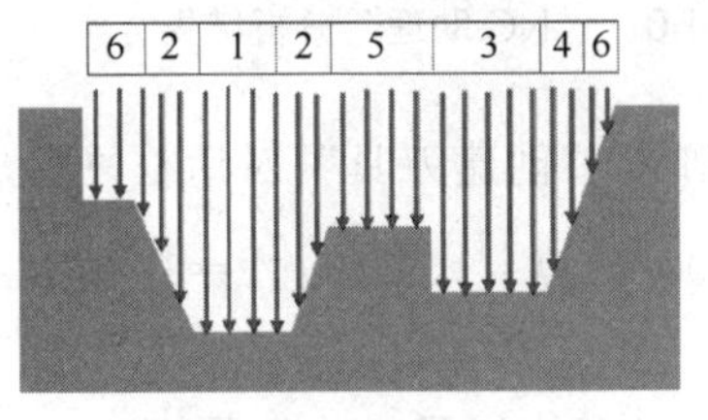

图 7-47 插铣顺序图

“插铣刀具”：插铣没有专用刀具，可以使用铣刀替代大多数插铣刀具。在直径＜35mm 时可使用钻削刀具。某些插铣有倾斜的刀片（图 7-48）可用埋头刀具来定义。

“最大切削宽度”：如果该值小于刀具直径的 50%，则刀具的底部中心处有一个未切削部分。“最大切削宽度”值可以限制“步距”和“向前步距”，以防止刀具的非切削部分撞击工件材料。一定要确保非对中切削刀具的“最大切削宽度”值小于 50%。在图 7-48 中：A—刀片，B—工件，C—最大切削宽度。“步距（B）”或“向前步距（A）”必须小于指定的“最大切削宽度”值。

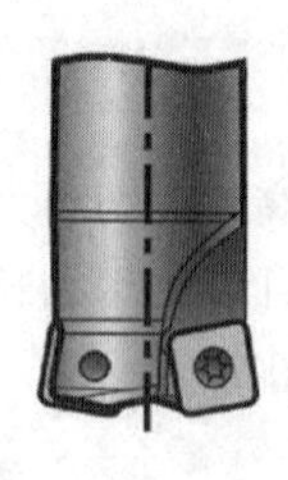
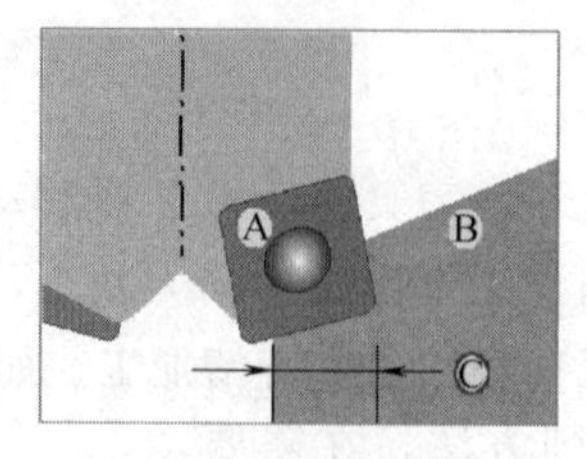

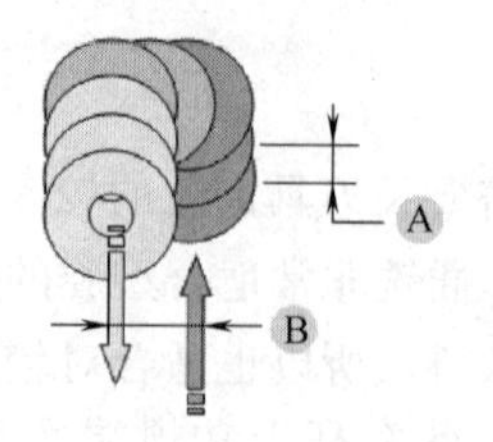

图 7-48 插铣刀具及步距

“几何体”：用于粗加工的插铣几何体与型腔铣非常相似，部件、毛坯、检查、切削区域和修剪。

“切削模式”：往复、单向、单向轮廓、跟随周边和跟随部件。

“插铣控制点”：使用非对中切削刀具时封闭型腔通常需要预钻点。

“向上步距”：其控制了切削层数。

(2) 实例操作

下面用一个工件进行实际操作讲解。

☞ 打开本书提供的现成模型，打开文件“E7-3. prt”，如图 7-49。

☞ 选择“应用模块”选项卡→“加工”。如果弹出“加工环境”对话框，选择“cam_general”和“mill_contour”→“确定”。

☞ 选择“分析”选项卡→“NC 助理”（可能“拔模分析”按钮下面）→“参考平面”组→“指定平面”→选择工件顶面→“应用”按钮→“结果”组→→信息显示深蓝色面距顶面 80mm→刀具长度要大于 80mm。见图 7-50。

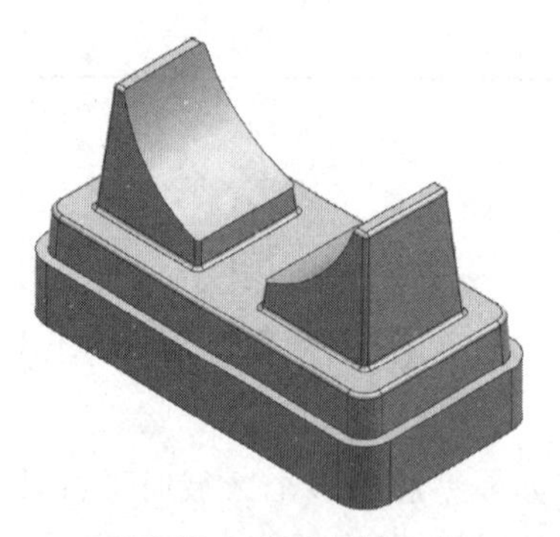

图 7-49 E7-3 插铣工件

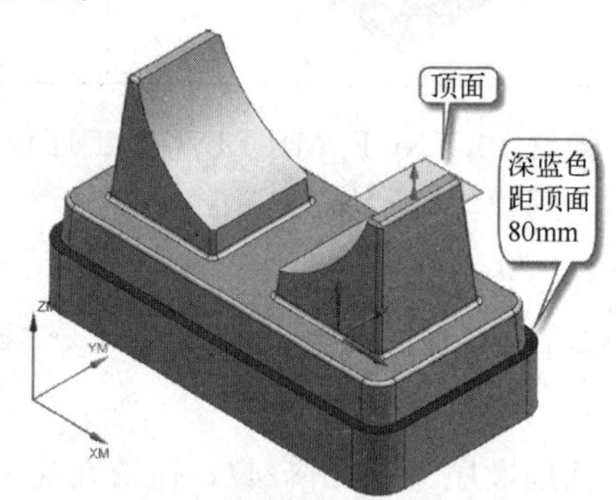

图 7-50 “NC 助理”分析结果

☞ 在“主页选项卡”→“插入”组→“创建刀具”→弹出“创建刀具”对话框之后选中“刀具子类型”=“MILL”→创建名称为“D16A10L100”，$D=16$mm、$A=10°$、$L=100$mm 的刀具→点“确定”退出。

☞ 把工序导航器切换到几何视图，按“MCS_MILL”前面的加号“+”展开→双击“MCS_MILL”→单击“指定 MCS”右边图标按图 7-51 步骤操作→单击“确定”返回。

☞ 定义安全平面：使用默认暂不设定。单击“确定”退出。

☞ 定义部件几何体：双击“WORKPIECE”→单击“指定部件”→选择工件。

☞ 定义毛坯几何体：续接前面步骤，在“工件”对话框中单击“指定毛坯”→列表中选“部件轮廓”[部件轮廓]→点2次“确定”返回。

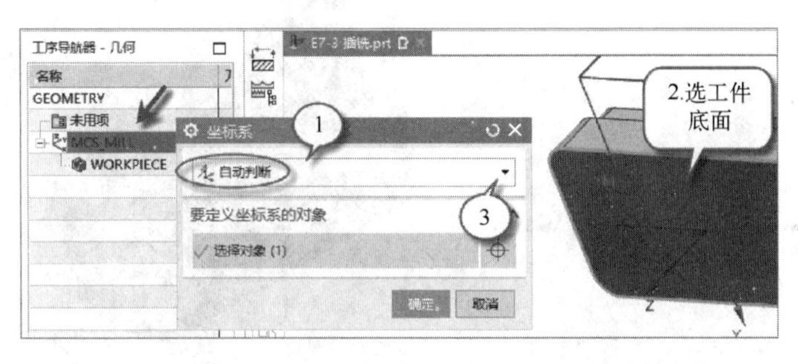

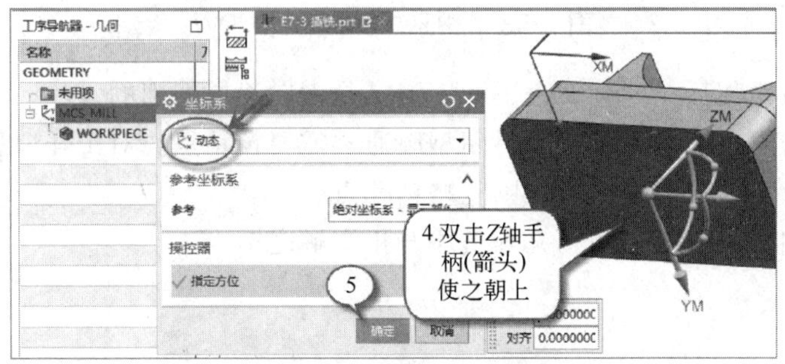

图 7-51　指定 MCS 原点

☞“创建工序”对话框→“类型”组→“mill_contour”→“工序子类型”组→“PLUNGE_MILLING”[图标]→按图7-52步骤序号操作。

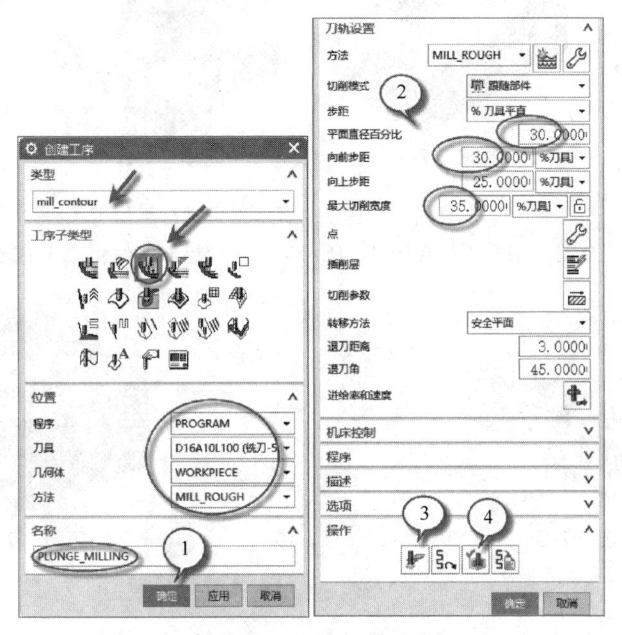

图 7-52　插铣工序设置

☞ 单击“生成刀轨”[图标]→“确认刀轨”[图标]→“3D动态”→“播放”[▶]。结果见图7-53。

结果分析：“插铣”从最深处开始，逐层向上切削。刀具每次下到最深处后向旁边以一

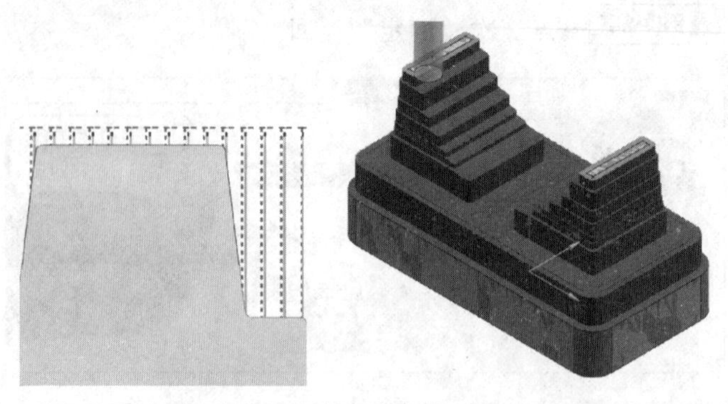

图 7-53 “插铣”的刀轨和 IPW

定角度提起一小段距离后抬回到安全平面。刀具是横向逐层切削的。

注意：使用非对中切削刀具时，封闭型腔通常需要预钻点。对于开口型腔，如果与钻孔点相比，模式起点更靠近开放区域，则忽略钻孔点。

至此，关于用等高铣削的型腔铣等工序开粗讲解完毕。

训练题

（1）试用“型腔铣”工序对本书提供的题图 7-1～题图 7-4 所示工件进行粗加工、二次粗加工编程。

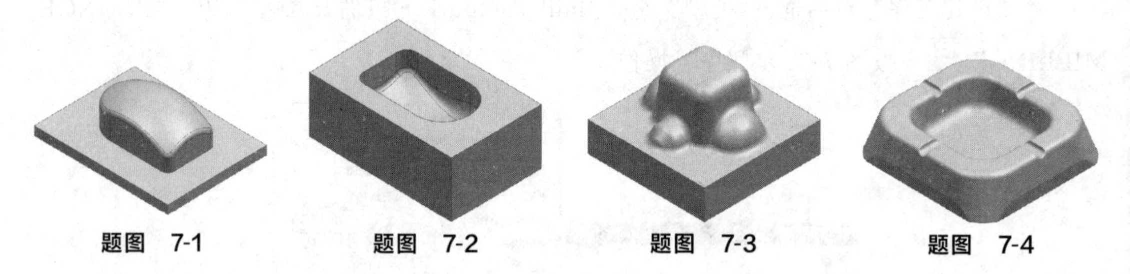

题图 7-1　题图 7-2　题图 7-3　题图 7-4

（2）试用“自适应铣”工序对本书提供的题图 7-5 所示工件进行粗加工编程。

（3）试用“插铣”工序对本书提供的题图 7-6 所示工件进行粗加工编程。该工件已有预钻孔毛坯。

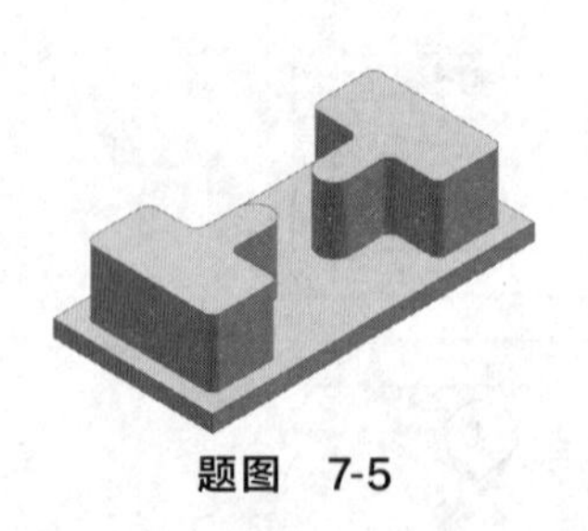

题图 7-5

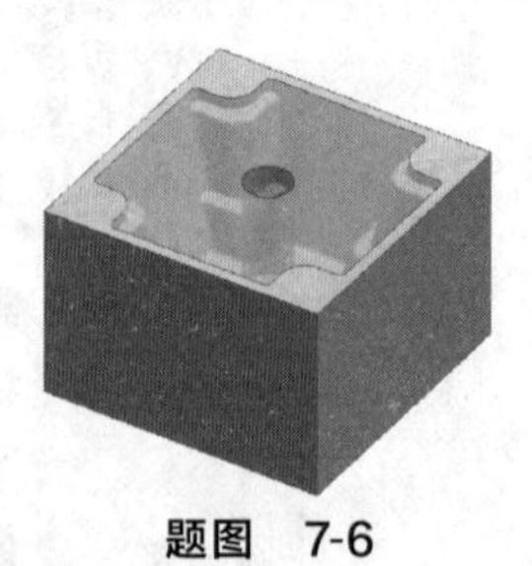

题图 7-6

第8章

深度铣——陡峭区域加工

学习导引

“深度铣”一般用于工件陡壁部位半精加工和精加工。深度铣和型腔铣一样按垂直于固定刀轴的平面分层进行切削加工，区别是它只沿着轮廓加工。深度铣在陡壁上沿轮廓保持近似恒定的残余高度和切屑负荷切削，对高速加工非常有效。

本章介绍深度铣的主要工序——深度轮廓铣。

8.1 深度铣工序

8.1.1 深度铣工序及选项

(1) “深度铣”工序

等高铣削是刀具逐层切削材料的一种加工类型，有关原理在“第7章 型腔铣——开粗加工”的“7.1.1 等高铣工序原理”中已经介绍。这种逐层进行曲面切削的等高铣工序分为“型腔铣”和“深度铣”两大类子工序类型。和“型腔铣”用于开粗大量除料工序不同，“深度铣”主要用于对开粗加工后工件的轮廓进行半精加工和精加工，尤其是对陡峭区域效果最好，如图8-1。

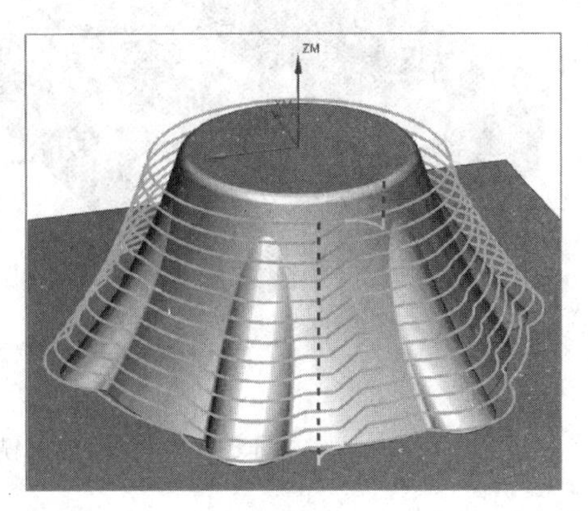

图8-1 “深度铣”工序示意图

虽然都是逐层切削材料的加工类型，在半精加工和精加工时“深度铣”对比“型腔铣”有如下优点。

“深度铣”不需要毛坯几何体；

“深度铣”可选陡峭空间范围；

“深度铣”切削时按形状排序，而“型腔铣”按区域排序；

“深度铣”刀具可以以倾斜方式在不同层之间移动，刀轨封闭而且连续；刀具还可以在开放形状上沿交替方向切入，沿着壁向下形成一个往复运动，始终与材料保持接触；这些选项使生成的刀轨简单、连续，提高了加工速度。

“深度铣”分为“深度轮廓铣”和“深度加工角”两个工序，后者是前者的“参考刀具”模式，两个工序位置如图 8-2。

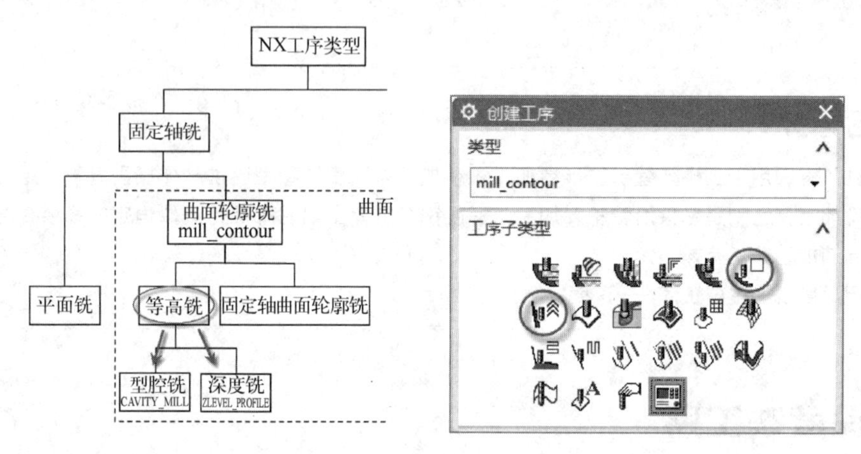

图 8-2 深度铣的两个子工序

“深度铣”在工序安排中通常的顺序如图 8-3。

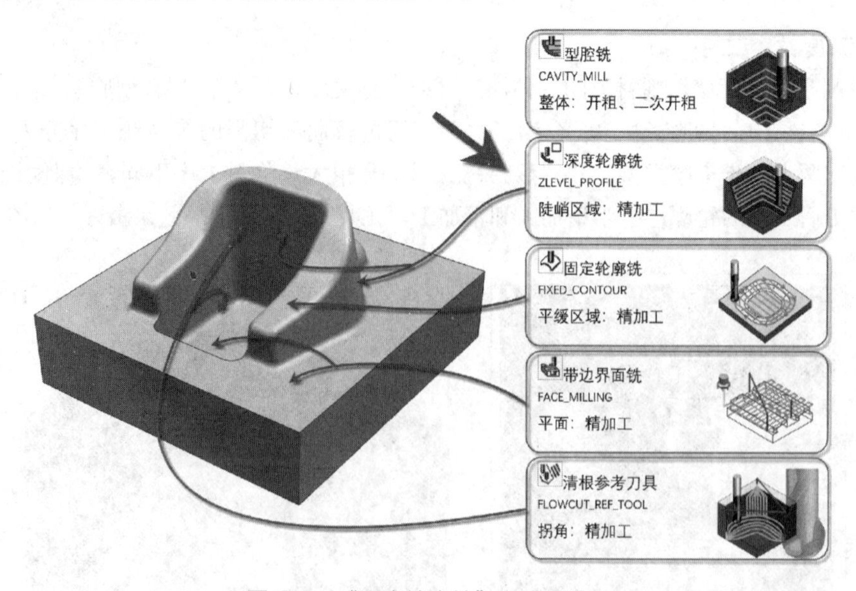

图 8-3 “深度轮廓铣”顺序和应用

如何查找和创建工序如下，“应用模块”→“加工”；命令查找器：“创建工序”。

在对话框中的位置：“创建工序”对话框→“类型”组→“mill_contour”→“工序子类型”组→“ZLEVEL_PROFILE”。

(2)“深度铣”工序特定选项

大部分“深度铣”选项与其它类型工序是公用的，有些是“深度铣”特有的。通过这些特定选项使“深度铣”可执行以下特有操作：在一个工序中切削多层或多个区域，可缩小非陡峭区域的刀轨间隙；可以指定“陡峭空间范围”和其角度；通过“层到层”和“混合”切削方向组合设置，刀具始终能保持一直与材料接触切削而不用抬刀。

①“几何体”。深度铣工序可以指定以下类型的几何体：

部件，检查，切削区域，修剪边界。

具体操作可以复习“第 4 章 加工工序与参数-4.1.3 创建几何体”操作实例。

②“陡峭度选项”。选项在“深度铣工序对话框”的“刀轨设置”组中。

a.“陡峭空间范围”：根据区域的陡峭度限制切削范围。“陡峭空间范围”可控制残余高度、避免刀具切削非陡峭区域。陡峭度是由刀轴（一般指 Z 轴）和曲面法向矢量间的角度来定义的。如图 8-4 显示了 67°和 17°的陡峭度，箭头是 67°的操作。

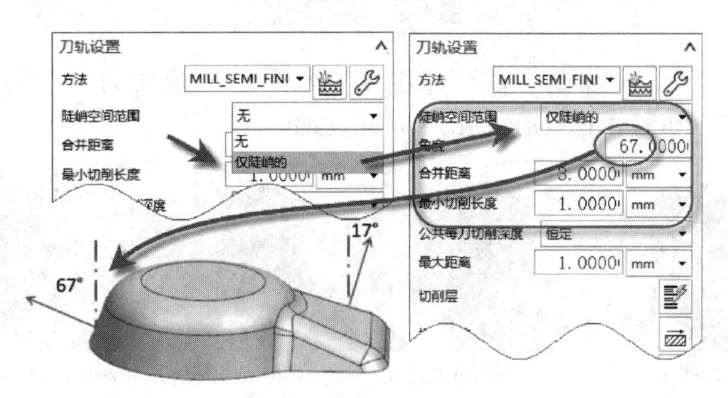

图 8-4　陡峭空间范围

b.“合并距离”：将小于指定分隔距离的切削移动连接起来以消除不必要的退刀。

c.“最小切削长度”：忽略小于指定数值的刀轨段。

③“切削层”。

a.“范围”。

(a)“恒定”：按公共每刀切削深度值保持相同的切削深度。如图 8-5。

图 8-5　恒定切削层

(b)“优化”：适用于深度加工工序。调整切削深度使部件间隔和残余高度更为一致，最大切削深度不超过全局每刀切削深度值。如图 8-6。

(c)“仅在范围底部”：不分割切削范围。如图 8-7。

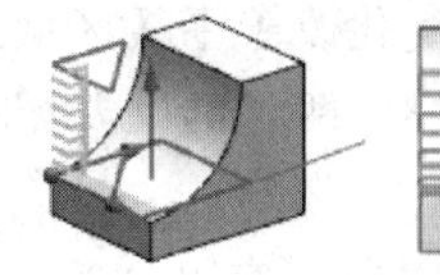
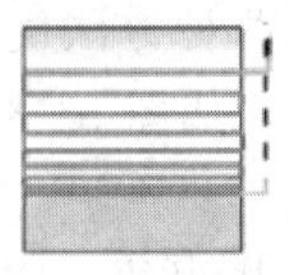
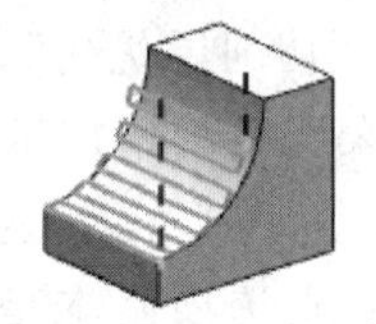

图 8-6　优化切削层

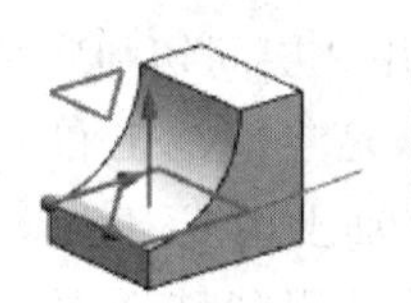

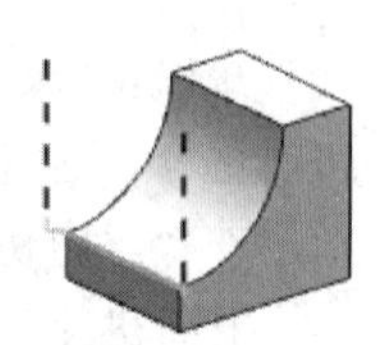

图 8-7　仅在范围底部切削层

b. “在上一个范围之下切削”（距离）：指定要切削至上一个范围底部以下的深度。此选项对于补偿因为带有拐角半径而可能遗留未切削材料的刀具最有用。如图 8-8。

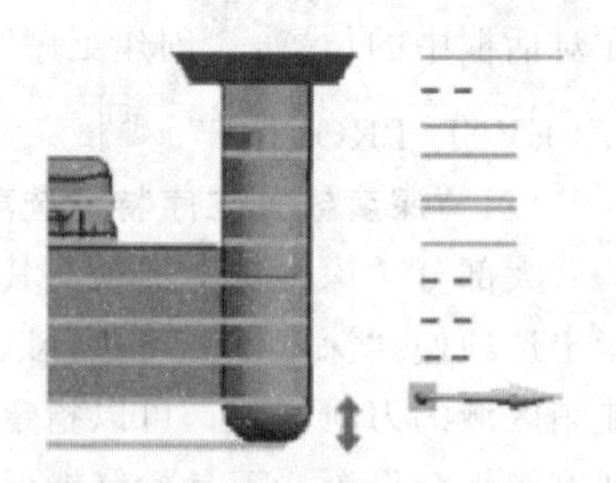

图 8-8 在上一个范围之下切削

c. “切削参数”。深度加工时为提高效率常使用下面组合设置来减少提刀高度和移刀次数，设置方法和说明如下。

☞“刀轨设置”组→“切削参数”→“策略”选项卡→“切削方向”：“顺铣”“逆铣”和“混合”→选“混合”。如图 8-9。

(a) 顺铣

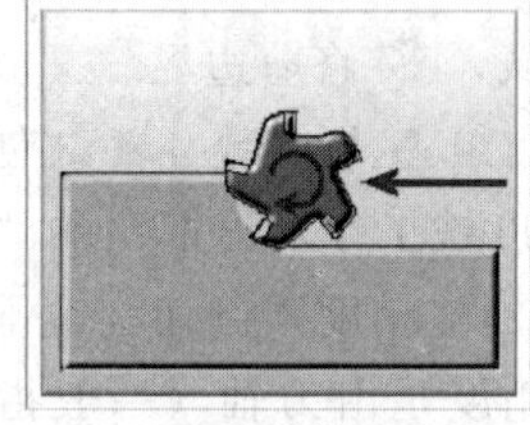

(b) 逆铣

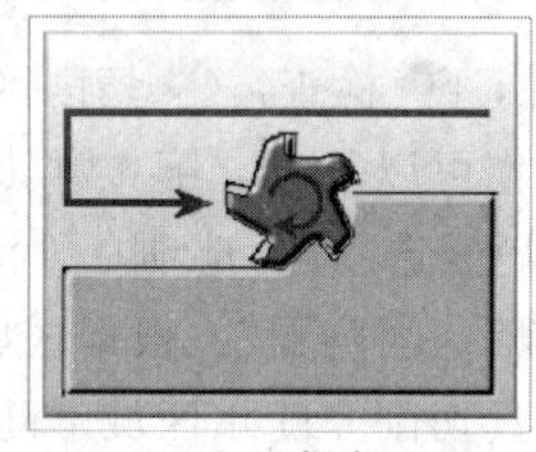

(c) 混合

图 8-9 切削方向

☞“刀轨设置”组→“切削参数”→“连接”选项卡→“层之间”：“使用转移方法”或“直接对部件进刀”。如图 8-10（a）、（b）、（c）、（d）。

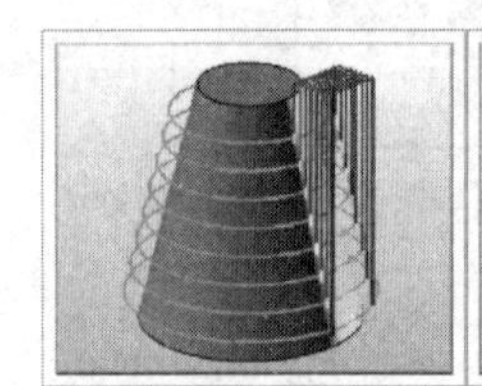

(a) 使用转移方法

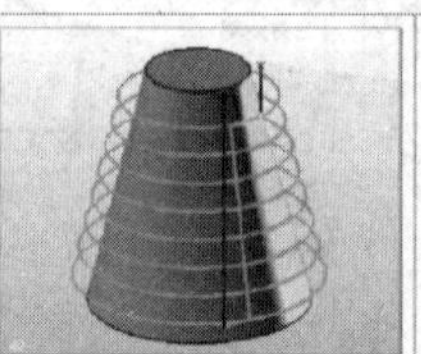

(b) 直接对部件进刀

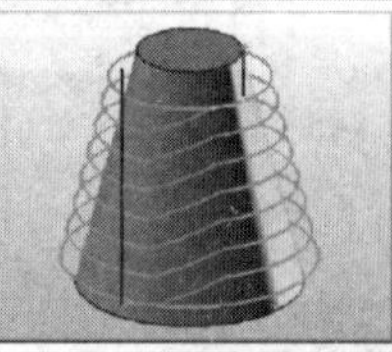

(c) 沿部件斜进刀

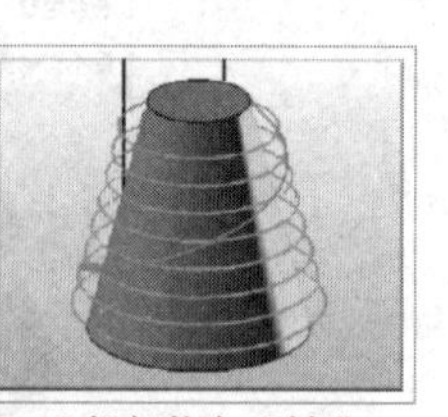

(d) 沿部件交叉斜进刀

图 8-10 “层之间”设置

☞“刀轨设置”组→“切削参数”→“连接”选项卡→“层之间”→ ☑层间切削 。这一步设置是增加平缓区域（包括平面）的切削刀轨数量来改善这些区域的切削质量。示意图如图 8-11、图 8-12。

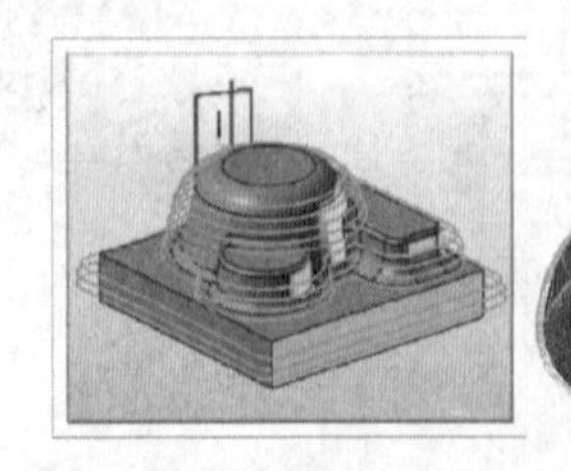

图 8-11 □层间切削（非“层间切削”）

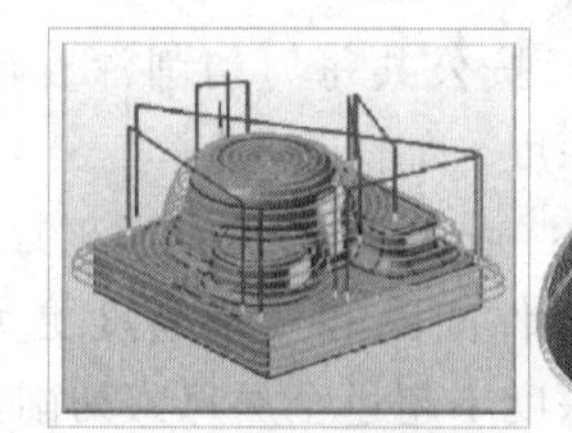

图 8-12 ☑层间切削

知识：“深度轮廓铣”常用“层间切削”和“切削层优化”两种方法优化改善平缓区域切削质量，通过这些优化能满足半精加工和不太严格的精加工，如图 8-13。两者的主要区别在于“层间切削”能在纯平面上生成刀轨。

上面讲述了“深度铣”的常用特殊选项，其它选项基本是共用的，详细内容见“第 4 章-加工工序与参数”。在操作时这些选项一般都会有图示说明。

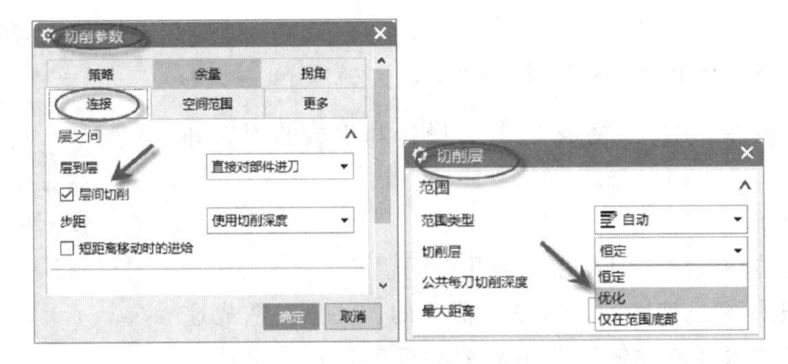

图 8-13　“层间切削”和“切削层优化”

8.1.2　深度轮廓铣工序

深度轮廓铣工序

“深度轮廓铣”工序图示及说明如表 8-1。

表 8-1　“深度轮廓铣（ZLEVEL_PROFILE）”

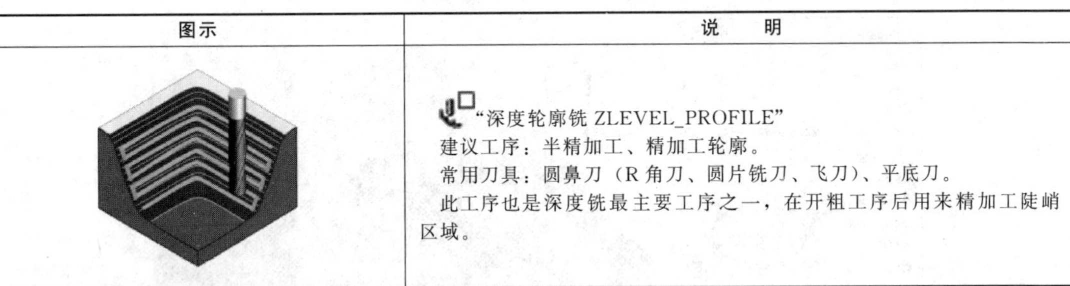

图示	说　　明
	“深度轮廓铣 ZLEVEL_PROFILE” 建议工序：半精加工、精加工轮廓。 常用刀具：圆鼻刀（R 角刀、圆片铣刀、飞刀）、平底刀。 此工序也是深度铣最主要工序之一，在开粗工序后用来精加工陡峭区域。

下面创建深度轮廓铣工序精加工陡峭区域。注：下面例子为了显示清楚，刀具和切削层等设置并非真实加工参数。实际加工请按真实刀具参数设置。

（1）创建深度轮廓铣工序

☞ 打开本书提供的现成模型文件“E8-1. prt”，如图 8-14。这个工件在前面已经完成了型腔铣的开粗和二次开粗加工，接下来用“深度轮廓铣”对其陡峭区域进行半精加工。

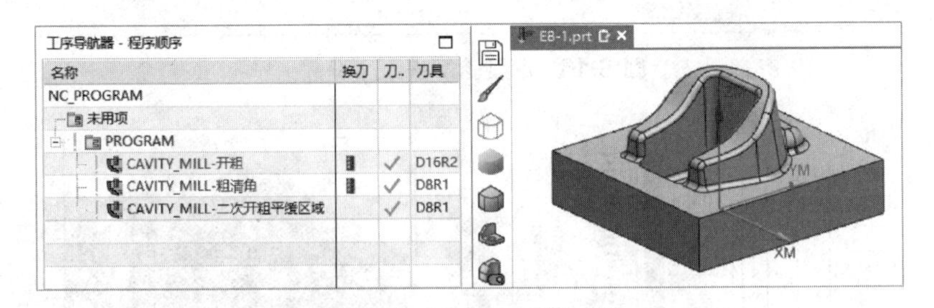

图 8-14　E8-1 已开粗工件

☞ 选择“应用模块”选项卡→“加工”。如果弹出“加工环境”对话框，选择“cam_general”和“mill_contour”。

☞ 按图 8-15 操作。“创建工序”对话框→“类型”组→“mill_contour”→“工序子类型”组→“ZLEVEL_PROFILE”。

☞ 按图 8-16 操作“深度轮廓铣”对话框：“刀轨设置”组→“公共每刀切削深度”=“恒

定”→“最大距离”=“0.5mm”。

☞“操作”组→“生成刀轨”→“确认刀轨”→“3D动态”→“动画速度”=“8”→“播放”。操作和生成的刀轨和IPW如图8-17。

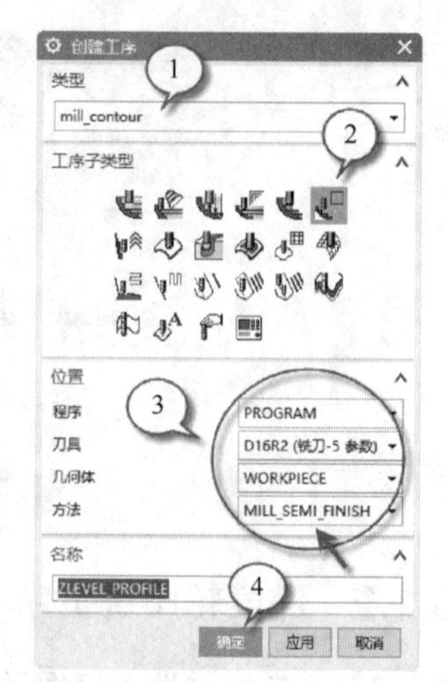

图 8-15　创建深度轮廓铣工序

(2) 结果分析

刀轨比较规整和连续，但存在如下几个问题。

① 工件底座外侧也被铣削，这是不需要的。注意：造成这种现象的原因是“深度轮廓铣”并不需要验证毛坯，它自动沿着工件外形轮廓进行铣削，所以编程时过程工件表面余量不能厚于刀具直径。解决以上问题需要“指定切削区域”或者“指定修剪边界”。

② 抬刀和移刀较多。

③ 平缓区域残料还是较多。

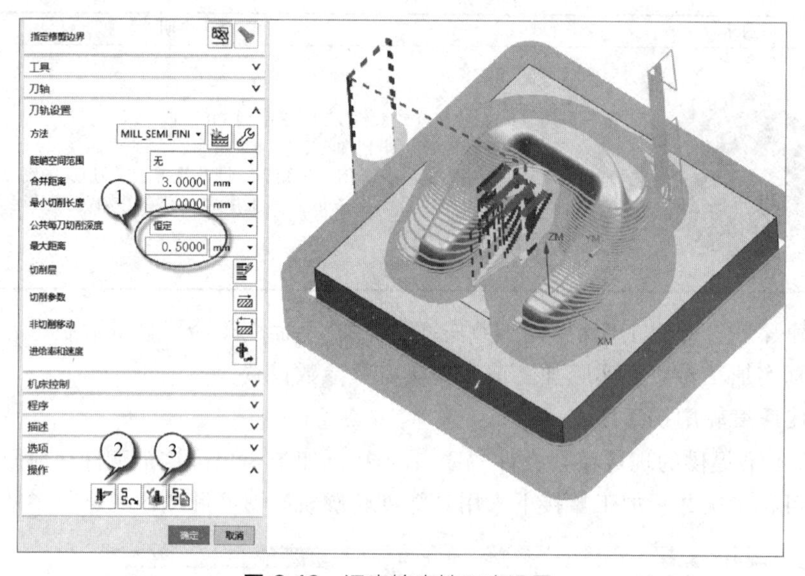

图 8-16　深度轮廓铣工序设置

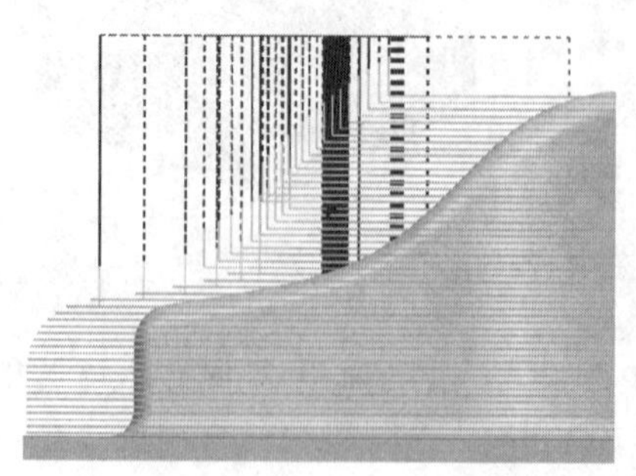
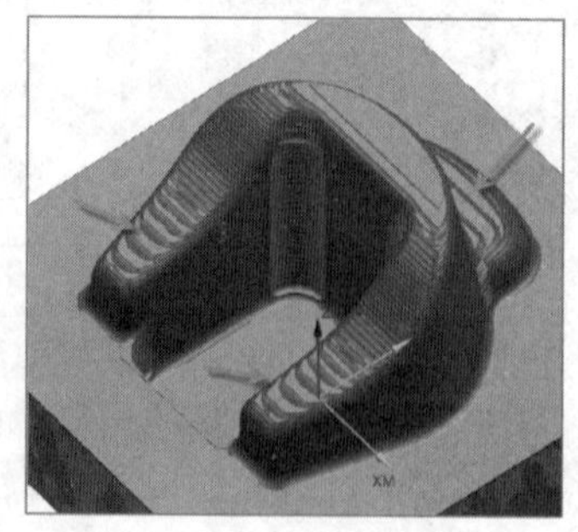

图 8-17　刀轨及 IPW

(3) 进行改进操作

☞ 工序对话框：“几何体”组→“指定切削区域”→按图8-18操作。

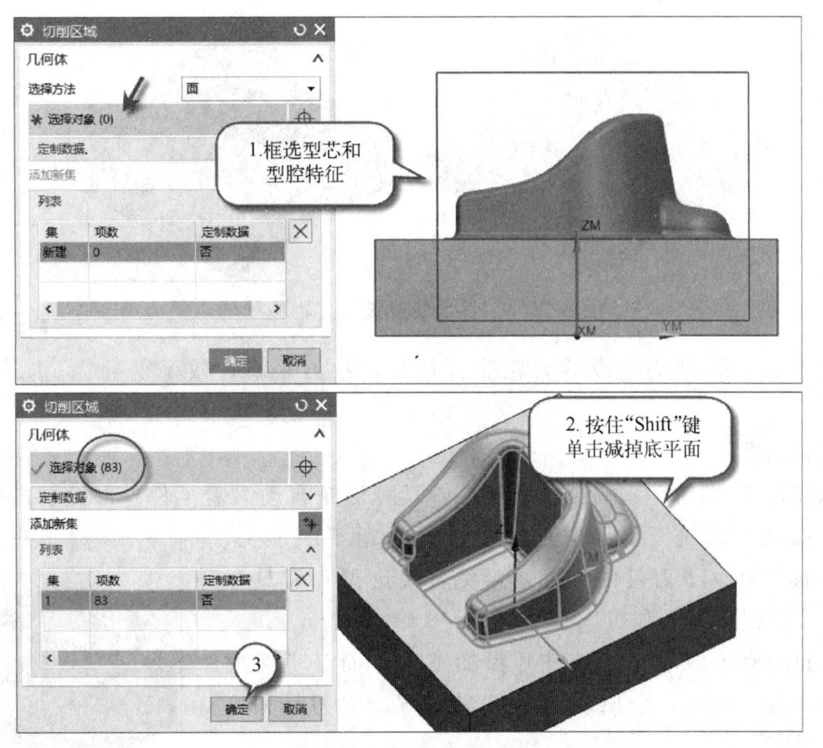

图 8-18　指定切削区域

☞ 按图 8-19 操作："深度轮廓铣"对话框："刀轨设置"组→"切削参数"→"策略"选项卡："切削方向"="混合"→"连接"选项卡："层之间"="直接对部件进刀"（注：这两个步骤是为了减少抬刀，为保护刀具，加工高硬度材料时不建议用"直接进刀"）→ ☑ 层间切削（注：为了改善平缓区域切削质量）→单击"确定"返回。

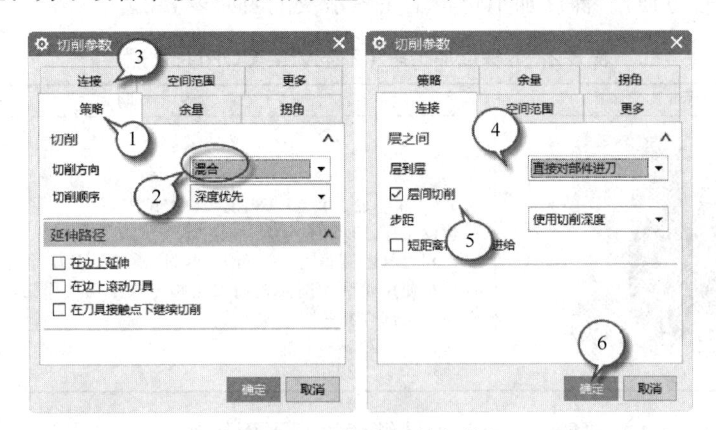

图 8-19　指定切削参数

☞"操作"组→"生成刀轨"→"确认刀轨"→"3D 动态"→"动画速度"="8"→"播放"▶。生成的刀轨和 IPW（过程工件）如图 8-20。

☞ 保存文件后面还要使用到。

(4) 改进后结果分析

可以观察得到的 IPW 较上一道工序完成时的残料明显减少，工件光滑很多。"深度轮廓

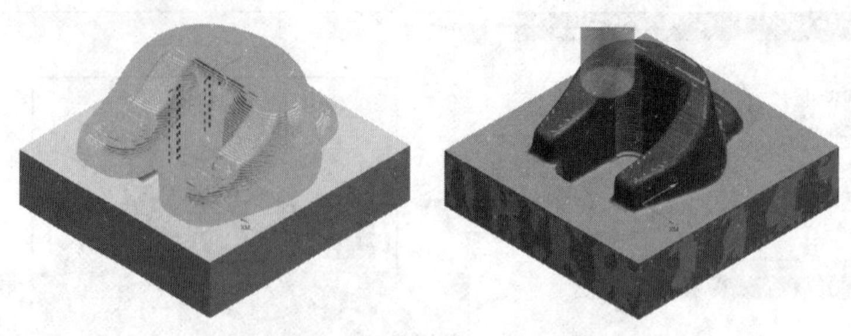

图 8-20 “深度轮廓铣”刀轨和 IPW

铣”通过上面的参数设置生成的刀轨非常规矩，抬刀很少，效率得到提高，质量也得到保障。

(5) 拓展提高

注意：“深度轮廓铣”不需要验证毛坯，其算法是自动沿着工件外形轮廓进行铣削，所以要确保“深度轮廓铣”工序之前已经进行开粗工序加工，或者工件表面余量小于刀具的直径，避免直接进刀和刀具全直径铣削，以致损坏刀具和机床。

如果前面的例子没经过型腔铣开粗加工操作而是直接进行“深度轮廓铣”加工，会出现图 8-21 的情况，对刀具和机床可能造成损害。

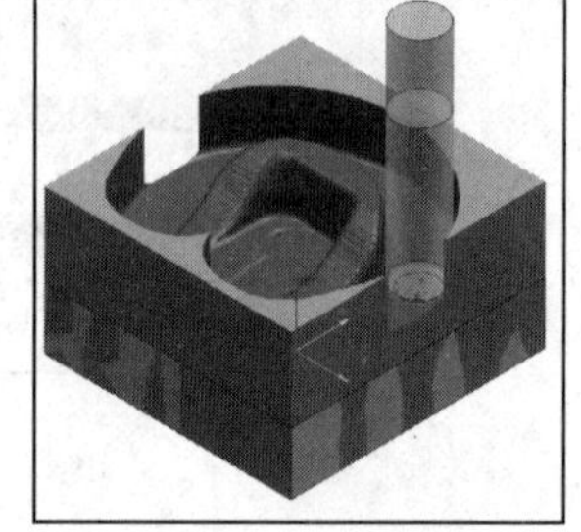

图 8-21 未开粗深度轮廓铣

8.1.3 深度加工角工序

“深度加工角 ZLEVEL-CORNER”工序其实是“深度轮廓铣 ZLEVEL-PROFILE”工序的“参考刀具”模式，选用此工序，相关参数已经预设完毕，使用比较方便。“深度加工角”工序图示及说明如表 8-2。

表 8-2 “深度加工角（ZLEVEL-CORNER）”

图示	说　明
	“深度加工角 ZLEVEL_CORNER” 建议工序：凹角的半精加工、精加工。 常用刀具：圆鼻刀（R 角刀、圆片铣刀、飞刀）、平底刀。 这是使用轮廓切削模式精加工指定层中前一个刀具无法触及的拐角。必须定义部件和参考刀具

接着前面的操作过的“E8-1. prt”工件继续进行下面操作。

深度加工角工序

(1) 创建“深度加工角”工序

①“创建工序”。

☞ 打开前面操作过的文件“E8-1. prt”→进入加工环境。如图 8-22。

☞“创建工序”对话框→“类型”组→“mill_contour”→“工序子类型”组→“深度加工角”：“ZLEVEL_CORNER”。之后按图 8-23 操作。

☞“操作”组→“生成刀轨”→“确认刀轨”→“3D 动态”→“动画速度”=“8”→“播放”。生成的刀轨如图 8-24。保存文件，后面操作还要使用到。

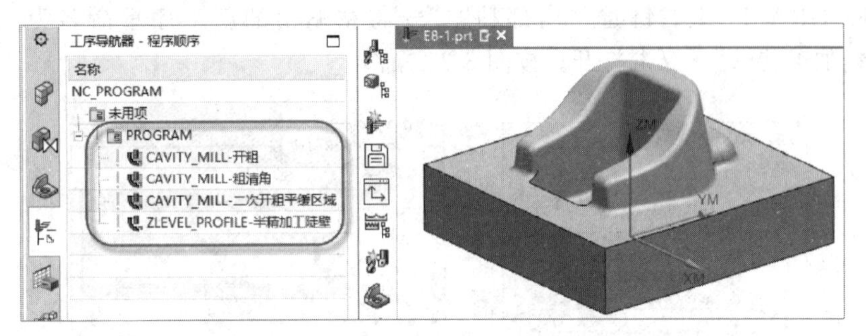

图 8-22 已经加工的工件“E8-1. prt”

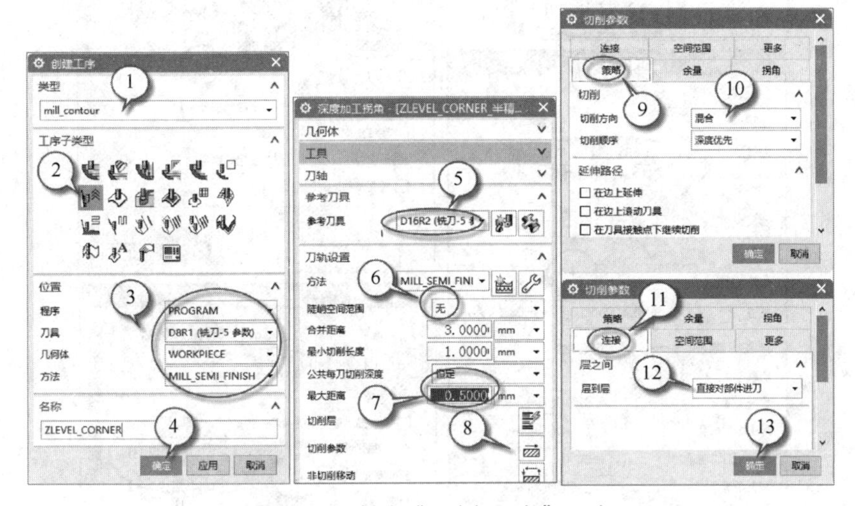

图 8-23 创建“深度加工角”工序

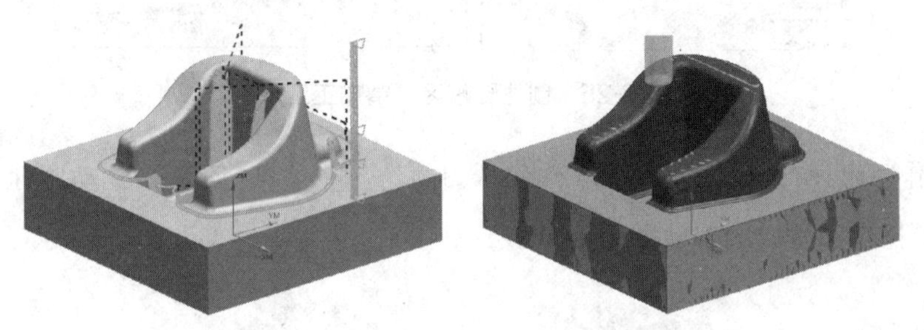

图 8-24 “深度加工角”工序的刀轨和 IPW

② 结果分析。可看到 IPW 四个竖直凹角上残料进一步减少，工件所有陡峭区域余量已经比较均匀，可以进行下一步的精加工。

思考：尝试用“深度轮廓铣 ZLEVEL-PROFILE”工序的“参考刀具”模式完成此道工序，看看刀轨和 IPW 结果和“深度加工角”是否一样。

(2) 创建深度轮廓铣工序（精加工）

根据前面的操作过的“E8-1. prt”工件继续进行陡峭区域精加工操作。

① 创建工序。

☞ 打开前面的操作过的文件“E8-1. prt”，在“应用模块”进入“加工”。

☞ 工序导航器→程序视图→在“ZLEVEL_PROFILE-半精加工陡壁”工序上右键复制→在“PROGRAM”上右键选“内部粘贴”→将粘贴出的新工序重命名为“ZLEVEL_PROFILE-精加工陡壁”→双击打开。按图 8-25 操作。

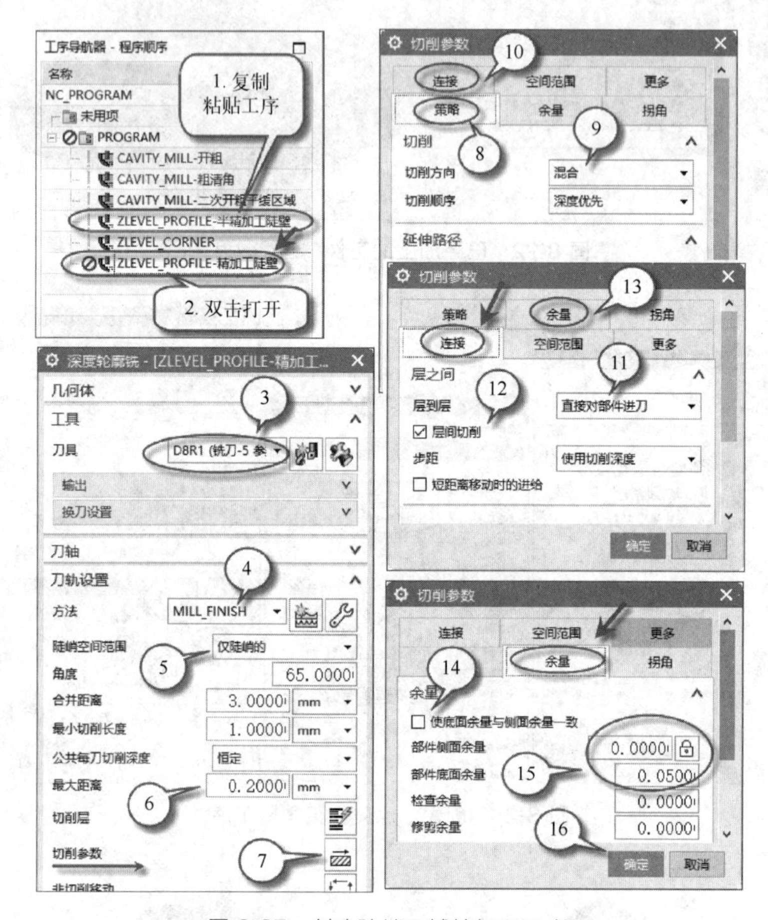

图 8-25 创建陡峭区域精加工工序

☞“操作”组→“生成刀轨”→“确认刀轨”→“3D 动态”→“动画速度”=“8”→“播放”。操作和生成的刀轨如图 8-26。

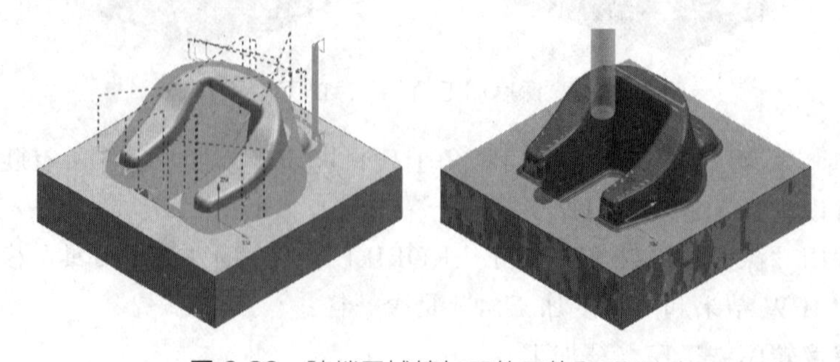

图 8-26 陡峭区域精加工的刀轨和 IPW

☞ 保存文件，后面章节还要使用到。

② 结果分析。如图 8-26，陡峭部位，包括半径较大的陡峭拐角已经加工完毕。

实践操作：“深度轮廓铣”工序底面最好留 0.02～0.05mm 的余量，供后面要进行的平缓区域工序精加工使用。

(3) 最终结果分析

如图 8-27，陡峭部位，包括半径较大的陡峭拐角已经加工完毕，已经没有余量。曲面平缓区域和平面区域会在后面工序继续加工。

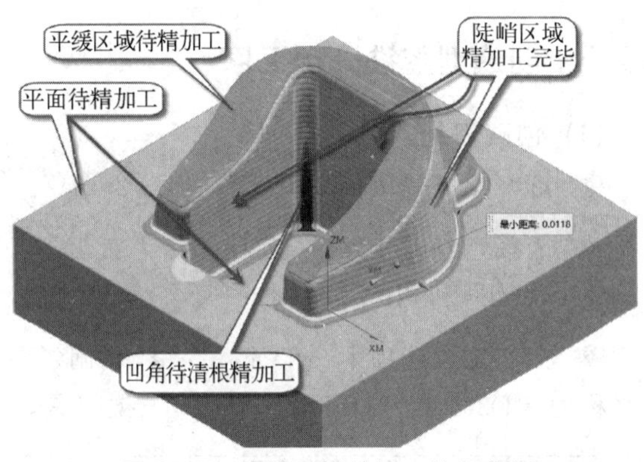

图 8-27　陡峭区域精加工结果分析

8.2　深度铣综合实例编程

深度铣综合实例编程

8.2.1　工件工艺分析

如图 8-28，这类工件没有不均匀的高低起伏，整体轮廓陡峭，较适合“深度轮廓铣”。凹角也是竖直陡峭的，用深度加工角工序可以达到要求。由于轮廓基本是直线倾斜的，所以二次开粗可直接用深度轮廓铣半精加工代替。

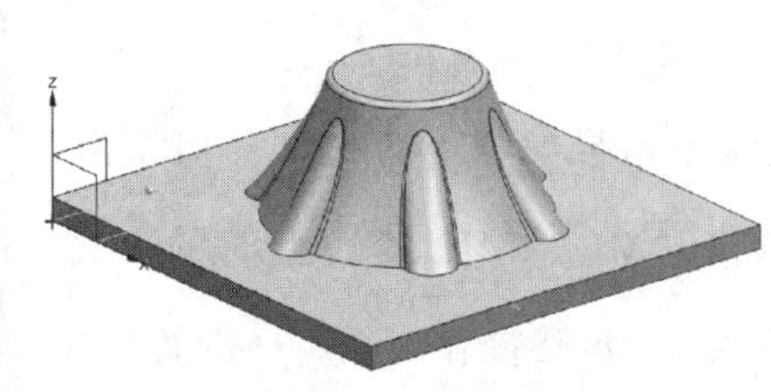

图 8-28　“E8-2.prt”工件

编程工序安排：“型腔铣”开粗→“深度轮廓铣”半精加工→“深度轮廓铣”精加工→“深度加工角”清角加工→“底壁铣”精加工平面。本例忽略材料性能和进给速度，只做生成刀轨操作。工序安排如表 8-3 和图 8-29。

表 8-3　简化工序卡

工序	内容	刀具号	刀具尺寸	主轴转速 /(r/min)	进给速度 /(mm/min)	层深/mm	余量/mm
1	开粗加工	T1	D30R2			2	壁 0.5，底 0.5
2	半精加工轮廓	T2	D16R2			1	壁 0.25，底 0.2
3	精加工轮廓	T2	D16R2			0.5	壁 0，底 0.05
4	清角精加工	T3	D4			0.2	0
5	精加工平面	T1	D30R2				0

工序导航器 - 程序顺序

名称	换刀	刀..	刀具	方法	余量	底面余量	切削深度	步距
NC_PROGRAM								
未用项								
PROGRAM								
CAVITY_MILL		✓	D30R2	MILL_ROUGH	0.5000	0.5000	2 mm	65 平直百分比
ZLEVEL_PROFILE		✓	D16R2	MILL_SEMI_FINISH	0.2500	0.2000	1 mm	
ZLEVEL_PROFILE_COPY		✓	D16R2	MILL_FINISH	0.0000	0.0500	.5 mm	
ZLEVEL_CORNER		✓	D4	MILL_FINISH	0.0000	0.0000	.2 mm	
FLOOR_WALL		✓	D30R2	MILL_FINISH	0.0000	0.0000	0.0000	50 % 刀具

图 8-29　程序顺序视图

8.2.2　创建型腔铣开粗工序

(1) 创建刀具

☞ 打开本书提供的模型文件“E8-2. prt”。

☞ 选择“应用模块”选项卡→“加工”。如果弹出“加工环境”对话框，选择“cam_general”和“mill_contour”。

☞ 在“主页选项卡”→“插入”组→“创建刀具”→“刀具子类型”→“MILL”→创建名称为“D30R2”“D16R2”“D4”三把刀具，刀具参数如图 8-30。

尺寸	
(D) 直径	30.0000
(R1) 下半径	2.0000
(B) 锥角	0.0000
(A) 尖角	0.0000
(L) 长度	75.0000
(FL) 刀刃长度	50.0000
刀刃	2

尺寸	
(D) 直径	16.0000
(R1) 下半径	2.0000
(B) 锥角	0.0000
(A) 尖角	0.0000
(L) 长度	75.0000
(FL) 刀刃长度	50.0000
刀刃	2

尺寸	
(D) 直径	4.0000
(R1) 下半径	0.0000
(B) 锥角	0.0000
(A) 尖角	0.0000
(L) 长度	75.0000
(FL) 刀刃长度	50.0000
刀刃	2

图 8-30　刀具尺寸

(2) 调整加工坐标系

☞ 把工序导航器切换到几何视图（导航器中右键或者单击导航器上边的“几何视图”）：单击“MCS_MILL”前的加号“+”展开子项→双击“MCS_MILL”（此时的 WCS 和 MCS 是重合状态）→单击指定 MCS 右边图标，按图 8-31 步骤操作。“安全设置”用

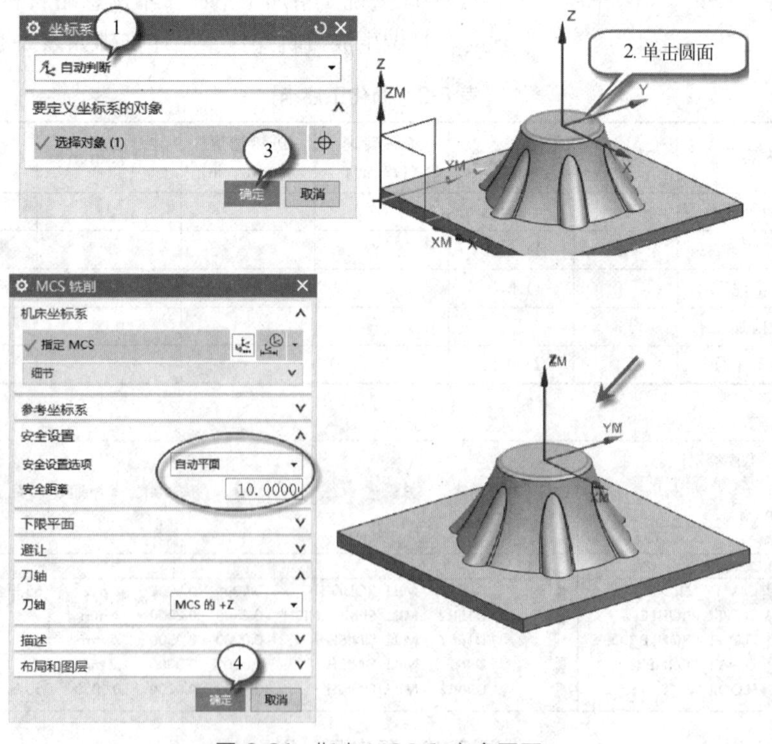

图 8-31　指定 MCS 和安全平面

"自动平面"，"安全距离"="10mm"。单击"确定"返回。

(3) 定义几何体

☞ 定义部件几何体：双击"WORKPIECE"以编辑该组→单击"指定部件"。选择图形区的部件。

☞ 定义毛坯几何体："工件"对话框中单击"指定毛坯"→表中选"包容块"→"$ZM+$"="0.5mm"→其它参数用默认。点"确定"返回。如图 8-32。

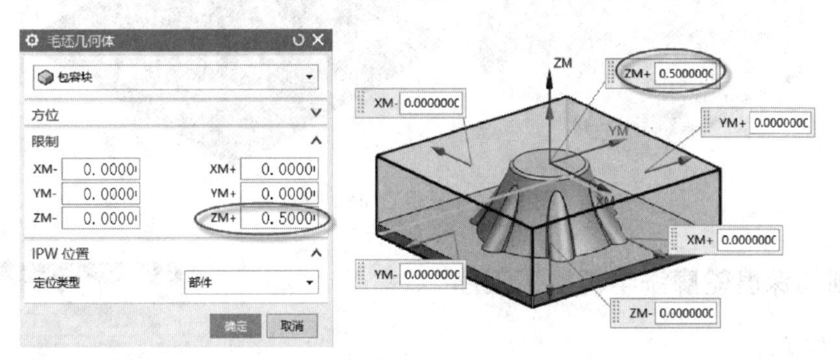

图 8-32　创建毛坯

(4) 创建工序和生成刀轨

☞ 按图 8-33 操作："创建工序"对话框→"类型"组→"mill_contour"→"工序子类

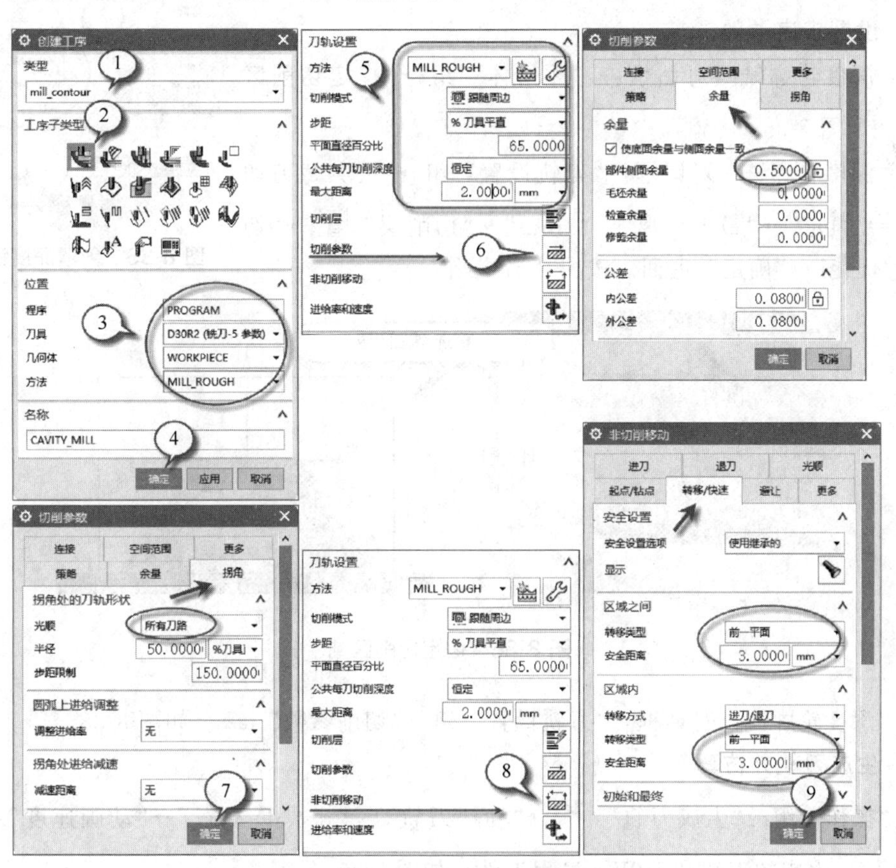

图 8-33　创建型腔铣和设置工序

型”组→“CAVITY_MILL” 。

☞“操作”组→“生成刀轨” →“确认刀轨” →“3D动态”→“动画速度”=“8”→“播放” 。操作和生成的刀轨如图8-34。

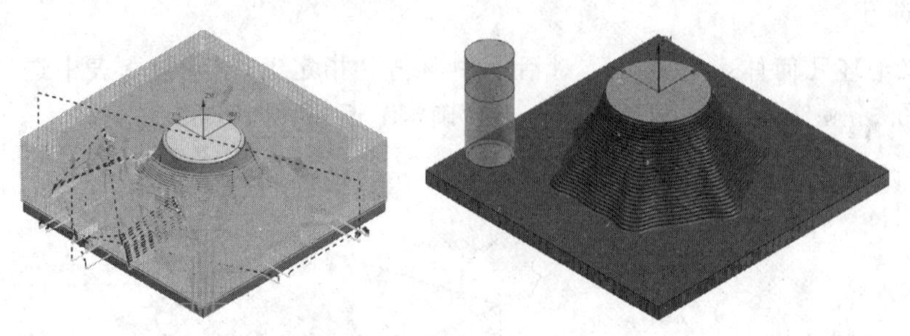

图8-34　开粗刀轨和IPW

8.2.3　创建深度轮廓铣半精加工工序

(1) 创建工序

☞“创建工序” 对话框→“类型”组→“mill_contour”→“工序子类型”组→“ZLEVEL_PROFILE” 。按图8-35操作。

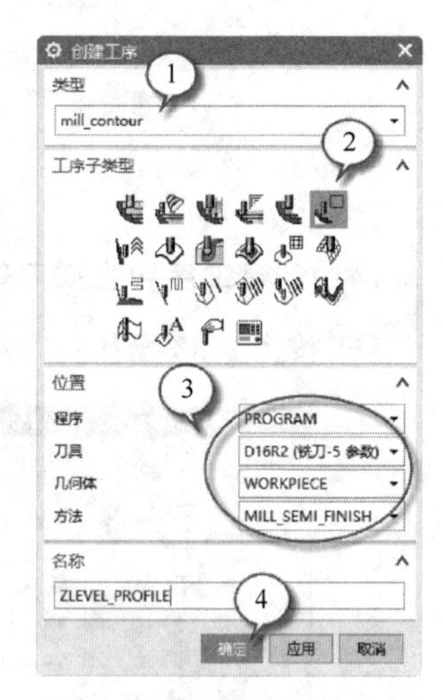

图8-35　创建深度铣工序

(2) 设置工序参数

☞“深度轮廓铣”对话框：“几何体”组→“指定切削区域” 。如图8-36。

☞“深度轮廓铣”对话框：“刀轨设置”组→“公共每刀切削深度”=“恒定”→“最大距离”=“1mm”→“切削层” →“切削层”=“优化”→“确定”返回。按图8-37操作。

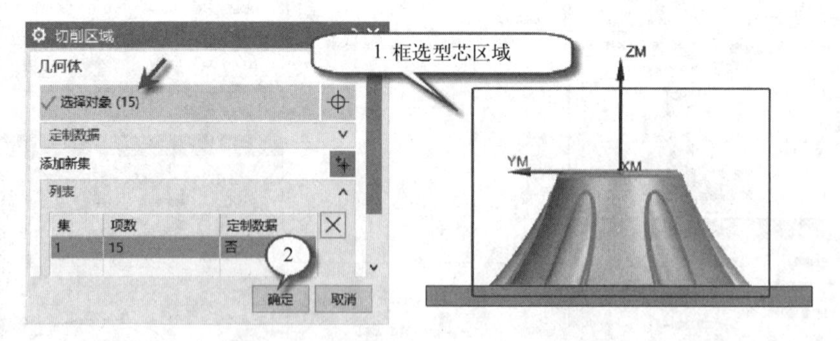

图8-36　指定切削区域

☞“深度轮廓铣”对话框：“刀轨设置”组→“切削参数” 。如图8-38。

(3) 生成刀轨并仿真

☞“操作”组→“生成刀轨” →“确认刀轨” →“3D动态”→“动画速度”=“8”→“播放” 。生成的刀轨和IPW（过程工件）如图8-39。

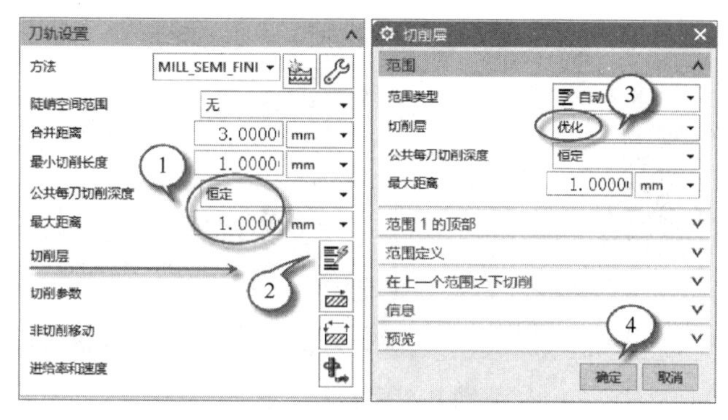

图 8-37　设置切削层

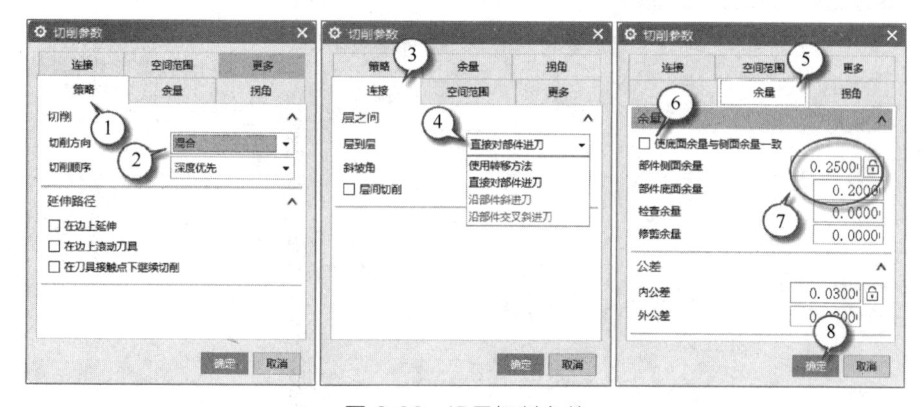

图 8-38　设置切削参数

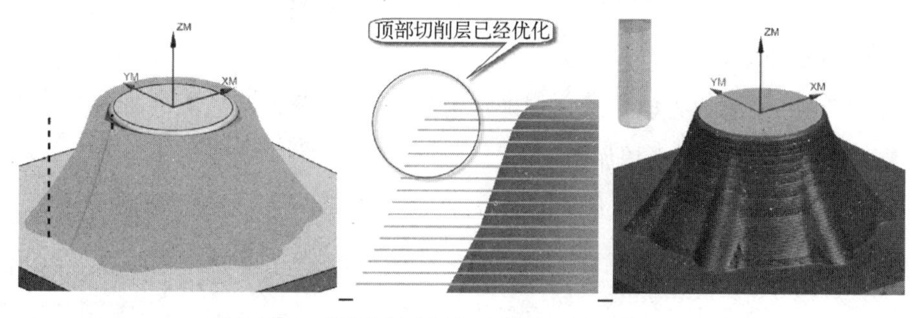

图 8-39　“深度轮廓铣”半精加工的刀轨和 IPW

8.2.4　创建深度轮廓铣精加工工序

(1) 创建工序

接着前面的步骤继续操作。

☞ 将“工序导航器”切换到“程序顺序”视图。复制“ZLEVEL_PROFILE”工序（复制前面的工序只需要修改刀具、切削层等部分参数即可）。如图 8-40。

☞ 双打开“ZLEVEL_PROFILE_COPY”工序对话框。“工具”组：“刀具”=“D16R2”→“刀轨设置”组：“方法”=“MILL_FINISH”→“最大距离”=“0.5mm”→“切削参数”→“余量”选项卡：“部件侧面余量”=“0mm”，“部件底面余量”=“0.05mm”。如图 8-41。

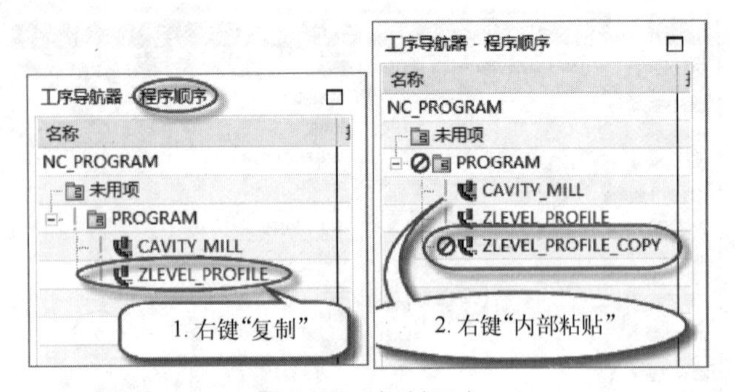

图 8-40 复制工序

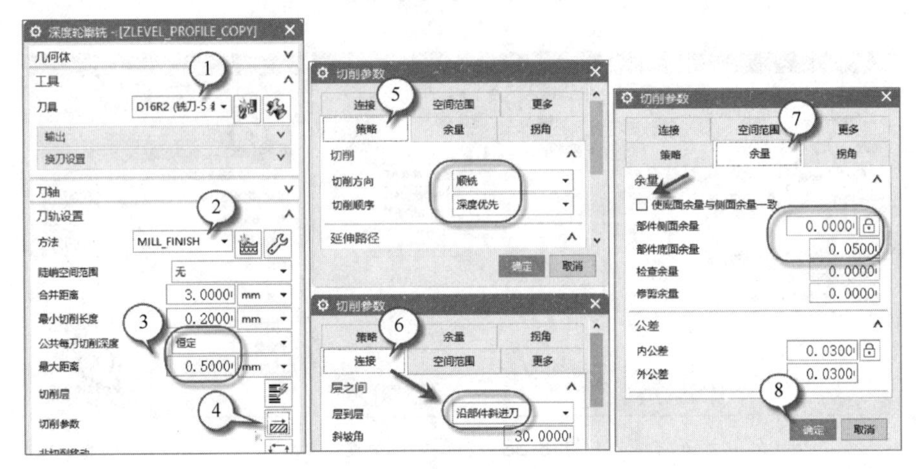

图 8-41 “深度轮廓铣”精加工工序设置

(2) 生成刀轨并仿真

☞“操作”组→“生成刀轨”→“确认刀轨”→“3D 动态”→“动画速度”=“8”→“播放”。生成的 IPW 和分析如图 8-42。

☞ 保存文件，后面操作还要使用到。

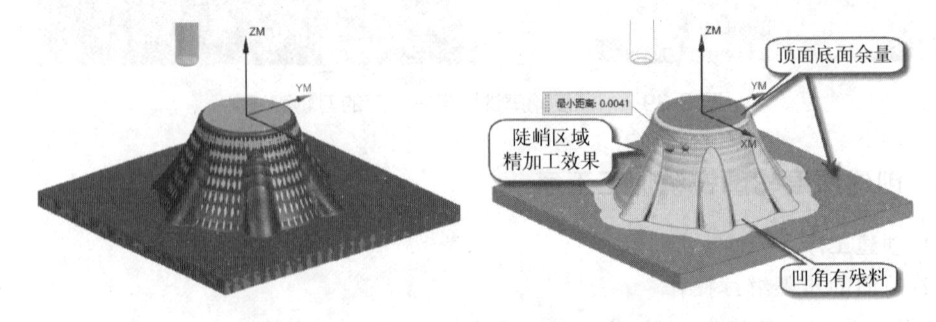

图 8-42 “深度轮廓铣”精加工的 IPW 和分析

8.2.5 创建深度加工角精加工工序

(1) 创建工序

☞“创建工序”对话框→“类型”组→“mill_contour”→“工序子类型”组→深度加工

角："ZLEVEL_CORNER" ，之后按图 8-43 操作。

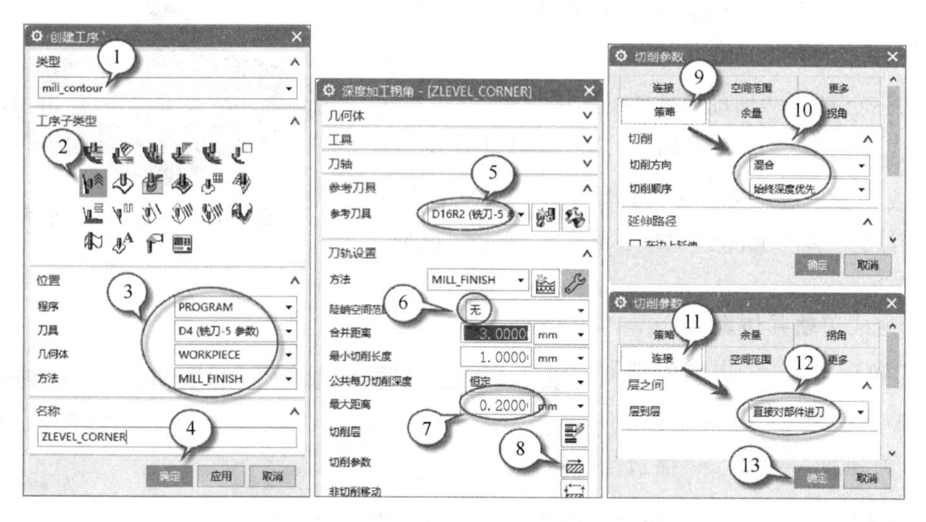

图 8-43　创建"深度加工角"精加工工序

(2) 生成刀轨并仿真

☞"操作"组→"生成刀轨" →"确认刀轨" →"3D 动态"→"动画速度"="8"→"播放" 。生成的刀轨如图 8-44。

☞ 保存文件，后面操作还要使用到。

8.2.6 创建底壁铣精加工工序

最后用"底壁铣"对平面部分进行精加工。

(1) 创建工序

☞"创建工序"对话框→"类型"组→"mill_planar"→"工序子类型"组→"底壁铣" ，如图 8-45。

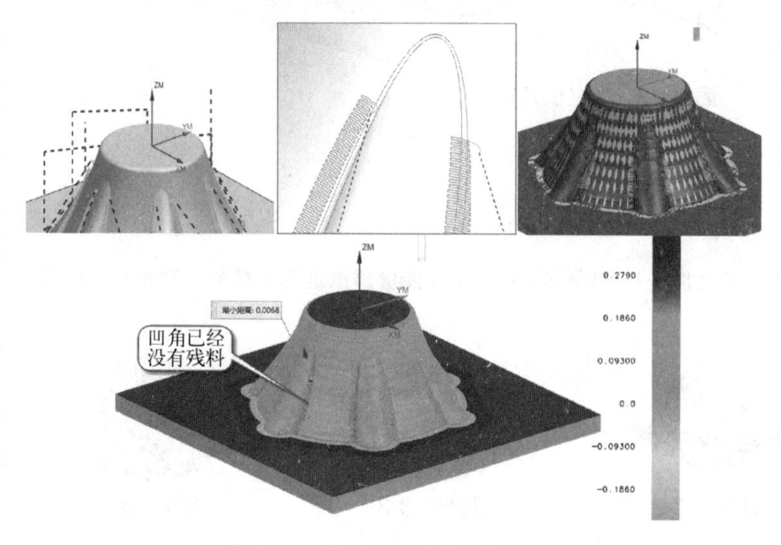

图 8-44　"深度加工角"精加工结果

图 8-45　创建底壁铣工序

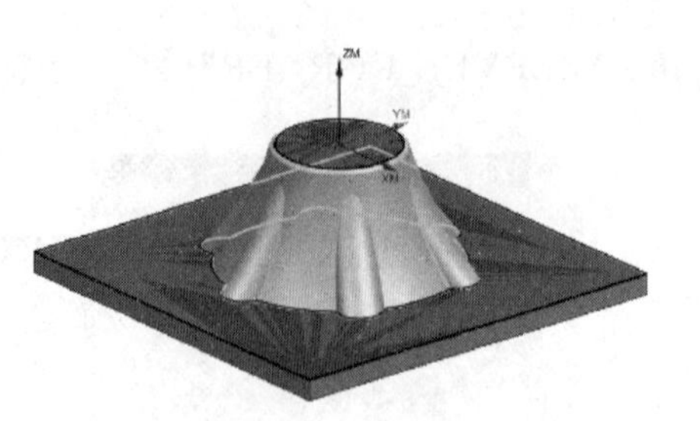
图 8-46 指定切削区底面

☞ 在“几何体”组点“指定切削区底面”→“选择方法”=“面”→选顶面→“添加新集”→选底面平面，如图 8-46→单击“确定”返回。

☞ 刀轨设置：“切削模式”=跟随周边→“步距”=“恒定”→“最大距离”=“50%刀具直径”→“切削参数”→“策略”→“刀路方向”=“向内”→“精加工刀路”=☑添加精加工刀路→单击“确定”返回。如图 8-47。

(2) 生成刀轨并仿真

☞“操作”组→“生成刀轨”→“确认导轨”→“3D 动态”→“动画速度”=“3”→“播放”。生成的刀轨和 IPW 如图 8-48。

本章介绍了工件开粗加工后其陡峭区域的半精加工和精加工工序——深度铣，具体来说是“深度轮廓铣”和“深度加工角”工序。下一章将介绍工件平缓区域的半精加工和精加工工序。

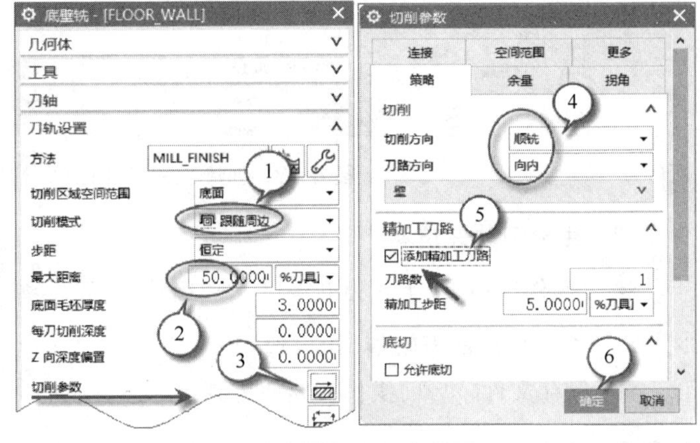

图 8-47 刀轨设置

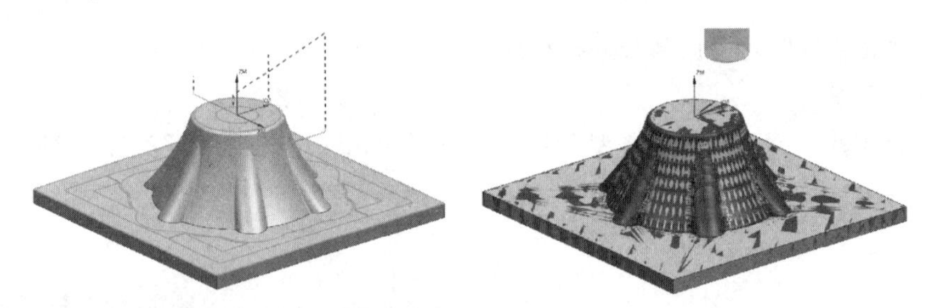
图 8-48 底壁铣刀轨和 IPW

训练题

试用“深度铣”工序对本书提供的题图 8-1～题图 8-4 所示工件陡壁部位进行半精加工和精加工编程。设定预留余量为 0.5mm。

题图 8-1

题图 8-2

题图 8-3

题图 8-4

第9章 固定轴曲面轮廓铣——平缓区域加工

学习导引

本章和前面所讲解的等高按层铣削不同，固定轴曲面轮廓铣是将规划好的曲线沿矢量投影到工件曲面轮廓上形成刀轨，刀具沿刀轨在曲面轮廓上铣削。一般用于工件平缓区域的半精加工和精加工。本章将介绍固定轴曲面轮廓铣的原理和编程应用。

9.1 固定轴曲面轮廓铣工序

通过详细介绍固定轴曲面轮廓铣原理，再结合实例进行实操练习讲解。操作过程：掌握固定轴曲面轮廓铣原理→学习固定轴曲面轮廓铣工序设置→创建区域轮廓铣工序→(导入工件模型→创建刀具→创建半精加工工序→创建精加工工序)→分析总结。

9.1.1 固定轴曲面轮廓铣原理

图 9-1 是固定轴曲面轮廓铣示意图。和前面介绍的等高铣不同，固定轴曲面轮廓铣是三轴联动的，刀具沿工件表面轮廓上下移动铣削。其原理是首先选择一种驱动方法对应的平面曲线，将该曲线沿刀轴投影到工件表面形成刀轨。如图 9-2。

图 9-1 固定轴曲面轮廓铣

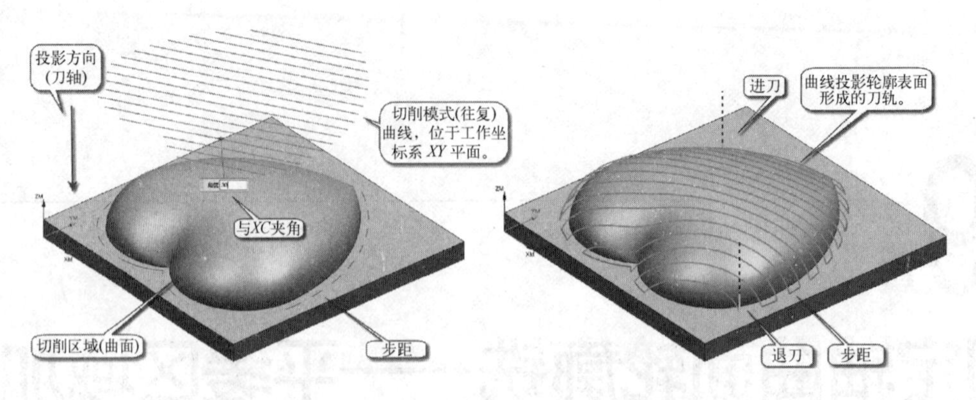

图 9-2 固定轴曲面轮廓铣刀轨形成原理

曲面轮廓铣包括“固定轴曲面轮廓铣”工序和“可变轴曲面轮廓铣”工序。本书只对固定轴曲面轮廓铣进行学习。

9.1.2 固定轴曲面轮廓铣工序

(1) 固定轴曲面轮廓铣位置

固定轴曲面轮廓铣在 NX 中工序的位置如图 9-3（a），在加工工序中的应用顺序如图 9-3（b）。

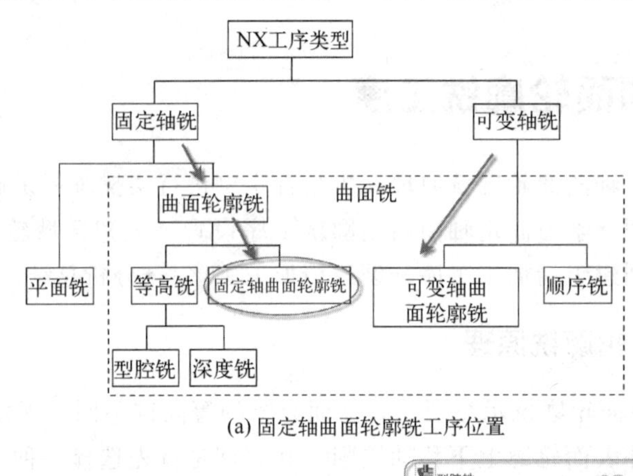

(a) 固定轴曲面轮廓铣工序位置

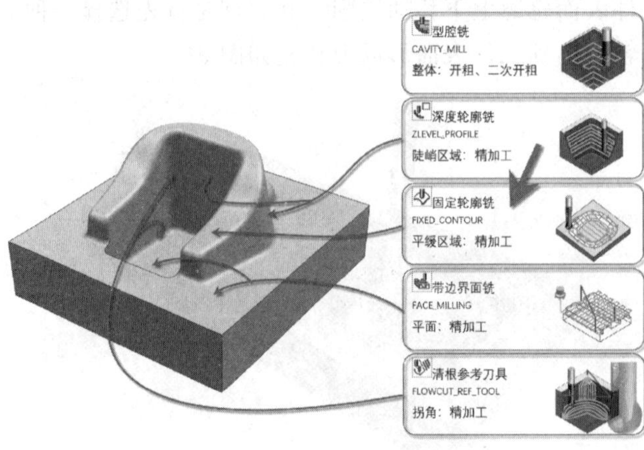

(b) 固定轴轮廓铣的应用顺序

图 9-3 固定轴轮廓铣工序位置和应用顺序

(2) 固定轴曲面轮廓铣工序类型

固定轴曲面轮廓铣工序位置如下。

“应用模块”→“加工”；

“命令查找器”→“创建工序”；

在对话框中的位置：“创建工序”对话框→“类型”组→“mill_contour”。

固定轴曲面轮廓铣工序包括如下子类型，如图 9-4。

① 固定轮廓铣（FIXED_CONTOUR）：主要的固定轴曲面轮廓铣工序子类型。

② 固定轴引导曲线（FIXED_GUIDING_CURVES）：通过一条或多条引导曲线来定义切削区域、切削方向和切削距离。

③ 区域轮廓铣（CONTOUR_AREA）：切削选定的面或切削区域，常用于半精加工和精加工。

④ 曲面区域轮廓铣（CONTOUR_SURFACE_AREA）：切削单个驱动曲面或矩形栅格驱动的曲面。

图 9-4　固定轴曲面轮廓铣工序

⑤ 流线（STREAMLINE）：从部件几何体自动生成曲线集，或选择点、曲线、边、曲面以定义曲线，沿曲线切削。

⑥ 陡峭区域轮廓铣（CONTOUR_AREA_DIR_STEEP）：仅切削陡峭区域，与 CONTOUR_ZIGZAG 或 CONTOUR_AREA 工序子类型一起使用，可通过对前一往复切削进行十字交叉切削来降低残余高度。

⑦ 非陡峭区域轮廓铣（CONTOUR_AREA_NON_STEEP）：仅切削非陡峭区域。精加工切削区域时，通常在“ZLEVEL_PROFILE”工序之后使用此工序子类型。

⑧ 单刀路清根（FLOWCUT_SINGLE）：精加工去除拐角和凹部。

⑨ 多刀路清根（FLOWCUT_MULTIPLE）：多条刀路精加工去除拐角和凹部。

⑩ 清根参考刀具（FLOWCUT_REF_TOOL）：根据先前参考刀具直径以多条刀路切削移除拐角和凹部中的剩余材料。

⑪ 轮廓文本（CONTOUR_TEXT）：切削制图注释中的文本，用于 3D 雕刻。

各个工序详细说明参见“第 5 章 加工工序种类及应用-5.2 铣工序子类型说明”。

(3) 实现曲面轮廓铣的条件

创建“曲面轮廓铣”工序需要如下条件。

① 部件几何体：此项是可选项。

② 驱动几何体：NX 从指定的驱动几何体创建驱动点控制刀具位置。如果未指定部件几何体，刀具将放置在驱动点上，如果指定了部件几何体，刀具将放置在驱动点投影的位置。驱动方法决定创建刀轨所需的驱动点，可以是一串驱动点或在一个区域内创建驱动点的阵列。

③ 投影矢量：如果指定了部件几何体，则必须指定投影矢量。投影矢量定义 NX 如何将驱动点投影到部件面以及刀具接触部件面的哪一侧。

④ 刀轴。

(4) 曲面轮廓铣的有效几何体

部件，检查，切削区域，修剪边界，制图文本。

9.1.3 固定轴曲面轮廓铣特定选项

固定轴曲面轮廓铣选项除了与其它类型工序是公用的之外，下面的选项是固定轴曲面轮廓铣特有的。

(1) 切削区域

以前面“E9-1”为例：打开工序→“几何体”组→“切削区域”→“切削区域”对话框→“要切削的区域”组→“创建区域列表”。NX会自动划分出要切削的区域，在“选择区域”可以进行“分割”“刀具碰撞避让”“合并”“编辑”等操作。如图9-5。

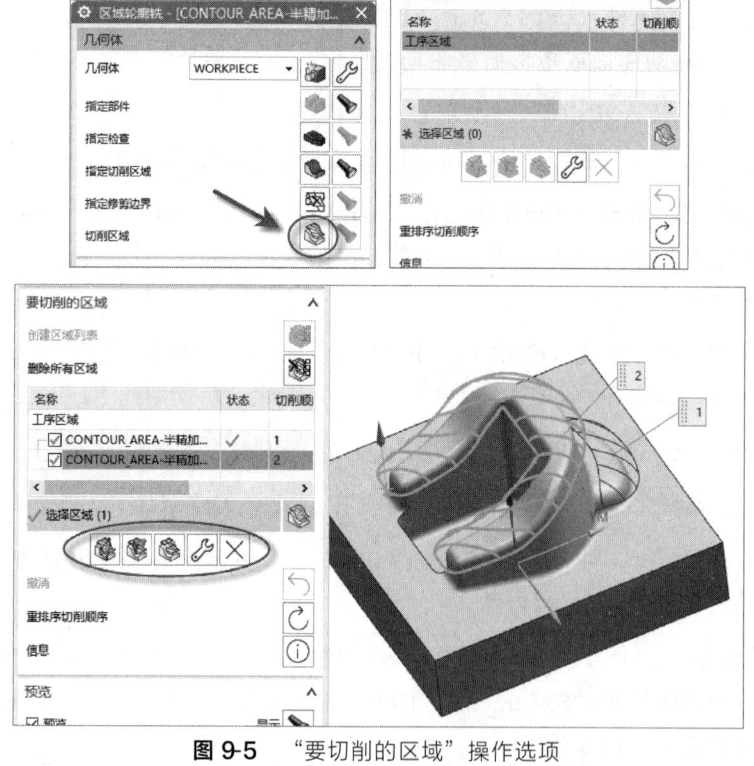

图 9-5　“要切削的区域”操作选项

① “创建区域列表”：根据陡峭空间范围设置将切削区域分成若干个区域。如果已经在工序中打开了碰撞检查则可为带有刀具夹持器碰撞的区域创建单独的区域（要打开碰撞检查，请在“切削参数”对话框中，选择“空间范围”选项卡→“碰撞检查”组→“☑检查刀具和夹持器”）。

② “删除所有区域”：删除列表中的所有区域。如果存在无效区域则必须删除所有区域，然后创建新的区域。

③ “分割”：可以通过指定一个平面或一条直线（包含两个点）来分割区域。

④ “刀具碰撞避让”：检查刀具夹持器碰撞。为避免刀具夹持器碰撞要选择更长的刀具。

⑤ “合并切削区域”：选择单个目标区域，然后选择要与此目标区域合并的任何相邻区域。目标区域可控制合并区域的陡峭、非陡峭或平面属性。

⑥ “编辑”：可指定定制起点或更改选定区域的陡峭度属性。如果将空间范围类型设置为“陡峭”、“非陡峭”或“平面”，则 NX 将应用切削模式、切削方向、步距和切削角对应的区域铣削驱动方法设置。

⑦ “撤销”：可一次撤销多个更改。

⑧ “显示”：预览，在区域起点位置显示切削区域刀轴矢量和刀轨的预览。见图 9-6。

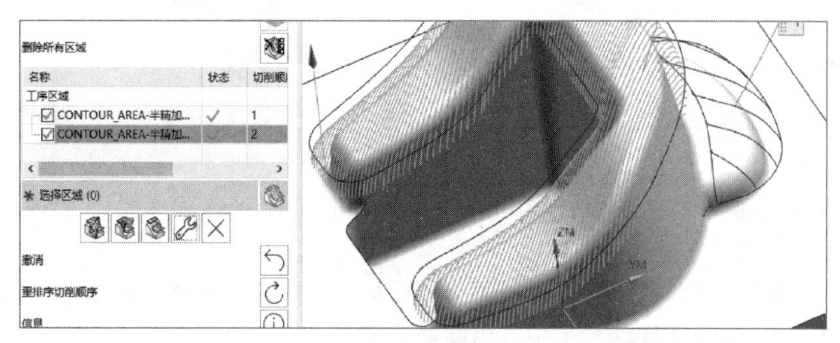

图 9-6 显示预览

(2) 陡峭空间范围

陡峭空间范围根据陡峭度限制刀轨的切削区域，可用于控制残余高度和避免将刀具插入到陡峭曲面上的材料中。

① “无”：不对刀轨施加陡峭度限制，而是加工整个切削区域；

② “非陡峭”：只在部件表面角度小于陡峭壁角度值的切削区域内加工；

③ “定向陡峭”：只在部件表面角度大于陡峭壁角度值的切削区域内加工；

④ “陡峭和非陡峭”：对陡峭和非陡峭区域进行加工，NX 为陡峭和非陡峭区域创建单独的切削区域。

固定轴曲面轮廓铣有两种常用的方法可以用来加工切削区域，它们使用两种工序和陡峭空间范围的组合。

方法一：“无”+“定向陡峭”。

在“区域轮廓铣”对话框的“驱动方法”组。这种方法常用于陡峭区域相对较小的区域。如图 9-7（a）图中的编号 1 区域未被切削，要切削这些区域，需使用“定向陡峭”再次进行切削，如图 9-7（b）。

方法二：“非陡峭”+“深度轮廓铣陡峭”。

先使用“非陡峭”，再用“深度轮廓铣陡峭”，这两个工序使用同一陡角可以加工整个切削区域。此方式适用于比较陡峭的区域。如图 9-8。

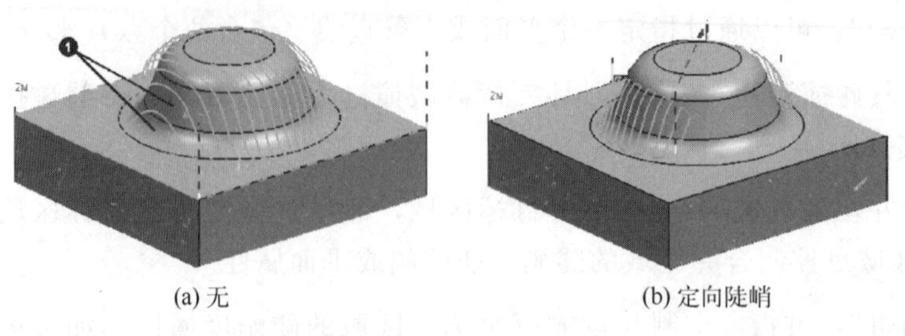

(a) 无 (b) 定向陡峭

图 9-7 无+ 定向陡峭

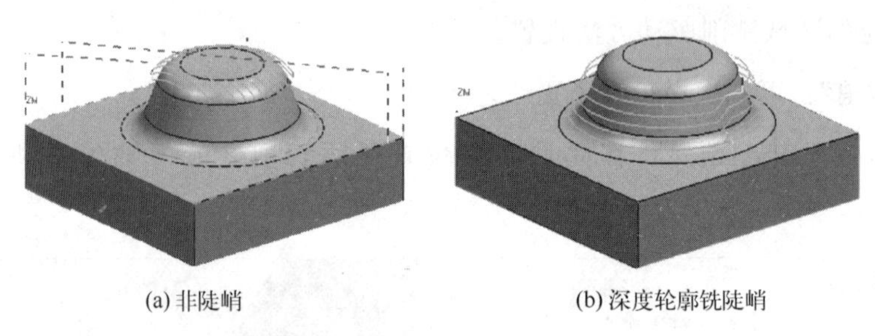

(a) 非陡峭 (b) 深度轮廓铣陡峭

图 9-8 非陡峭+ 深度轮廓铣陡峭

(3) 驱动方法常用选项

下面是区域铣削驱动方法对话框常用的一些选项和设置。

①“步距已应用”。

a. “在平面上”：在垂直于刀轴的平面上计算步距，用于切削陡峭区域，如图 9-9（a）。

b. “在部件上”：沿部件计算步距。当陡峭空间范围设为无、非陡峭或陡峭和非陡峭时使用此选项。计算所需的时间比计算在平面上的更长。如图 9-9（b）。

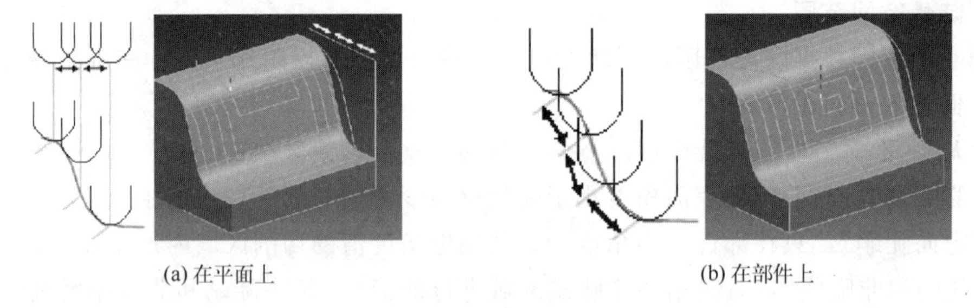

(a) 在平面上 (b) 在部件上

图 9-9 步距已应用

②“切削角”。在切削模式为单向或往复选项时才可用。

a. “自动”：计算每个切削区域形状确定高效的切削角，在对区域进行切削时最小化内部进刀移动。

b. “指定”：设置切削角。该角是相对于 WCS 的 *XC-YC* 平面中的 *X* 轴进行计算的，之后投影到底平面。

c. “最长的边”：确定与周边边界中最长的线段平行的切削角。如果周边边界不包含线段，NX 将在内边界中搜索最长的线段。

③“矢量”。可以定义一个 3D 矢量作为切削方向。要定义切削角 NX 会沿刀轴将 3D 矢量投影到切削层。

（4）“延伸刀轨”

位于：“区域轮廓铣”对话框→“刀轨设置”组→“策略”→“延伸路径”→☑“在边上延伸”，常见选项如图 9-10。

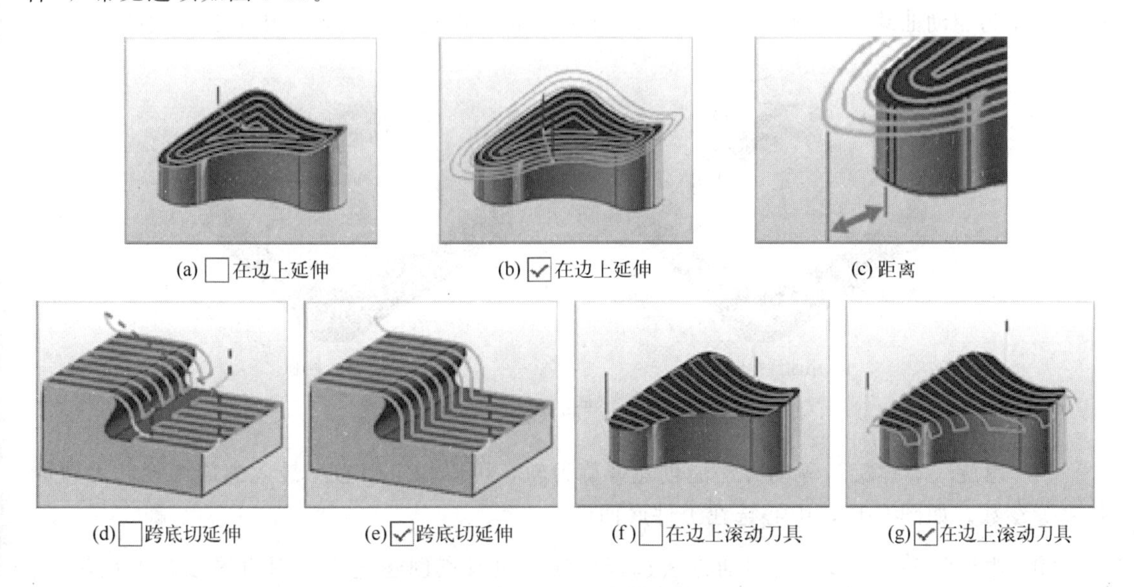

(a) □在边上延伸　(b) ☑在边上延伸　(c) 距离

(d) □跨底切延伸　(e) ☑跨底切延伸　(f) □在边上滚动刀具　(g) ☑在边上滚动刀具

图 9-10　非陡峭+深度轮廓铣陡峭

9.1.4　“驱动方法”和“切削模式”

在曲面轮廓铣工序中是选择“驱动方法”和“切削模式”来创建刀轨的，两者的关系和位置如图 9-11。知识：NX 通过选择“驱动方法”也可以来改变工序。

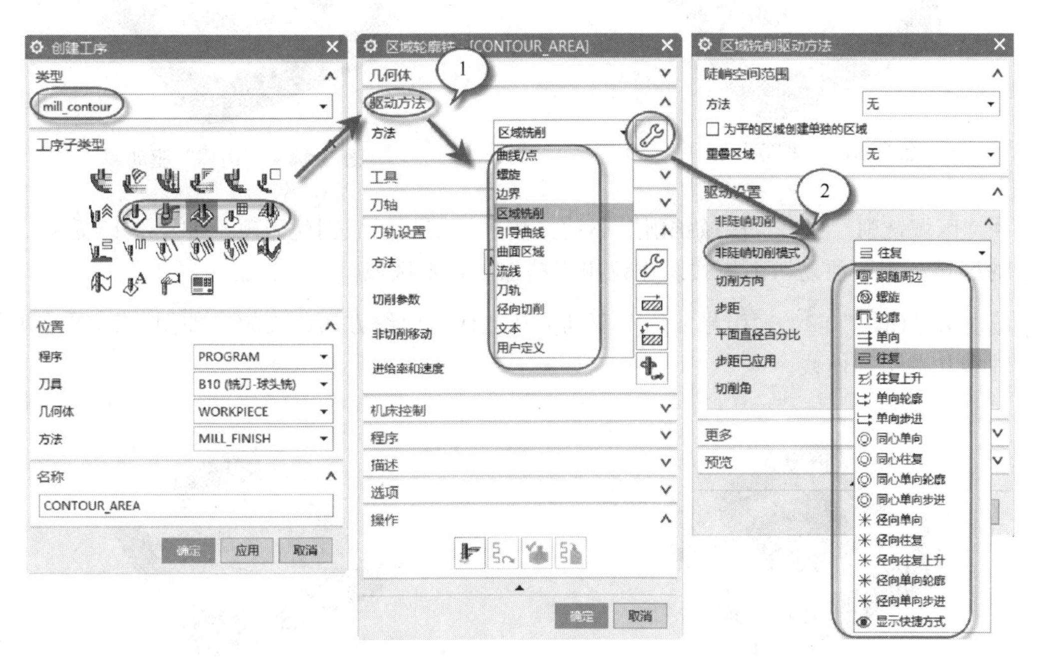

图 9-11　“驱动方法”和“切削模式”关系和位置

(1)“驱动方法”

“驱动方法”主要有如下种类。

①“曲线/点”。通过选择曲线、边或点形成刀轨控制刀具切削运动。如图 9-12（a）用草图圆作为驱动曲线，如图 9-12（b）用 6 个点（选 7 次造成封闭环）作为驱动曲线。

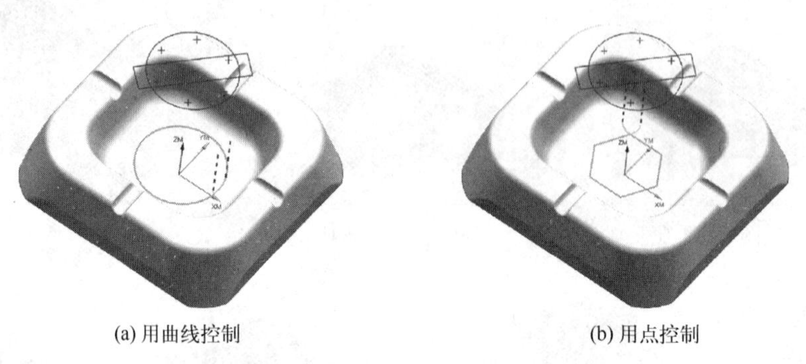

(a) 用曲线控制　　(b) 用点控制

图 9-12 “曲线/点”驱动

②“螺旋”。“螺旋”驱动方法能创建螺旋刀轨，可以指定中心、最大螺旋半径和刀轨的步距等参数。如图 9-13，中心选在工件底面中心。

③“边界”。“边界”驱动方法选择曲线、边或点创建边界，用边界限制刀轨范围。如图 9-14 使用了“边界”驱动+“往复”模式生成刀轨，使用了圆周曲线作为边界。通常用于精加工轮廓形状。

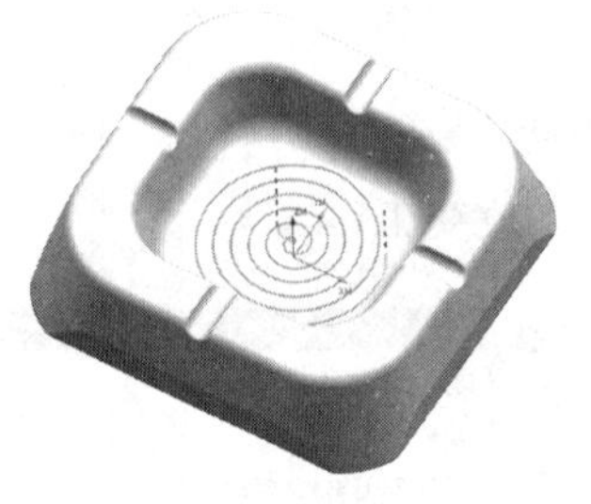

图 9-13 “螺旋”驱动

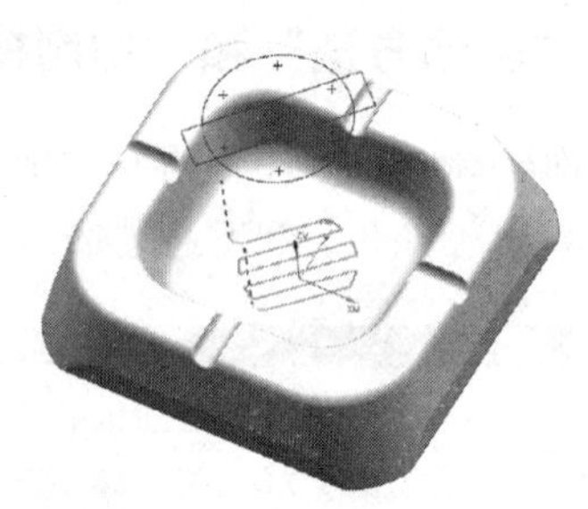

图 9-14 “边界”驱动

④“区域铣削”。“区域铣削”驱动方法根据切削区域创建刀轨。如图 9-15 选择了底面平的区域，用了往复切削模式。建议用于精加工特定区域。

⑤“引导曲线”。“引导曲线”驱动方法创建沿曲线方向的刀轨。如图 9-16 是应用了圆周曲线作为引导曲线。

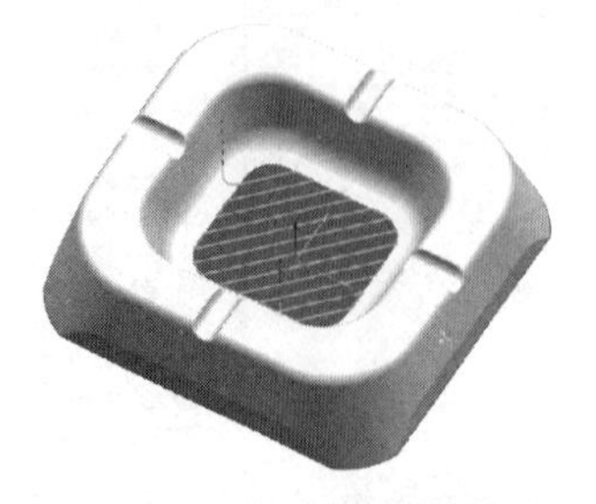

图 9-15 “区域铣削”驱动

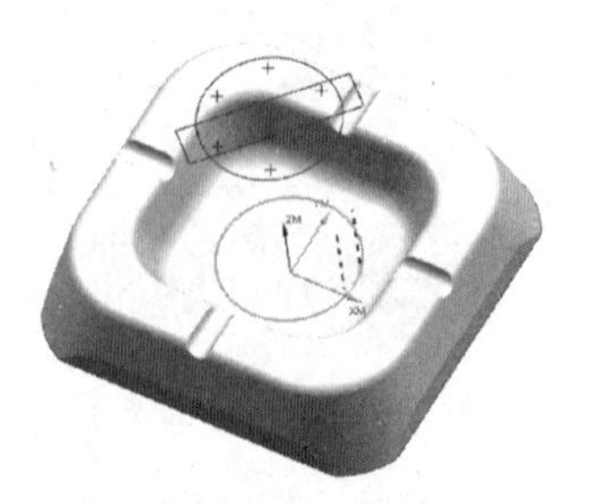

图 9-16 “引导曲线”驱动

⑥“曲面区域”。“曲面区域”驱动方法使用面上的栅格创建刀轨。驱动曲面不一定是平面，但其栅格必须按一定行序或列序进行排列，相邻的曲面必须共享一条公共边。加工复杂曲面时这种驱动方法很有用。如图 9-17 的 2 个例子分别选择了底面平面和侧壁曲面，利用了其立边和横边作为栅格，使用往复切削模式。建议用于精加工包含顺序整齐的驱动面矩形栅格的单个区域。

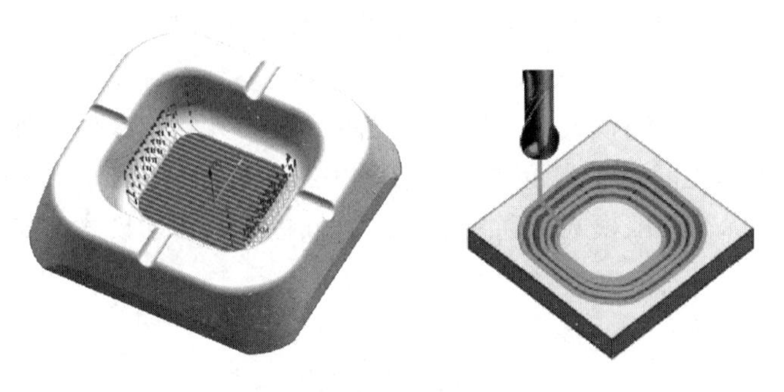

图 9-17　“曲面区域”驱动

⑦“流线”。“流线”驱动方法从选定的“流曲线”和“交叉曲线”控制形成刀轨。如图 9-18 烟灰缸例子是用矩形 2 条长边作为“流曲线”，2 条短边作为“交叉曲线”，采用了往复切削模式。“流线”驱动方法可以选择控制切削方向。建议用于精加工复杂形状，尤其是要控制光顺切削模式的流和方向。

图 9-18　“流线”驱动

⑧“刀轨”。“刀轨”驱动方法是将之前创建的刀轨投影到部件几何体形成刀轨。

⑨“径向切削”。“径向切削”创建垂直于边界的刀轨。如图 9-19 例子指定了底面平面作为切削区域，采用往复切削模式，使用圆周曲线作为“指定驱动几何体”控制刀轨方向。

⑩“文本”。“文本”驱动方法是从制图注释创建的文本中生成刀轨。一般用球刀，切削深度要小于球刀半径。如图 9-20。

图 9-19　“径向切削”驱动

图 9-20　“文本”驱动

(2)“切削模式”

在创建工序选择了一个驱动方法时，一般可以通过“编辑” 再选择切削模式，见前面的“图 9-5”。下面以“区域铣削”驱动方法为例，其“驱动设置”的“非陡峭切削”模式主要有如下种类。

①“跟随周边”。“跟随周边”切削模式是沿着部件或毛坯几何体定义的最外层边所成的偏置进行切削，内部岛和型腔需要选择岛清根或清根轮廓刀路。如图 9-21 选择了内部型腔作为切削区域。

②“螺旋”。“螺旋”切削模式的刀轨是连续的螺旋，在切削区域的外边处开始，在切削区域的中间结束，刀轨之间没有步距连接。如图 9-22，选择了内部型腔作为切削区域。

③“轮廓”。“轮廓”切削模式能创建沿切削区域边界的切削模式。如图 9-23，选择了内部型腔作为切削区域。

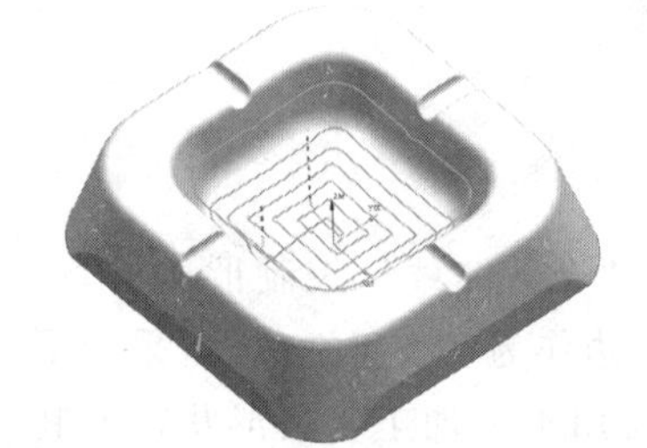

图 9-21 “跟随周边”切削模式

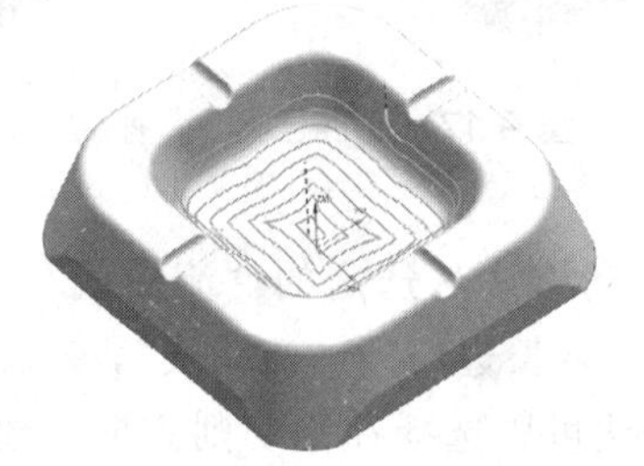

图 9-22 “螺旋”切削模式

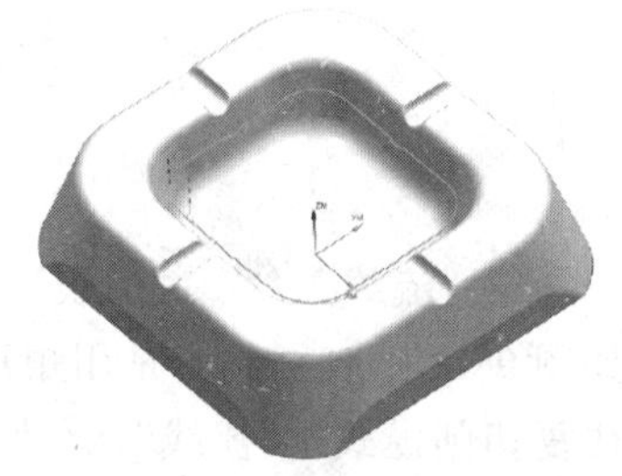

图 9-23 “轮廓”切削模式

④“单向”。“单向”切削模式以一个方向切削，通过退刀转向下一条刀路的起点，然后以同一方向继续切削。如图 9-24，选择了内部型腔作为切削区域。

⑤“往复”。“往复”切削模式是一种平行模式，包括往复、单向、单向轮廓、单向步进，能创建一系列平行刀轨。往复、单向和单向轮廓的工作方式与平面铣和型腔铣相同。刀具交替“顺铣”和“逆铣”。如图 9-25 选择了内部型腔作为切削区域。

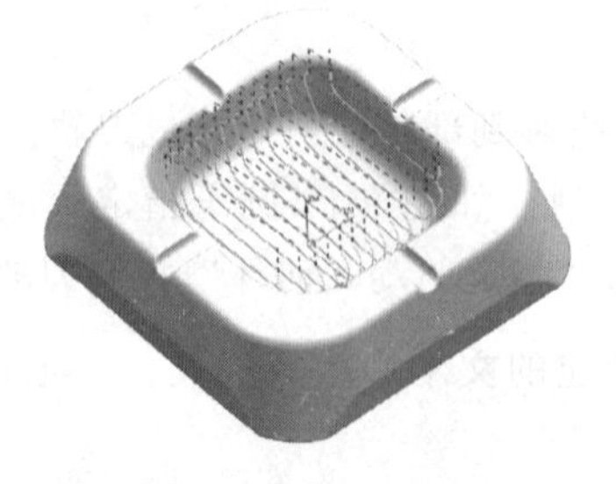

图 9-24 “单向”切削模式

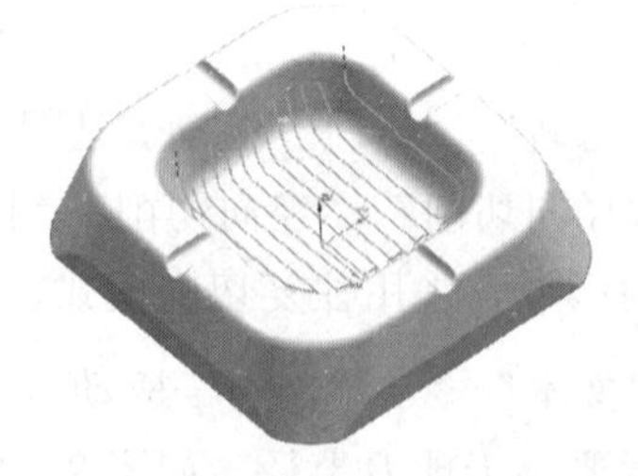

图 9-25 “往复”切削模式

⑥“同心”。“同心”切削模式包括：同心往复、同心单向、同心单向轮廓和同心单向步进，是从指定或系统计算出的中心点创建逐渐变大或逐渐变小的圆形刀轨。如图 9-26 选择了内部型腔作为切削区域。

⑦“径向”。“径向”切削模式包括径向往复、径向单向、径向单向轮廓和径向单向步进，从中心点创建线放射形刀轨。可以指定刀轨“向内”或“向外”。“步距”是在距中心最远的边界点处沿着圆弧计算的。如图 9-27 选择了内部型腔作为切削区域。

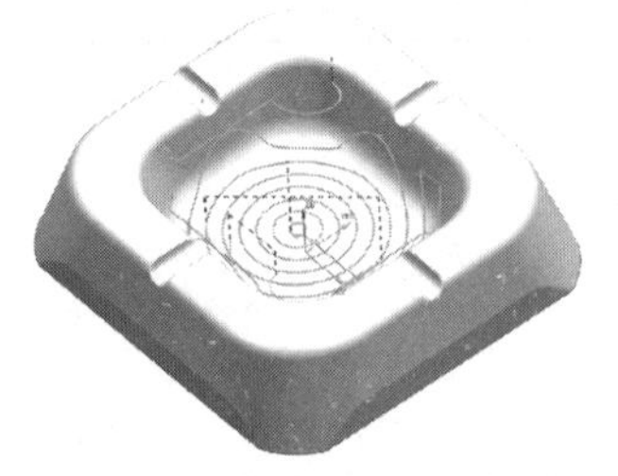

图 9-26 "同心"切削模式

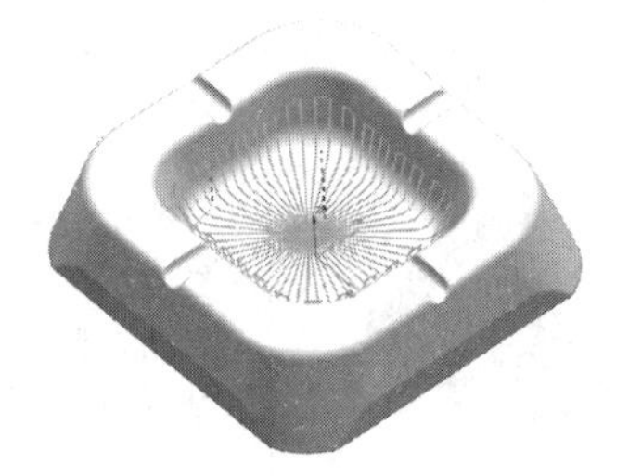

图 9-27 "径向"切削模式

9.1.5 固定轴曲面轮廓铣注意事项

前面通过创建"固定轴曲面轮廓铣"工序已经讲解了其原理和特点，通过对其过程的介绍和结果分析，应用"固定轴曲面轮廓铣"有如下特点和注意事项。

① 球刀刀尖转速接近零，应尽量避免刀尖和工件表面接触，最好保持 10°～15°倾角，尤其当主轴转速度较低时更应避免使用球刀刀尖进行切削，如图 9-28。

② 尽可能避免沿着陡壁进行轮廓铣削，凸角处和底部凹角处易产生过切，高速加工时型腔底、球刀底部受撞击易损坏，如图 9-29。

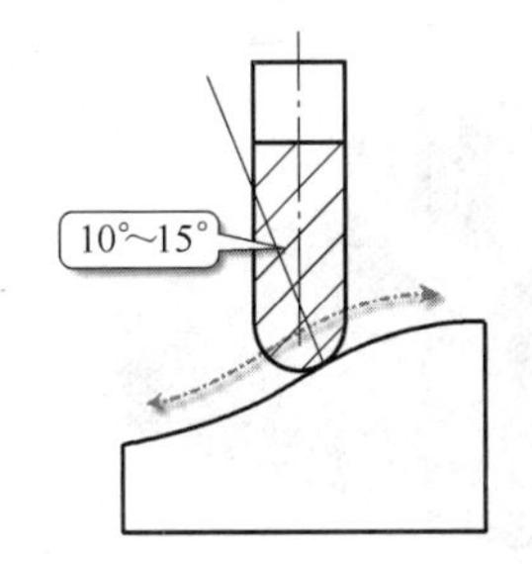

图 9-28 避免球刀刀尖切削

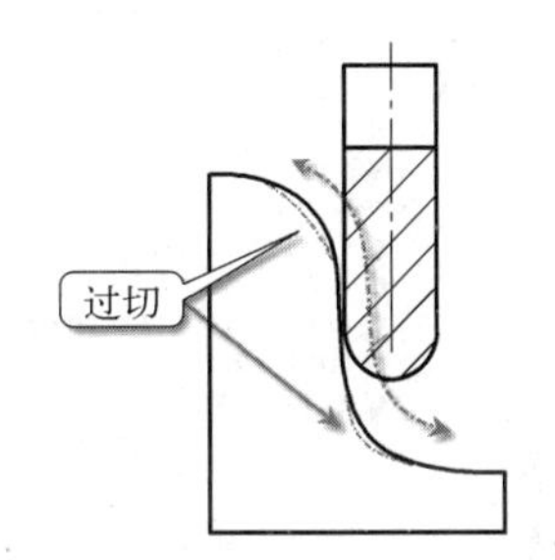

图 9-29 避免球刀沿陡壁上下切削

③ 球头铣刀要以较小的切深切削，同时提高转速，尽量使用直径大的球刀。

④ 平面区域避免使用球刀，用圆鼻刀或平底刀。

⑤ 步距设定用"恒定"或者"残余高度"。

区域轮廓铣工序

9.1.6 区域轮廓铣工序

常用的固定轴曲面轮廓铣工序主要是"固定轮廓铣"和"区域轮廓铣"工序。"固定轮廓铣"侧重于精加工轮廓形状，操作时需要进行边界操作，操作比较繁琐；"区域轮廓铣"侧重于精加工特定区域，操作时只要指定切削区域即可，操作比较简洁，比较常用。两者工序图示及说明如表 9-1 和表 9-2。

表 9-1 "固定轮廓铣（FIXED_CONTOUR）"

图　示	说　明
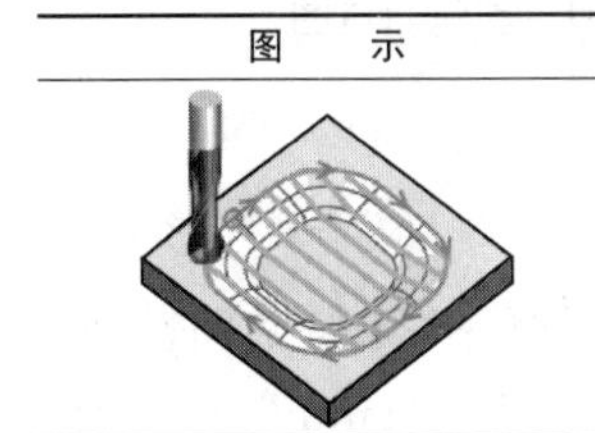	"固定轮廓铣 FIXED_CONTOUR" 建议工序：半精加工、精加工曲面轮廓。 常用刀具：球刀。 建议通常用于精加工轮廓形状

表 9-2 “区域轮廓铣（CONTOUR_AREA）”

图 示	说 明
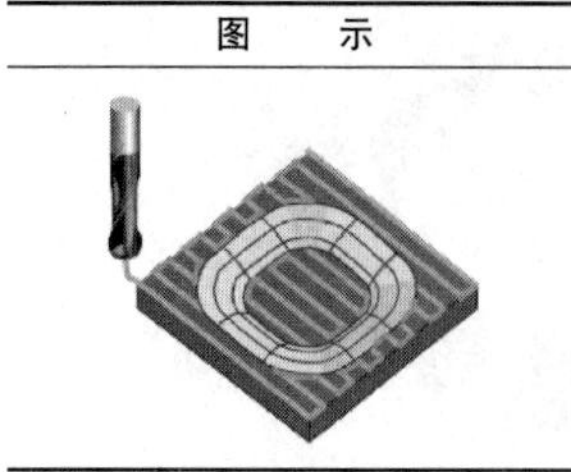	“区域轮廓铣 CONTOUR_AREA” 建议工序：半精加工、精加工曲面轮廓。 常用刀具：球刀。 建议用于精加工特定区域

下面创建“区域轮廓铣”工序精加工平缓区域。注：下面例子为了显示清楚，刀具和切削层等设置并非真实加工参数。实际加工请按真实刀具参数设置。

(1) 导入工件模型

打开本书提供的现成模型，打开文件“E9-1. prt”，如图 9-30。这个工件在前面已经完成了开粗加工和陡壁加工工序，接下来用“区域轮廓铣”对其平缓区域进行半精加工和精加工。

☞选择“应用模块”选项卡→“加工”。如果弹出“加工环境”对话框，选择“cam_general”和“mill_contour”。

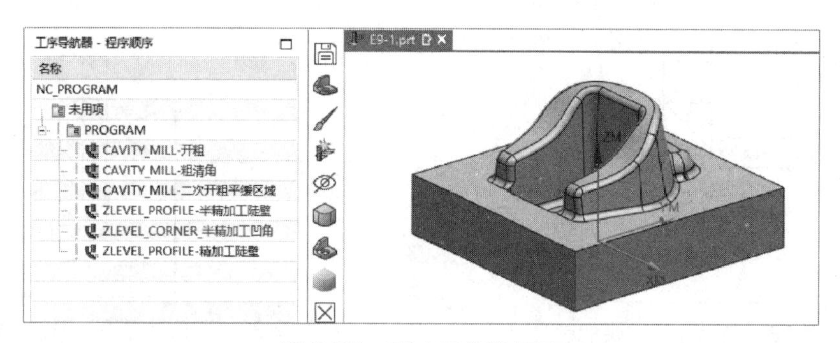

图 9-30 E9-1 工件精加工

(2) 创建刀具

☞“主页选项卡”→“插入”组→“创建刀具”→“刀具子类型”→“MILL”。创建名称为“R3”直径为“6mm”下半径为“3mm”的球刀，如图 9-31。

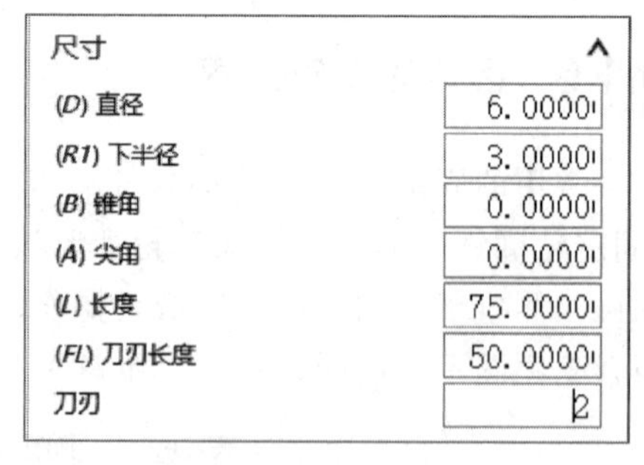

图 9-31 创建刀具图

(3) 创建半精加工工序

☞“创建工序”对话框→“类型”组→“mill_contour”→“工序子类型”组→“CONTOUR_AREA”。注意：选“MILL_SEMI_FINISH”。如图 9-32。

(4) “指定切削区域”

☞工序对话框：“几何体”组→“指定切削区域”。按图 9-33 操作。

(5) “设置驱动方法”

☞“驱动方法”组→“方法”→“编辑”→“区域铣削”对话框→“陡峭空间范围”组→“方法”=“非陡峭”→“驱动设置”组→“步距”=“恒定”→“最大距离”=“1mm”→“步距

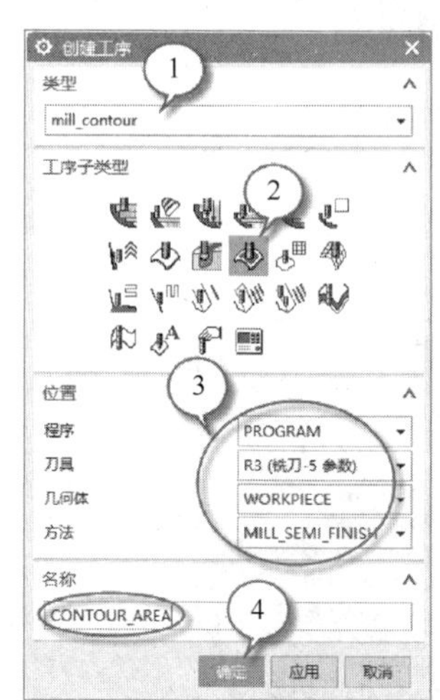

图 9-32　创建“区域轮廓铣”工序

图 9-33　指定切削区域

已应用”=“在部件上”→单击“确定”返回。如图 9-34。

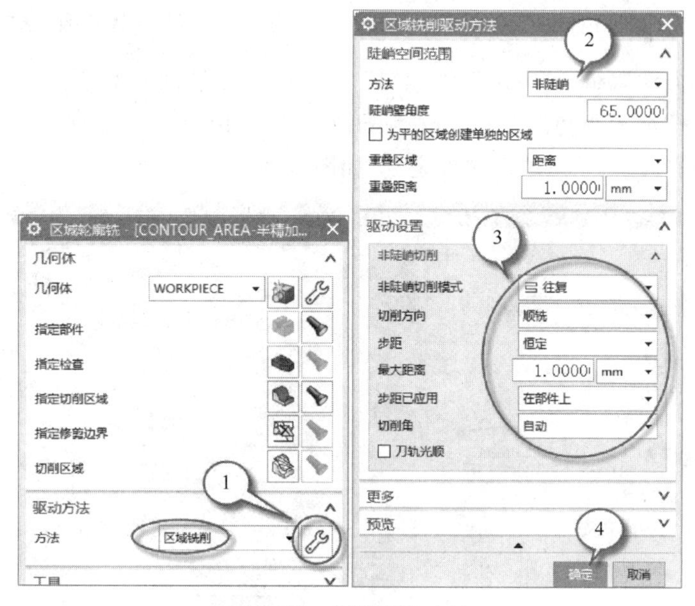

图 9-34　设置驱动方法

(6) 生成刀轨并仿真

☞“操作”组→“生成刀轨”→“确认刀轨”→“3D 动态”→“动画速度”=“8”→“播放”。生成的刀轨和 IPW 如图 9-35。

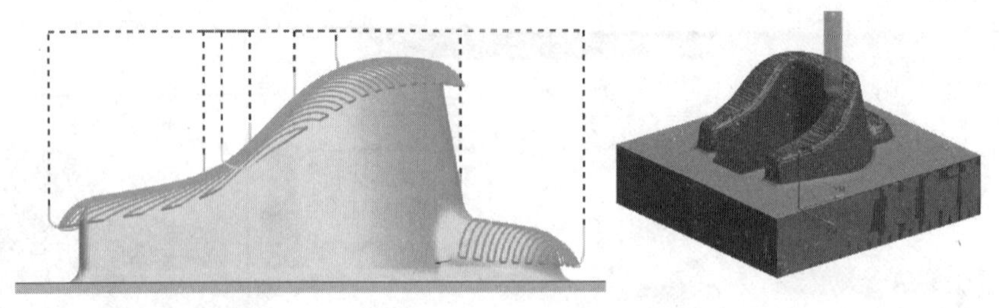

图 9-35　“区域轮廓铣”结果

(7) 创建精加工工序

☞复制上面创建的“CONTOUR_AREA”工序，如图 9-36。

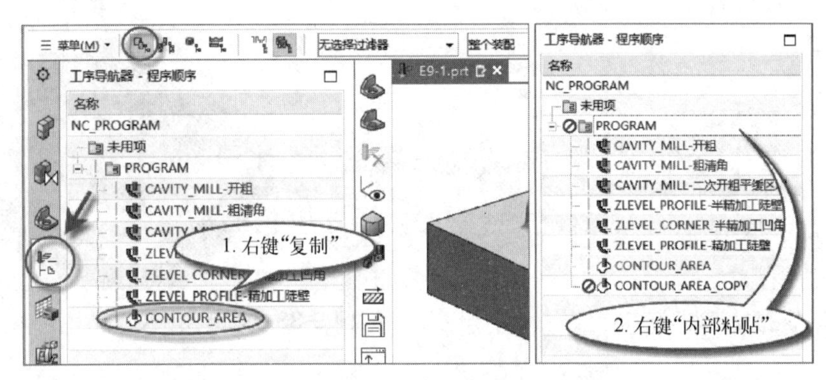

图 9-36　复制工序

☞双击打开“CONTOUR_AREA_COPY”工序：“刀轨设置”组→“方法”=“MILL_FINISH”→“驱动方法”组→“方法”→“编辑”→“区域铣削”对话框→“驱动设置”组→“步距”=“恒定”→“最大距离”=“0.5mm”→“步距已应用”=“在部件上”→“切削角”=“指定”→“与 *XC* 夹角”=“45°”→单击“确定”。如图 9-37。

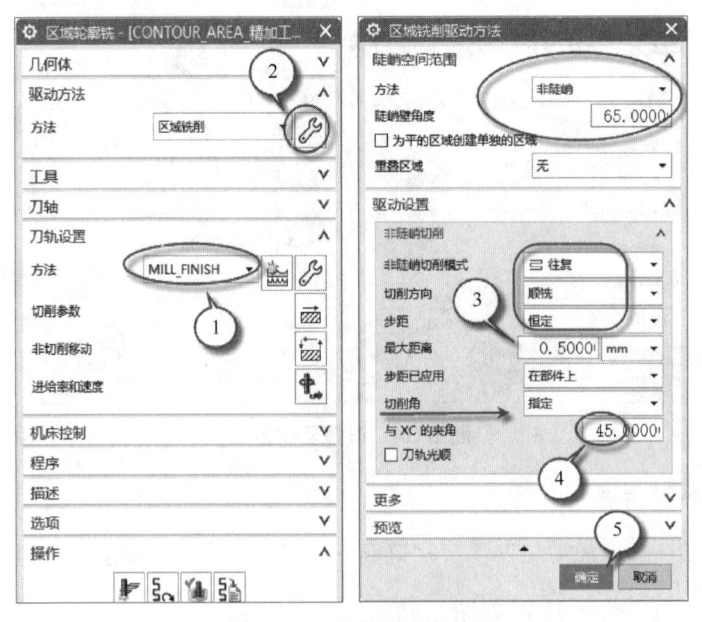

图 9-37　设置驱动方法

(8) 生成刀轨并仿真

☞“操作”组→“生成刀轨” →“确认刀轨” →“3D 动态”→“动画速度”=“8”→“播放” 。生成的刀轨和 IPW 如图 9-38。

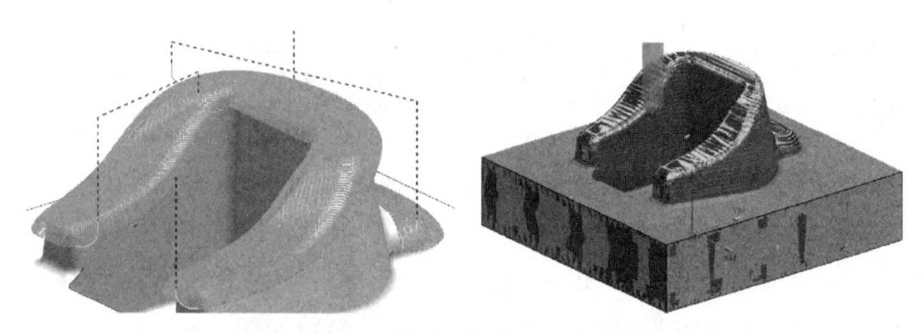

图 9-38　平缓区域精加工刀轨结果

(9) 分析总结

“固定轴曲面轮廓铣”的切削方式和等高铣削的切削层方式完全不同，刀具可以沿着工件曲面轮廓任意方向走刀。同时，其设置方式是驱动方法形式，操作上区别也很大。“固定轴曲面轮廓铣”使用球刀对平缓区域的铣削效果更好。

9.2 固定轴曲面轮廓铣实践操作

下面通过四个实例进一步讲解固定轴曲面轮廓铣工序的操作。需按实际生产要求进行完整编程。

9.2.1 固定轴曲面轮廓铣实例

(1) 工件工艺分析

如图 9-39，工件只需要做精加工，余量预留 0.5mm。该工件既有陡峭区域也有平缓区域，需要用深度轮廓铣和固定轴曲面轮廓铣组合加工；底角没有圆角过渡需要用平底刀清根。

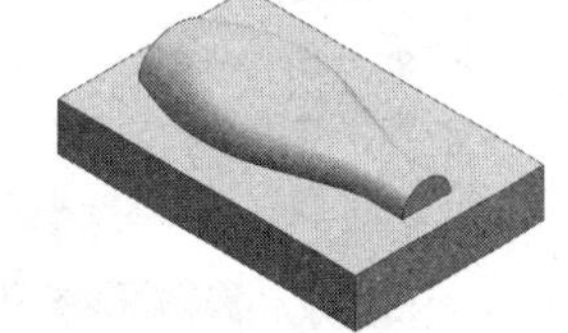

图 9-39　“E9-2. prt”工件

编程工序安排如下。

“深度轮廓铣”精加工→“区域轮廓铣”精加工→“底壁铣”底面精加工和清角加工。先忽略材料和进给速度只做生成刀轨操作。工序安排如表 9-3 和图 9-40。

表 9-3　简化工序卡

工序	内容	刀具号	刀具尺寸	主轴转速/(r/min)	进给速度/(mm/min)	层深/mm	余量/mm
1	精加工陡峭区域	T1	D16R1			0.5	壁 0,底 0.05
2	精加工平缓区域	T2	D10R5				0
3	精加工平面	T3	D30				0

(2) 创建深度铣精加工工序

固定轴曲面轮廓铣实例

打开本书提供的现成模型文件“E9-2. prt”。

☞选择“应用模块”选项卡→“加工” 。如果弹出“加工环境”对话框，选择“cam_general”和“mill_contour”。

工序导航器 - 程序顺序

名称	换...	刀..	刀具	刀..	方法	余量	底面余量	切削深度	步距
NC_PROGRAM									
未用项									
PROGRAM									
ZLEVEL_PROFILE		✓	D16R1	1	MILL_FINISH	0.0000	0.0500	.5 mm	
FIXED_CONTOUR		✓	D10R5	2	MILL_FINISH	0.0000	0.0000	0 mm	1 mm
FLOOR_WALL		✓	D30	3	MILL_FINISH	0.0000	0.0000	0.0000	50 % 刀具

图 9-40 程序顺序视图

☞在“主页选项卡”→“插入”组→“创建刀具”→“刀具子类型”→“MILL”→创建名称为“D16R1”“D10R5”“D30”的三把刀具，参数如图 9-41。

尺寸		尺寸		尺寸	
(D) 直径	10.0000	(D) 直径	16.0000	(D) 直径	30.0000
(R1) 下半径	5.0000	(R1) 下半径	1.0000	(R1) 下半径	0.0000
(B) 锥角	0.0000	(B) 锥角	0.0000	(B) 锥角	0.0000
(A) 尖角	0.0000	(A) 尖角	0.0000	(A) 尖角	0.0000
(L) 长度	75.0000	(L) 长度	75.0000	(L) 长度	75.0000
(FL) 刀刃长度	50.0000	(FL) 刀刃长度	50.0000	(FL) 刀刃长度	50.0000
刀刃	2	刀刃	2	刀刃	2

图 9-41 刀具尺寸

☞把工序导航器切换到几何视图（导航器中右键或者单击导航器上边的“几何视图”）：单击“MCS_MILL”前的加号“+”展开子项→双击“MCS_MILL”（此时的 WCS 和 MCS 是重合状态）→单击指定 MCS 右边图标→按图 9-42 步骤操作。

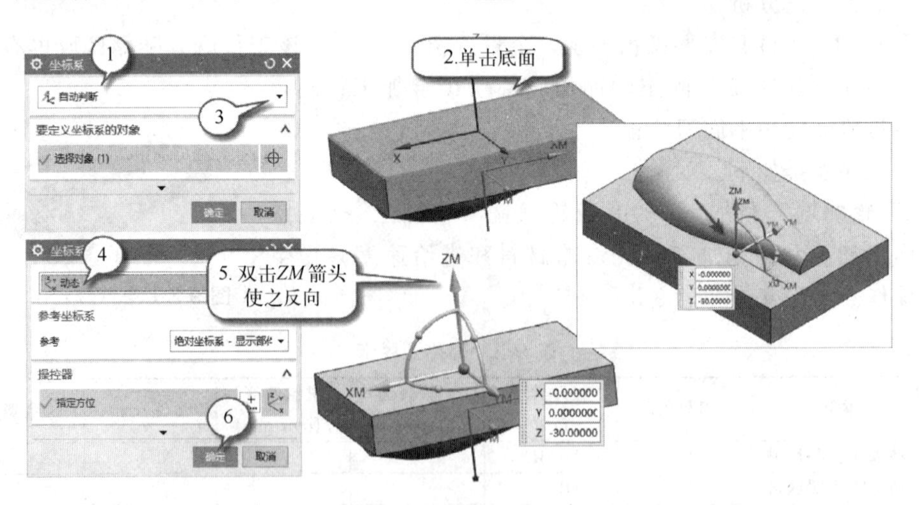

图 9-42 指定 MCS

☞“安全设置”用“自动平面”→“安全距离”=“10mm”→单击“确定”返回。

☞定义部件几何体：双击“WORKPIECE”→单击“指定部件”→选择图形区的部件→定义毛坯几何体：在“工件”对话框中单击“指定毛坯”→列表中选“部件的偏

置”→“偏置”“=0.5mm”→点“确定”返回。如图 9-43。

☞“创建工序”对话框→“类型”组→“mill_contour”→“工序子类型”组→“ZLEVEL_PROFILE”（注意选精加工“MILL _FINISH”）→“深度轮廓铣”对话框：“几何体”组→“指定切削区域”→“刀轨设置”组→“陡峭空间范围”=“仅陡峭的”→“公共每刀切削深度”=“恒定”→“最大距离”=“0.5mm”。按图 9-44 操作。

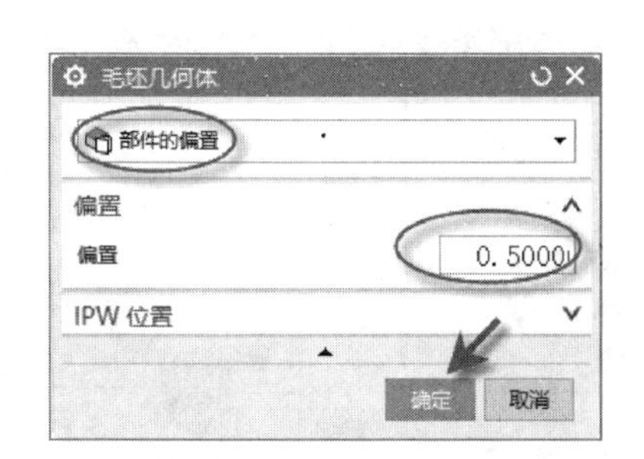

图 9-43　创建毛坯件

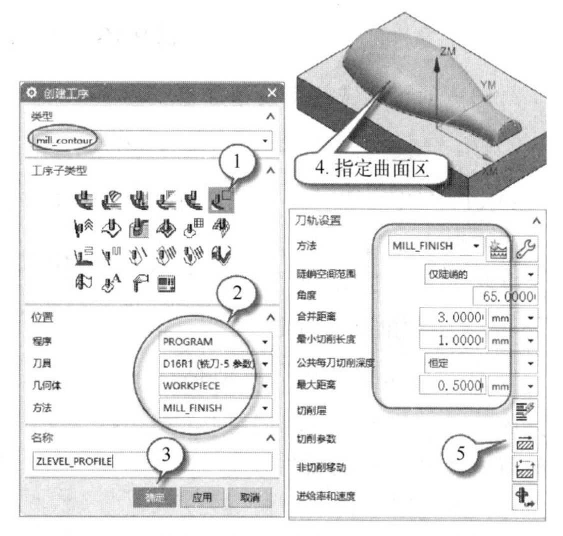

图 9-44　创建工序、指定切削区域、刀轨设置

☞“刀轨设置”组→“切削参数”。按图 9-45 操作。

图 9-45　设置切削参数

实际加工时：“在边上延伸”是为了和后面的平缓区域加工之间不留残料，底面留一点余量由铣平面工序完成。

☞“操作”组→“生成刀轨”→“确认刀轨”→“3D 动态”→“动画速度”=“8”→“播放”。生成的刀轨和 IPW（过程工件）如图 9-46。

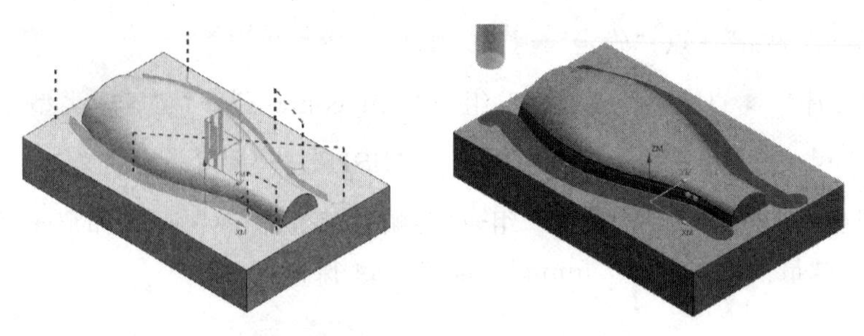

图 9-46　“深度轮廓铣”精加工

(3) **创建区域轮廓铣精加工工序**

☞“创建工序”对话框→“类型”组→“mill_contour”→“工序子类型”组→“FIXED_CONTOUR”。注意选精加工“MILL_FINISH”。按图 9-47 操作。

知识：通过上面操作可看出，其实这些工序可以在“工序对话框”的“驱动方法”里重新指定。

☞“固定轮廓铣”对话框：“几何体”组→“指定切削区域”。和前面的“深度轮廓铣”所指定的区域一样，参见图 9-44。

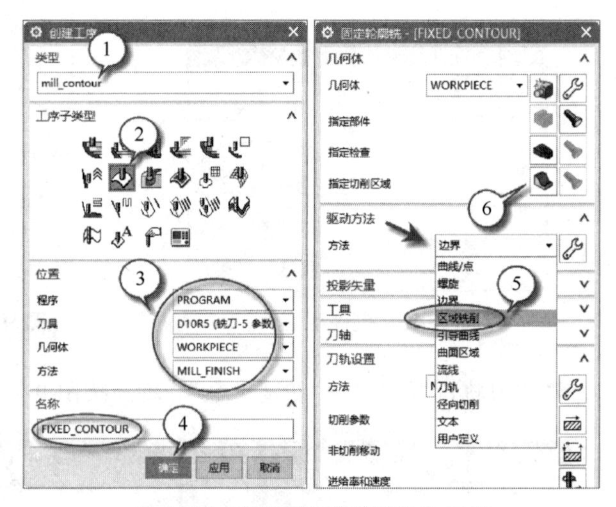

图 9-47　创建“区域轮廓铣”工序

☞“驱动方法”组→“方法”→“编辑”→“区域铣削驱动方法”对话框→“陡峭空间范围”组→“方法”=“非陡峭”→“重叠区域”=“距离”→“重叠距离”=“2mm”→“驱动设置”组→“步距”=“恒定”→“最大距离”=“1mm”→“步距已应用”=“在部件上”→单击“确定”返回。如图 9-48。注意：如果刀轨不是沿圆周切削可以把切削角定义为 90°。

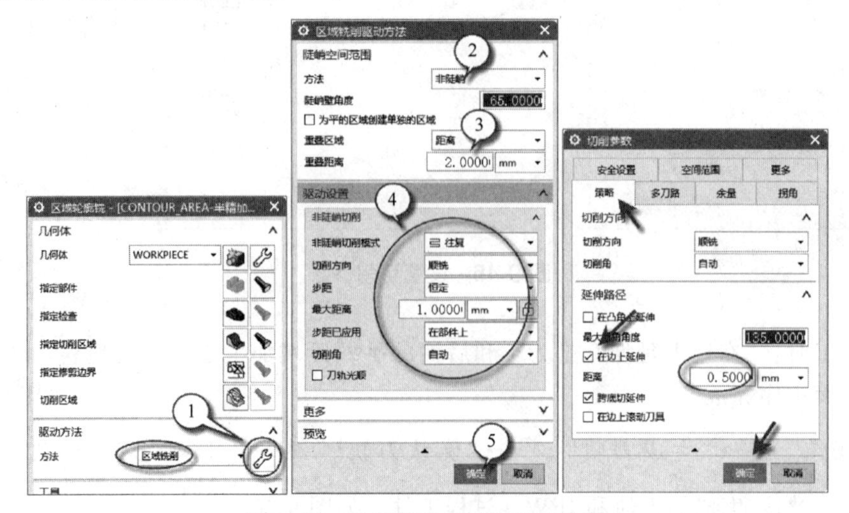

图 9-48　设置驱动方法和切削参数

☞“刀轨设置”组→“切削参数”→“策略”→“延伸路径”→☑“在边上延伸”→“距离”=“0.5mm”(实际加工时一般情况取0.5mm，距离太长会浪费时间)如图9-48。

☞“操作”组→“生成刀轨”→“确认刀轨”→“3D动态”→“动画速度”=“8”→“播放”。生成的刀轨和IPW如图9-49。

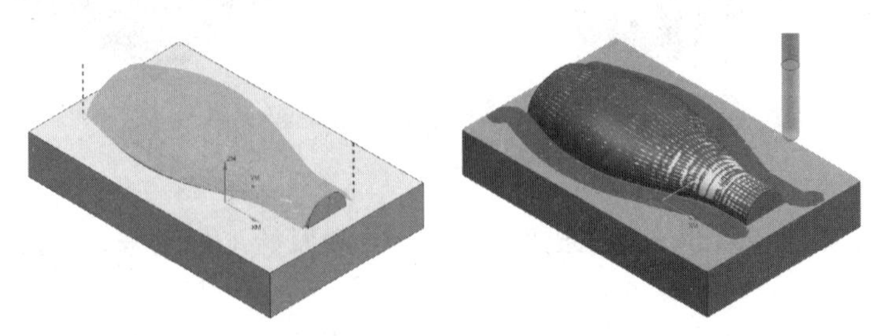

图9-49　“区域轮廓铣”结果

(4) **创建底壁铣精加工工序**

最后用“底壁铣”对平面部分、端面和底角进行精加工。

☞“创建工序”对话框→“类型”组→“mill_planar”→“工序子类型”组→“底壁铣”，如图9-50。

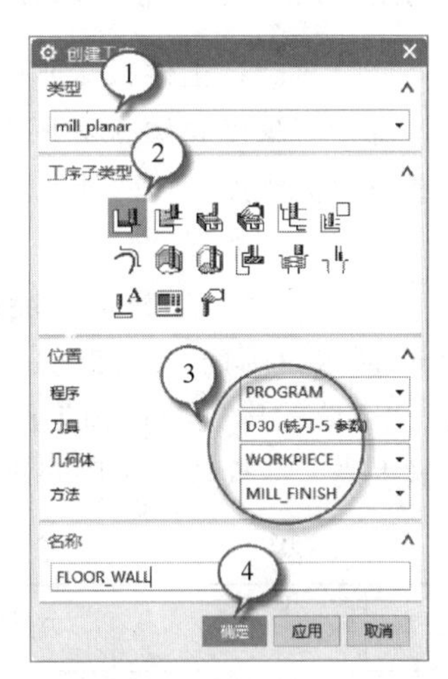

图9-50　创建底壁铣工序

☞在“几何体”组点“指定切削区底面”→“选择方法”=“面”→选顶面→“添加新集”→选底面平面，如图9-51→单击“确定”返回。

☞刀轨设置：“切削模式”=“跟随周边”→“步距”=“恒定”→“最大距离”=“50%刀具直径”→“切削参数”→“策略”→“刀路方向”=“向内”→“壁”=☑“岛清根”→单击“确定”返回。如图9-52。

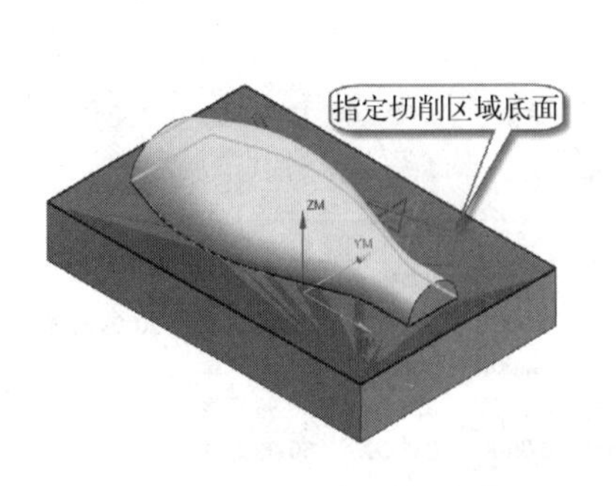

图9-51　指定切削区底面

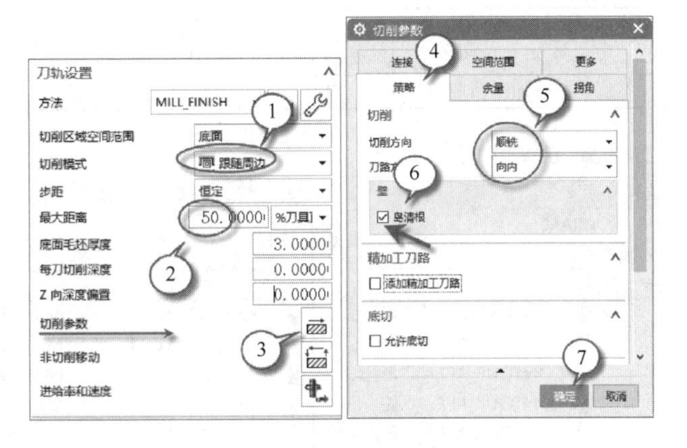

图9-52　刀轨设置

☞“操作”组→“生成刀轨”→“确认刀轨”→“3D动态”→“动画速度”=“4”→“播放”。生成的刀轨和IPW如图9-53。

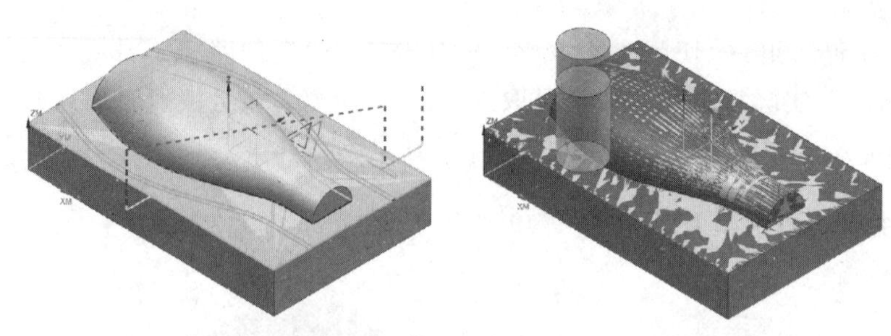

图 9-53 底壁铣刀轨和 IPW

(5) 结果分析

图 9-53 仿真结果可以看出，加工出的最后 IPW 和原始工件重合，余量已经为 0，达到加工要求。

9.2.2 螺旋切削模式实例

见图 9-54，工件只需要做精加工，余量预留 0.5mm。该工件既有陡峭区域也有平缓区域，需要用深度轮廓铣和固定轴曲面轮廓铣组合加工，工件外陡壁轮廓也要加工。两处凹坑为球面，要求保证加工精度。

工序安排如下。

“深度轮廓铣”精加工陡峭区域→“底壁铣”精加工平面区域→“区域轮廓铣”精加工圆形区域→“区域轮廓铣”精加工凹腔→“区域轮廓铣”精加工凸凹角。本例忽略材料和进给速度，只做生成刀轨操作。工序安排如表 9-4 和图 9-55。

图 9-54 “E9-3. prt”工件

表 9-4 简化工序卡

工序	内容	刀具号	刀具尺寸	主轴转速 /(r/min)	进给速度 /(mm/min)	层深/mm	余量/mm
1	精加工陡峭区域	T1	D20R1			0.2	0
2	精加工平面区域	T1	D20R1				0
3	精加工圆形区域	T2	R10				0
4	精加工凹腔	T3	R4				0
5	精加工凸凹角	T3	R4				0

工序导航器 - 程序顺序

名称	换...	刀..	刀具	刀具号	方法	余量	底面余量	切削深度	步距
NC_PROGRAM									
未用项									
PROGRAM									
ZLEVEL_PROFILE_陡峭区域		✓	D20R1	1	MILL_FINISH	0.0000	0.0000	.2 mm	
FLOOR_WALL_平面区域		✓	D20R1	1	MILL_FINISH	0.0000	0.0000	0.0000	50 % 刀具
CONTOUR_AREA_圆形区域		✓	R10	2	MILL_FINISH	0.0000	0.0000	50 % 刀具	1 mm
CONTOUR_AREA_凹腔		✓	R4	3	MILL_FINISH	0.0000	0.0000	50 % 刀具	.5 mm
CONTOUR_AREA_凸凹角		✓	R4	3	MILL_FINISH	0.0000	0.0000	50 % 刀具	.5 mm

图 9-55 程序顺序视图

螺旋切削模式实例

(1) 创建“深度轮廓铣”精加工工序

☞ 打开本书提供的现成模型文件“E9-3. prt”。

☞ 选择“应用模块”选项卡→“加工”。如果弹出“加工环境”对话框，选择“cam_general”和“mill_contour”。

☞ 在“主页选项卡”→“插入”组→“创建刀具”→“刀具子类型”→“MILL”→创建名为“D20R1”圆鼻刀（尺寸见图9-56左图）→“BALL_MILL”→创建名为“R10”“R4”的两把球刀（直接用球刀子类型创建球刀）。见图9-56中图和右图。

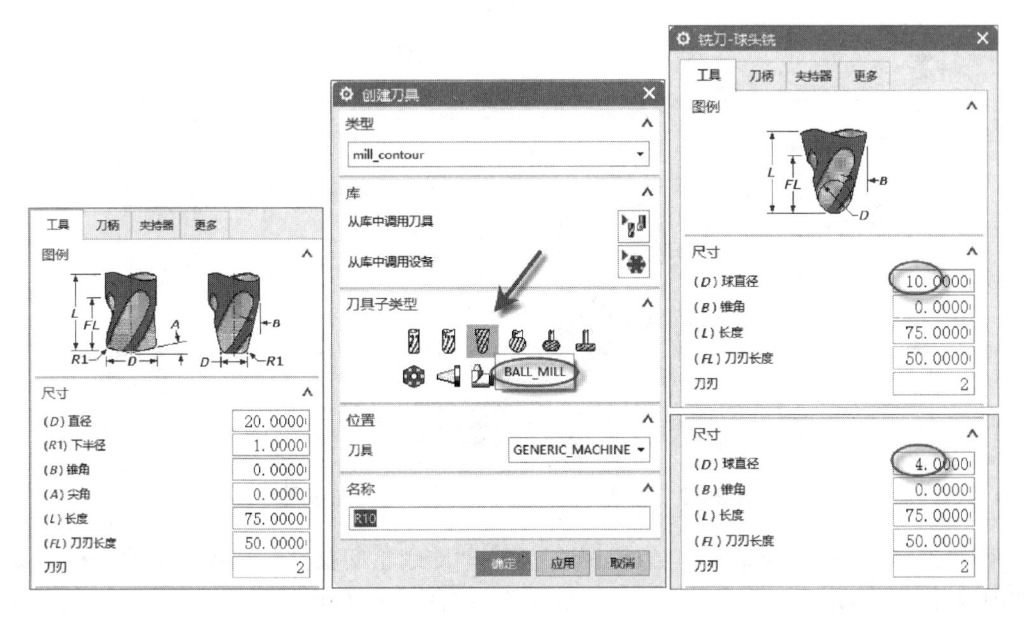

图 9-56　创建刀具

☞ 把工序导航器切换到几何视图（导航器中右键或者点击导航器上边的“几何视图”）：单击“MCS_MILL”前的加号“+”展开子项→双击“MCS_MILL”（此时的WCS和MCS是重合状态）→单击指定MCS右边图标，按图9-57步骤操作。“安全设置”=“自动平面”，“安全距离”=“10mm”→“确定”返回。

☞ 定义部件几何体：双击“WORKPIECE”以编辑该组→单击“指定部件”。选择图形区的部件。

☞ 定义毛坯几何体：续接前面步骤→在“工件”对话框中单击“指定毛坯”→列表中选“部件的偏置”→“偏置”=“0.5mm”→点“确定”返回。见图9-58。

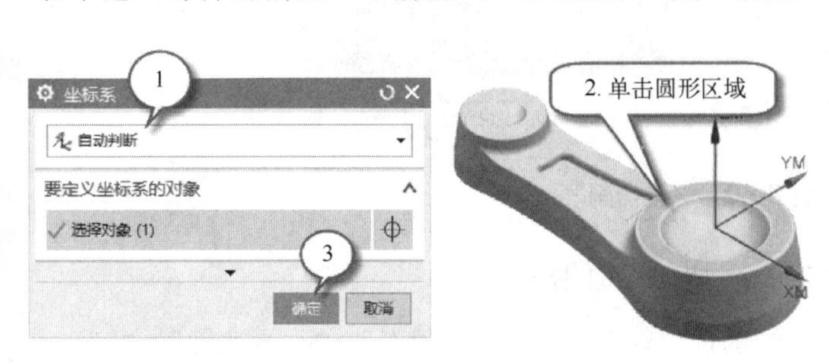

图 9-57　指定MCS和安全平面

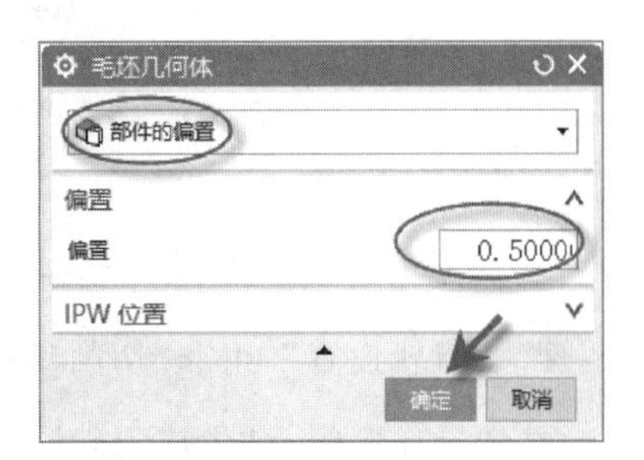

图 9-58　创建毛坯件

☞ “创建工序” 对话框→“类型” 组→“mill_contour”→“工序子类型” 组→“ZLEVEL_PROFILE” （注意选精加工：MILL_FINISH。）→“深度轮廓铣” 对话框：“几何体” 组→“指定切削区域” ，按图 9-59 操作。

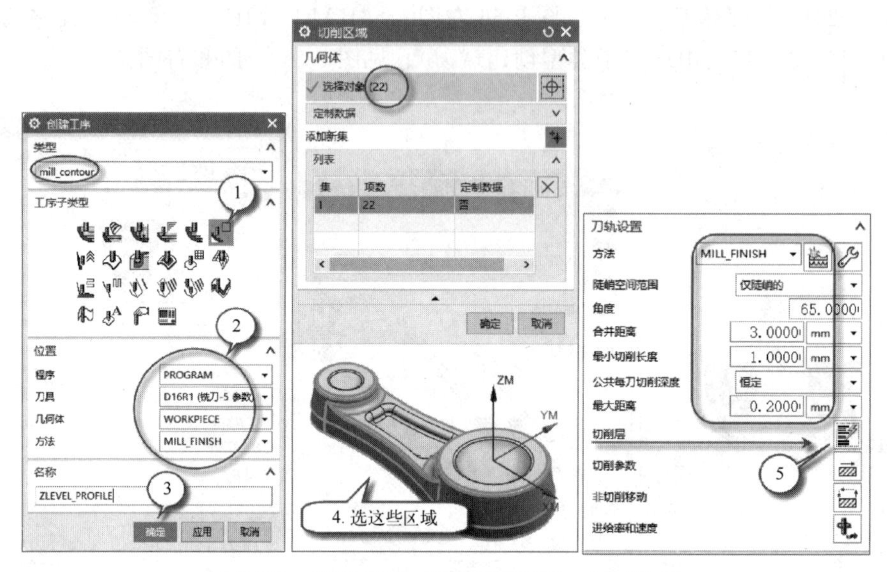

图 9-59 创建工序、指定切削区域、刀轨设置

☞ “深度轮廓铣” 对话框：“刀轨设置” 组→“陡峭空间范围”＝“仅陡峭的”→“公共每刀切削深度”＝“恒定”→“最大距离”＝“0.2mm”。按图 9-60 操作。

☞ “刀轨设置” 组→“切削层” →“切削层” 对话框→“在上一个范围之下切削”→“距离”＝“1.5mm”。由于 D16R1 刀具有 1mm 的圆角，使刀具切削沿外轮廓向下延伸 1.5mm，避免在轮廓底面留有毛刺。见图 9-60。

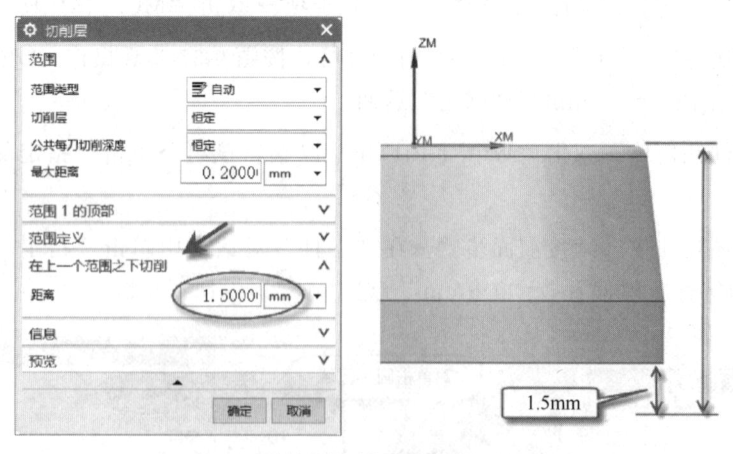

图 9-60 设置切削层

☞ “刀轨设置” 组→“切削参数” 。按图 9-61 操作。

☞ “操作” 组→“生成刀轨” →“确认刀轨” →“3D 动态”→“动画速度”＝“7”→“播放” 。生成的刀轨和 IPW（过程工件）见图 9-62。

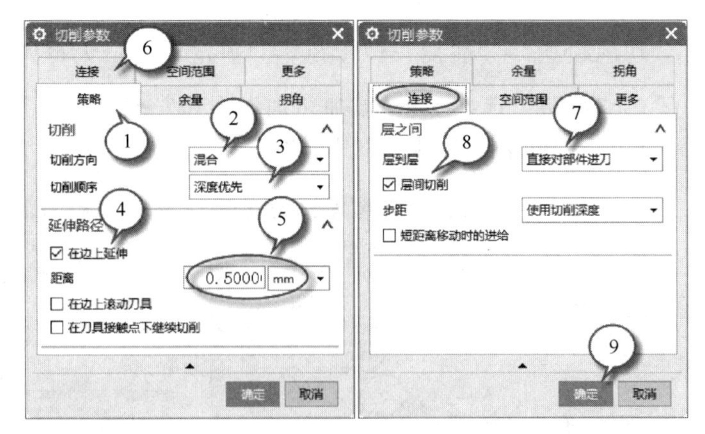

图 9-61　设置切削参数

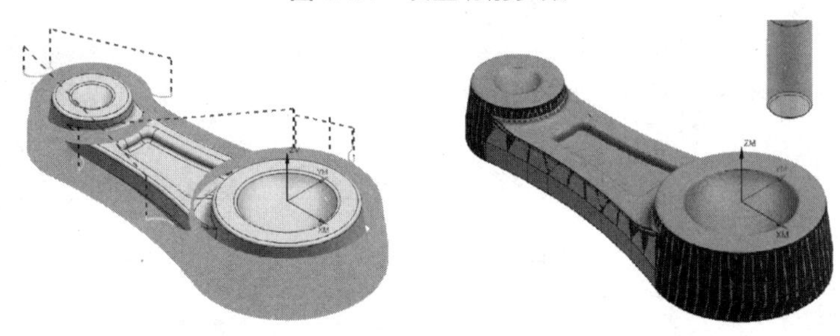

图 9-62　“深度轮廓铣”精加工

(2) 创建“底壁铣”精加工工序

用“底壁铣”对平面部分进行精加工。大的刀具进不去凹腔部位，暂不加工。此工序用和上道工序相同刀具，这样可以节省换刀时间和避免对刀误差。

☞“创建工序”对话框→“类型”组→“mill_planar”→“工序子类型”组→“底壁铣”，见图 9-63。

☞“几何体”组→“指定切削区底面” →“选择方法”=“面”→选小圆顶面→“添加新集”→选中间平面→“添加新集”→选大圆平面（图 9-64）→“确定”。

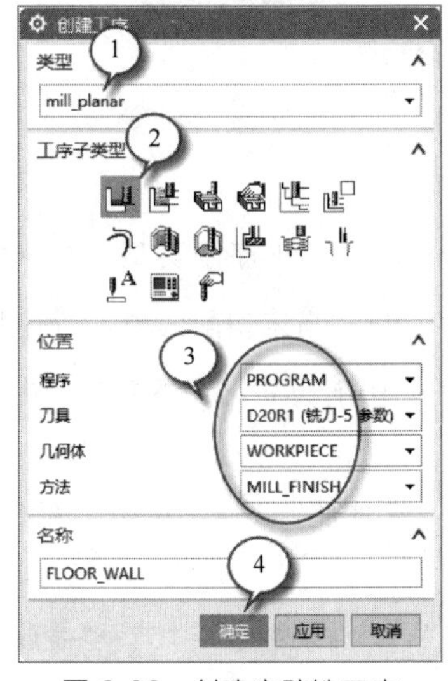

图 9-63　创建底壁铣工序

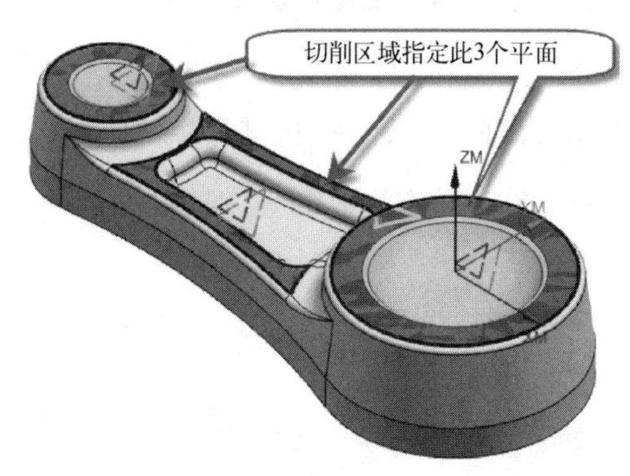

图 9-64　指定切削区平面

☞ 刀轨设置："切削模式"＝"往复"→"步距"＝"恒定"→"最大距离"＝"50％刀具直径"→"切削参数" →"策略"选项卡→"添加精加工刀路"→"连接"选项卡→"跨空区域"："运动类型"＝"移刀"→"确定"返回。见图 9-65。

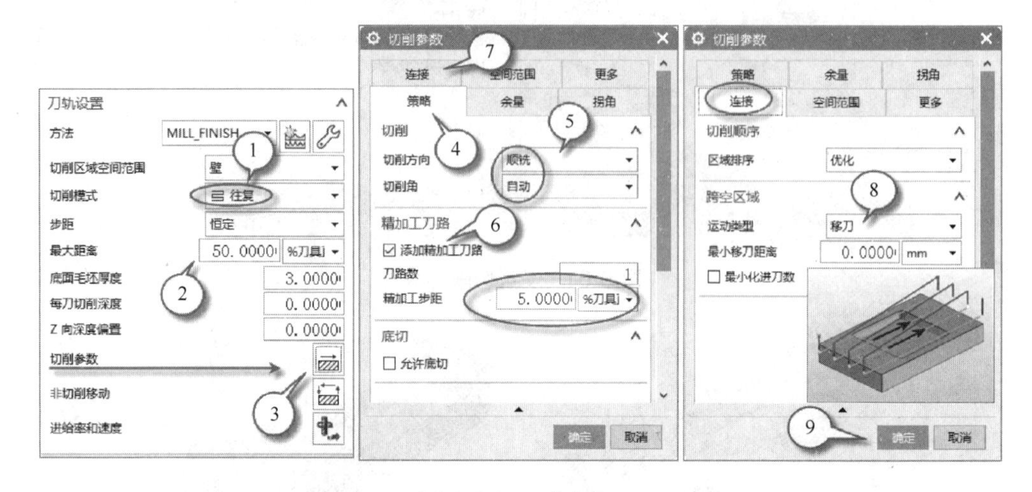

图 9-65 刀轨设置

☞"操作"组→"生成刀轨" →"确认刀轨" →"3D 动态"→"动画速度"＝"4"→"播放" 。生成的刀轨和 IPW 见图 9-66。

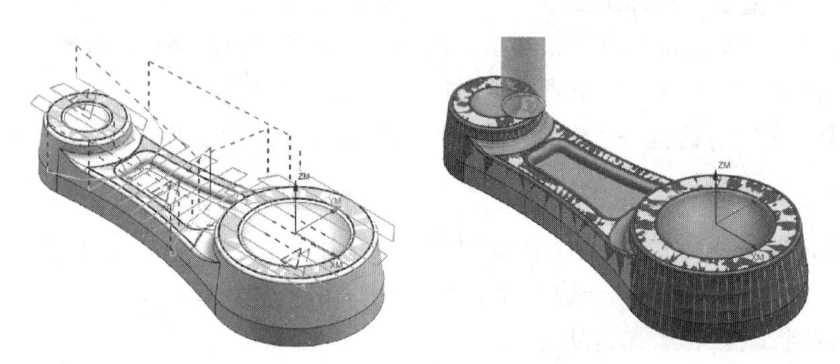

图 9-66 底壁铣刀轨和 IPW

(3) 创建精加工圆形区域工序

☞"创建工序" 对话框→"类型"组→"mill_contour"→"工序子类型"组→"CONTOUR_AREA" →"区域轮廓铣"对话框："几何体"组→"指定切削区域" (图 9-67 右上图)→"驱动方法"组→"编辑" →"驱动设置"→"切削模式"＝"螺旋"，图 9-67 右下图。

☞"刀轨设置"组→"切削参数" →"策略"→"延伸路径"→☑在边上延伸→"距离"＝"0.5mm"。

☞"操作"组→"生成" →"确认" →"3D 动态"→"动画速度"＝"5"→"播放" 。生成的刀轨和 IPW 见图 9-68。

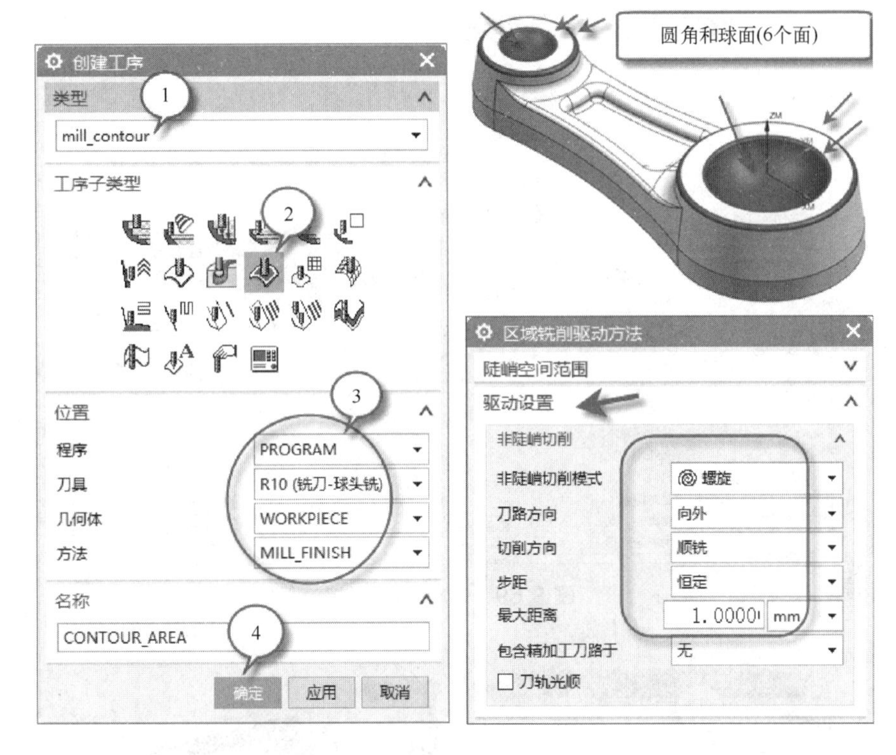

图 9-67　创建“区域轮廓铣”工序

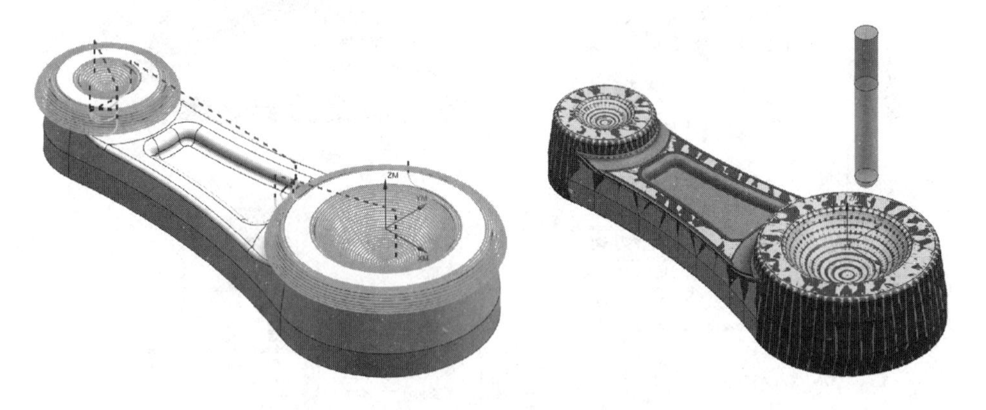

图 9-68　“区域轮廓铣”精加工圆形区域结果

结果可见，用螺旋线方式生成的刀轨是连续的，刀具没有步距运动，加工效果很好。

知识：本工序也可使用螺旋驱动方法，这种方式一次只能加工一个区域，而且需要指定圆心和设置最大螺旋半径。在只加工单独区域时可采用此方法。见图 9-69。

(4) 创建精加工凹腔工序

☞“创建工序”对话框→“类型”组→“mill_contour”→“工序子类型”组→“CONTOUR_AREA”→“区域轮廓铣”对话框：“几何体”组→“指定切削区域”(图 9-70 右上图)→“驱动方法”组→“编辑”→“驱动设置”→“切削模式”=“螺旋”，图 9-70 右下图。

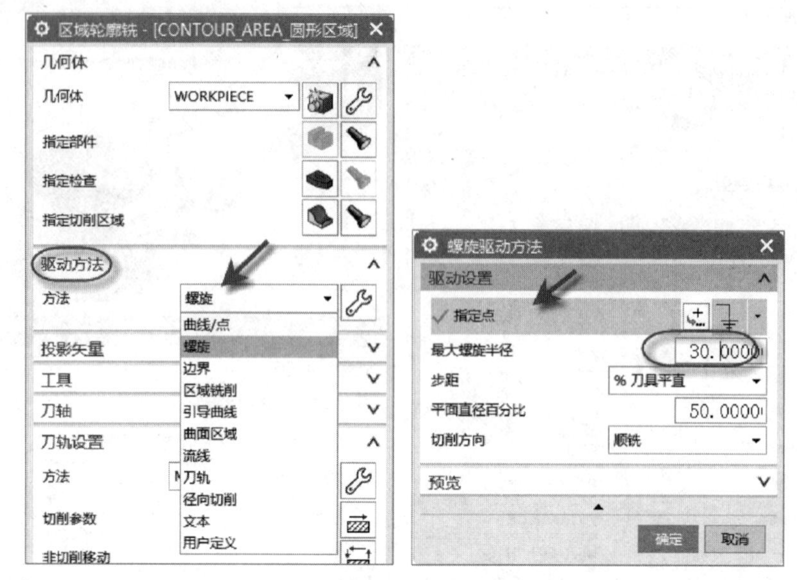

图 9-69　螺旋驱动方法

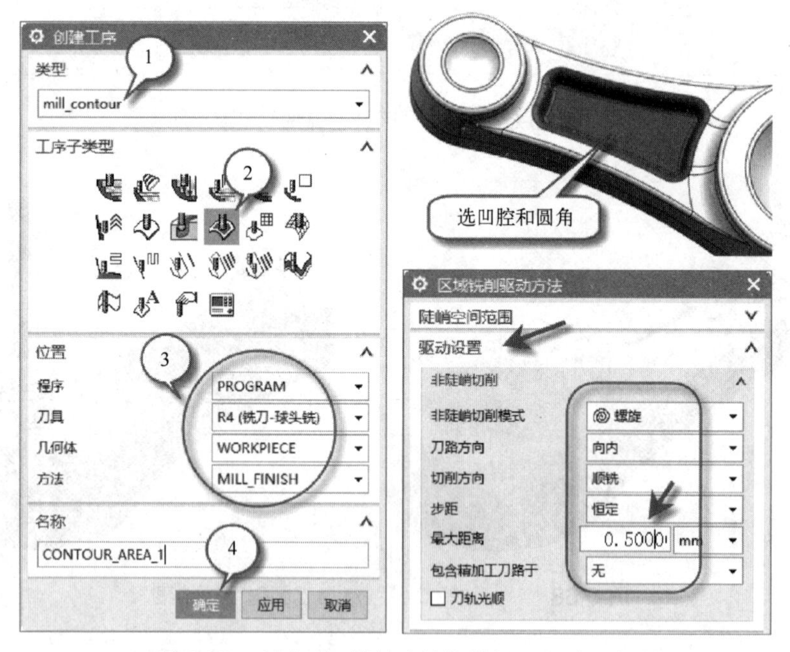

图 9-70　创建“区域轮廓铣”精加工凹腔工序

☞“刀轨设置”组→“切削参数”→“策略”→“延伸路径”→☑在边上延伸→“距离”=“0.5mm”。

☞“操作”组→“生成刀轨”→“确认刀轨”→“3D 动态”→“动画速度”=“5”→“播放”。生成的刀轨和 IPW 见图 9-71。

(5) 创建精加工凸凹角工序

由于本工序和上一个工序使用相同的刀具和驱动方法，除了“指定切削区域”不同，其它都一样，所以可以复制上面工序，只是把“指定切削区域”修改一下。

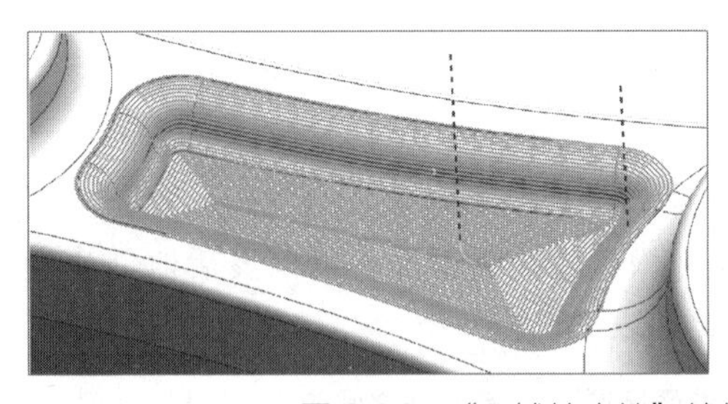
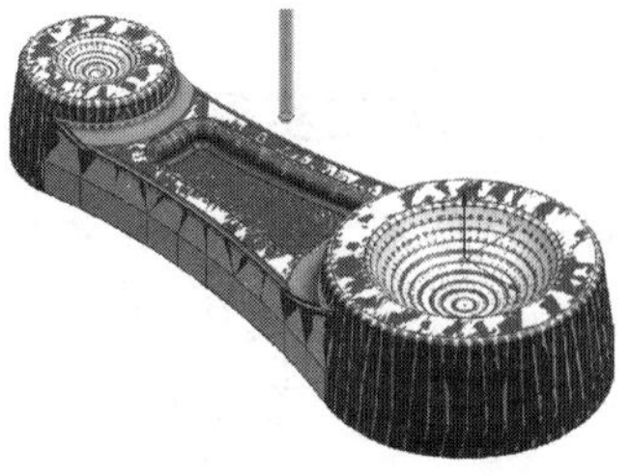

图 9-71　“区域轮廓铣”精加工凹腔结果

☞ 复制上面创建的“CONTOUR_AREA_1”工序，见图 9-72。

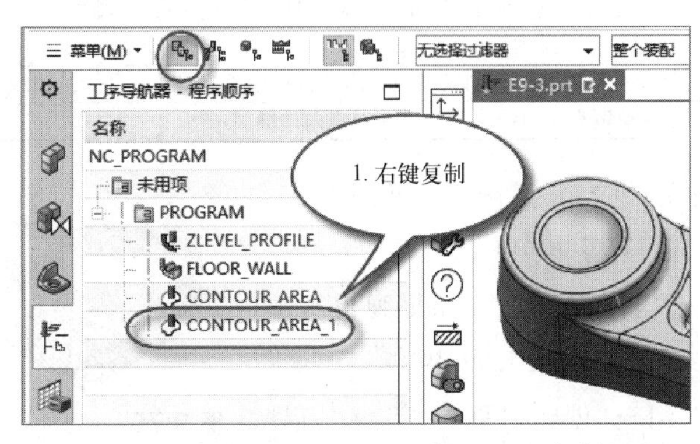

图 9-72　复制工序

☞“区域轮廓铣”对话框：“几何体”组→“指定切削区域” (图 9-73)。

☞“驱动方法”组→“编辑” →“驱动设置”→“切削模式”=“螺旋”，参见上一个工序的图 9-70。

☞“刀轨设置”组→“切削参数” →“策略”→“延伸路径”→☑在边上延伸→“距离”=“0.5mm”。

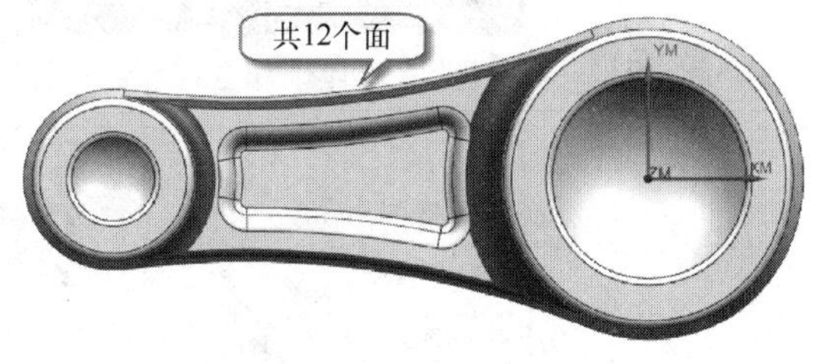

图 9-73　指定切削区域

☞“操作”组→“生成刀轨” →“确认刀轨” →“3D 动态”→“动画速度”=“5”→“播放” 。生成的刀轨和 IPW 见图 9-74。

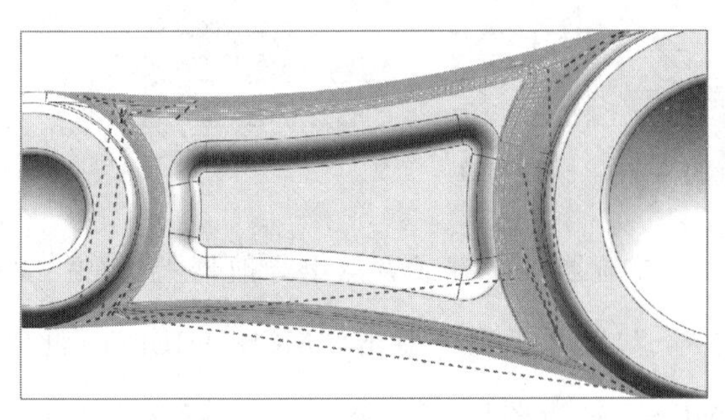
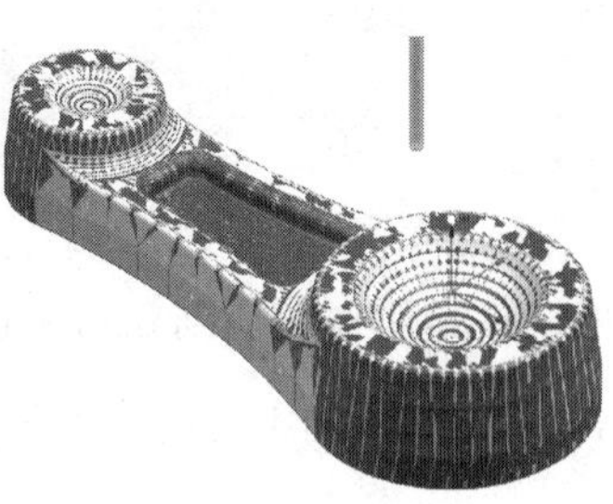

图 9-74　“区域轮廓铣”精加工凸凹角结果

至此完成了整个工件的加工。

9.2.3 流线驱动方法实例

(1) 创建流线驱动方法精加工工序

“流线”驱动方法根据选中的几何体来构建隐式驱动面，可以灵活地创建刀轨。“流线”和“曲面区域”驱动方法之间的主要差异如表 9-5。

表 9-5 “流线”和“曲面区域”驱动方法之间的主要差异

曲面区域	流　线
仅可以处理曲面	可以处理曲线、边、点和曲面
拥有对中和相切刀具位置	除了对中和相切刀具位置外，还允许接触刀具位置以进行固定轴加工
需要排列整齐的曲面栅格	曲面栅格无需整齐排列
不支持切削区域	允许选择切削区域面。切削区域边界用于自动生成流曲线集和交叉曲线集
不处理缝隙	NX 软件自动填充流曲线集和交叉曲线集内的缝隙

☞ 打开本书提供的现成模型文件“E9-4. prt”，见图 9-75，工件只需要做曲面区域精加工，余量预留 0. 5mm。

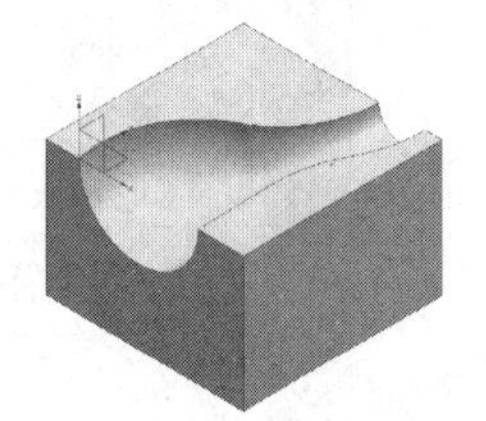

图 9-75 “E9-4. prt”工件

☞ 选择“应用模块”选项卡→“加工”。如果弹出“加工环境”对话框，选择“cam_general”和“mill_contour”。

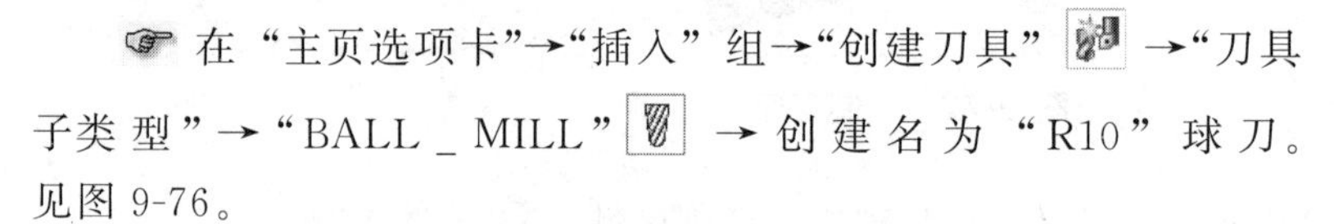

☞ 在“主页选项卡”→“插入”组→“创建刀具”→“刀具子类型”→“BALL _ MILL”→创建名为“R10”球刀。见图 9-76。

流线驱动方法实例

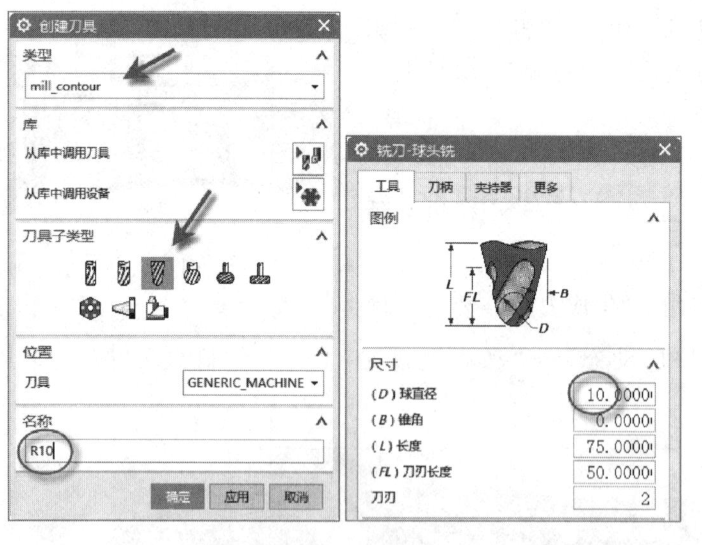

图 9-76 创建刀具

☞ 把工序导航器切换到几何视图（导航器中右键或者点击导航器上边的“几何视图”）：单击“MCS_MILL”前的加号“+”展开子项→双击“MCS_MILL”（此时的 WCS 和 MCS 是重合状态）→单击“指定 MCS”右边图标，按图 9-77 步骤操作。“安全设置”=“自动平面”，“安全距离”=“10mm”→“确定”返回。

☞ 定义部件几何体：双击“WORKPIECE”以编辑该组→单击“指定部件” 。选择图形区的部件。

☞ 定义毛坯几何体：续接前面步骤→在“工件”对话框中单击“指定毛坯” →列表中选“部件的偏置”→“偏置”=“0.5mm”→点“确定”返回。见图 9-78。

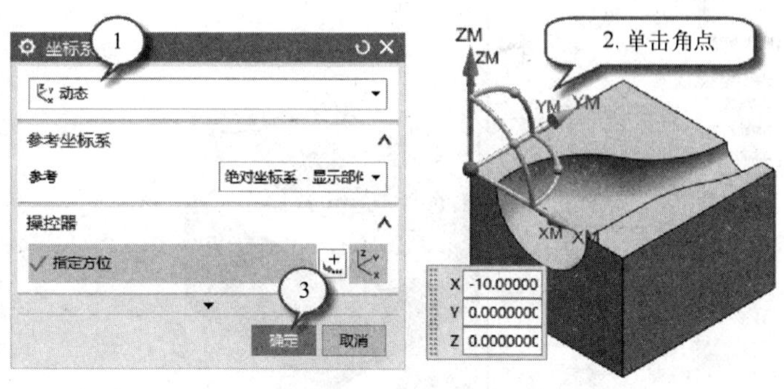

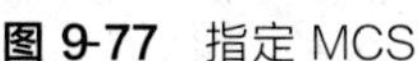
图 9-77 指定 MCS

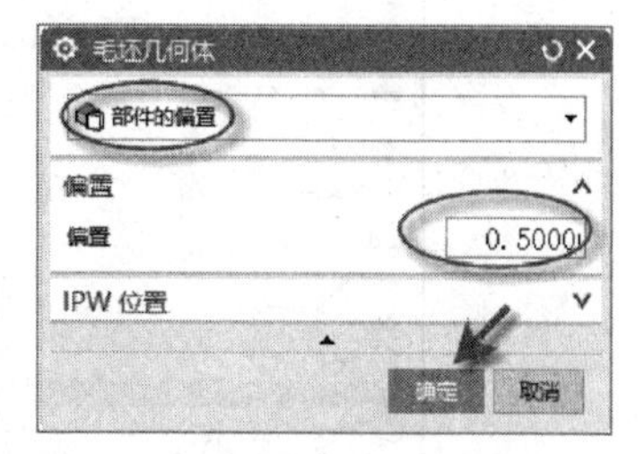

图 9-78 创建毛坯件

☞ “创建工序” 对话框→“类型”组→“mill_contour”→“工序子类型”组→“STREAMLINE” ，见图 9-79。

知识：也可以用“区域轮廓铣”的“流线”驱动方法来创建，“创建工序” 对话框→“类型”组→“mill_contour”→“工序子类型”组→“CONTOUR_AREA” →“驱动方法”组→“方法”=“流线”。

☞ “流线”工序对话框：“几何体”组→“指定切削区域” （图 9-80 上图）→“投影矢量”组→“矢量”=“朝向驱动体”，见图 9-80 下图。

图 9-79 创建工序

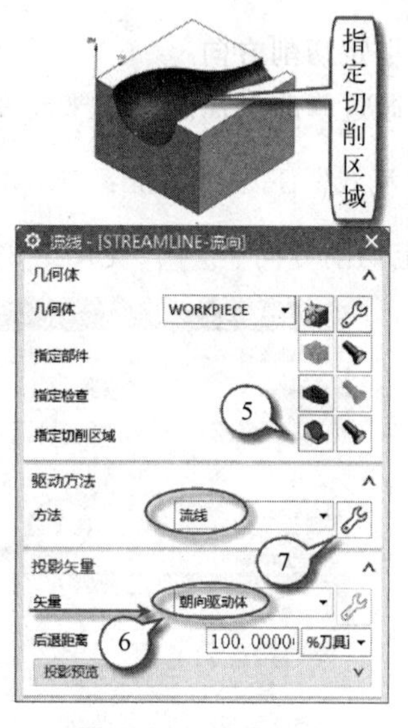

图 9-80 设置工序

☞ “流线”工序对话框：“驱动方法”组→“编辑” →“流线驱动方法”。此时 NX 软件会自动找出流曲线和交叉曲线，也可手动指定。见图 9-81。

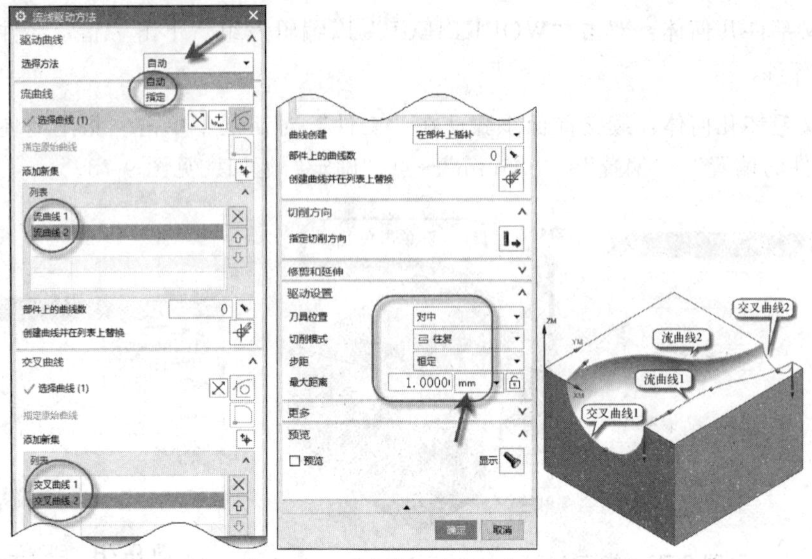

图 9-81　“流线驱动方法”设置

☞“操作”组→“生成刀轨” →“确认刀轨” →“3D 动态”→“动画速度”=“7”→“播放” 。生成的刀轨和 IPW 见图 9-82。

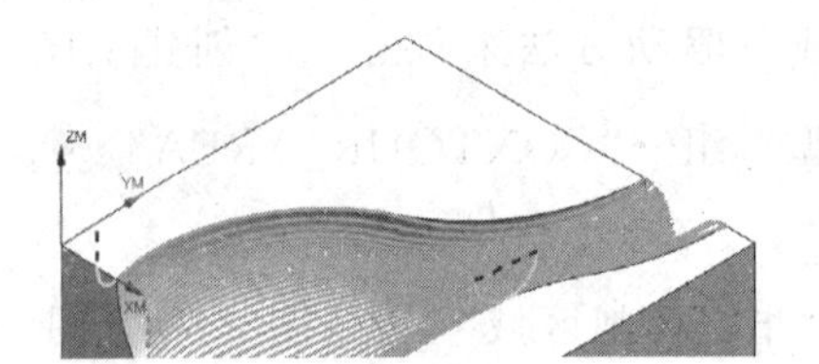

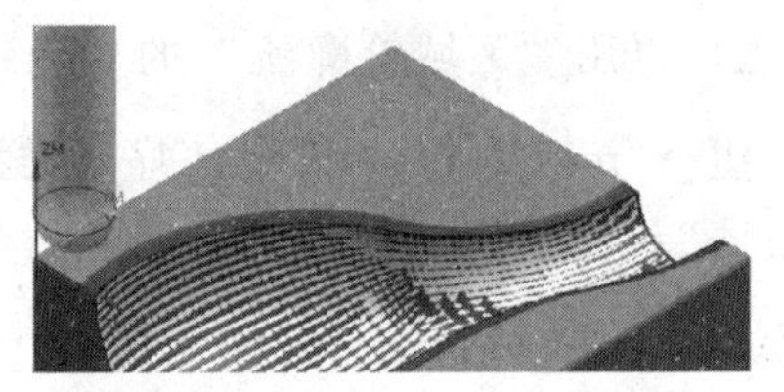

图 9-82　“流线”驱动方法结果

(2) 指定切削方向

下面通过修改上面的工序来改变流线切削方向。

☞“流线”工序对话框：“驱动方法”组→“编辑” →“流线”驱动方法→“切削方向”组→“指定切削方向” 。见图 9-83。

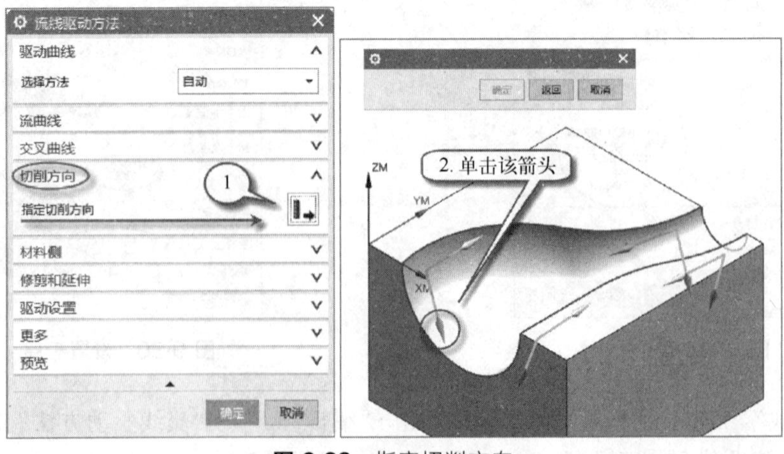

图 9-83　指定切削方向

☞“操作”组→“生成刀轨” →“确认刀轨” →“3D 动态”→“动画速度”=“7”→“播放” 。生成的刀轨和 IPW 见图 9-84。

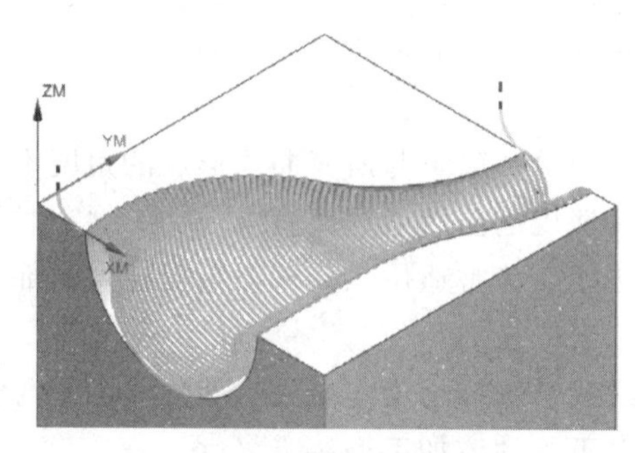

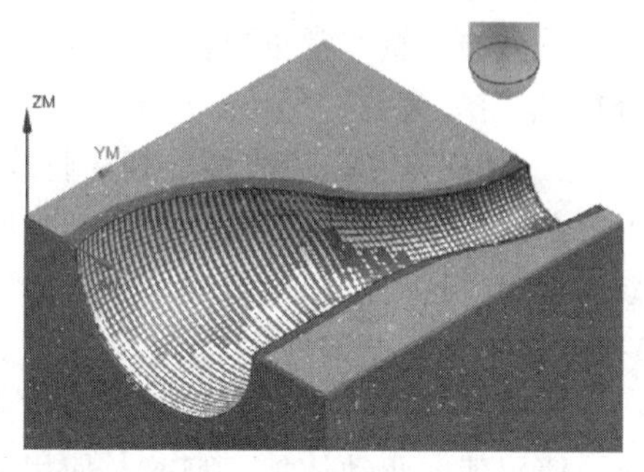

图 9-84　改变了流线切削方向

(3) “流线”驱动方法选项

“流线”驱动方法的特定选项。

①“驱动曲线选择”组。选择方法如下。

“自动”：NX 软件根据工序对话框中指定的切削区域的边界创建流动曲线集和交叉曲线集。

“指定”：手工选择流动曲线和交叉曲线。

②“切削方向”组。

“指定切削方向”：在图形窗口中显示方向矢量，选择矢量定义起始点和加工方向。

③“修剪和延伸”组：用于修剪或延伸刀轨。如图 9-85。

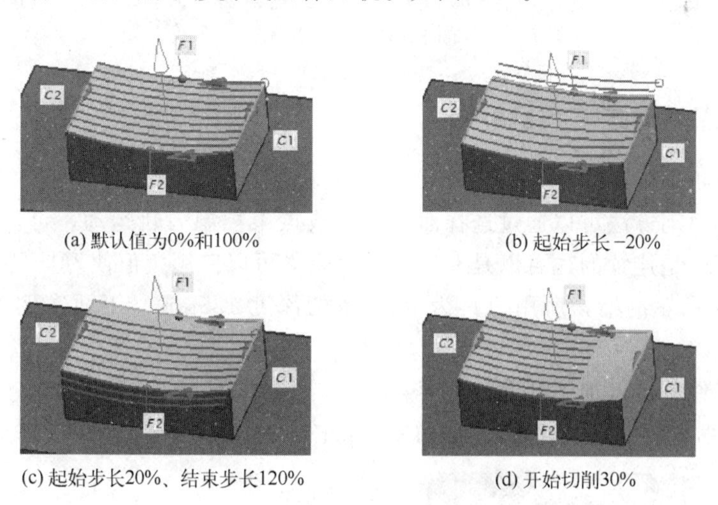

(a) 默认值为0%和100%　(b) 起始步长 -20%

(c) 起始步长20%、结束步长120%　(d) 开始切削30%

图 9-85　延伸或修剪刀轨

④“驱动设置”组。刀具位置如下。

“对中”：在将刀轨沿指定的投影矢量投影到部件上之前，刀尖定位在每个驱动点上。

“相切”：在将刀轨沿指定的投影矢量投影到部件上之前，刀具在每个驱动点上相切于驱动曲面。

“接触”：根据流动/交叉边缘创建刀尖偏置曲线，然后根据偏置曲线创建驱动曲面。如果必须过切削部件才能加工选中的边缘，软件会自动将偏置曲线移至最近的出现两侧相切的位置。

⑤“流线工序”对话框的“投影矢量”组。

“矢量”。驱动曲线本身不是刀轨，必须将它投影到部件上来创建刀轨。投影矢量的选择对于生成高质量的刀轨非常重要。矢量与目标曲面不平行时使用如下选项。

“刀轴或指定矢量”。

“远离点、朝向点和远离直线、朝向直线”：当单一矢量与所有曲面形成的角度不都足够大而采用组合曲面时使用这些选项。加工型腔时使用远离点或远离直线。加工型芯时使用朝向点或朝向直线。这些选项不依赖于驱动曲面法线，非常适用于处理刀具半径大于部件特征（圆角半径、拐角等）的部件。

“垂直于驱动体和朝向驱动体”：驱动曲面法线已进行适当定义并且变化非常平滑时使用这些选项。使用朝向驱动体加工型腔，使用垂直于驱动体加工型芯。

“用于流线的朝向驱动体”：在某些情况下，对流线工序使用朝向驱动体时，驱动曲面嵌入部件的距离可能大于允许切削的刀具半径；在其它情况下，刀具的大小不允许切削腔或孔内部。可以使用投影矢量组中的“后退距离”选项来处理存在问题的刀轨。下例（图 9-86）演示了如何使用高于或低于默认 100% 刀具值的后退距离来更正存在问题的刀轨。

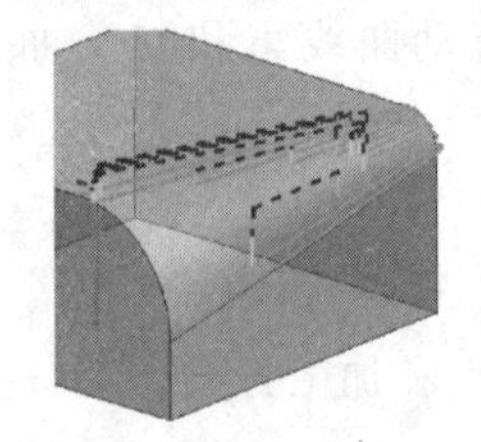

(a) 后退距离=100%刀具

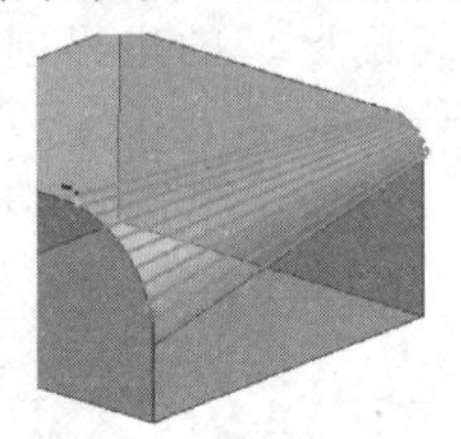

(b) 后退距离=200%刀具

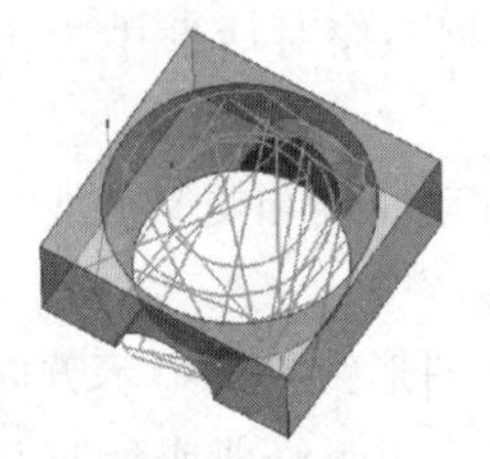

(c) 后退距离=100%刀具

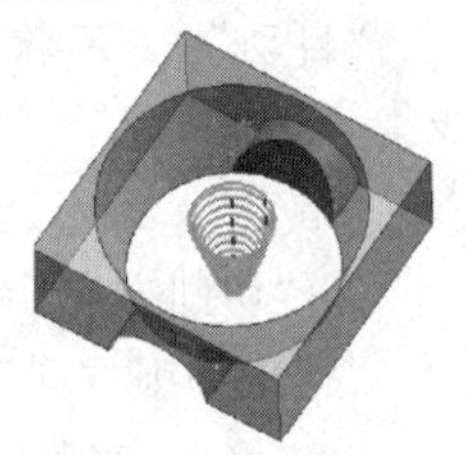

(d) 后退距离=10%刀具

图 9-86 后退距离

9.2.4 曲线/点驱动方法实例

(1) 工序分析

“曲线/点”驱动方法可以通过选择曲线、边或点来控制刀轨运动，可用于流道加工等。所选用的曲线可以是连续的也可以是非连续的。余量可以使用负值使刀具只在部件表面切削出槽，如图 9-87 所示的槽，所用刀具为 R3，槽的深度 1.5mm。下面实例工件可以用此方法进行编程操作。

(2) 导入工件并进入加工环境

☞ 打开本书提供的现成模型文件“E9-5.prt”，如图 9-88。

曲线、点驱动方法实例

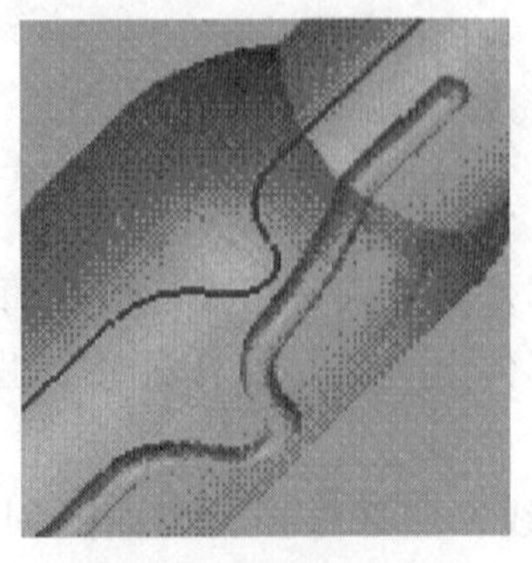

图 9-87 负余量铣槽

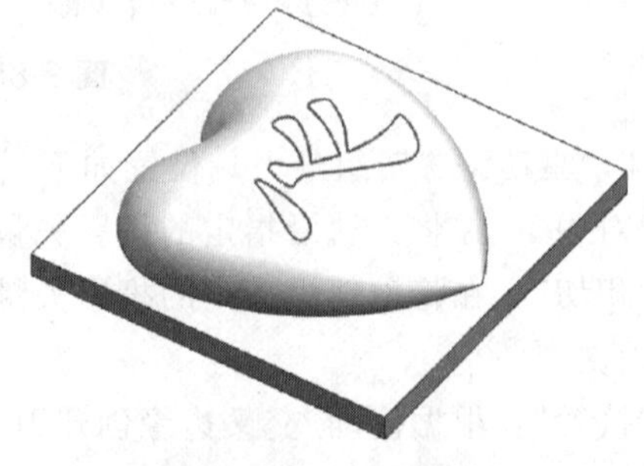

图 9-88 E9-5 工件

☞ 选择“应用模块”选项卡→“加工” 。如果弹出“加工环境”对话框，选择“cam_general”和“mill_contour”。

(3) 创建刀具

☞ 在“主页选项卡”→“插入”组→“创建刀具” →“刀具子类型”→“BALL_MILL” → 创建名为“R2”的球刀。如图9-89。

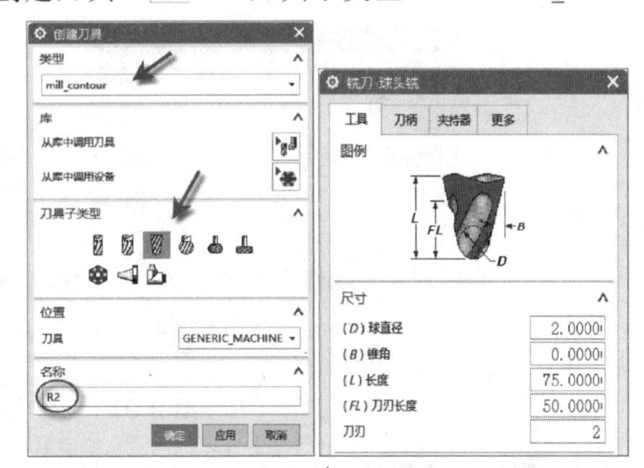

图 9-89　创建刀具

(4) 调整加工坐标系

☞ 把工序导航器切换到几何视图(导航器中右键或者点击导航器上边的“几何视图”)：单击“MCS_MILL”前的加号“+”展开子项→双击“MCS_MILL”(此时的WCS和MCS是重合状态)→单击指定MCS右边图标 ，按图9-90步骤操作→“安全设置”=“自动平面”→“安全距离”=“10mm”→单击“确定”返回。

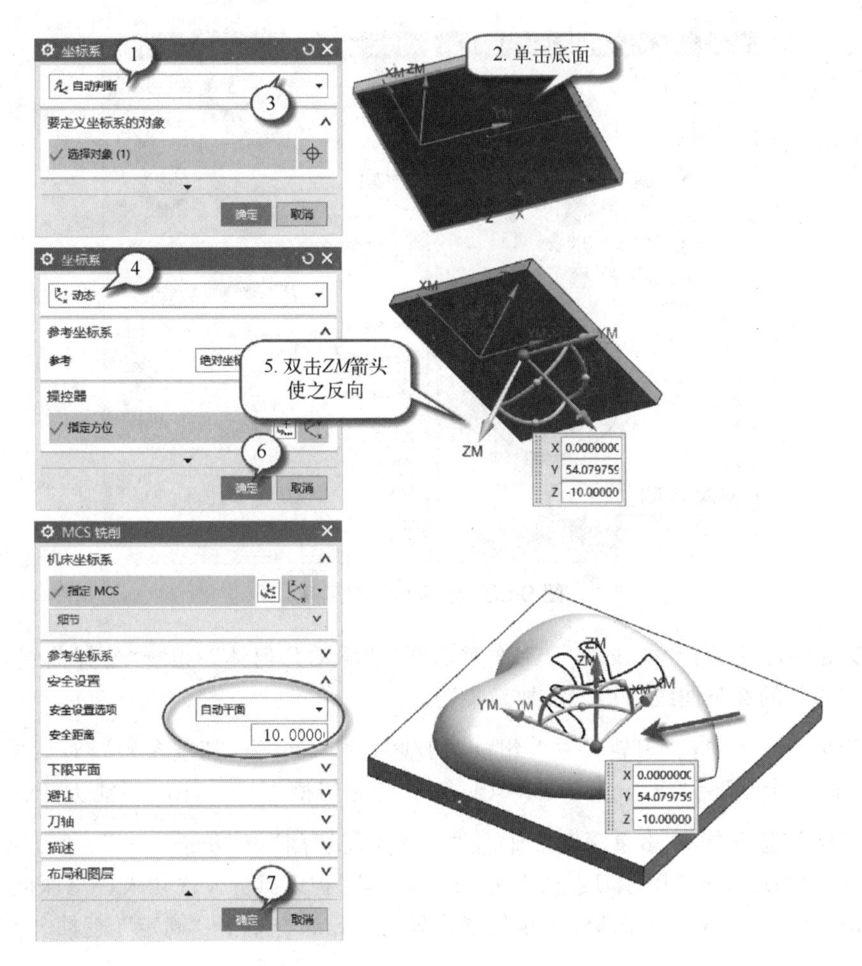

图 9-90　指定 MCS 和安全平面

(5) 定义几何体

☞ 定义部件几何体：双击“WORKPIECE”编辑该组→单击“指定部件”，只选择图形区的心形部分部件→定义毛坯几何体：“指定毛坯”→列表中选“几何体”（和工件相同），如图 9-91。

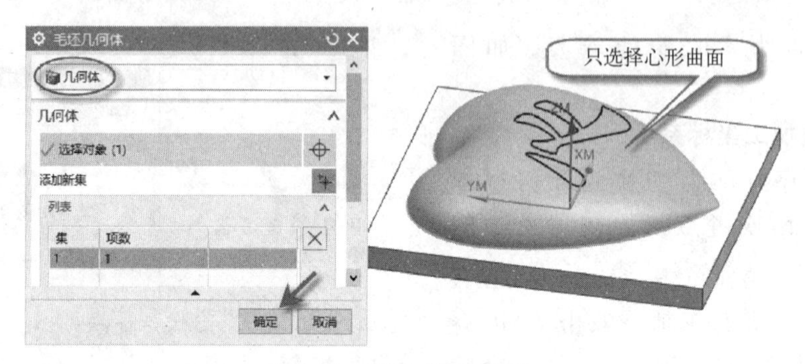

图 9-91 创建毛坯几何体

(6) 创建和设置工序

☞“创建工序”对话框→“类型”组→“mill_contour”→“工序子类型”组→“CONTOUR_AREA”→“驱动方法”组→“方法”=“曲线/点”。如图 9-92。

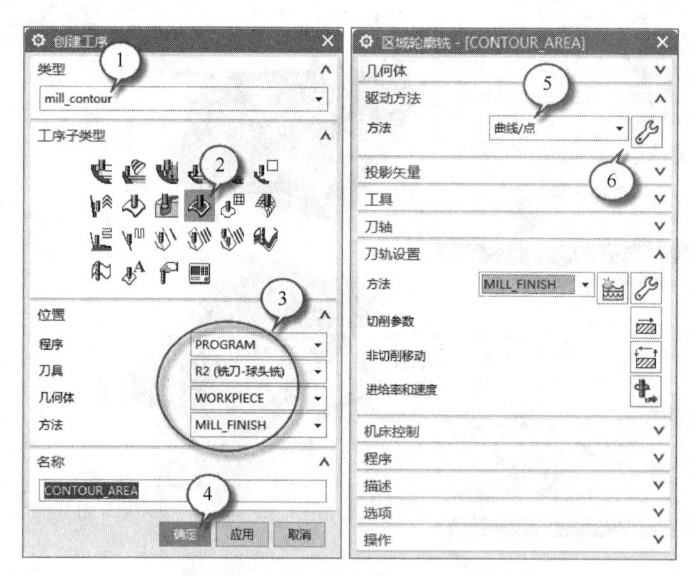

图 9-92 创建和设置工序

☞ 按图 9-93 步骤：“曲线/点”工序对话框：“驱动几何体”组→“选择曲线”→单击心形上文字“心”的 2 条曲线（用“添加新集”）。

☞ 按图 9-94 步骤：“刀轨设置”组→“切削参数”→“切削参数”对话框→“余量”选项卡：“部件余量”=“－1mm”（知识：负余量为切槽深度，深度不能大于刀具圆角半径）→“多刀路”选项卡→“多重深度”→☑“多重深度切削”→“步进方法”=“刀路数”→“部件余量偏置”=“1mm”(所用球刀直径仅为 2mm，为保护刀具分 4 次切入，总深度 1mm，每层为 1/4mm=0.25mm，切深部件余量偏置设置为 1mm)→单击“确定”返回。

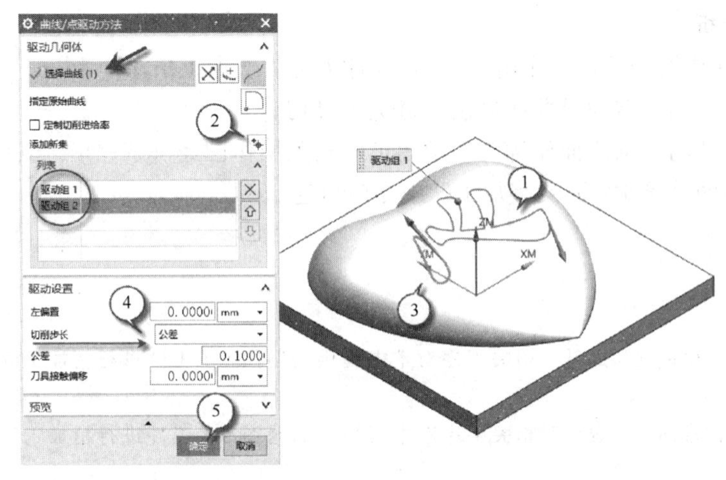

图 9-93 设置驱动方法

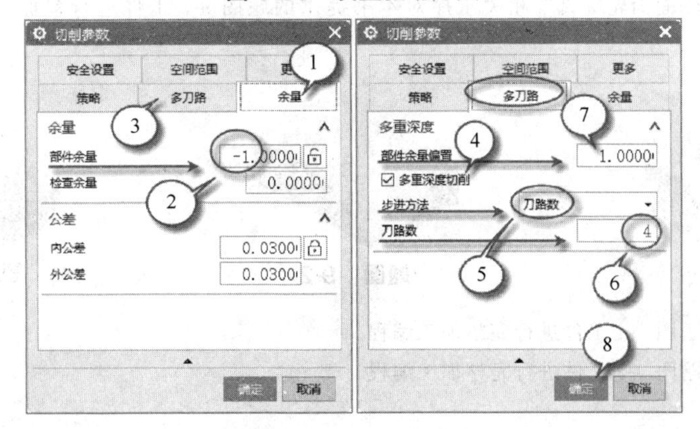

图 9-94 设置切削参数

(7) 生成刀轨并仿真

☞“操作”组→“生成刀轨”→“确认刀轨”→“3D 动态”→“动画速度”=“7”→“播放”。结果如图 9-95。注意：避免插铣进刀，避免从曲线侧面进退刀，应该沿着曲线圆弧进退刀（系统默认）或沿斜线进退刀。

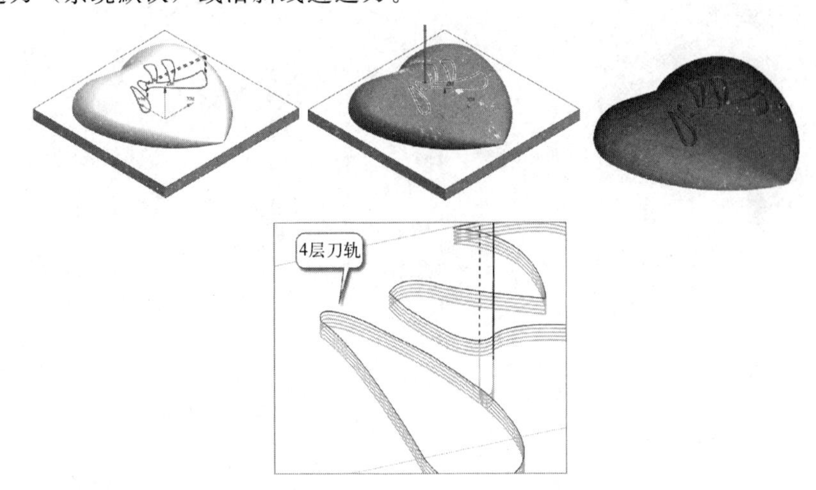

图 9-95 “曲线/点”驱动方法结果

（8）结果分析

图 9-95 仿真结果显示，工序用直径 2mm 球刀分 4 次加工出深度为 1mm 的文字形曲线。进刀和退刀系统自动设定为沿曲线进出，避免了过切。

至此，关于“固定轴曲面轮廓铣”常用工序相关操作已经讲解完毕。其中的“文本”驱动方法将在后面的“第 12 章 文字加工”中专门讲述。

训练题

（1）试用“固定轴曲面轮廓铣”相关工序对本书提供的题图 9-1 工件进行精加工编程。假设余量预留 0.5mm。

（2）试用“固定轴曲面轮廓铣”相关工序对本书提供的题图 9-2 工件进行精加工编程。假设余量预留 0.5mm。

（3）试用“固定轴曲面轮廓铣”相关工序对本书提供的题图 9-3 工件进行精加工编程。假设余量预留 0.5mm。

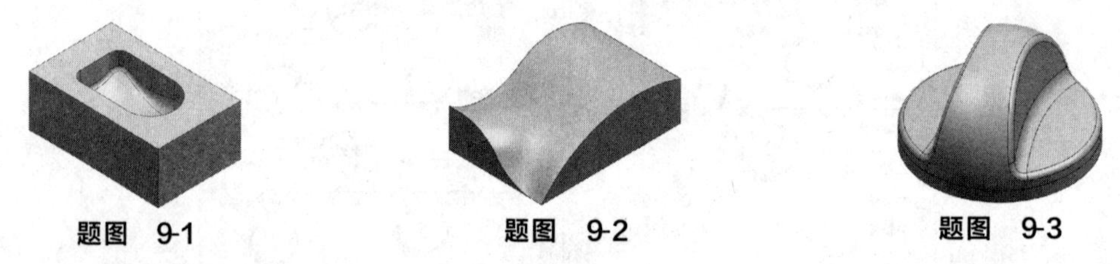

题图 9-1　　题图 9-2　　题图 9-3

（4）本书提供的题图 9-4 工件进行完整加工编程。

（5）本书提供的题图 9-5 工件进行完整加工编程。

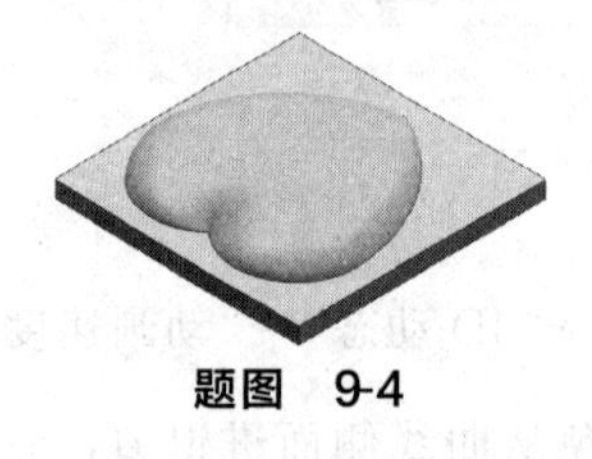

题图 9-4

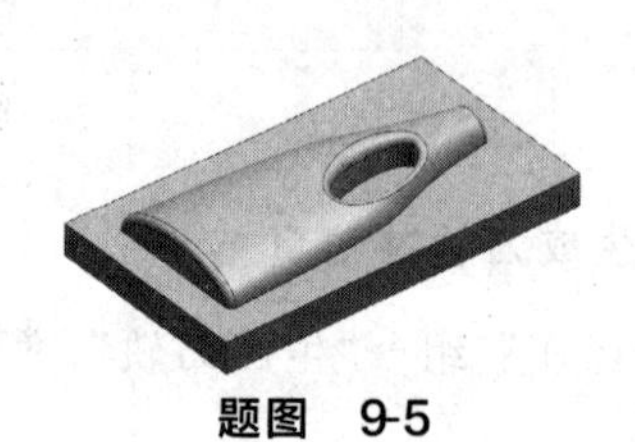

题图 9-5

第10章 清根加工

学习导引

清根工序属于曲面轮廓铣工序，用于精加工，可用于除去凹角中的残料和除去之前由于较大的球头刀或圆鼻刀不能切削到而留下的残料。本章就这两类加工编程进行讲解。

10.1 清根加工工序

先介绍清根工序理论再讲解实例操作。采用先理论准备再实操的方式，进行创建、分析、改进操作。操作过程：创建清根工序（导入工件→创建刀具→创建工序→生成刀轨→结果分析→改进操作→重新生成刀轨）。

10.1.1 清角与清根

在NX自动编程里清角与清根可以这样理解："清角"一般指比较陡峭的凹角加工，"清根"一般指平缓或曲线形式的凹角加工。"清角"用等高铣削（分层加工）方式，而"清根"用固定轴曲面轮廓铣方式。

在平面铣和型腔铣里都有清角加工的现成子工序，前面一些章节例子中已经用到。这些工序如下。

"平面铣"："清理拐角（CLEANUP_CORNERS)"，用于垂直凹角粗、精加工；

"型腔铣"："拐角粗加工（CORNER_ROUGH)"，用于陡峭凹角粗加工；

"深度轮廓铣"："深度加工角（ZLEVEL_CORNER)"，用于陡峭凹角精加工。

10.1.2 清根加工简介与子工序

(1) 清根加工工序简介

清根工序属于曲面轮廓铣工序，可用于除去凹角中的残料，除去之前由于较大的球头刀或圆鼻刀不能切削到而留下的残料。清根工序适合于高速加工，建议使用球头刀，如果选择圆鼻刀或平底刀，生成的刀轨可能效果不好。示意图如图10-1。

清根加工的刀具直径一般较小，工序安排在所有精加工工序之后。常用工序排序位置如图 10-2。

图 10-1　清根

（2）清根加工子工序

清根加工子工序有 3 个，其中较常用的是“清根参考刀具”。这些工序在创建时的位置如图 10-3。查找创建工序时，可通过如下方式。应用模块：“加工”；通过命令查找器：“创建工序”；在对话框中的位置：“创建工序”对话框→“类型”组→“mill_contour”。

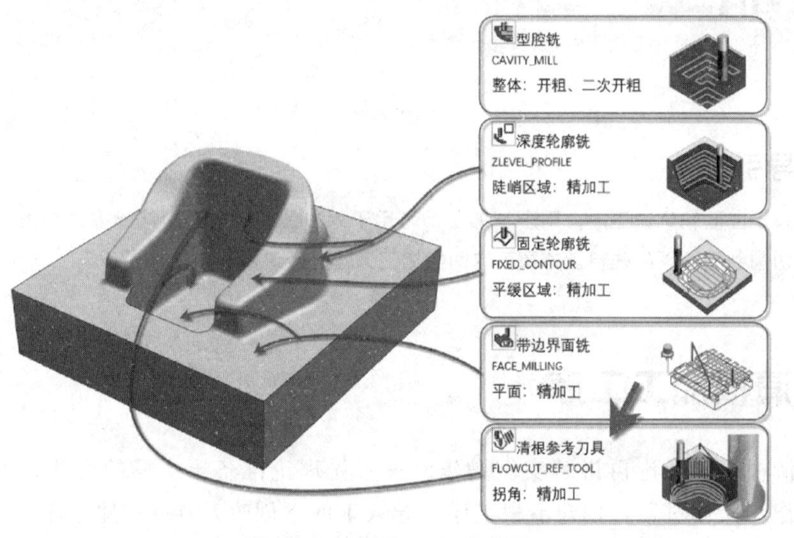

图 10-2　清根加工工序位置

三种清根工序如下，示意图如图 10-4。

“单刀路清根（FLOWCUT_SINGLE）”：使用单刀路精加工凹角；

“多刀路清根（FLOWCUT_MULTIPLE）”：使用多刀路精加工凹角；

“清根参考刀具（FLOWCUT_REF_TOOL）”：使用指定参考刀具在确定的切削区域中创建多刀路精加工凹角。

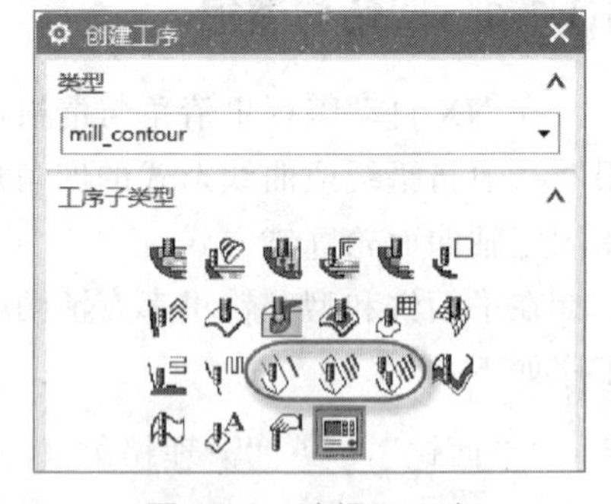

图 10-3　清根子工序

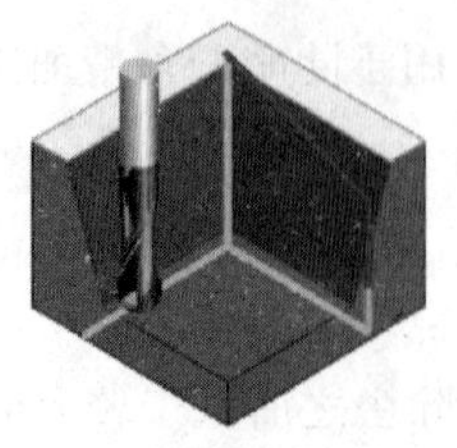

(a) 单刀路清根

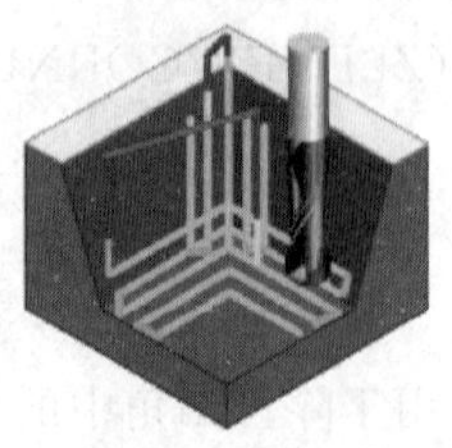

(b) 多刀路清根

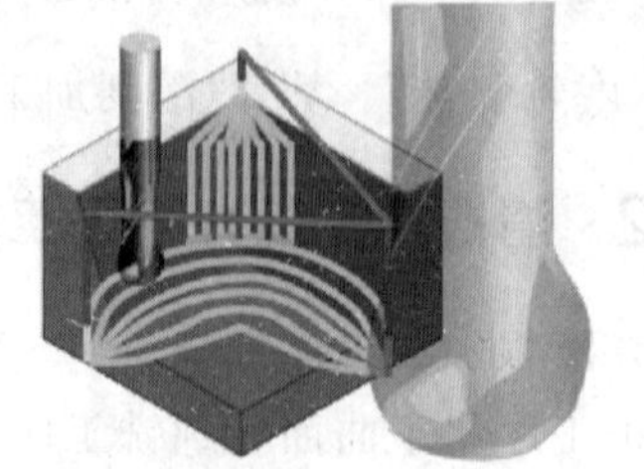

(c) 清根参考刀具

图 10-4　清根工序示意图

10.1.3 清根工序特定选项

下面列出清根驱动方法对话框一些主要选项内容。

(1)“驱动几何体”

①“最大凹度”：设置要包含的最大凹部角度。例如，如果在最大凹度框中输入 120°，该工序将加工 110°和 70°凹部，但不会加工 160°凹部。如图 10-5。

②“最小切削长度”：忽略小于指定最小切削长度值的刀轨切削运动。在清根工序中，最小切削长度值应用于清根线。最小切削长度值是相对于参考刀具而应用的。如图 10-6 标号 1 是陡峭清根线，标号 2 是非陡峭清根线。

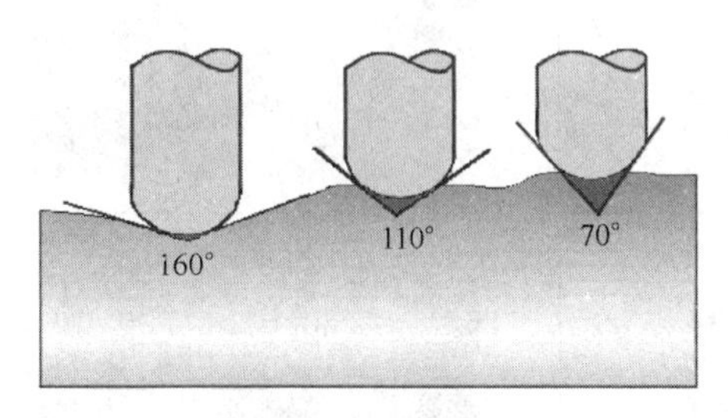

图 10-5 最大凹度

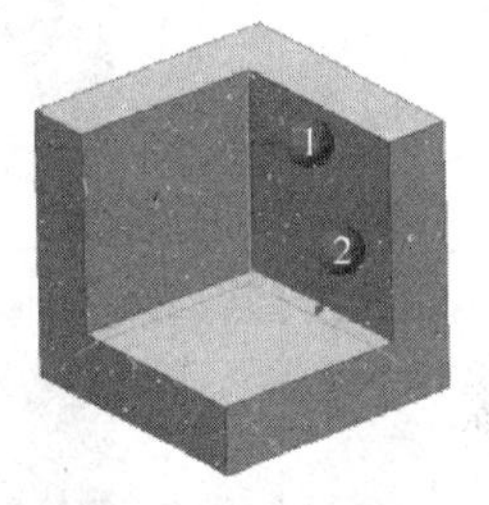

图 10-6 清根线

③“合并距离”：连接因为小于指定距离而分开的铣削段。

(2)“驱动设置”

清根类型如下。

①“单刀路”：生成一条切削刀路；

②“多刀路”：从内到外生成多条刀路，可指定步距以定义刀路；

③“参考刀具偏置”：从一侧或从内到外生成多条刀路。

(3)“陡峭空间范围”

“陡角”：设置要切削区域陡峭度角度界限，是在水平面与中心清根的切向矢量之间测得的夹角，0°～90°。

(4)“非陡峭切削”和“陡峭切削”

通过“非陡峭切削”模式和“陡峭切削”模式选项可指定在指定切削区域上的切削模式。部件的非陡峭和陡峭区域根据指定的“陡角”值来确定。选项是否可用取决于所选择的切削模式。

①“切削模式”。

a. “无”：不切削任何非陡峭或陡峭区域；

b. “同非陡峭”：将非陡峭切削模式应用于陡峭区域。

非陡峭切削和陡峭切削的切削模式见表 10-1。

表 10-1 切削模式

切削模式	“非陡峭”切削	“陡峭”切削
“跟随周边”		

续表

切削模式	“非陡峭”切削	“陡峭”切削
“单向”	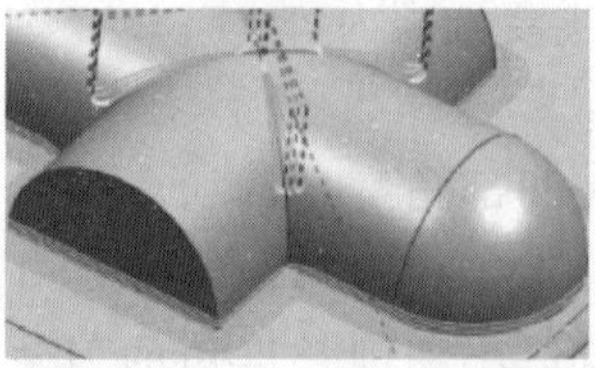	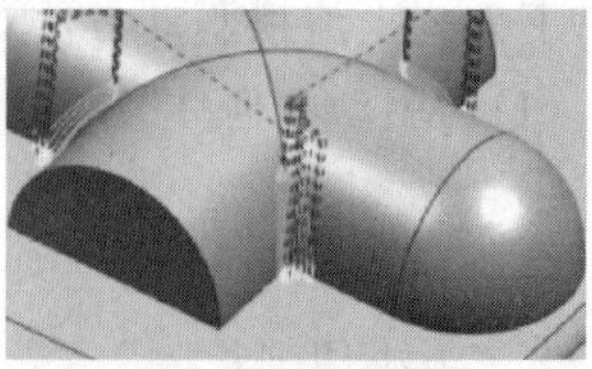
“往复”	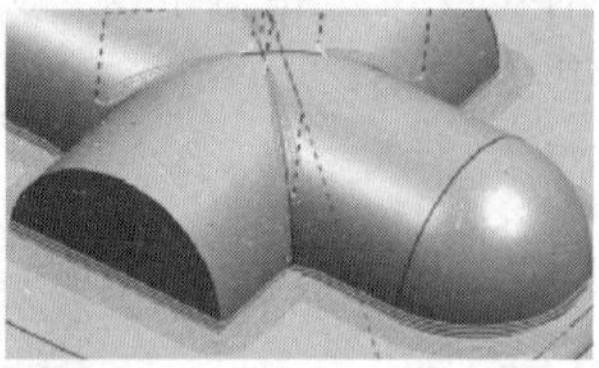	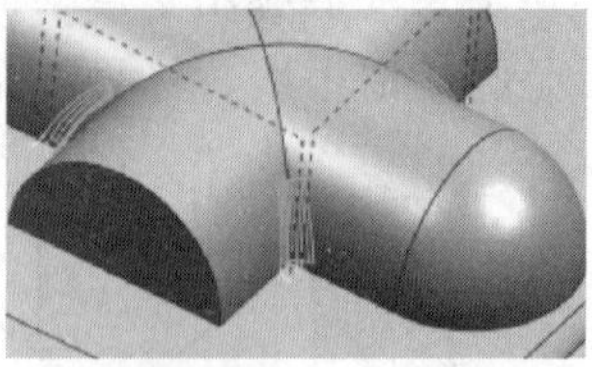
“往复上升”	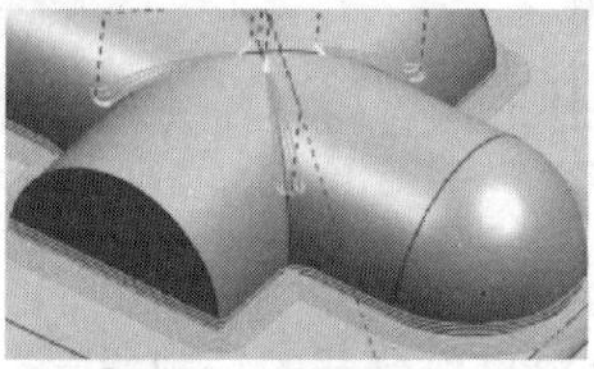	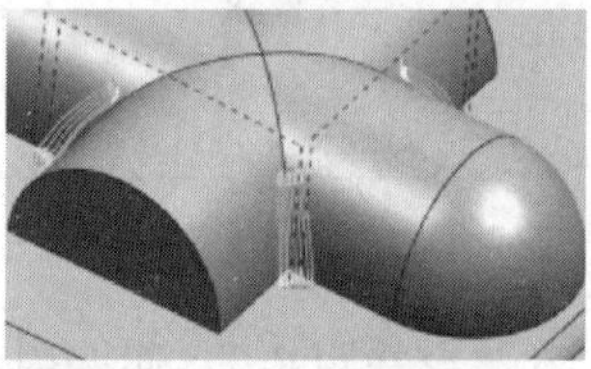
“单向横切”	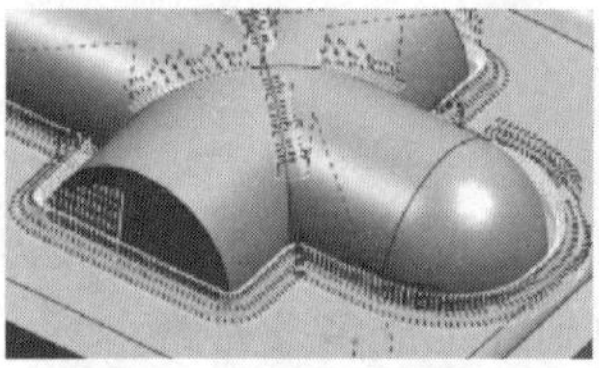	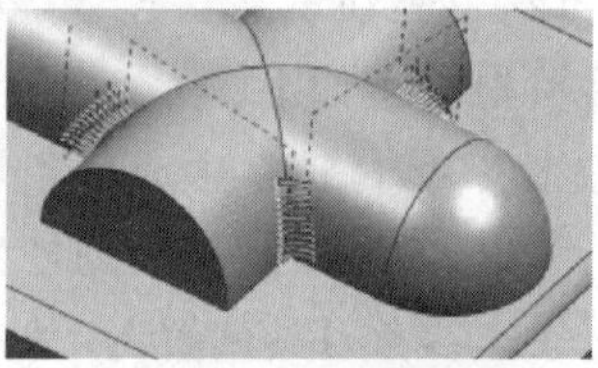
“往复横切”	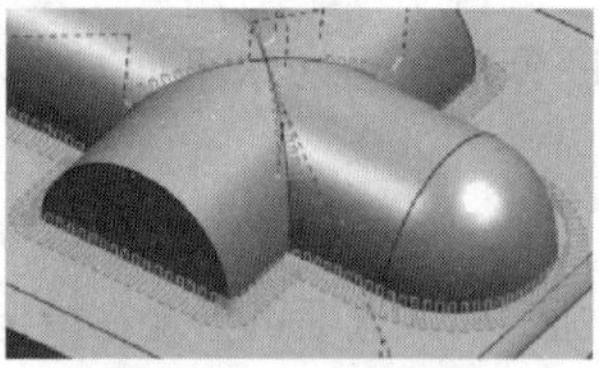	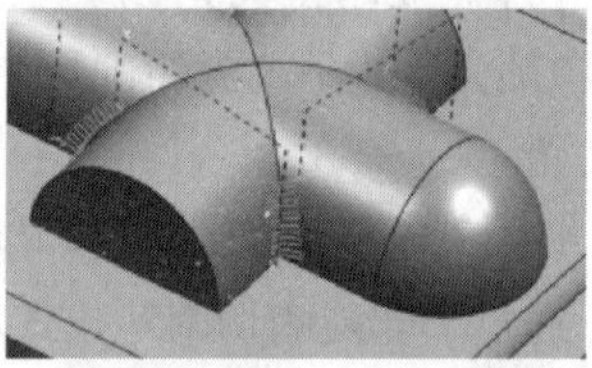
“往复上升横切”	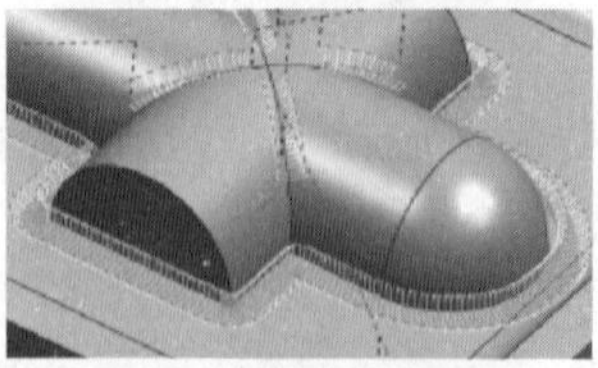	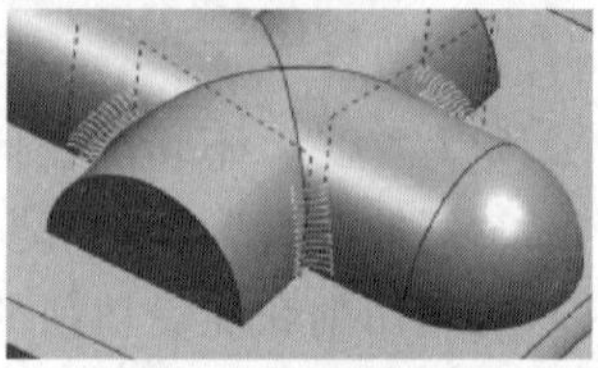
“单向深度加工”	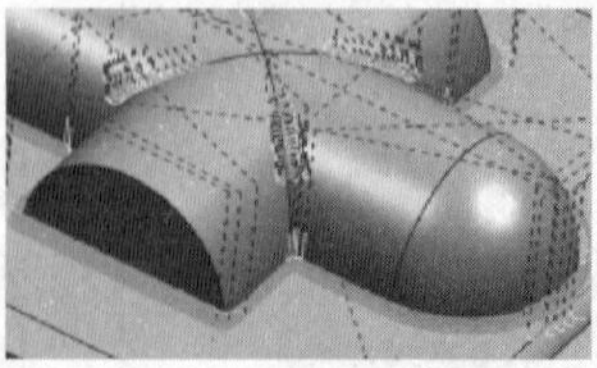	

续表

切削模式	"非陡峭"切削	"陡峭"切削
"往复深度加工"		
"往复上升深度加工"		

②"切削方向"。

a. "混合"：切换顺铣或逆铣切削，可用于单向、往复、往复上升及单向横切切削模式。

b. "顺铣"：主轴顺时针旋转时，材料在刀具右侧。

c. "逆铣"：主轴顺时针旋转时，材料在刀具左侧。

③"步距"：指定连续切削刀路的间距。清根类型为多刀路或参考刀具时可用。

④"每侧步距数"：指定要创建的步距数。清根类型为多刀路时可用。

⑤"顺序"：决定单向、往复或往复上升切削刀路的执行顺序。清根类型为多刀路或参考刀具偏置时可用。顺序如下。

"由内向外"、"由内向外交替"、"由外向内"、"由外向内交替"、"后陡"、"先陡"。

⑥"陡峭切削方向"：可用于横切模式。有如下类型。

"混合"：根据需要组合使用高低切削方向；

"高到低"：从垂直于 Z 轴的陡峭几何体顶部开始，向下进行加工；

"低到高"：从垂直于 Z 轴的陡峭几何体底部开始，向上进行加工；

⑦"层间切削"：将"跟随周边"类型切削模式投影到部件上，通过向内切削来加工未切削区域。选项示意图见图10-7。

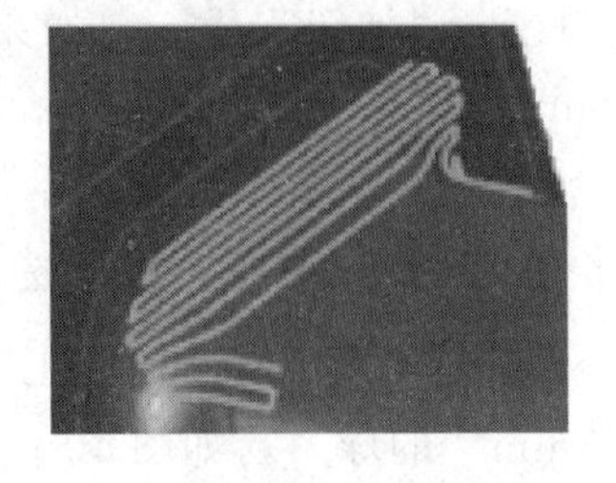

(a) 层间切削

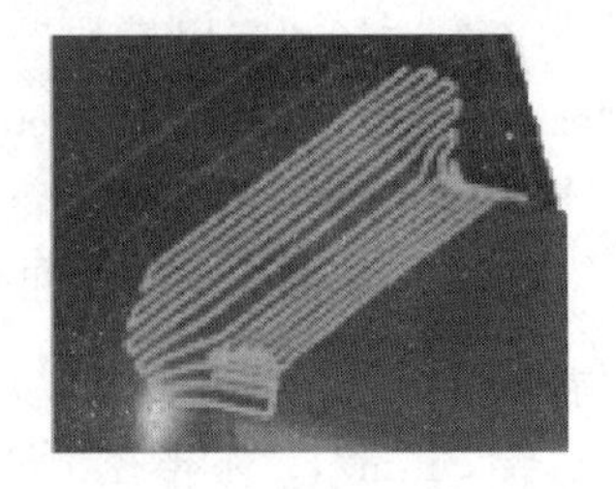

(b) 层间切削

图10-7　层间切削

⑧"深度切削层"：通过"恒定"指定连续切削层之间的距离。通过"优化"，NX可确定连续切削层之间的切削深度，实现最佳清理效果。

⑨"深度加工每刀切削深度"：按刀具直径的百分比或按距离值指定切削深度。

⑩"步距"：设置连续切削层之间的距离。适用深度切削模式。

⑪“陡峭重叠”：设置陡峭区域与非陡峭区域之间的切削重叠的距离。

10.1.4 创建清根工序

下面用较常用的“清根参考刀具”工序创建一个清根工序。工序图示及说明如表10-2。

表10-2 “清根参考刀具（FLOWCUT_REF_TOOL）”

图示	说　明
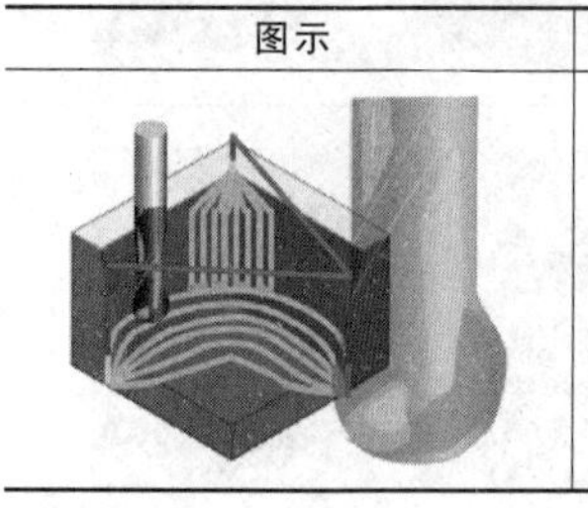	“清根参考刀具 FLOWCUT_REF_TOOL” 建议工序：精加工凹角。 常用刀具：球刀（使用圆鼻刀和平底刀对效果会产生影响）。 用于切除之前大的刀具加工不到的凹角中的残料

下面创建清根工序精加工凹角。注：下面例子为了使刀轨显示效果更好，刀具和切削层等设置并非真实加工参数。实际加工请按真实刀具参数设置。

(1) 导入工件并进入加工环境

☞ 打开本书提供的现成模型，打开文件“E10-1.prt”，如图10-8。这个工件在前面已经完成了开粗、陡壁加工工序及平面的精加工，接下来用“清根参考刀具”工序对其进行清根加工。

创建清根加工工序

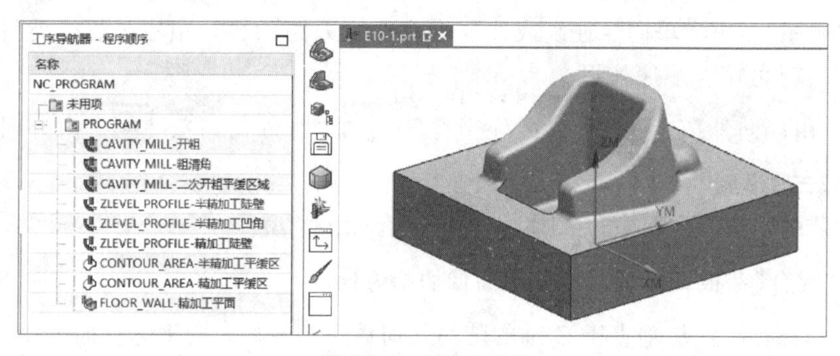

图10-8 E10-1工件

☞ 选择“应用模块”选项卡→“加工”。如果弹出“加工环境”对话框，选择“cam_general”和“mill_contour”。

(2) 创建刀具

☞ 经测量，工件上凹角半径为2mm左右，所以选用R1.5的球刀。“主页选项卡”→“插入”组→“创建刀具”→“刀具子类型”→“MILL”。创建名称为“R1.5”，“直径”=“3mm”，“下半径”=“1.5mm”的球刀，如图10-9。

(3) 创建工序

☞“创建工序”对话框→“类型”组→“mill_contour”→“工序子类型”组→“FLOWCUT_REF_TOOL”。按图10-10操作。

☞“清根参考刀具”工序对话框：“参考刀具”组→“参考刀具”→“NONE”→“新参考刀具”对话框→“刀具子类型”→“MILL”→创建名称为“R4”直径为“8mm”下

半径为“4mm”的球刀→单击“确定”返回“清根参考刀具”工序对话框。按图10-11操作。

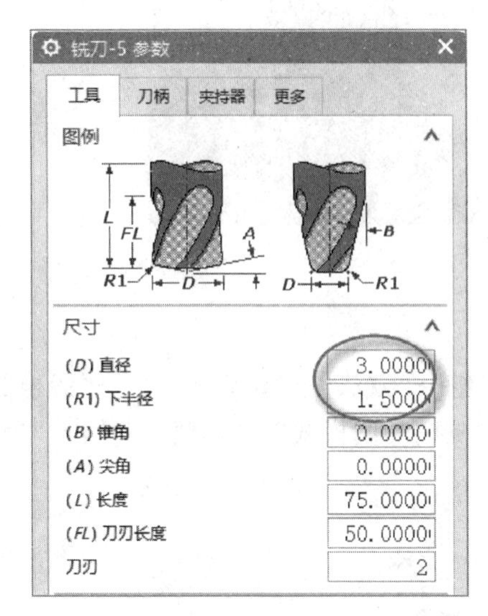

图10-9　创建刀具

图10-10　创建“清根参考刀具”工序

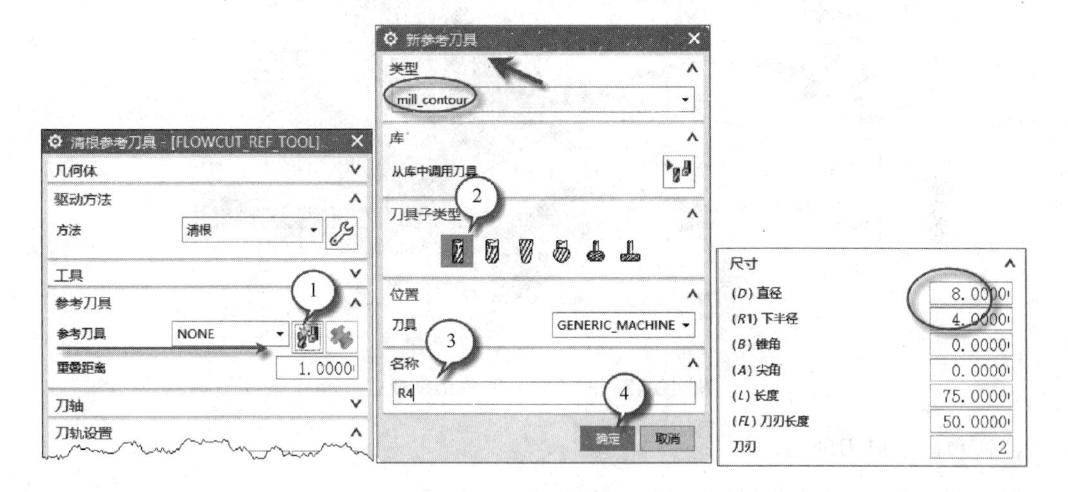

图10-11　创建参考刀具

知识：之所以选用直径为8mm的球刀原因有2条。①前面只有直径为8mm的D8R1刀具加工过凹角处；②球刀参考球刀效果更好一些。

实际使用中通过参考更大尺寸的刀具或者增加“重叠距离”，使现有小的刀具加工更多区域，避免留有残料。

(4) 生成刀轨

☞“操作”组→单击“生成刀轨”。生成的刀轨如图10-12。

(5) 结果分析

可以看到凹角处均有刀轨，可以去除凹角的残料。但是陡峭区域凹角刀具是横向单向切削的，抬刀较多，比较浪费时间。

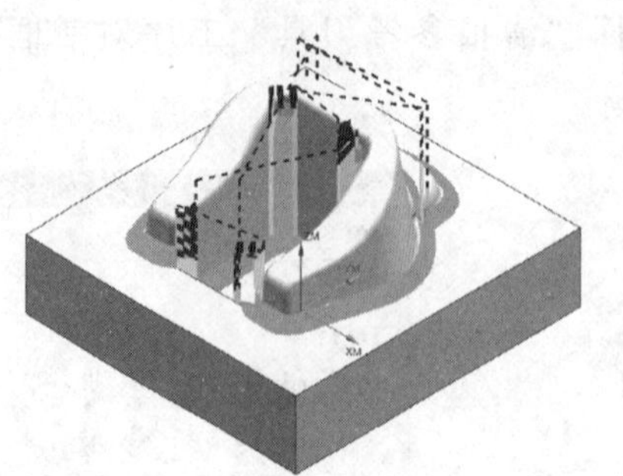
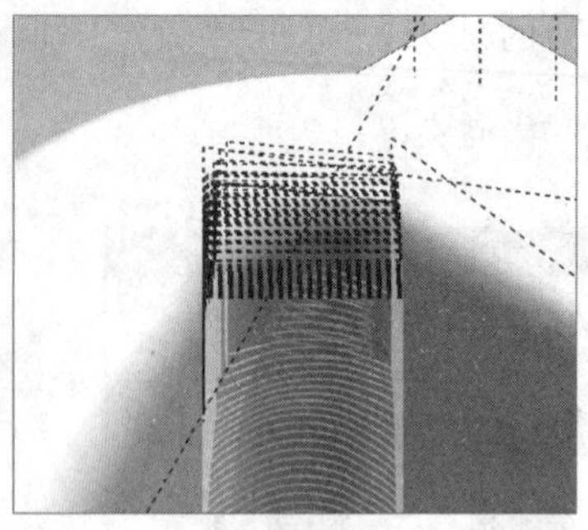

图 10-12　清根刀轨

(6) 改进操作

☞“清根参考刀具”工序对话框：“驱动方法”组→“方法”→“编辑” →“清根驱动方法”对话框→“陡峭空间范围”组→“陡峭切削”→“陡峭切削模式”=“往复”→单击“确定”返回。如图 10-13。

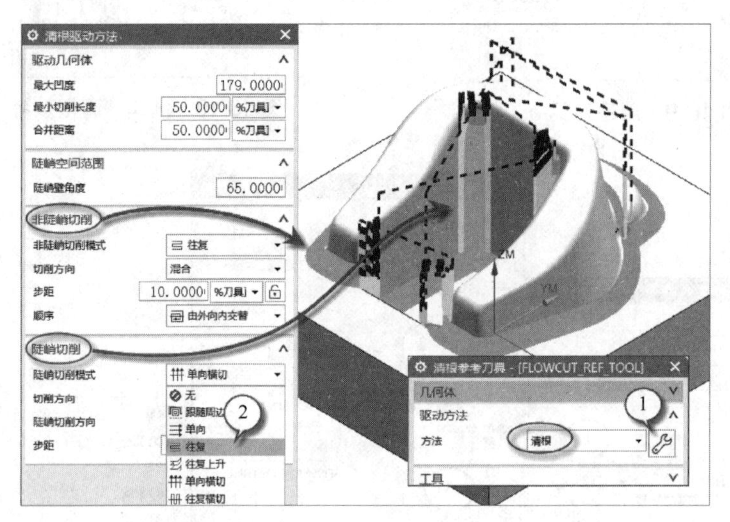

图 10-13　改善陡峭凹角切削模式

(7) 重新生成刀轨

☞“操作”组→“生成刀轨” 。生成的刀轨如图 10-14。

至此工件 E10-1 完成了所有加工工序。

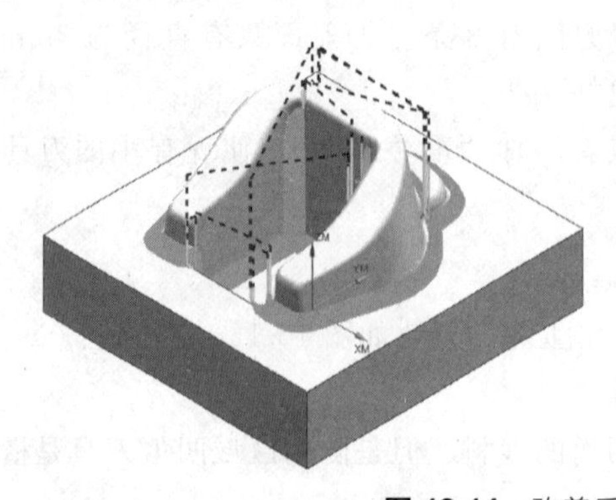
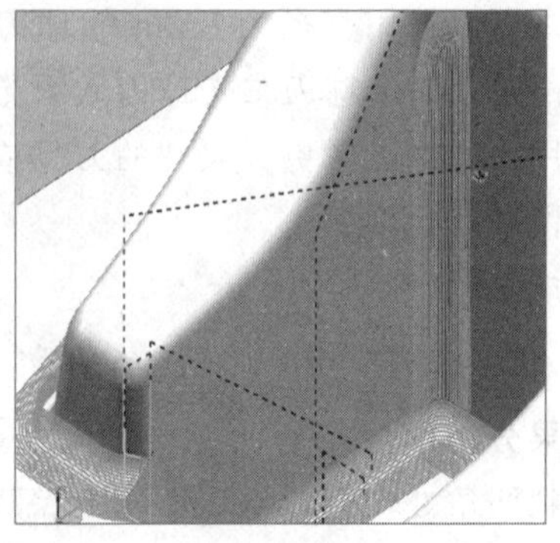

图 10-14　改善后清根刀轨

10.2 清根加工实例操作

清根加工
实例操作

用一个真实工件完成整个加工编程操作，采用真实生产加工方式进行实操讲解。操作过程：工件工艺分析→创建型腔铣开粗工序→创建深度轮廓铣半精加工工序→创建区域轮廓铣精加工工序→创建底壁铣工序精加工平面→创建清根参考刀具工序。

10.2.1 工件工艺分析

如图 10-15，工件整体轮廓周边均匀，轮廓基本是直线倾斜的，二次开粗可直接用“深度轮廓铣”半精加工代替。工件存在较多小的曲面凹角，最小半径 1.5mm 左右，最后需要清角工序加工。编程工序安排如下。

“型腔铣”开粗→“深度轮廓铣”二次开粗→“区域轮廓铣”精加工曲面→“底壁铣”精加工平面→“清根加工”加工曲面凹角。

本例忽略材料和进给速度，只做生成刀轨操作。工序安排如表 10-3 和图 10-16。

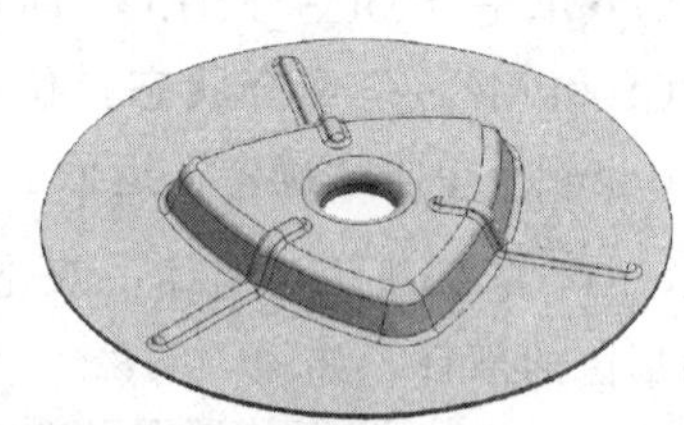

图 10-15 “E10-2. prt”工件

表 10-3 工序卡

工序	内容	刀具号	刀具尺寸	主轴转速/(r/min)	进给速度/(mm/min)	层深/mm	余量/mm
1	开粗加工	T1	D20R1			1	壁 1.0，底 1.0
2	半精加工轮廓	T2	D12R1			0.5	壁 0.25，底 0.25
3	精加工轮廓	T3	R4				0
4	精加工平面	T2	D12R1				0
5	清根精加工	T4	R1				0

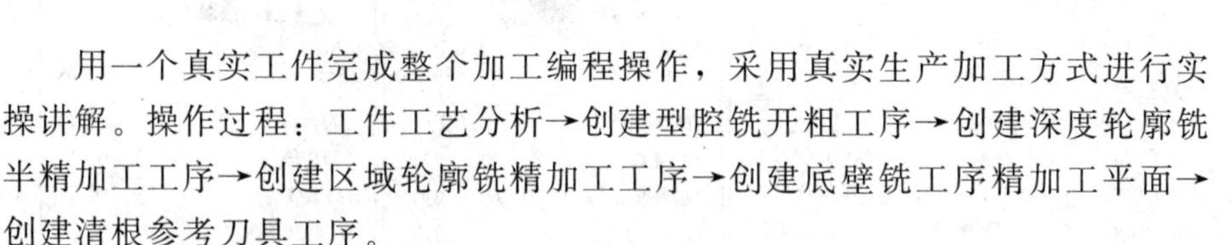

工序导航器 - 程序顺序

名称	换...	刀..	刀具	刀具号	方法	余量	底面余量	切削深度	步距
NC_PROGRAM									
未用项									
PROGRAM									
CAVITY_MILL-开粗		✓	D20R1	1	MILL_ROUGH	1.0000	1.0000	1 mm	65 平直百分比
ZLEVEL_PROFILE-二次开粗		✓	D12R1	2	MILL_SEMI_FINISH	0.2500	0.2500	.5 mm	
CONTOUR_AREA-精加工曲面		✓	R4	3	MILL_FINISH	0.0000	0.0000	50 % 刀具	1 mm
FLOOR_WALL-精加工平面		✓	D12R1	2	MILL_FINISH	0.0000	0.0000	0.0000	50 % 刀具
FLOWCUT_REF_TOOL-清根		✓	R1	4	MILL_FINISH	0.0000	0.0000	10 % 刀具	10 % 刀具

图 10-16 程序顺序视图

10.2.2 创建型腔铣开粗工序

☞ 打开本书提供的现成模型文件“E10-2. prt”→选择“应用模块”选项卡→“加工”。如果弹出“加工环境”对话框，选择“cam_general”和“mill_contour”。

☞在“主页选项卡”→“插入”组→“创建刀具”→“刀具子类型”→“MILL”→创建名称为“D20R1”、“D12R1”两把圆鼻刀→“BALL_MILL”→创建名称为“R4”、“R3”两把球刀，参数如图 10-17。

☞ 把工序导航器切换到几何视图（导航器中右键或者单击导航器上边的“几何视图”

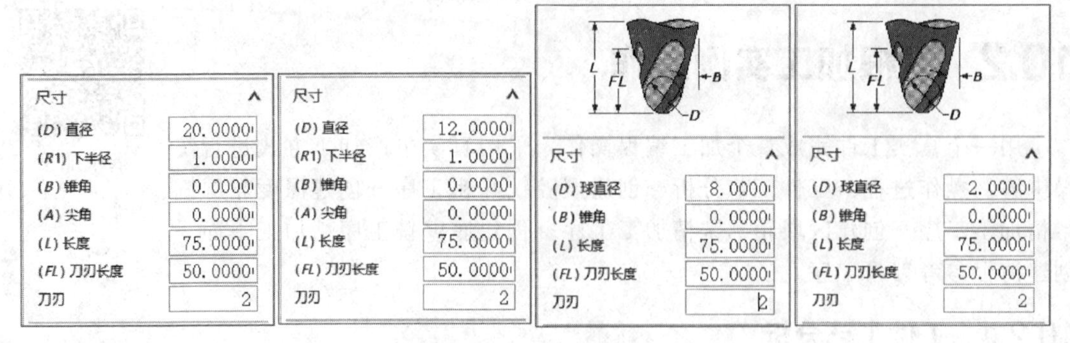

图 10-17 刀具尺寸

)→单击“MCS_MILL”前的加号“+”展开子项→双击“MCS_MILL”，发现此时的WCS和MCS是重合状态，位置可不调整→“安全设置”用“自动平面”→“安全距离”=“10mm”→单击“确定”返回。

☞ 定义部件几何体：双击“WORKPIECE”编辑该组→单击“指定部件”→选择图形区的部件，如图 10-18。

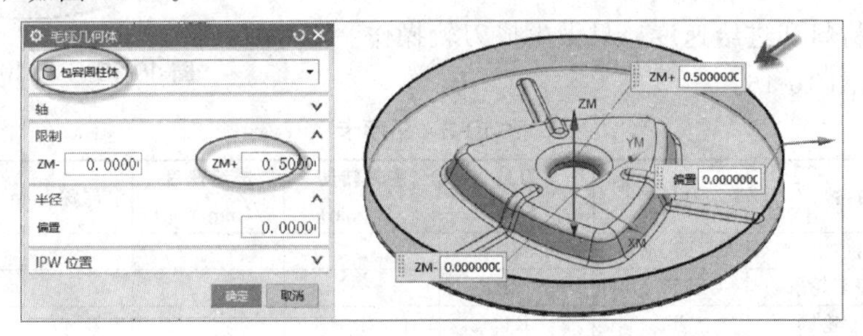

图 10-18 创建毛坯

☞定义毛坯几何体：在“工件”对话框中单击“指定毛坯”→列表中选“包容圆柱体”→“$ZM+$”=“0.5mm”→其它参数用默认→点“确定”返回。

☞ “创建工序”对话框→“类型”组→“mill_contour”→“工序子类型”组→“CAVITY_MILL”。按图 10-19 操作。

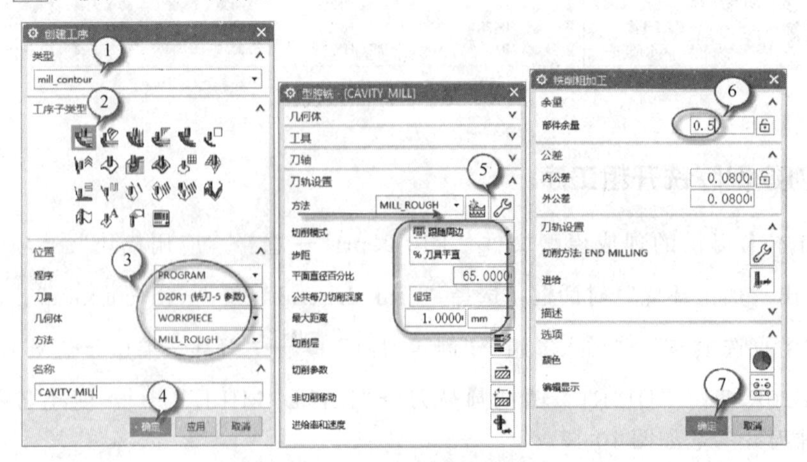

图 10-19 创建型腔铣和设置工序

☞ “操作”组→“生成刀轨” →“确认刀轨” →“3D 动态”→“动画速度”=“8”→“播放” 。操作和生成的刀轨如图 10-20。

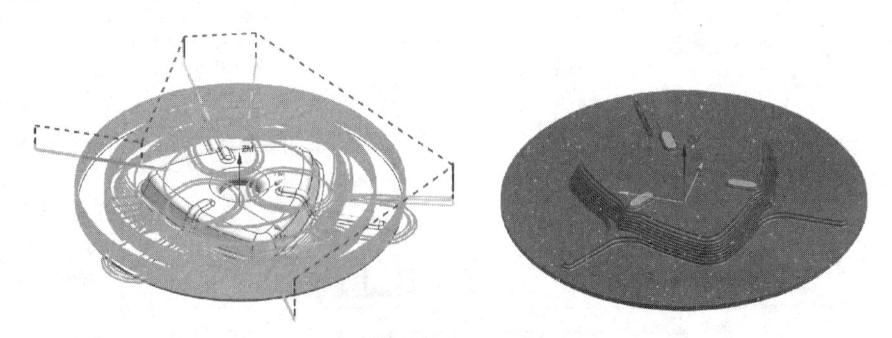

图 10-20 开粗刀轨和 IPW

10.2.3 创建深度轮廓铣半精加工工序

☞ “创建工序” 对话框→“类型”组→“mill_contour”→“工序子类型”组→“ZLEVEL_PROFILE” 。按图 10-21 操作。

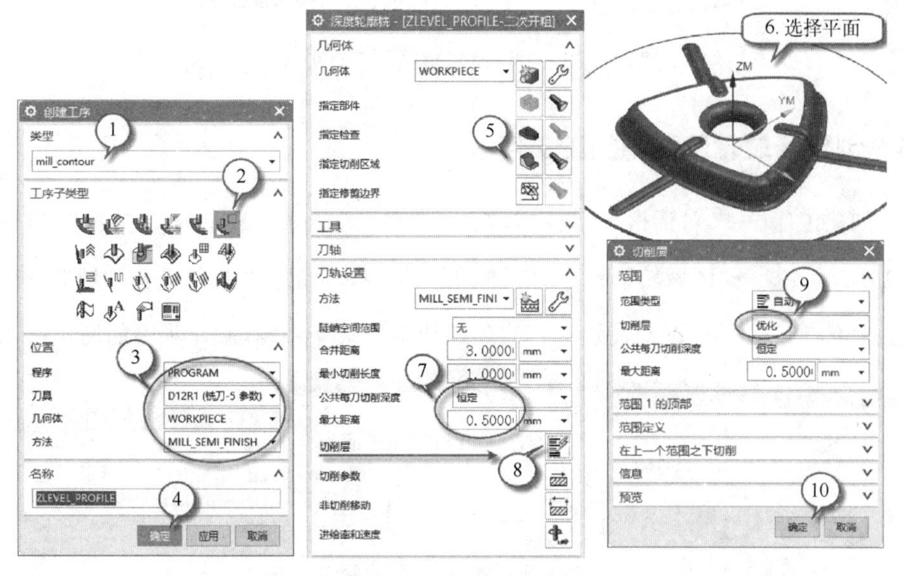

图 10-21 创建深度铣工序

☞ “深度轮廓铣”对话框：“几何体”组→“指定切削区域” →“刀轨设置”组→“公共每刀切削深度”=“恒定”→“最大距离”=“0.5mm”→“切削层”对话框：“范围”组→“范围类型”=“自动” →“切削层”=“优化”→单击“确定”返回。按图 10-21 操作。

☞ “深度轮廓铣”对话框：“刀轨设置”组→“切削参数” 。按图 10-22 操作。

☞ “操作”组→“生成刀轨” →“确认刀轨” →“3D 动态”→“动画速度”=“8”→“播放” 。生成的刀轨和 IPW（过程工件）如图 10-23。

图 10-22 设置切削参数

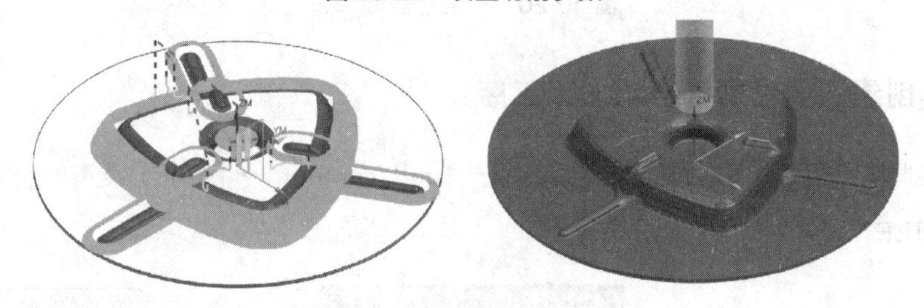

图 10-23 “深度轮廓铣”刀轨和 IPW

10.2.4 创建区域轮廓铣精加工工序

☞“创建工序” 对话框→“类型” 组→“mill_contour”→“工序子类型” 组→“CONTOUR_AREA” →“区域轮廓铣” 对话框：“几何体” 组→“指定切削区域” →“驱动方法” 组→“编辑” →“驱动设置”→“非陡峭切削模式”=“螺旋”，步骤如图 10-24。

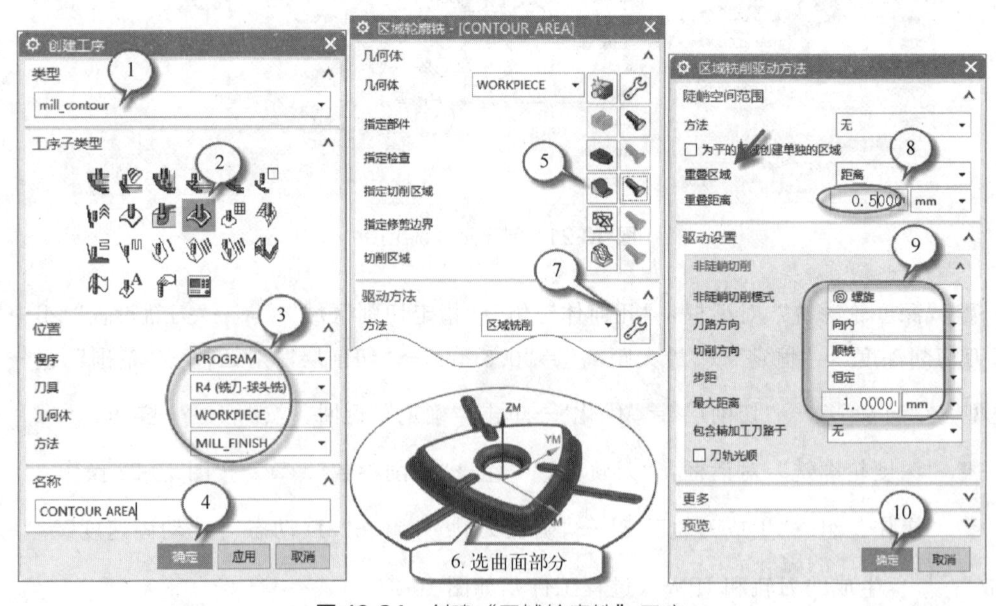

图 10-24 创建“区域轮廓铣”工序

☞ “刀轨设置” 组→“切削参数” →“策略”→“延伸路径”→ 在边上延伸→“距离”=“0.5mm”。

☞ “操作” 组→“生成刀轨” →“确认刀轨” →“3D 动态”→“动画速度”=“5”→“播放” 。生成的刀轨和 IPW 如图 10-25。

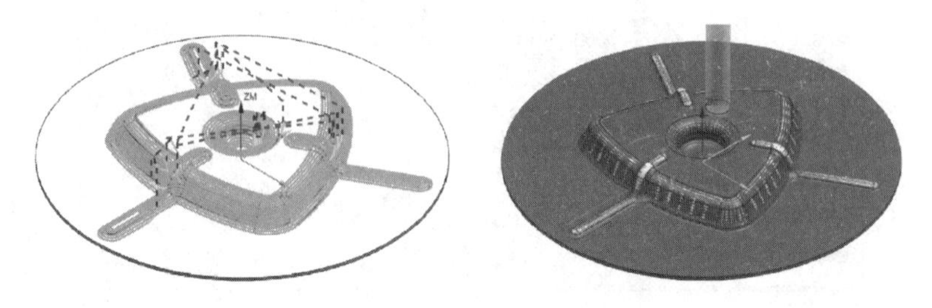

图 10-25 “区域轮廓铣” 结果

10.2.5 创建底壁铣工序精加工平面

☞ “创建工序” 对话框→“类型” 组→“mill_planar”→“工序子类型” 组→“底壁铣” ，如图 10-26。

☞在 “几何体” 组点 “指定切削区底面” →“选择方法”=“面”→选顶面→“添加新集”→选底面平面→单击 “确定” 返回。如图 10-27。

图 10-26 创建底壁铣工序

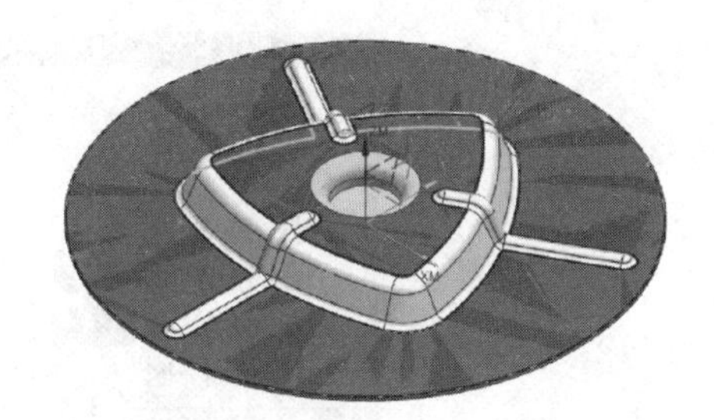

图 10-27 指定切削区底面

☞刀轨设置：“切削模式”= 跟随周边 →“步距”=“恒定”→“最大距离”=“50% 刀具直径”→“切削参数” →“策略”→“刀路方向”=“向内”→“壁”= ☑ 岛清根 →确定返回。如图 10-28。

☞ “操作” 组→“生成刀轨” →“确认刀轨” →“3D 动态”→“动画速度”=“5”→“播放” 。生成的刀轨和 IPW 如图 10-29。

结果分析：可以看到，底面和三条加强筋凹角处有残料，需要进行 “清根” 工序加工。

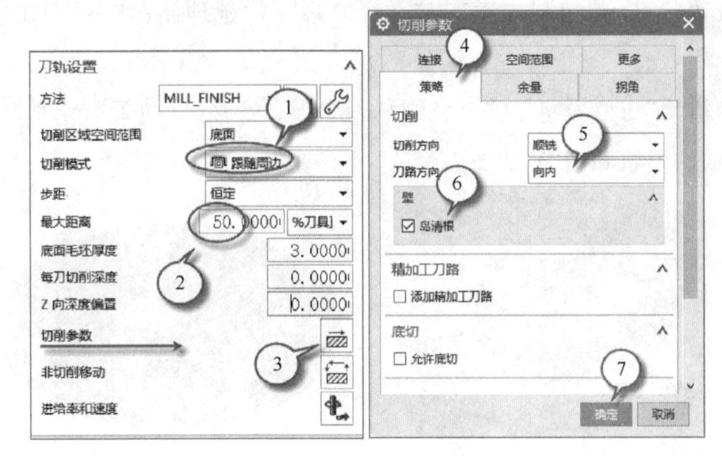

图 10-28 刀轨设置

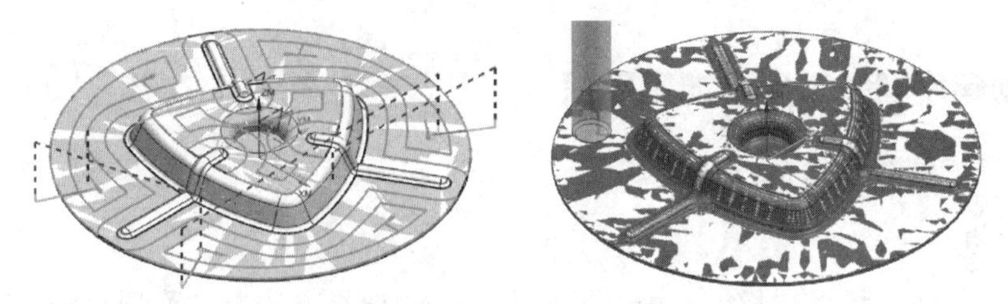

图 10-29 底壁铣刀轨和 IPW

10.2.6 创建清根参考刀具工序

☞“创建工序” 对话框→“类型”组→“mill_contour”→“工序子类型”组→“FLOWCUT_REF_TOOL” 。按图 10-30 操作。

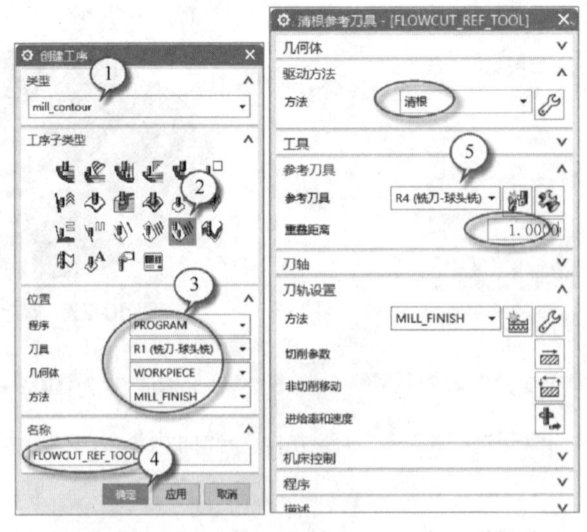

图 10-30 创建“清根参考刀具”工序

☞“清根参考刀具”工序对话框：“参考刀具”组→“参考刀具”=“R4”(上一把球刀)。按图 10-30 操作。

☞ "操作"组→"生成刀轨" →"确认刀轨" →"3D动态"→"动画速度"="7"→"播放" 。生成的刀轨和IPW如图10-31。

结果可以看出，加工到位，刀轨走向合理。至此工件完成了所有加工工序。

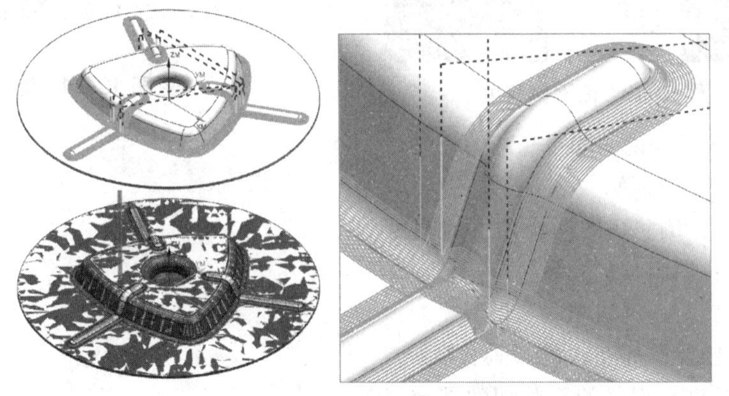

图10-31 清根刀轨和IPW

10.3 倒角加工

10.3.1 NX的倒角加工

工件加工后一般都有倒圆角和倒斜角要求，其中倒斜角较为常用。常见倒斜角的种类有普通倒角、V形槽、背倒角、工件边缘去毛刺。

NX倒斜角加工一般分3种情况：平面倒斜角、曲面倒斜角和孔倒角。在本节中，详细介绍前两种倒斜角加工操作。

(1) 平面倒斜角

这类倒斜角可以用"平面轮廓铣（PLANAR_PROFILE）"工序来完成，可选通过指定部件余量或Z向深度偏置来偏置刀具。见图10-32。

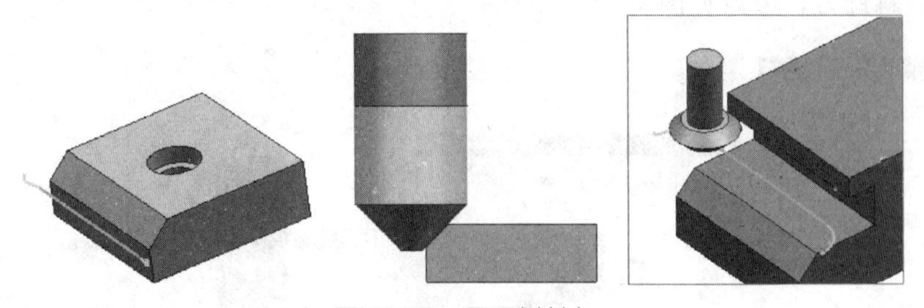

图10-32 平面倒斜角

(2) 曲面倒斜角

曲面倒斜角主要指3D空间曲线的斜角，可以用"实体轮廓3D（SOLID_PROFILE_3D）"、"固定轴曲面轮廓铣"等工序来完成。如图10-33。

(3) 倒斜角铣刀

加工倒角一般用带有棱角的刀具来完成，如倒斜角端铣刀或面铣刀等。

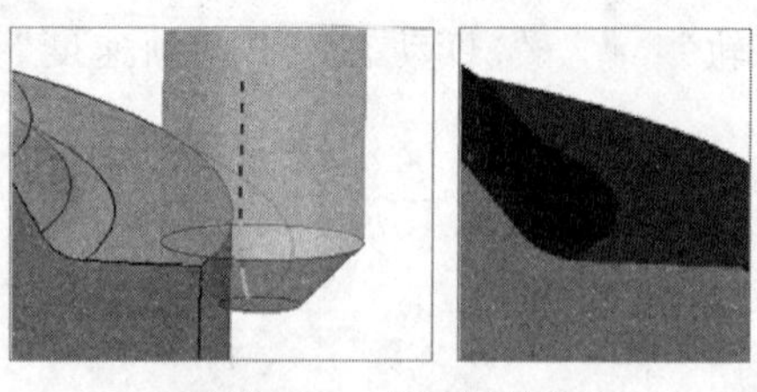

图 10-33 曲面倒斜角

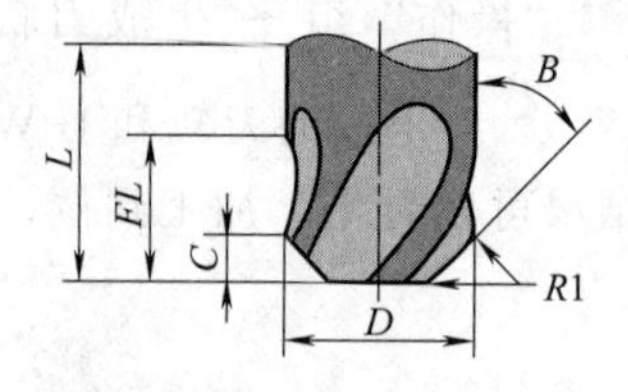

图 10-34 倒斜角刀具

尺寸（图 10-34）说明如下。

D—直径：铣刀直径。

*R*1—下半径：倒斜角的两个角上的圆角。

B—倒斜角：倒斜角的角度。

C—倒斜角长度：倒斜角垂直高度。

L—长度：包括颈部在内的刀具长度。

FL—刀刃长度：刀具的实际切削部分。

10.3.2 平面倒斜角

工件上的倒斜角可能是已经有建模特征的，也可能是没有进行建模的，这两种情况需要用不同工序方法。下面以同样的一个工件进行这两种情况的工序操作。

(1) 已建模倒斜角

用 NX 打开“E10-3a. prt”部件，图 10-35。工件顶面有 *C*1. 5 已建模倒斜角。只创建倒斜角工序。

☞ 打开本书提供的现成模型文件“E10-3a. prt”。

☞ 选择“应用模块”选项卡→“加工”。如果弹出“加工环境”对话框，选择“cam_general”和“mill_planar”。

☞ 在“主页选项卡”→“插入”组→“创建刀具”→“刀具子类型”→“CHAMFER _ MILL”→创建名称为“C25X90”倒斜铣刀，参数见图 10-36。

图 10-35 “E10-3a”工件

平面倒斜角-已建模倒斜角加工编程

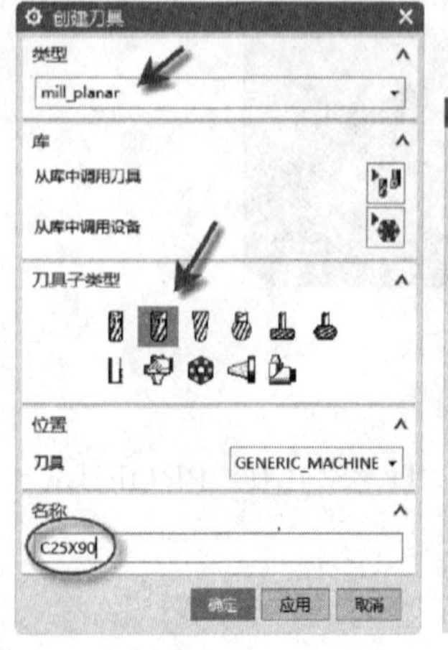

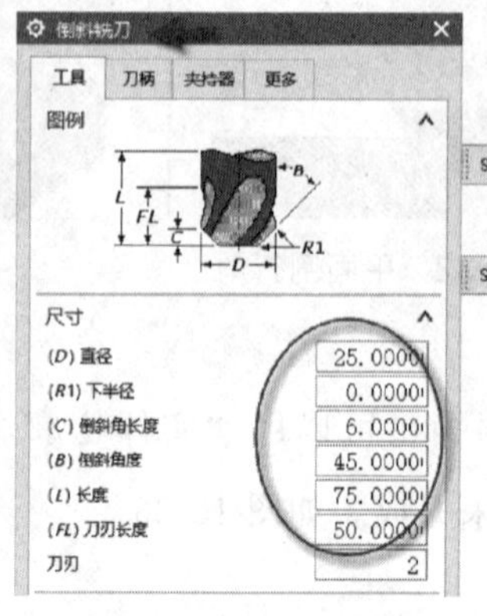

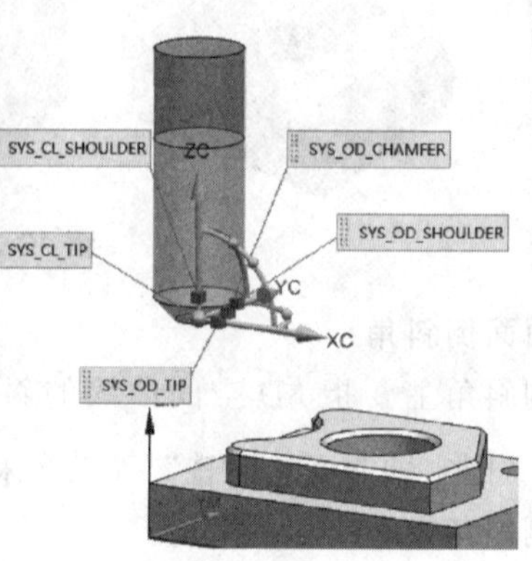

图 10-36 创建倒斜铣刀

☞ 把工序导航器切换到几何视图（导航器中右键或者单击导航器上边的“几何视图”）：单击“MCS_MILL”前的加号“+”展开子项→双击“MCS_MILL”→“指定 MCS”→“自动判断”→工件顶面（见图 10-37）→“安全设置”=“自动平面”，“安全距离”=“10mm”→“确定”返回。

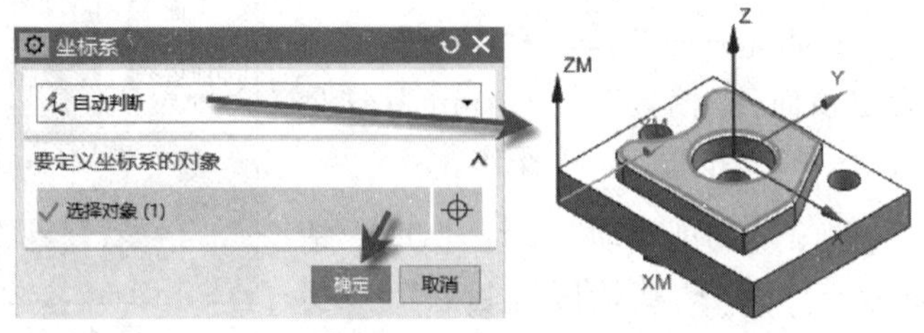

图 10-37　指定 MCS

☞ 定义部件几何体：双击“WORKPIECE”以编辑该组→单击“指定部件”→选择整个部件。

☞ 定义毛坯几何体：续接前面步骤→在“工件”对话框中单击“指定毛坯”→“几何体”→按图 10-38 操作→之后再隐藏毛坯→点“确定”返回。

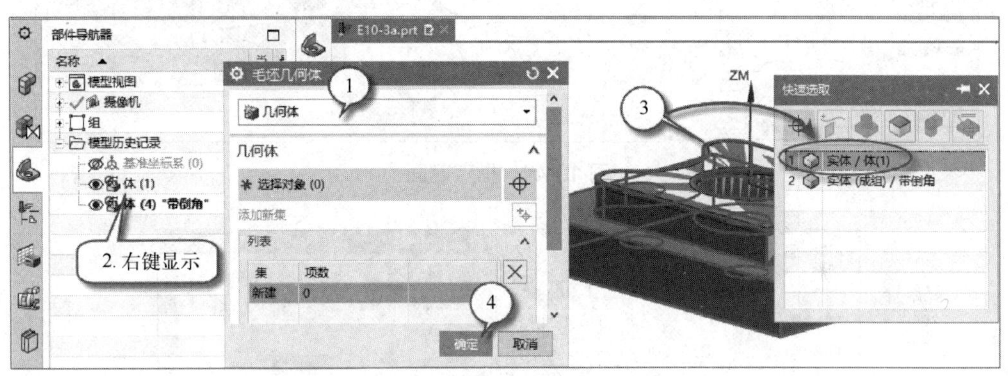

图 10-38　指定毛坯

☞ “创建工序”对话框→“类型”组→“mill_planar”→“工序子类型”组→平面轮廓铣“PLANAR_PROFILE”，见图 10-39 左图。

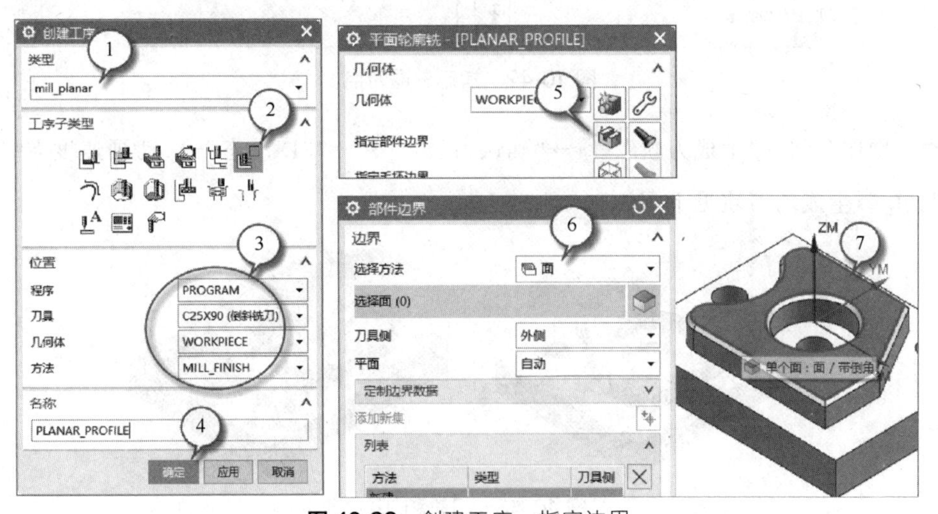

图 10-39　创建工序、指定边界

☞ “平面轮廓铣”工序对话框→“几何体”组→“指定部件边界” →。按图 10-39 右图操作。注意刀具在边界的内外侧位置。

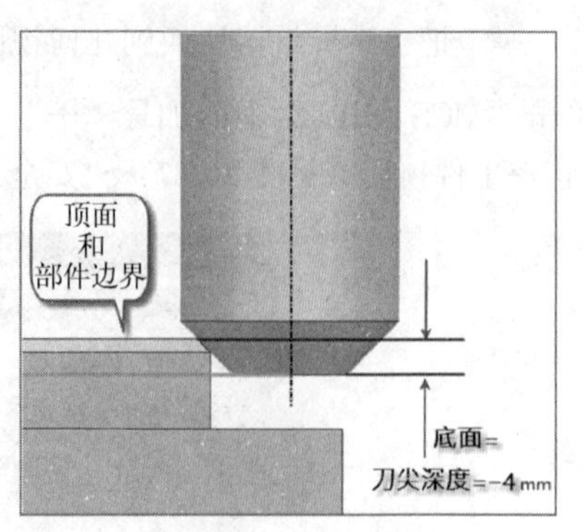

图 10-40 刀尖位置

☞ “几何体”组→“指定底面” →“平面”对话框→“自动判断”→指定顶面→“偏置”=“-4mm”(这是刀具刀尖位置，见图 10-40)。按图 10-41 操作。

☞ “刀轨设置”组：“非切削移动” →“起点/钻点”选项卡→“区域起点”组→“默认区域起点”=“拐角”(实际加工：进退刀选在拐角处，加工的表面较美观)，见图 10-42。

图 10-41 指定底面

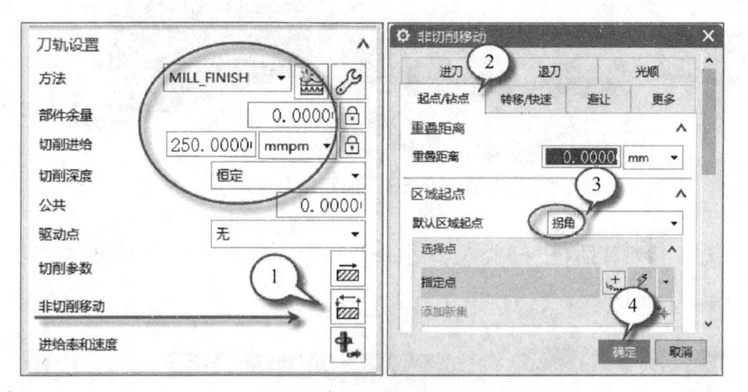

图 10-42 指定进退刀点

☞ “操作”组→“生成刀轨” →“确认刀轨” →“3D 动态”→“动画速度”=“4”→“播放” 。生成的刀轨见下图 10-43。

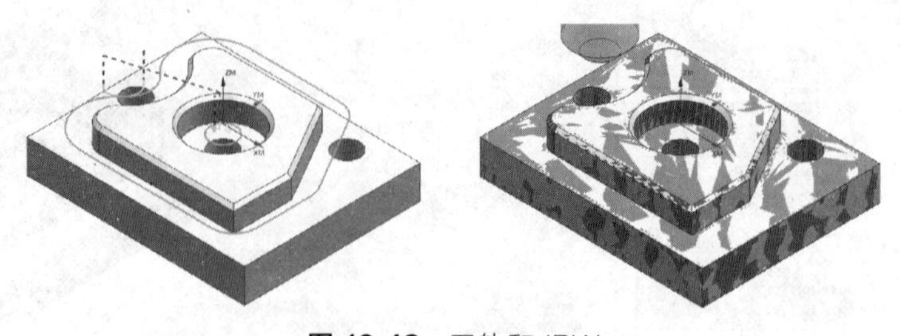

图 10-43 刀轨和 IPW

(2) 未建模倒斜角

和前面已建模倒斜角不同，虽然使用同样的平面轮廓铣工序，但需要设置负的部件余量(倒斜角尺寸)。

图 10-44 是“E10-4. prt”部件，工件三个平面（除去小孔）需加工 $C0.5$ 倒斜角（倒角并未建模)。下面只创建倒斜角工序。

图 10-44 “E10-4”工件

① 编程准备。

☞ 打开本书提供的现成模型文件“E10-4. prt”。

☞ 选择“应用模块”选项卡→“加工”。如果弹出“加工环境”对话框，选择“cam_general”和“mill_planar”。

☞ 在“主页选项卡”→“插入”组→“创建刀具”→“刀具子类型”→“CHAMFER_MILL”→创建名称为“C10X90”的倒斜铣刀，见下图 10-45。

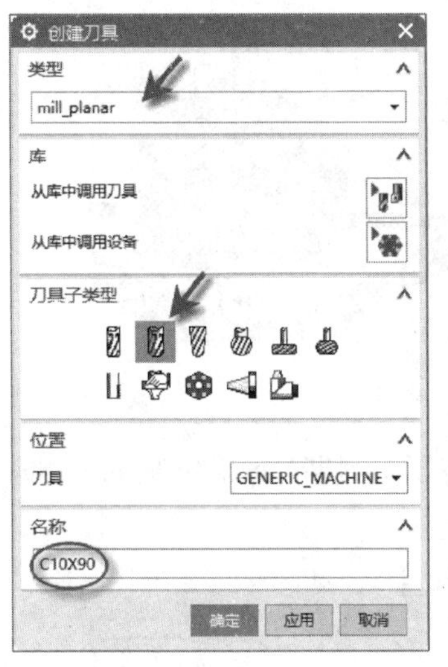

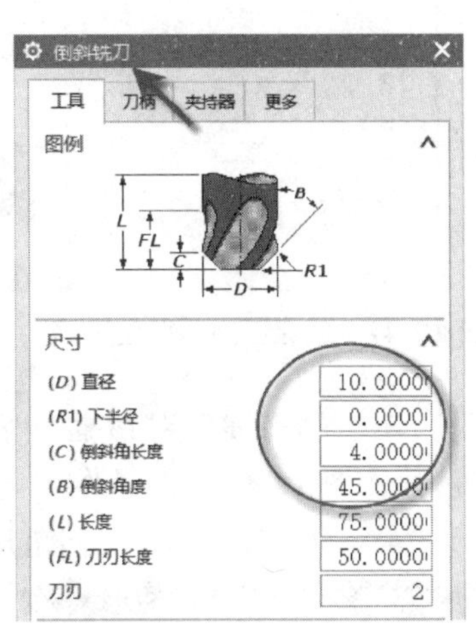

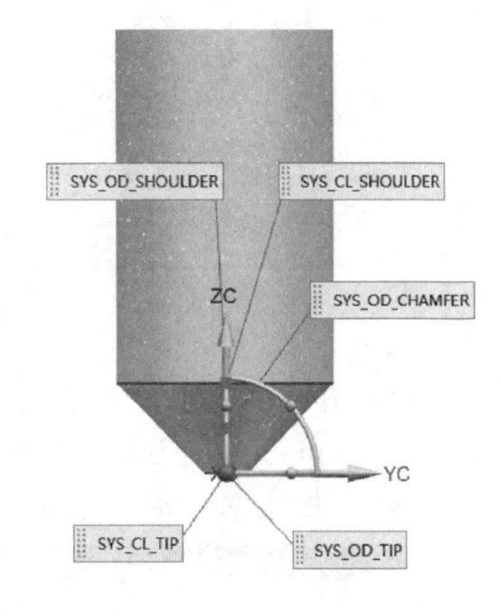

图 10-45 创建倒斜铣刀

☞ 把工序导航器切换到几何视图（导航器中右键或者单击导航器上边的“几何视图”)：单击“MCS_MILL”前的加号“+”展开子项→双击“MCS_MILL”→“指定 MCS”→“自动判断”→工件顶面（见图 10-46)。“安全设置”=“自动平面”，“安全距离”=“10mm”→“确定”返回。

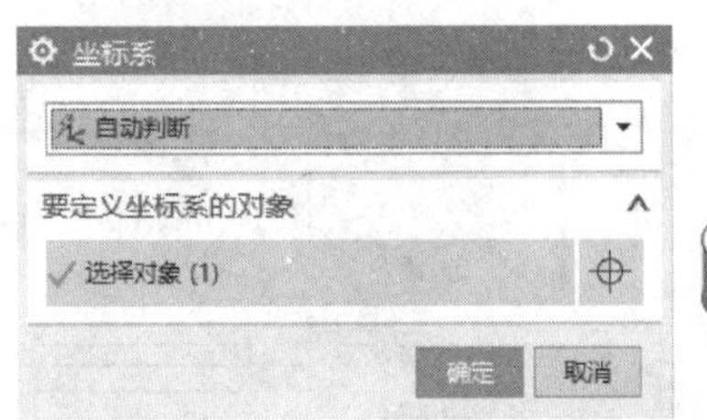

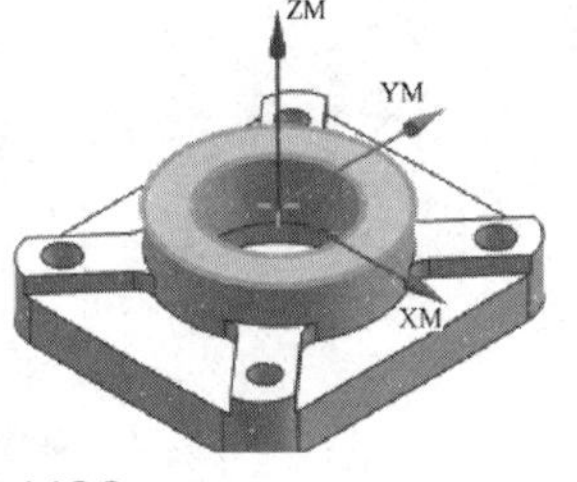

平面倒斜角-未建模倒斜角加工编程

图 10-46 指定 MCS

☞ 定义毛坯几何体：“工件”对话框中单击“指定毛坯”→“几何体”→再次指定工件（部件和毛坯相同)→“确定”返回。

② 创建第 1 层面的倒斜角。

☞"创建工序" 对话框→"类型"组→"mill_planar"→"工序子类型"组→平面轮廓铣"PLANAR_PROFILE"，见图 10-47 左图。

☞"平面轮廓铣"工序对话框→"几何体"组→"指定部件边界" →。按图 10-47 右图操作，注意刀具在边界的内外侧位置。

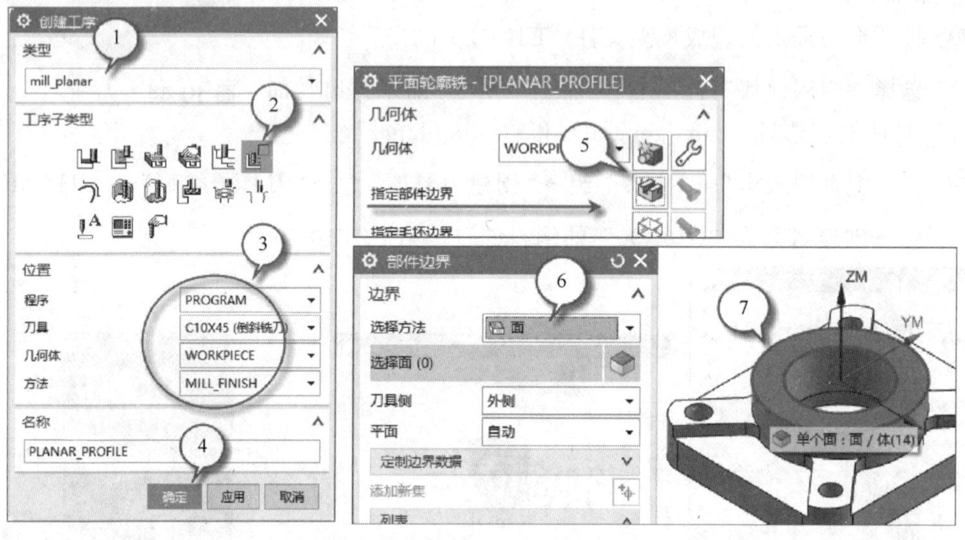

图 10-47 创建工序、指定边界

☞"几何体"组→"指定底面" →"平面"对话框→"自动判断"→指定顶面→"偏置"="－1mm"(这是刀具刀尖位置)。按图 10-48 上图操作。

☞"刀轨设置"组："部件余量"="－0.5mm"(注：倒角尺寸)，见图 10-48 下图。

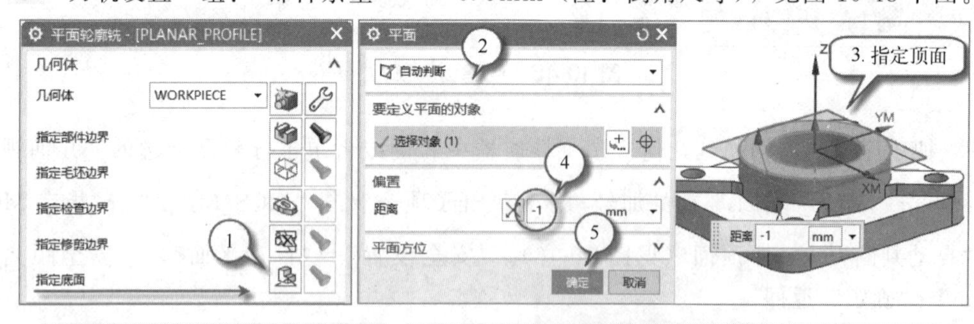

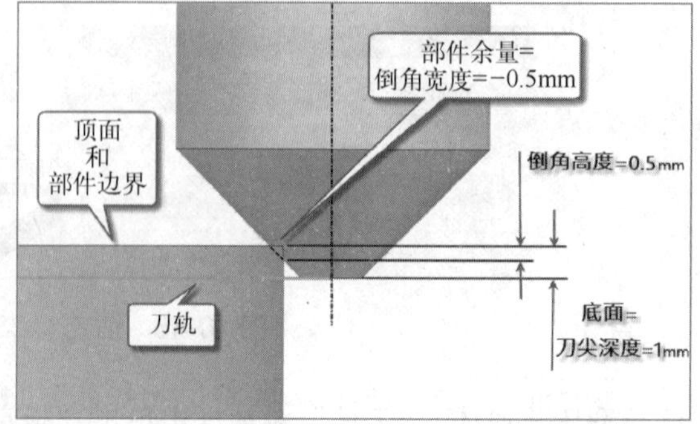

图 10-48 指定底面

知识：观测比如文字、流道、曲线图形、倒斜角等没有建模特征的加工效果时，建议使用“2D 动态”。新版的 NX 工序对话框的“操作”→“确认”。界面中可能没有此选项卡，可用下面步骤激活该功能。

☞ 主页菜单：“文件”→“实用工具”→“用户默认设置”→“加工”→“仿真与可视化”→右边窗口→“常规”选项卡→“开始页面”→ ☑ 显示 2D 动态页面 →“确定”退出→关闭 NX 软件→重新打开。

☞“操作”组→“生成刀轨”→“确认刀轨”→“2D 动态”→“动画速度”=“1”→“播放”。生成的刀轨见下图 10-49。

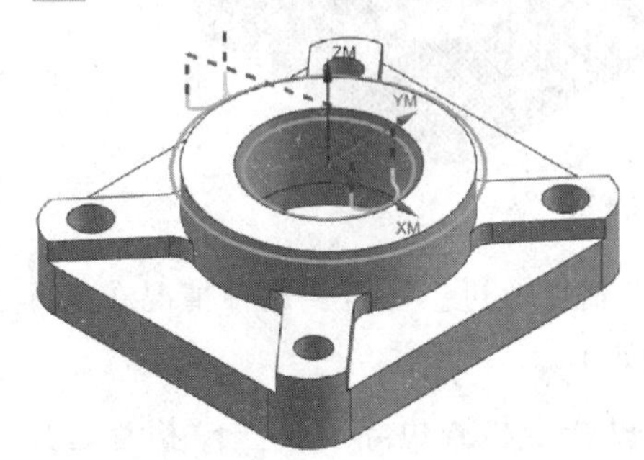

图 10-49　刀轨和 IPW

③ 下面创建第 2 层面的倒斜角。接着上面的操作进行。

☞ 把刚刚创建的工序复制 2 份→双击打开“PLANAR_PROFILE_COPY”→“平面轮廓铣”对话框→重新指定边界→“部件边界”对话框→“列表”→“移除” 列表中前面创建的 2 个边界→“边界”组=“面”→选择有小孔的面→添加新集→直至选完 4 个面→在列表中删除 4 个孔的边界，按图 10-50 操作→“确定”返回“工序对话框”。

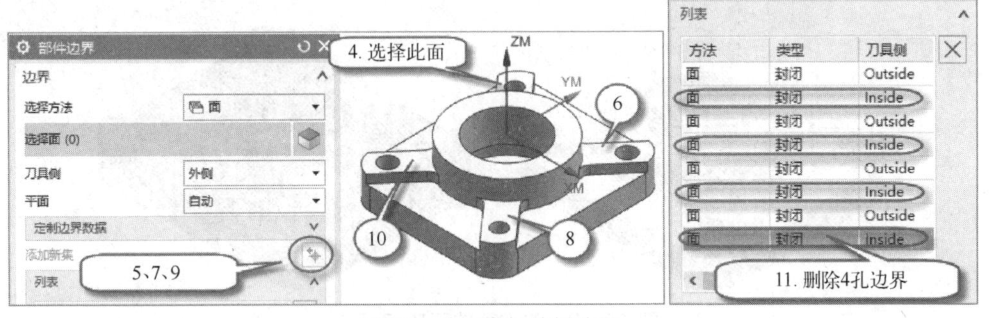

图 10-50　重新选择边界

☞“几何体”组→“指定底面”→“平面”对话框→指定上面有小孔的一个面→“偏置”=“－1mm”。

☞“操作”组→“生成刀轨”→“确认刀轨”→“2D动态”→“动画速度”=“1”→“播放”。生成的刀轨见下图10-51。

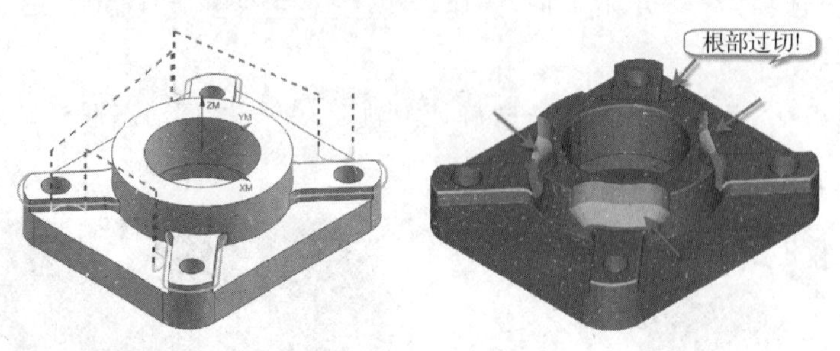

图10-51 刀轨和IPW

结果分析：4个面靠近大圆根部处产生过切，需要改进。注意：这种情况在实际加工中会经常遇到，需要设置避让防止过切。解决方法如下。

☞“平面轮廓铣”对话框：“几何体”组→“指定检查边界”→“检查边界”对话框→“边界”组→“选择方法”=“曲线”→选择大圆边线（“刀具侧”=“外侧”）→“确定”返回。实际操作时，为了安全起见也可以设置检查余量：“切削参数”→“余量”选项卡→“检查余量”=“1mm”。见下图10-52。

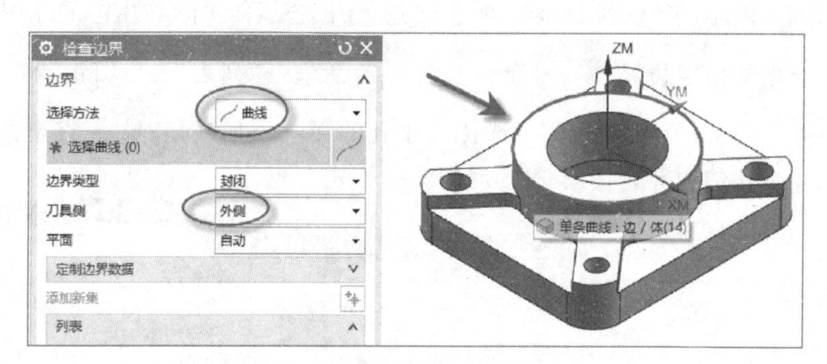

图10-52 设定检查边界

☞“操作”组→“生成刀轨”→“确认刀轨”→“2D动态”→“动画速度”=“1”→“播放”。生成的刀轨见下图10-53。

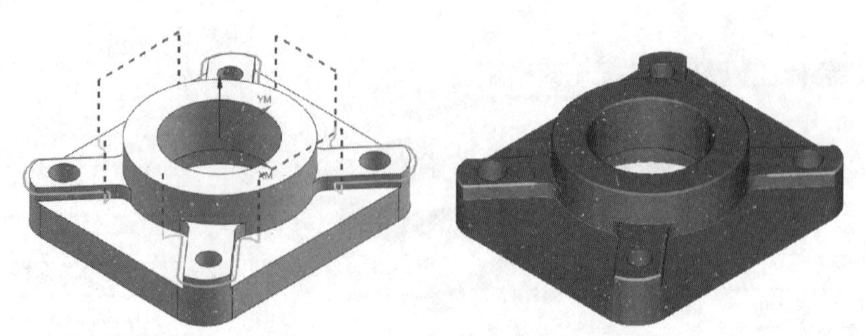

图10-53 改进后的刀轨和IPW

结果分析：可以看到，根部过切现象已经解决。

④ 下面创建第 3 层面的倒斜角工序。接着上面的操作步骤进行。

☞ 双击打开前面复制的工序“PLANAR_PROFILE_COPY_1”→“平面轮廓铣”对话框→“指定部件边界”→“部件边界”对话框→“列表”→“移除”列表中前面创建的 2 条边界，按图 10-54 操作→“确定”返回“工序对话框”。

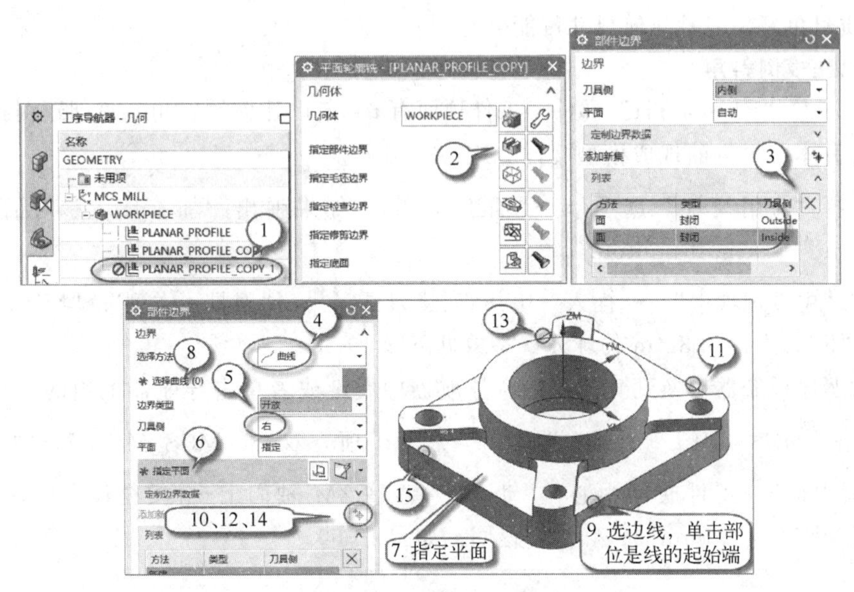

图 10-54　重新选择边界

☞“几何体”组→“指定底面”→“平面”对话框→指定 4 条边线所在面→“偏置”=“－1mm”。

☞“几何体”组→“指定检查边界”→“检查边界”对话框→“边界”组→“选择方法”=“面”→选择小圆孔所在面→“添加新集”→直至选完 4 个面（“刀具侧”=“外侧”）→“确定”返回。见下图 10-55。

☞“切削参数”→“余量”选项卡→“检查余量”=“1mm”。

☞“操作”组→“生成刀轨”。生成的刀轨见下图 10-56。

☞ 将“工序导航器”切换到“程序视图”→单击“PROGRAM”→“确认刀轨”→“2D 动态”→“动画速度”=“1”→“播放”。生成的 IPW 见图 10-57。

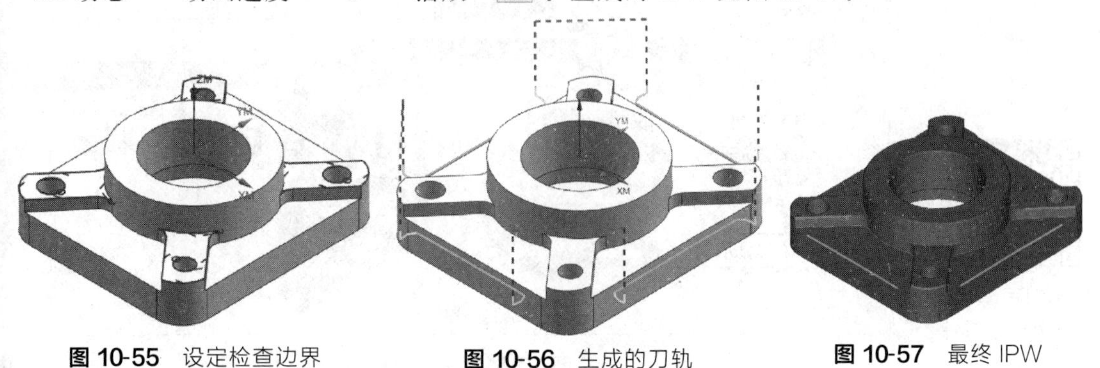

图 10-55　设定检查边界　　图 10-56　生成的刀轨　　图 10-57　最终 IPW

10.3.3　曲面倒斜角

如果倒角建模特征比较明显，可以作为工件的一般特征进行编程加工。加工曲线倒斜角可以用球刀或者倒斜角铣刀。对于已建模的曲线类倒斜角用球刀在操作上更方便一些，加工效果也较好，缺点是刀轨多，加工时间长。用倒斜角铣刀加工空间曲线倒斜角的效率较高，斜面表面质量也好，但是几何尺寸可能会有偏差。

（1）已建模倒斜角

图 10-58 是“E10-5a. prt”部件，工件顶面有 *C*0. 5 已建模倒斜角。只创建倒斜角工序。

☞ 打开本书提供的现成模型文件“E10-5a. prt”。

☞ 选择“应用模块”选项卡→“加工”。如果弹出“加工环境”对话框，选择“cam_general”和“mill_contour”。

☞ 在“主页选项卡”→“插入”组→“创建刀具”→“刀具子类型”→“MILL”→创建名称为“R4”直径为 8mm 的球刀，参数见下图 10-59。

☞ 把工序导航器切换到几何视图（导航器中右键或者单击导航器上边的“几何视图”）：单击“MCS_MILL”前的加号“+”展开子项→双击“MCS_MILL”→“指定 MCS”→“自动判断”→工件底面中心→“动态”→调整 *ZM* 轴向上→“安全设置”用“自动平面”，“安全距离”=“10mm”→“确定”返回。如图 10-60。

图 10-58　“E10-5a”工件

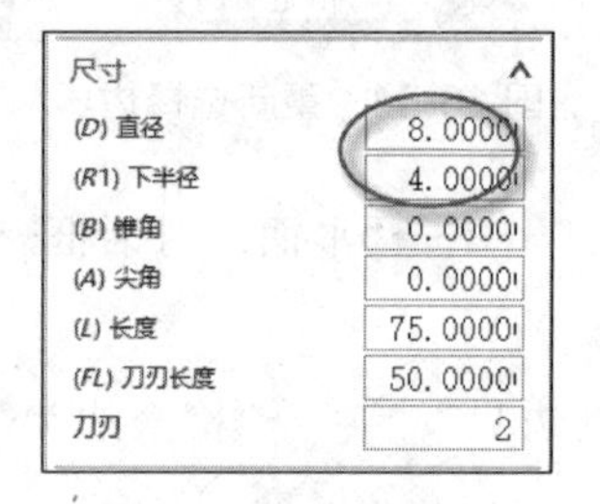

尺寸	
(D) 直径	8. 0000
(R1) 下半径	4. 0000
(B) 锥角	0. 0000
(A) 尖角	0. 0000
(L) 长度	75. 0000
(FL) 刀刃长度	50. 0000
刀刃	2

图 10-59　铣刀参数

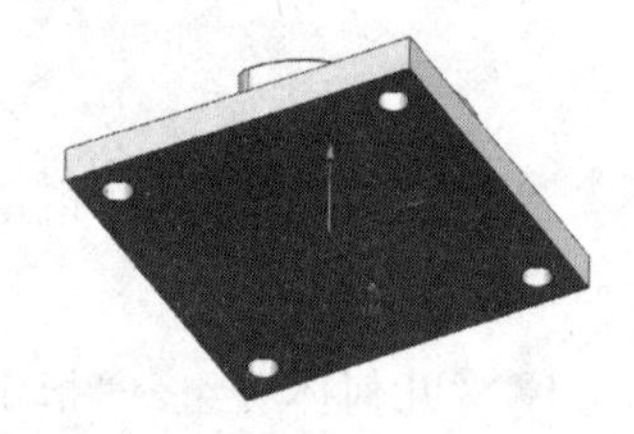

图 10-60　指定 MCS

☞ 定义部件几何体：双击“WORKPIECE”以编辑该组→单击“指定部件”→选择整个部件。

☞ 定义毛坯几何体：续接前面步骤→在“工件”对话框中单击“指定毛坯”→“几何体”→按图 10-61 操作→之后再隐藏毛坯→点“确定”返回。

曲面倒斜角-已建模倒斜角加工编程

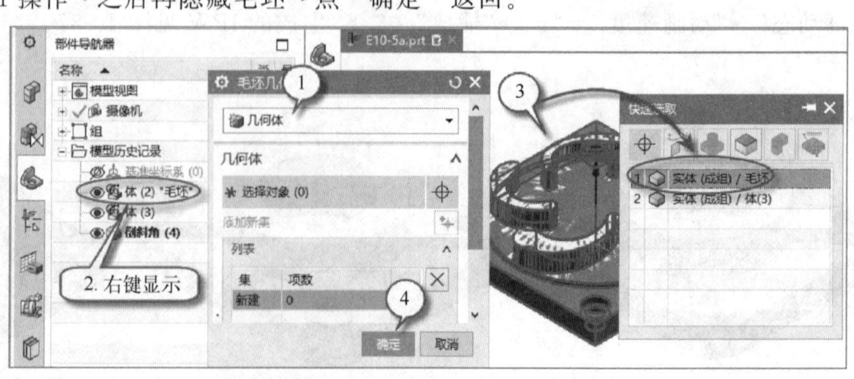

图 10-61　指定毛坯

☞“创建工序” 对话框→“类型”组→“mill_contour”→“工序子类型”组→“CONTOUR_AREA”。按图10-62操作。

☞“区域轮廓铣”对话框：“几何体”组→“指定切削区域”。见图10-63。

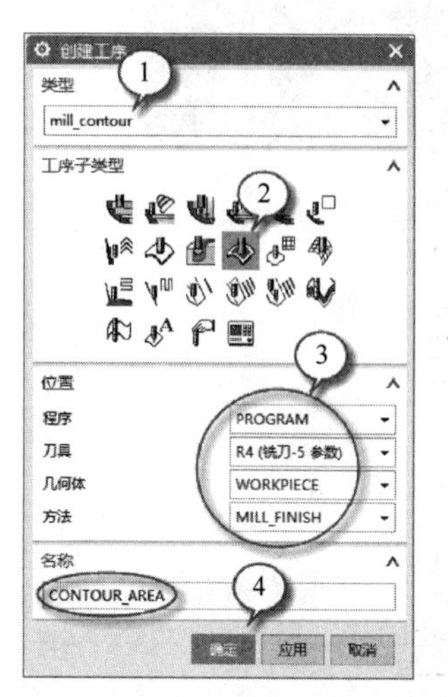

图 10-62 创建“区域轮廓铣”工序

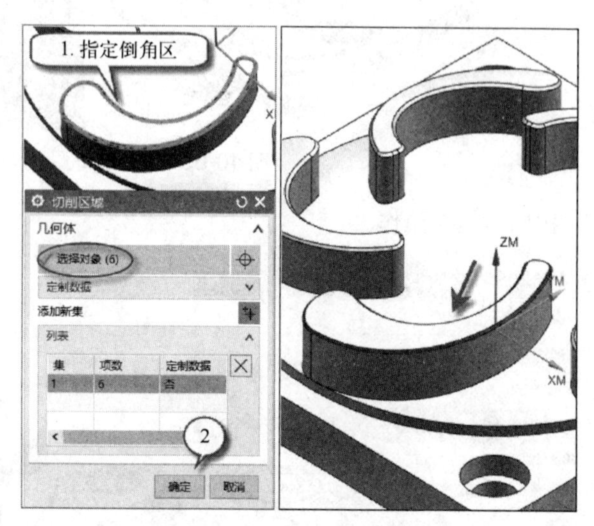

图 10-63 指定切削区域

☞“驱动方法”组→“方法”→“编辑” →“区域铣削驱动方法”对话框→“陡峭空间范围”组→“方法”=“非陡峭”→“驱动设置”组→“步距”=“恒定”→“最大距离”=“0.4mm”→“步距已应用”=“在部件上”→“确定”返回。见图10-64。

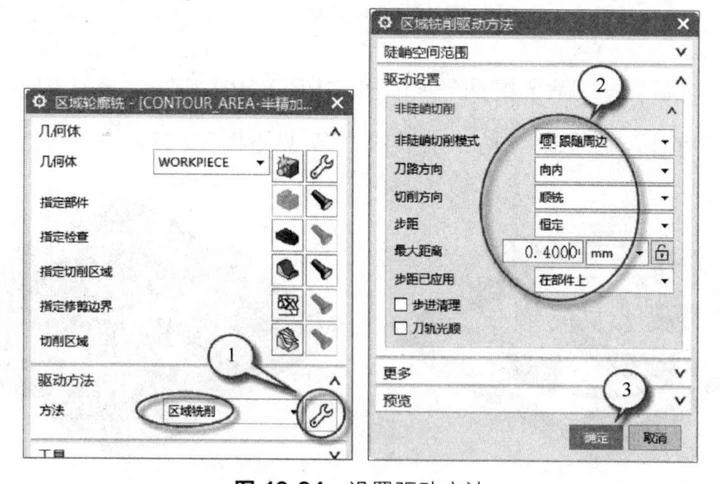

图 10-64 设置驱动方法

☞“操作”组→“生成刀轨” →“确认刀轨” →“2D动态”→“动画速度”=“1”→“播放” 。生成的刀轨和IPW见图10-65。

☞“确定”返回，保存工序。

下面复制刀轨到其余4个“岛”上。

☞工序导航器：在刚创建的工序“FIXED_CONTOUR”上“右键”→“对象”→“变

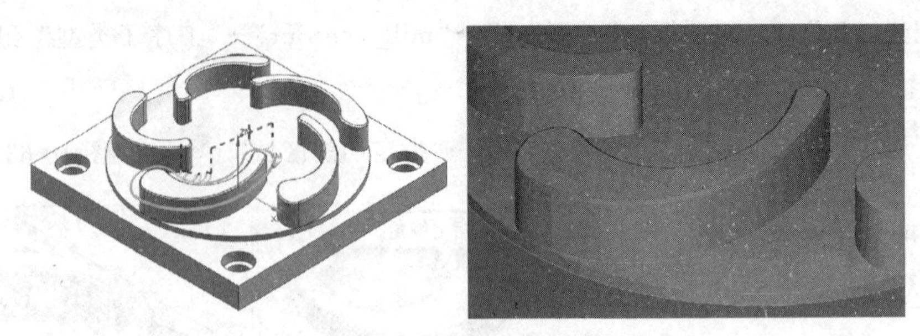

图 10-65 1个“岛”的刀轨和 IPW

换”，按图 10-66 操作。

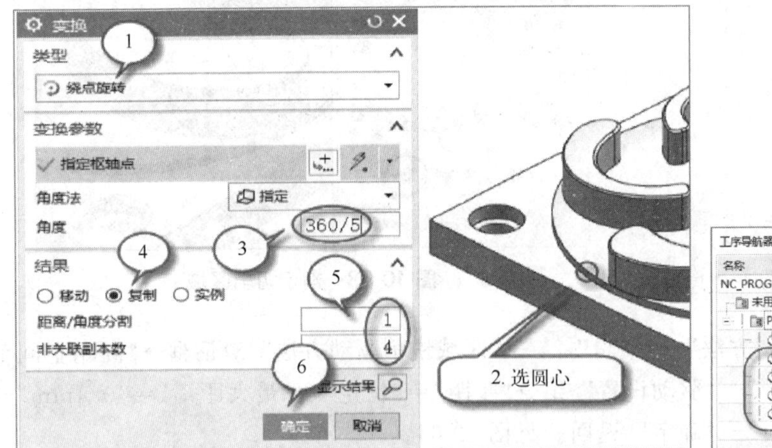

图 10-66 复制刀轨

☞ “工序导航器”→“程序视图”→单击“PROGRAM”→“确认刀轨”→“2D 动态”→“动画速度”=“1”→“播放”。生成的 IPW 见下图 10-67。

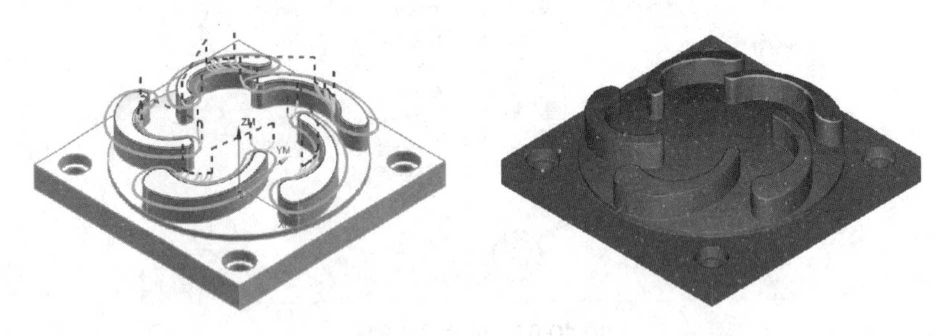

图 10-67 刀轨和 IPW

知识：复制刀轨在实际生产中经常使用，在前面所使用的“变换”功能里，还有一些类型可以选择。见图 10-68。

曲面倒斜角-未建模倒斜角加工编程

(2) 未建模倒斜角

图 10-69 是“E10-5b. prt”部件，工件顶面需要加工 C1 的倒斜角（未建模）。下面只创建倒斜角工序。

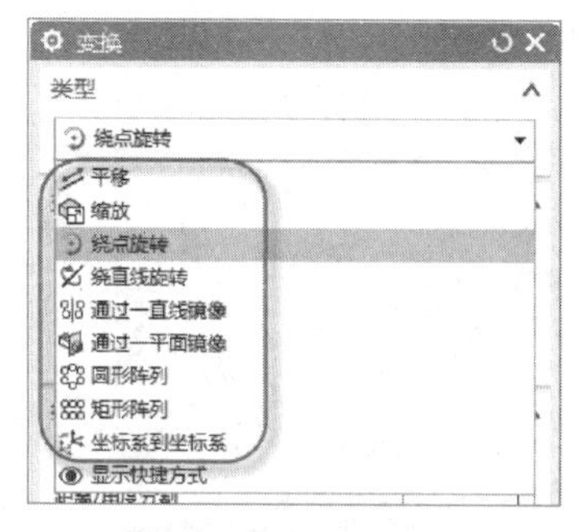

图 10-68 变换类型

图 10-69 “E10-5b”工件

☞ 打开本书提供的现成模型文件“E10-5b. prt”。

☞ 选择“应用模块”选项卡→“加工”。如果弹出“加工环境”对话框，选择“cam_general”和“mill_contour”。

☞ 在“主页选项卡”→“插入”组→“创建刀具”→“刀具子类型”→“CHAMFER_MILL”→创建名称为“C8X90”的倒斜铣刀，参数见图 10-70。

☞ 把工序导航器切换到几何视图（导航器中右键或者单击导航器上边的“几何视图”）：单击“MCS_MILL”前的加号“+”展开子项→双击“MCS_MILL”→“指定 MCS”→“自动判断”→工件底面中心→“动态”→调整 *ZM* 轴向上→“安全设置”用“自动平面”，“安全距离”=“10mm”→“确定”返回。图 10-71。

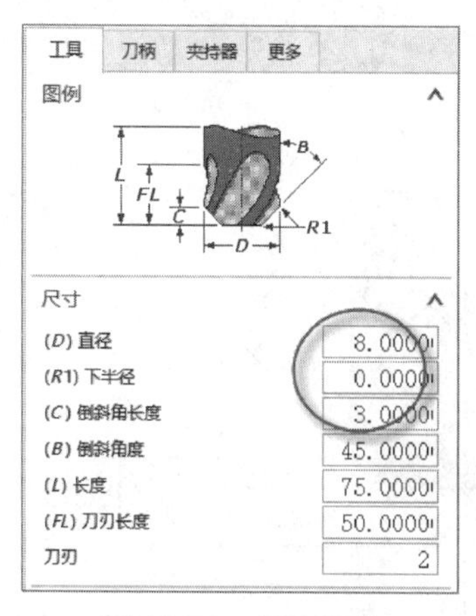

图 10-70 铣刀参数

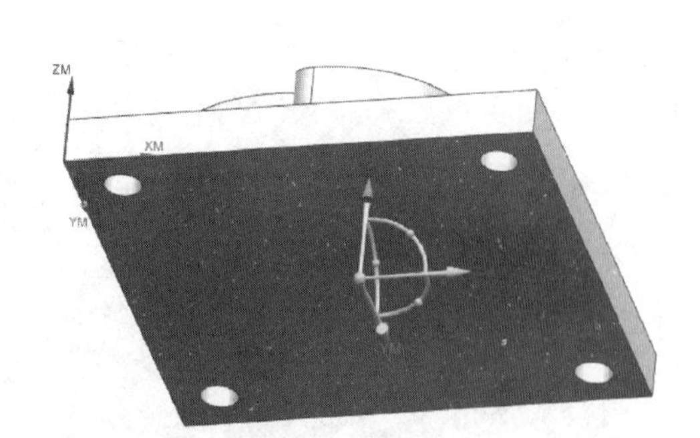

图 10-71 指定 MCS

☞ 定义部件几何体：双击“WORKPIECE”以编辑该组→单击“指定部件”→选择整个部件→“指定毛坯”→“几何体”→再次指定整个部件（自身为毛坯）→点“确定”返回。

☞“创建工序”对话框→“类型”组→“mill_contour”→“工序子类型”组→实体轮廓 3D“SOLID_PROFILE_3D”。按图 10-72 左图操作。

☞“实体轮廓 3D”工序对话框→“几何体”组→“指定壁”→指定一个“岛”的壁（知识：本工序只支持垂直的壁）→“刀轨设置”组→“部件余量”=“−2mm”→“跟随”=“壁

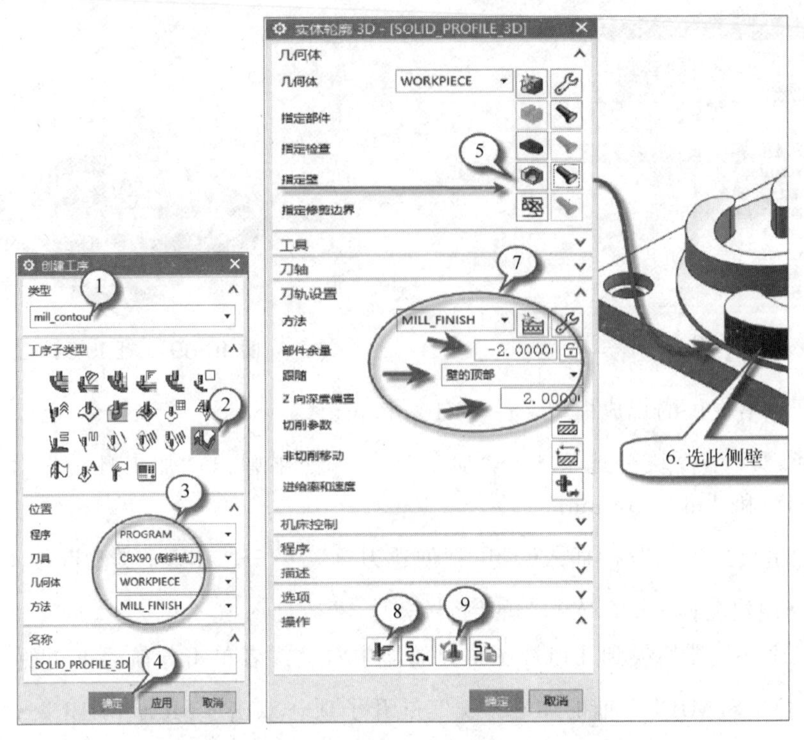

图 10-72 创建工序、指定壁、刀轨设置

的顶部”→“Z 向深度偏置”=“2mm”。操作步骤见图 10-72 右图。

☞ “操作”组→“生成刀轨”→“确认刀轨”→“2D 动态”→“动画速度”=“1”→“播放”。生成的刀轨见下图 10-73 左图。

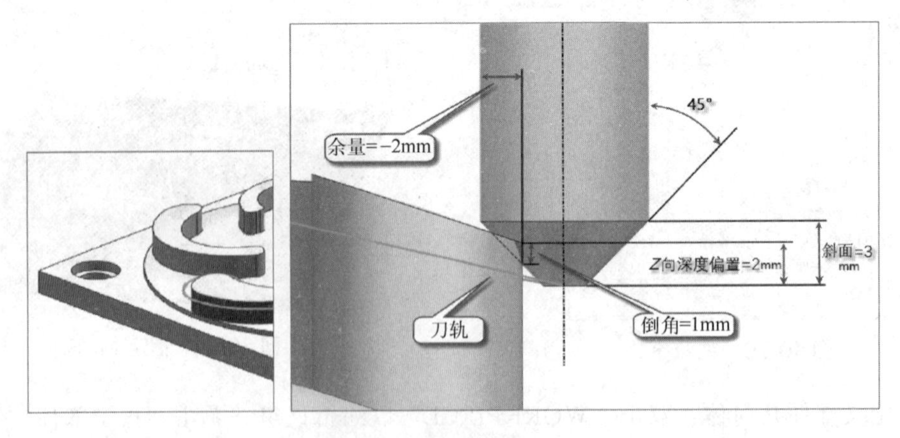

图 10-73 刀轨、倒角尺寸关系

知识：“部件余量”、“Z 向深度偏置”和倒斜角尺寸的关系见图 10-73 右图。

按前面方法复制刀轨到其余 4 个“岛”上。

☞ 工序导航器：在刚创建的工序“SOLID_PROFILE_3D”上“右键”→“对象”→“变换”，按前面图 10-66 操作。

☞ “工序导航器”→“程序视图”→单击“PROGRAM”→“确认刀轨”→“2D 动

态”→“动画速度”=“1” →“播放” ▶。生成的 IPW 见下图 10-74。

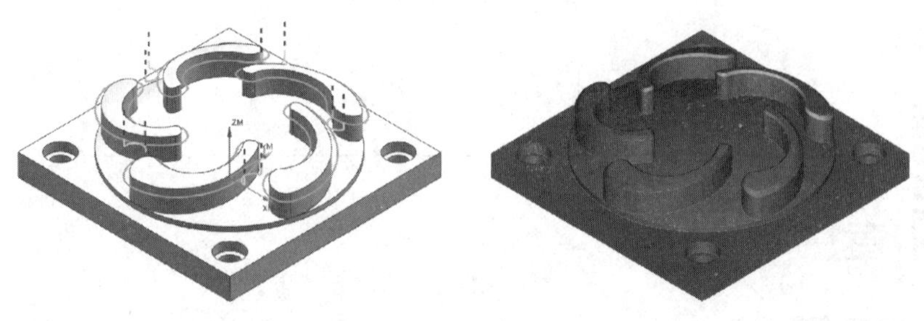

图 10-74 刀轨和 IPW

结果分析：见图 10-73 右图，倒角的实际尺寸较难计算，建议多次尝试逼近。这种方法的刀轨和操作都较简单，但是生成倒角的几何尺寸精度不高，尺寸也较难计算。实际操作注意：在使用倒斜铣刀时，最好使用刀刃中部，尽量避免使用尖部和根部。

训练题

(1) 试用“清根”相关工序对本书提供的题图 10-1 工件进行清根加工编程。

(2) 试用“清根”相关工序对本书提供的题图 10-2 工件进行清根加工编程。

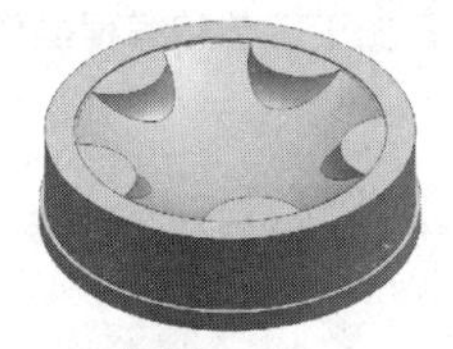

题图 10-1

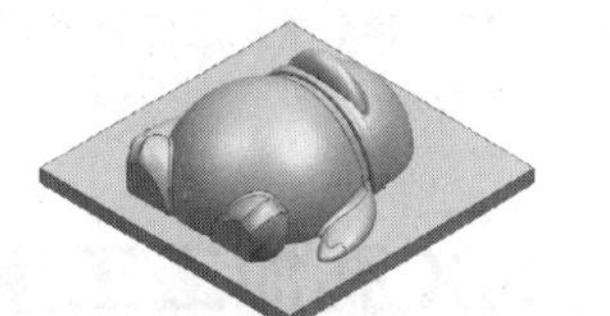

题图 10-2

(3) 题图 10-3 所示顶面未注倒角为 $C0.5$，试对其倒斜角进行加工编程。

(4) 试对题图 10-4 所示倒斜角（已经建模）进行加工编程。

题图 10-3

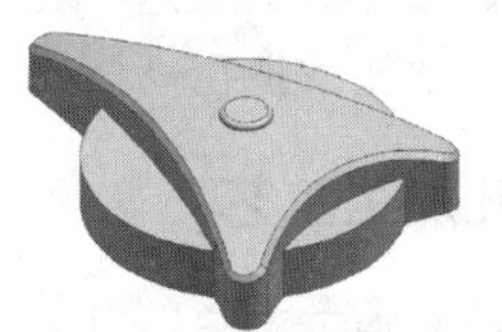

题图 10-4

第11章 钻孔加工

学习导引

钻孔加工（简称孔加工）是刀具快速移动到指定的加工位置，以切削进给速度加工到指定的深度，再以退刀速度退回到参考点（或初始平面高度）的一种加工类型。NX 孔加工编程功能可以编制出各种类型的孔加工程序，如中心孔、通孔、盲孔、沉孔、深孔等，其加工方式可以是钻孔、锪孔、铰孔、镗孔、攻丝等。

数控机床孔加工效率高、定位精度好，应用广泛。本章将介绍 NX 孔加工工艺和编程操作。

11.1 NX 孔加工工序编程

通过完成一个具有综合性孔特征工件来介绍钻孔工序编程，完成方式为先理论和工艺准备，后进行实操。先介绍数控孔加工工艺，再讲解孔加工工序，最后进行完整孔加工编程。操作过程：数控孔加工工艺→孔加工编程工序→创建孔加工工序实操（工序分析→编程预设→定心钻→钻孔→扩孔→铰孔→锪孔→攻丝→背孔攻丝→背孔锪孔）。

11.1.1 孔加工工艺

(1) 数控孔加工工艺

① 常用孔加工方式。钻孔加工如图 11-1。常用的孔加工方法和特点如下。

a. 钻孔：钻头的直径一般不超过 75mm，钻孔直径较大的孔时（$D \geqslant 30$mm）通常采用两次钻销，先用直径较小的钻头（终孔直径尺寸的 0.5～0.7 倍）先钻孔，再用孔径合适的钻头加工到所要求的直径。钻孔属粗加工，加工精度一般可以达到 IT11～IT13 级，表面粗糙度 Ra 值为 3.2～6.3μm。

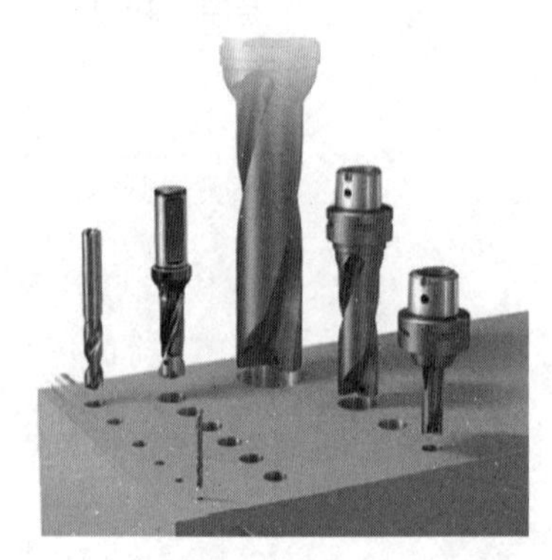

图 11-1 钻孔加工

b. 扩孔：用扩孔钻对已钻出的孔做进一步加工扩大零件孔径，可以作为精加工前的预加工，也可以作为精度要求不高的孔径最终加工。扩孔可达到的尺寸公差等级为 IT9～IT10，表面粗糙度值为 Ra2.5～6.3μm，属于孔的半精加工方法。

c. 铰孔：用铰刀对未淬火孔进行精加工。铰孔的加工精度一般可以达到 IT6～IT10 级，表面粗糙度 Ra 值为 0.4～1.6μm。

d. 镗孔：在镗床上利用回转运动，零件做进给运动，精度一般可以达到 IT7～IT10 级，表面粗糙度 Ra 值为 0.63～1.0μm。对于直径较大的孔，镗孔是最佳的方法。

按工艺用途分，孔有以下几种类型，如表 11-1。

表 11-1　钻孔工艺种类

序号	种类	特点	加工方法
1	中心孔	定心作用	钻中心孔
2	螺栓孔	孔径大小不一，精度较低	钻孔、扩孔、铣孔
3	工艺孔	孔径大小不一，精度较低	钻孔、扩孔、铣孔
4	定位孔	孔径较小，精度较高，表面质量高	钻孔＋铰孔
5	支承孔	孔径大小不一，精度较高，表面质量高	钻孔＋镗孔（钻孔＋铰孔）
6	沉头孔	精度较低	锪孔

孔的加工常用方法与步骤如表 11-2。

表 11-2　孔的加工方法与步骤

序号	加工方案	精度等级	表面粗糙度（Ra）/μm	适用范围
1	钻	11～13	50～12.5	加工未淬火钢及铸铁的实心毛坯，也可用于加工有色金属（但粗糙度较差），孔径＜15mm～20mm
2	钻—铰	9	3.2～1.6	
3	钻—粗铰（扩）—精铰	7～8	1.6～0.8	
4	钻—扩	11	6.3～3.2	同上，但孔径＞15mm～20mm
5	钻—扩—铰	8～9	1.6～0.8	
6	钻—扩—粗铰—精铰	7	0.8～0.4	
7	粗镗（扩孔）	11～13	6.3～3.2	除淬火钢外各种材料，毛坯有铸出孔或锻出孔
8	粗镗（扩孔）—半精镗（精扩）	8～9	3.2～1.6	
9	粗镗（扩）—半精镗（精扩）—精镗	6～7	1.6～0.8	

螺纹孔加工流程：钻螺纹底孔→倒角→攻丝。

深孔加工：孔深与孔径的比值为 5～10 的孔称为深孔。加工深孔一般用深孔钻工艺，深孔加工采取的常用方式有断屑钻与啄钻。

断屑钻：钻头进给一个递增深度后稍微退刀以断屑。从当前孔底部退回钻头时不要超过 0.3mm；或者定时停止钻削进给，同时使钻头仍然保持旋转，然后再继续钻削。

啄钻：按级进给递增距离钻入孔内再退到孔外进行排屑。

② 常用孔加工刀具。下面是常用的孔加工刀具，如图 11-2。

③ 孔加工切削用量和余量。孔加工切削用量主要包括主轴转速和进给速度等，常用孔加工方式、刀具和加工材料可查询金属切削手册相关内容来选择确定，也可用“第 4 章 加工工序与参数-4.2.6 进给率和速度”式 4-1、式 4-2 计算。

下面是手册中部分内容节选，如表 11-3、表 11-4、表 11-5。

(a) 麻花钻 (b) 定心钻

(c) 中心钻 (d) 绞刀

(e) 丝锥 (f) 螺纹铣刀

(g) 镗刀

(h) 锪刀(锪柱形埋头孔、阶梯孔等) (i) 倒角刀、埋头钻(锪锥形埋头孔、倒角等)

图 11-2 孔加工刀具

表 11-3 孔加工刀具切削用量

刀具名称	刀具材料	切削速度 v(m/min)	进给量 f/(mm/r)	背吃刀量 a_p/mm
中心钻	高速钢	20～40	0.05～0.10	0.5D
标准麻花钻	高速钢	20～40	0.15～0.25	0.5D
	硬质合金	40～60	0.05～0.20	0.5D
扩孔钻	硬质合金	45～90	0.05～0.40	≤2.5
机用铰刀	硬质合金	6～12	0.3～1	0.10～0.30
机用丝锥	硬质合金	6～12	P	0.5P
粗镗刀	硬质合金	80～250	0.10～0.50	0.5～2.0
精镗刀	硬质合金	80～250	0.05～0.30	0.3～1

高速钢钻头钻削不同材料的切削用量如下。

表 11-4 高速钢钻头钻削不同材料的切削用量（节选）

加工材料		硬度		切削速度 v/(m/min)	钻头直径 d/mm					钻头螺旋角/(°)	钻尖角/(°)
		布氏	洛氏		<3	3～6	6～13	13～19	19～25		
		HBS	HRB		进给量 f/(mm/r)						
碳钢	～0.25C	125～175	71～88	24	0.08	0.13	0.20	0.26	0.32	25～35	118
	～0.50C	175～225	88～98	20	0.08	0.13	0.20	0.26	0.32	25～35	118
	～0.90C	175～225	88～96	17	0.08	0.13	0.20	0.26	0.32	25～35	118
合金钢	0.12～0.25C	175～225	88～98	21	0.08	0.15	0.20	0.40	0.48	25～35	118
	0.30～0.65C	175～225	88～98	15～18	0.05	0.09	0.15	0.21	0.26	25～35	118
工具钢		196	94	18	0.08	0.13	0.20	0.26	0.32	25～35	118

硬质合金钻头钻削不同材料的切削用量如下。

表 11-5 硬质合金钻头钻削不同材料的切削用量（节选）

加工材料	抗拉强度 σ_b/MPa	硬度 HBS	钻头直径 d/mm				切削液
			5～10	11～30	5～10	11～30	
			进给量 f/(mm/r)		切削速度 v/(m/min)		
工具钢	1000	300	0.08～0.12	0.12～0.2	35～40	40～45	非水溶性切削油
	1800～1900	500	0.04～0.15	0.05～0.08	8～11	11～14	
	2300	575	<0.02	<0.03	<6	7～10	
镍铬钢	1000	300	0.08～0.12	0.12～0.2	35～40	40～45	
	1400	420	0.04～0.05	0.05～0.08	15～20	20～25	
铸钢	500～600	—	0.08～0.12	0.12～0.2	35～38	38～40	
不锈钢	—	—	0.08～0.12	0.12～0.2	25～27	27～35	
耐热钢	—	—	0.01～0.05	0.05～0.1	3～6	5～8	

孔加工各种方法的加工余量一般按孔径和工序进行选取，常用的孔加工余量选取值如表 11-6。

表 11-6 孔加工余量

加工孔的直径/mm	直径/mm							
	钻		粗加工		半精加工		精加工(H7、H8)	
	第一次	第二次	粗镗	或扩孔	粗铰	或半精镗	精铰	或精铰
3	2.9	—	—	—	—	—	3	—
4	3.9	—	—	—	—	—	4	—
5	4.8	—	—	—	—	—	5	—
6	5.0	—	—	5.85	—	—	6	—
8	7.0	—	—	7.85	—	—	8	—
10	9.0	—	—	9.85	—	—	10	—
12	11.0	—	—	11.85	11.95	—	12	—
13	12.0	—	—	12.85	12.95	—	13	—
14	13.0	—	—	13.85	13.95	—	14	—
15	14.0	—	—	14.85	14.95	—	15	—
16	15.0	—	—	15.85	15.95	—	16	—
18	17.0	—	—	17.85	17.95	—	18	—
20	18.0	—	19.8	19.8	19.95	19.90	20	20
22	20.0	—	21.8	21.8	21.95	21.90	22	22
24	22.0	—	23.8	23.8	23.95	23.90	24	24
25	23.0	—	24.8	24.8	24.95	24.90	25	25
26	24.0	—	25.8	25.8	25.95	25.90	26	26
28	26.0	—	27.8	27.8	27.95	27.90	28	28
30	15.0	28.0	29.8	29.8	29.95	29.90	30	30
32	15.0	30.0	31.7	31.75	31.93	31.90	32	32
35	20.0	33.0	34.7	34.75	34.93	34.90	35	35
38	20.0	36.0	37.7	37.75	37.93	37.90	38	38
40	25.0	38.0	39.7	39.75	39.93	39.90	40	40
42	25.0	40.0	41.7	41.75	41.93	41.90	42	42
45	30.0	43.0	44.7	44.75	44.93	44.90	45	45
48	36.0	46.0	47.7	47.75	47.93	47.90	48	48
50	36.0	48.0	49.7	49.75	49.93	49.90	50	50

④ 孔加工导入量与超越量。孔加工导入量（图 11-3 中 ΔZ）是指在孔加工中刀具自快进转为工进时，刀尖点与孔所在上表面间的距离，通常取 2～5mm。超越量（图 11-3 中

$\Delta Z'$）通常选取方法：钻通孔时选取 $Z_p=1\sim3$mm（Z_p 为钻尖高度，通常取 0.3 倍钻头直径），铰通孔时选取 3～5mm，镗通孔时选取 1～3mm。

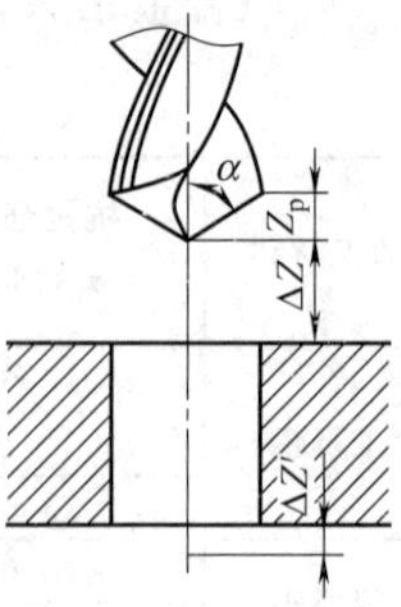

图 11-3 导入量与超越量

(2) 孔加工固定循环指令

数控系统对常用的孔加工中几个固定连续的动作使用一个指令来执行，这个指令就是孔加工固定循环指令。

① 孔加工固定循环指令动作构成。孔加工固定循环指令通常由下述 6 个动作构成，如图 11-4 所示。图中实线表示切削进给（工进），虚线表示快速进给（快进）。

a. 沿 X、Y 轴快速定位至孔中心位置；

b. 沿 Z 轴快速运动到靠近孔上方的安全高度平面 R 点（参考点）；

c. 孔加工（工作进给）；

d. 在孔底部的动作；

e. 退回到 R 点（参考点）或初始平面高度；

f. 快速返回到初始点位置。

固定循环的平面如图 11-5。

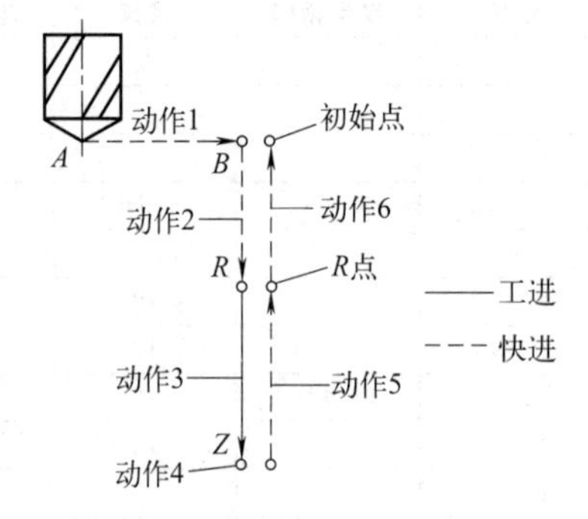

图 11-4 固定循环动作

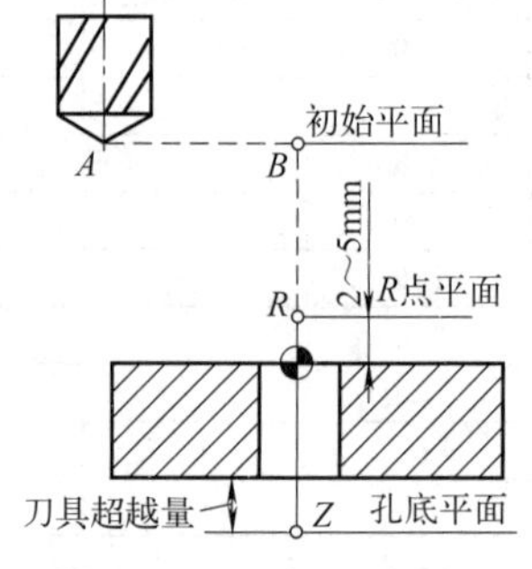

图 11-5 固定循环平面

a. 初始平面：为安全下刀而规定的一个平面。

b. R 点平面：又叫 R 参考平面。刀具下刀时自快进转为工进的高度平面。

c. 孔底平面：加工盲孔时孔底平面就是孔底的 Z 轴高度；加工通孔时，除了考虑孔底平面的位置外还要考虑刀具的超越量。

② 常用孔加工固定循环指令有 G73、G74、G76、G80～G89 等，常用的孔加工固定循环指令如表 11-7。

表 11-7 常用孔加工固定循环指令

G 代码	加工动作	孔底部动作	退刀动作	用途
G80	—	—	—	取消固定循环
G81	切削进给	—	快速进给	钻孔
G82	切削进给	暂停	快速进给	钻孔与锪孔
G73	间歇进给	—	快速进给	钻深孔
G83	间歇进给	—	快速进给	钻深孔
G85	切削进给	—	切削进给	镗孔、扩孔、铰孔
G84	切削进给	暂停、主轴反转	切削进给	攻右螺纹
G74	切削进给	暂停、主轴正转	切削进给	攻左螺纹

续表

G代码	加工动作	孔底部动作	退刀动作	用途
G86	切削进给	主轴停	快速进给	镗孔
G88	切削进给	暂停、主轴停	手动	镗孔
G89	切削进给	暂停	切削进给	镗孔
G76	切削进给	主轴准停、刀具移位	快速进给	精镗孔
G87	切削进给	刀具移位、主轴正转	快速进给	反镗孔

③ 对应 NX 孔加工固定循环类型。在 NX 孔加工工序模板中对应的固定循环类型如图 11-6，每种循环类型中可设置上述相应参数。

(3) 常用孔加工编程方法

新版 NX 可以用如下三种方式进行孔加工。

①“hole_making”工序。NX 新版软件一般采用“hole_making”工序进行孔加工，如图 11-7。

②“drill”钻孔工序。如图 11-8，这是旧版本 NX 的钻孔工序，操作较简单直观，很多编程者习惯使用它。旧版的“drill”模板在新版软件中为默认为隐藏状态，需要使用时需要激活。

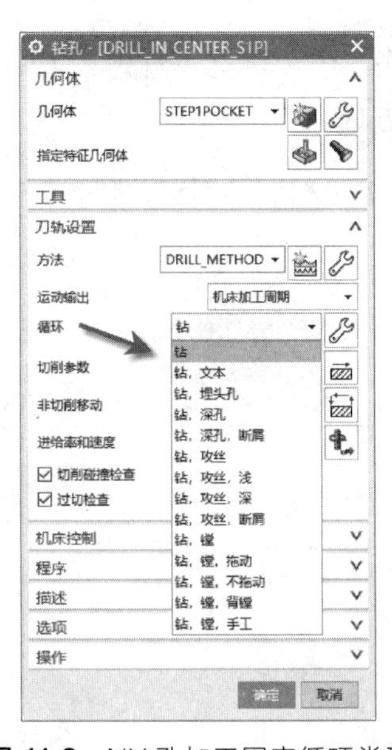

图 11-6　NX 孔加工固定循环类型

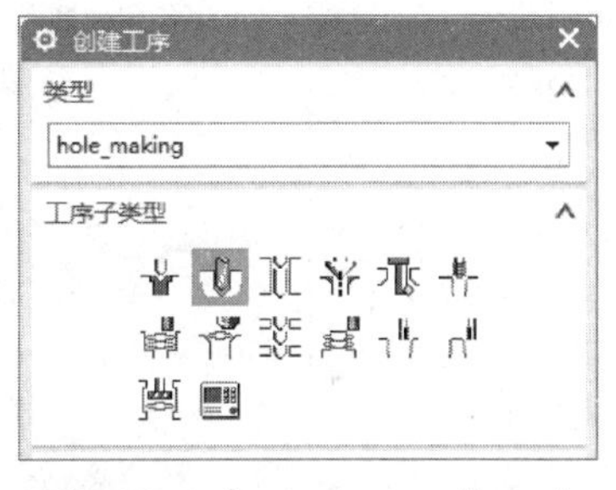

图 11-7　“hole_making”工序

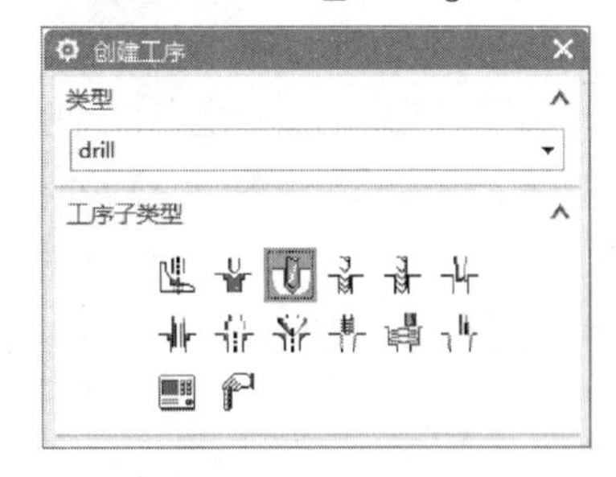

图 11-8　“drill”工序

③“识别特征”方法孔加工。NX 用“参数化识别”功能自动查找各种特征孔，根据孔的特征和参数自动配备刀具创建钻孔等工序。

11.1.2　NX 孔加工工序“hole_making”及选项

(1)“hole_making”工序

“hole_making”工序类型说明见前面“第 5 章 加工工序种类及应用”的“5.3 孔、凸台和螺纹铣工序简介”。“hole_making”工序参见图 11-7，工序位置如下。

✓“应用模块”→“加工”；

✓通过命令查找器："创建工序"；

✓在对话框中的位置："创建工序"对话框→"类型"组→"hole_making"。

(2) 孔加工工序部分特定选项

① 几何体。孔加工工序可以指定的几何体：特征几何体。

常用以下几种方式定义孔加工几何体。

a. 工序内定义：是最简单的方法，为每个操作选择孔几何体。用于具有简单几何形状且需要少量操作的零件。

b. "HOLE_BOSS_GEOM"父级几何体：定义一个或多个父级几何体来减少选择步骤，适用具有较复杂度且需要钻孔操作次数多的零件。

c. 特征组：查找特征并将相似特征放置在特征组几何父项中以减少几何体选择步骤，提高效率，用于具有复杂孔几何形状的零件。

②"特征几何体"对话框。"特征几何体"对话框常用选项如表11-8。

表11-8 "特征几何体"对话框常用选项

选项		说明
"公共参数"组	"过程工件"	局部、使用3D
	"加工区域"	可以指定距离值、刀具直径的百分比或凹槽长度的百分比  FACES_CYLINDER_1　FACES_CYLINDER_2　使用预定义深度 "切削参数-刀具驱动点"： 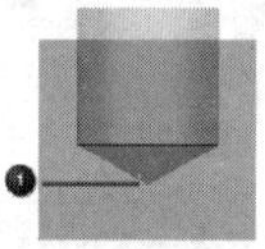 SYS_CL_TIP 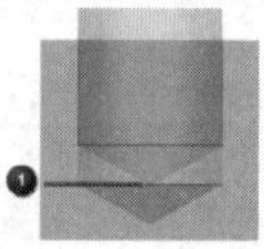　SYS_CL_SHOULDER
"特征"组	"深度限制"	通孔、盲孔
	"预览"	"显示"：在不生成操作的情况下预览孔顺序以查看加工顺序 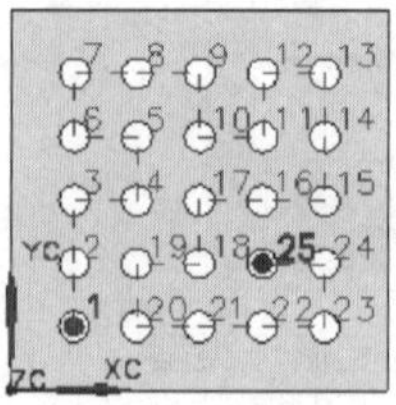
"序列"组	"优化"	"最近的"：移动到下一个最近位置的路径。 "最短刀轨"：创建一条总距离最短的路径。 "主方向"：最大程度地减少刀具行程。NX会保持过渡运动，平行于指定为主要阵列方向的轴或矢量 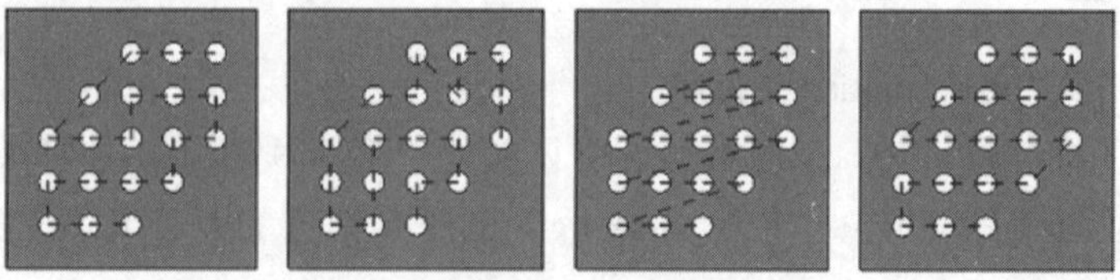 最近的　最短刀轨　之字形　弓字形

③“循环参数”对话框。“循环参数”对话框相关选项如表11-9。

表11-9　“循环参数”对话框常用选项

选项	说明	
“切削条件”组	“Cam状态”	为没有可编程Z轴的机床指定刀具深度的预设Cam停止位置
	“驻留在钻孔深度”	驻留模式如下。 “关”：表示刀具送到指定深度后不发生驻留。 “秒”：允许输入以秒表示的驻留值。 “转”：允许输入所需的驻留值，以主轴转数为单位
	“步进”	深度增量如下。 “恒定”：对于每个孔，输出小于最大距离值的相等步长增量。特定孔的确切增量值取决于孔深。 “多重变量”：指定步数和通过的距离。第一行定义从孔顶部开始的一个或多个台阶。随后的行定义了朝向孔底的附加步骤。如果指定的总深度超过要钻孔的深度，NX将修剪台阶。 “精确”：输出所有孔的单步增量值。每个孔最后一步可能小于步长增量。 用户定义：可用于旧循环定义。将每个孔的指定值不加修改地传递给循环定义。默认情况下，深度循环允许三步

④ 切削参数。“切削参数”对话框相关选项如表11-10。

表11-10　“切削参数”选项

选项	说明	
“策略”组“延伸刀轨”	“顶偏置”	距离
	“底偏置”	距离
	“Rapto偏置”	距离　自动

图11-9是孔加工编程示意图：使用“钻深孔”子工序的“带断屑钻”循环进行钻孔。

“切削参数”：“顶部偏置”＝“4mm”；

“循环参数”：“步距安全距离”＝“2mm”；“步进退刀”＝“5mm”；“次数”＝“3”；“深度增量”＝“恒定”；“最大距离”＝“20mm”。

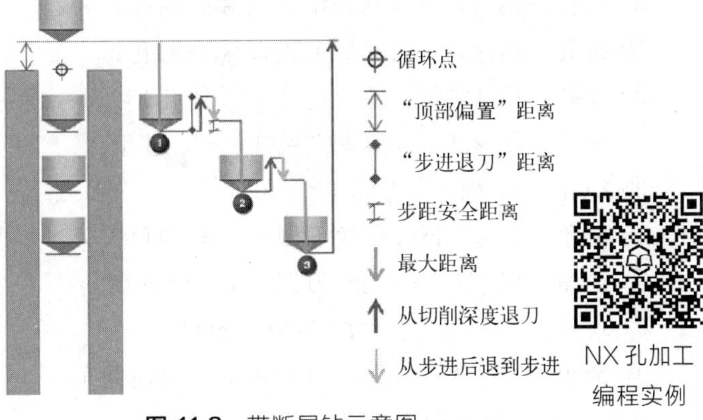

图11-9　带断屑钻示意图

11.1.3　NX孔加工编程实例

(1) 工件工序分析

如图11-10所示的固定板(数模文件E11-1.prt)，底平面和侧面已经在前面工序完成加工。本次工作是加工固定板的 4×ϕ25 沉头通孔、2×ϕ12 销孔、2×M20 螺钉孔和中间 ϕ50 通孔，ϕ12 销孔需要钻孔后铰孔，M20 螺钉孔需要钻孔后攻丝，ϕ50 通孔精度要求较高，需要钻、扩、镗。零件材料为 45 钢，单件生产。

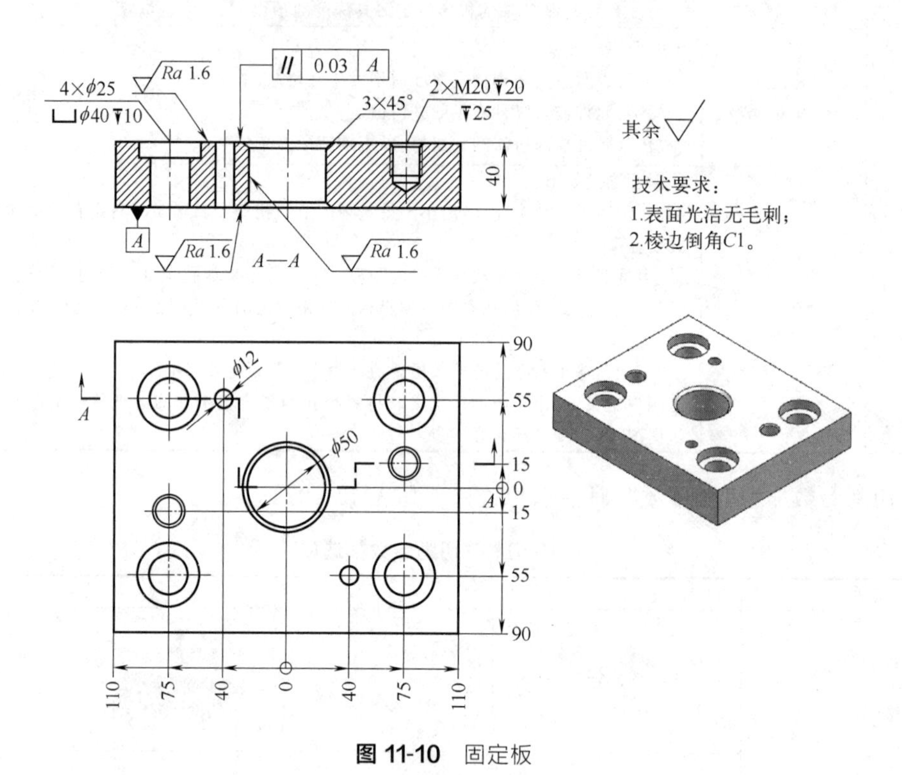

图 11-10 固定板

用压板加垫块装夹和定位，Z 轴原点设定在工件顶面中心。

根据工艺分析和查阅相关工艺手册，确定加工工艺过程如下。

① 点钻：用 ϕ12mm 定心钻给所有孔位打定位孔；

② 钻孔：用 ϕ17.5mm 麻花钻钻 2×M20 孔；

③ 钻孔：用 ϕ11.7mm 麻花钻钻 2×ϕ12 孔；

④ 铰孔：用 ϕ12mm 铰刀对 2×ϕ12 铰孔加工（配合 H7）；

⑤ 钻孔：用 ϕ38mm 麻花钻扩钻 ϕ50 孔（孔径超过 30 需要两次钻削）；

⑥ 钻孔：用 ϕ48mm 麻花钻扩钻 ϕ50 通孔；

⑦ 镗孔：用 ϕ49.8mm 镗刀粗镗 ϕ50 通孔；

⑧ 镗孔：用 ϕ50mm 镗刀精镗 ϕ50 通孔；

⑨ 钻孔：用 ϕ25mm 麻花钻钻 4×ϕ25 通孔；

⑩ 锪孔：用 ϕ40 锪刀锪 4×ϕ40 沉孔；

⑪ 倒角：用 ϕ60mm 倒角刀倒 ϕ50 孔倒角；

⑫ 倒角：用 ϕ60mm 倒角刀倒 2×M20 孔倒角；

⑬ 攻丝：用 M20 丝锥攻 2×M20 螺纹孔；

⑭ 倒角：用 ϕ60mm 倒角刀倒 ϕ50 孔反面倒角。

工序卡与刀具卡如表 11-11、表 11-12。

表 11-11 数控加工工序卡片

单位		产品名称（代号）			零件名称		图号	
					固定板			
工序图		车间			使用设备			
		工艺序号			程序编号			
		夹具名称			夹具编号			
工步号	**工步作业内容**	**加工面**	**刀具号**	**刀补量**	**主轴转速 /(r/min)**	**进给速度 /(mm/min)**	**背吃刀量 /mm**	**备注**
1	打定位孔（全部孔）		T01		1600	80		
2	钻 2×M20 底孔		T02		350	70		
3	钻 2×ϕ12 底孔		T03		530	100		
4	2×ϕ12 铰孔		T04		230	110		
5	钻 ϕ50 通孔底孔		T05		90	90		
6	扩钻 ϕ50 通孔		T06		70	75		
7	粗镗 ϕ50 通孔		T07		1000	300		
8	精镗 ϕ50 通孔		T08		1000	180		
9	钻 4×ϕ25 通孔		T09		250	80		
10	锪 4×ϕ40 沉孔		T10		120	150		
11	倒 ϕ50 孔倒角		T11		50	110		
12	倒 2×M20 孔倒角		T11		80	100		
13	攻 2×M20 螺纹孔		T12		140	300		
14	倒 ϕ50 孔反面倒角		T10		50	110		
编制	审核	批准			年 月 日	共 页		第 页

注：内容和参数根据表 11-4、表 11-5、表 11-6 和公式 4-1、4-2 等来确定。

注意：实际加工需根据刀具说明和机床情况等实际条件来调整确定。倒角进给量和切削速度一般取钻孔的 2～3 倍和 1/3～1/2。扩孔进给量和切削速度一般取钻孔的 1.5～2 和 1/2。铰孔时为避免薄屑使铰刀产生震动，铰刀转速通常取钻头转速的一半或以下。

表 11-12 数控加工刀具卡片

产品名称（代号）				零件名称	固定板	图号	
序号	**刀具号**	**刀具规格名称**		**数量**	**加工面**	H	D
1	T01	ϕ12mm	定心钻	1			
2	T02	ϕ17.5mm	麻花钻	1			
3	T03	ϕ11.7mm	麻花钻	1			
4	T04	ϕ12mm	铰刀	1			
5	T05	ϕ38mm	麻花钻	1			
6	T06	ϕ48mm	麻花钻	1			
7	T07	ϕ49.8mm	镗刀	1			
8	T08	ϕ50mm	镗刀	1			
9	T09	ϕ25mm	麻花钻	1			
10	T10	ϕ40mm	锪刀	1			
11	T11	ϕ60mm	倒角刀	1			
12	T12	M20	丝锥	1			
编制		审核		批准	年 月 日	共 页	第 页

(2) 编程预设置

① 导入工件并进入加工环境。

☞ 打开本书提供的现成模型文件“E11-1.prt”，见图 11-10。

☞ 选择“应用模块”选项卡→“加工” 。如果弹出“加工环境”对话框，选择“cam_general”和“hole_making”。

② 创建刀具。

☞ 在“主页选项卡”→“插入”组→“创建刀具” 。弹出“创建刀具”对话框。如图 11-11。

对话框中圈出的常用钻刀如表 11-13。

☞ 按照“表 11-12 数控加工刀具卡片”创建 12 把钻刀，按下面列表命名刀具名称和设置参数。如表 11-14。

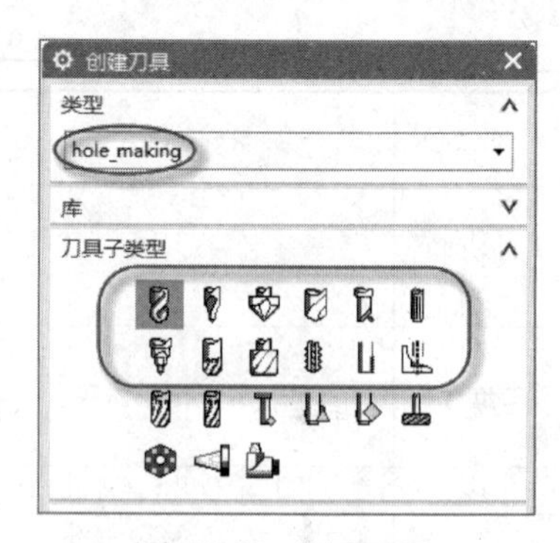

图 11-11 创建刀具

表 11-13 常用钻刀

图标及名称	图标及名称
STD_DRILL:麻花钻	CENTERDRILL:中心钻
COUNTER_SINK:埋头钻	SPOT_DRILL:定心钻
BORE:镗刀	REAMER:铰刀
STEP_DRILL:阶梯钻(锪刀)	CORE_DRIL:空心钻
COUNTER_BORE:沉孔钻	TAP:丝锥
THREAD_MILL:螺纹铣刀	SPOT_FACING:锪刀

表 11-14 创建钻刀

钻刀及命名	参数	钻刀及命名	参数
类型:定心钻 刀具号:1 名称:SPOT_DR12	尺寸 (D) 直径 12.0000 (PA) 刀尖角度 90.0000 (PL) 刀尖长度 6.0000 (L) 长度 102.0000 刀刃 2	类型:麻花钻 刀具号:2 刀具名:DR17.5	尺寸 (D) 直径 17.5000 (PA) 刀尖角度 118.0000 (PL) 刀尖长度 5.2575 (CR) 拐角半径 0.0000 (L) 长度 191.0000 (FL) 刀刃长度 130.0000 刀刃 2
类型:麻花钻 刀具号:3 刀具名:DR11.7	尺寸 (D) 直径 11.7000 (PA) 刀尖角度 118.0000 (PL) 刀尖长度 3.5150 (CR) 拐角半径 0.0000 (L) 长度 151.0000 (FL) 刀刃长度 101.0000 刀刃 2	类型:铰刀 刀具号:4 刀具名:RE12	尺寸 (D) 直径 12.0000 (ND) 颈部直径 8.0000 (TL) 刀尖长度 1.0000 (B) 锥角 0.0000 (TDD) 锥度直径距离 0.0000 (L) 长度 100.0000 (FL) 刀刃长度 50.0000 刀刃 2
类型:麻花钻 刀具号:5 刀具名:DR38	尺寸 (D) 直径 38.0000 (PA) 刀尖角度 118.0000 (PL) 刀尖长度 11.4163 (CR) 拐角半径 0.0000 (L) 长度 349.0000 (FL) 刀刃长度 200.0000 刀刃 2	类型:麻花钻 刀具号:6 刀具名:DR48	尺寸 (D) 直径 48.0000 (PA) 刀尖角度 118.0000 (PL) 刀尖长度 14.4206 (CR) 拐角半径 0.0000 (L) 长度 369.0000 (FL) 刀刃长度 220.0000 刀刃 2

续表

钻刀及命名	参数	钻刀及命名	参数
类型：镗刀 刀具号：7 刀具名：BO49.8	尺寸 (D)直径 49.8000 (ND)颈部直径 30.0000 (CR)拐角半径 0.0000 (L)长度 100.0000	类型：镗刀 刀具号：8 刀具名：BO50	尺寸 (D)直径 50.0000 (ND)颈部直径 30.0000 (CR)拐角半径 0.0000 (L)长度 100.0000
类型：麻花钻 刀具号：9 刀具名：DR25	尺寸 (D)直径 25.0000 (PA)刀尖角度 118.0000 (PL)刀尖长度 7.5107 (CR)拐角半径 0.0000 (L)长度 151.0000 (FL)刀刃长度 75.0000 刀刃 2	类型：沉孔钻 刀具号：10 刀具名：COB40	尺寸 (D)直径 40.0000 (CR)拐角半径 0.0000 (PD)前导直径 25.0000 (PL)前导长度 25.0000 (L)长度 100.0000 (FL)刀刃长度 40.0000 刀刃 2
类型：埋头钻 刀具号：11 刀具名：COS60	尺寸 (D)直径 60.0000 (IA)夹角 90.0000 (TD)刀尖直径 0.0000 (L)长度 110.0000 刀刃 2	类型：丝锥 刀具号：12 刀具名：TAP20	尺寸 (D)直径 20.0000 (ND)颈部直径 12.0000 (IA)夹角 90.0000 (TD)刀尖直径 16.0000 (TL)刀尖长度 2.0000 (B)锥角 0.0000 (TDD)锥度直径距 0.0000

③ 调整加工坐标系。

☞ “工序导航器”切换到“几何视图”(导航器中右键或者单击导航器上边的“几何视图”)→单击 MCS 前的加号“+”展开子项→双击 MCS。

☞ “指定 MCS” →“自动判断”→选上表平面→点“确定”返回。

☞ “MCS”对话框中→单击“确定”退出。定义安全平面使用默认暂不设定。

④ 定义几何体。

☞ 定义部件几何体：双击“WORKPIECE”→单击“指定部件” →选择图形区的工件→单击“确定”返回。

☞ 定义毛坯几何体：续接前面步骤，在“工件”对话框中单击“指定毛坯” →列表中选“包容块”(其它参数用默认)→点“确定”返回。

(3) 用 ϕ12mm 定心钻给所有孔位打定位孔

☞ “创建工序”对话框→“类型”组→“hole_making”→“工序子类型”组→“SPOT _ DRILLING” →名称：“SPOT _ DRILLING-定位孔”(由于工序较多，这里为讲解方便如此命名)。如图 11-12。

工序图示及说明如表 11-15。

☞ “定心钻”工序对话框：在“几何体”组→“指定特征几何体” →按图 11-12 操作。

☞ 列表中可看到 9 个孔特征，“深度”默认为“3mm”→“序列”组：“优化”=“最短刀轨→“重新排序列表” →点“确定”返回。注：可单击“深度” 解锁修改。

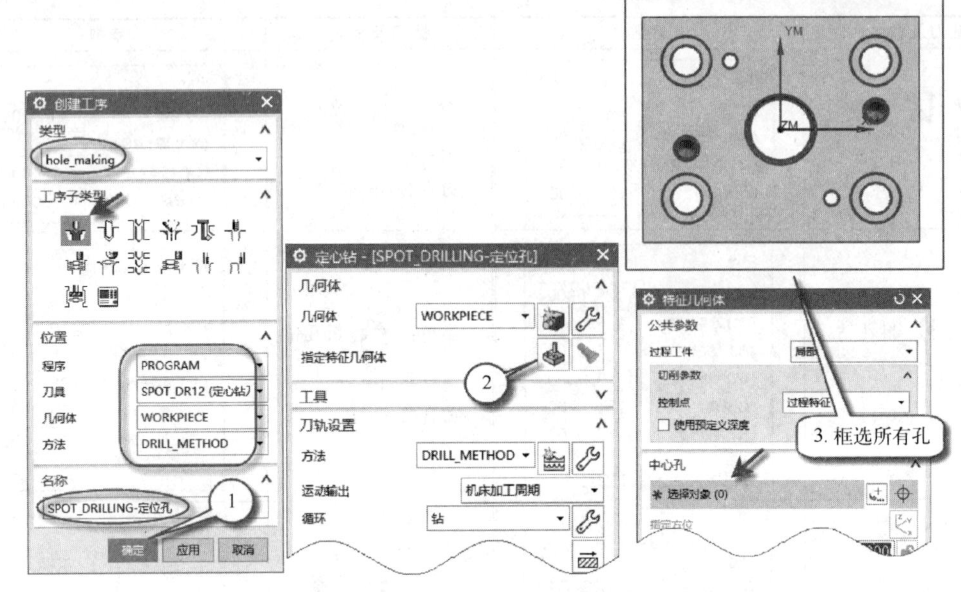

图 11-12 创建工序、指定特征几何体

表 11-15 “定心钻（SPOT_DRILLING）”

图示	说　明
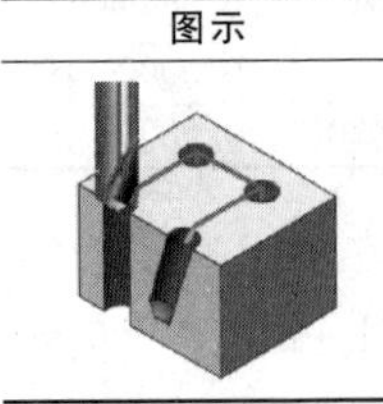	“定心钻 SPOT_DRILLING” 建议工序：最先钻定位孔以确保后续钻孔时不会发生偏离。 操作：工序模板中特征几何体中有指定的默认深度值

☞“工序对话框”的“刀轨设置”组：“进给率和速度”→按“表 11-11 数控加工工序卡片”输入“主轴速度”=“1600r/min”、“进给率-切削”=“80mm/min”→单击“确定”。

☞单击“生成刀轨”→“确认刀轨”→“3D 动态”→“动画速度”=“1”→单击“播放”→单击“确定”退出。刀轨和仿真结果如图 11-13。

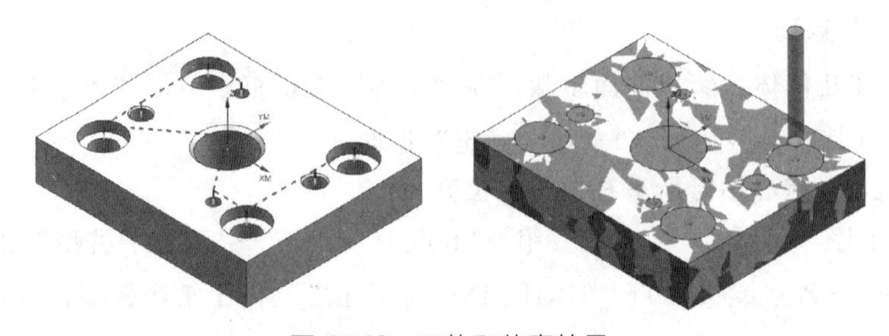

图 11-13 刀轨和仿真结果

（4）用 ϕ17.5mm 麻花钻钻 2×M20 孔

进行后面工序。先分组创建孔几何体。实际生产中，孔一般是按类型分组出现的，为了不重复选孔操作和避免选错，可以先分组创建孔几何体。

☞工序导航器切换到“几何视图”→“主页”工具条“创建几何体”→按图 11-14 操作。注意是在“WORKPIECE”下创建。

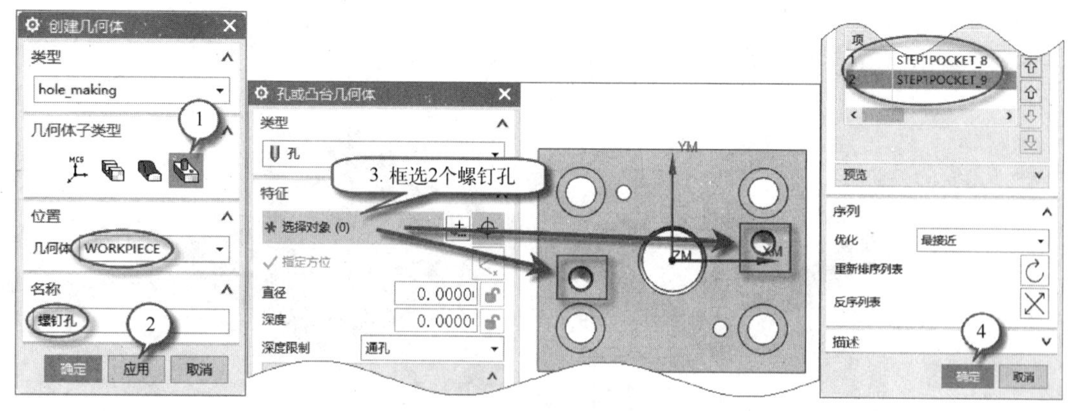

图 11-14 创建孔几何体

☞ 按上面方法操作，分别创建出如图 11-15 的 4 个孔几何体。

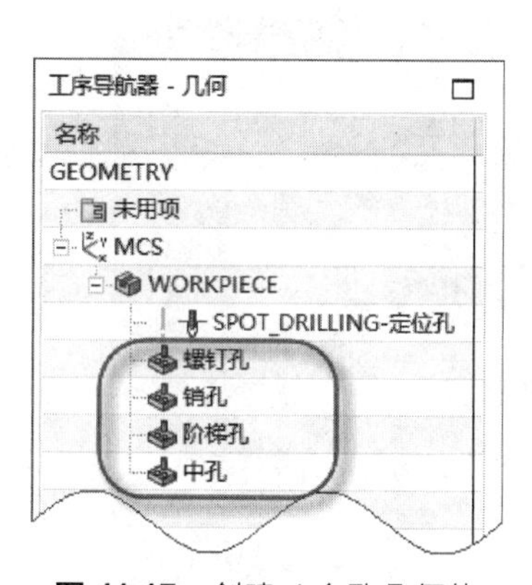

图 11-15 创建 4 个孔几何体

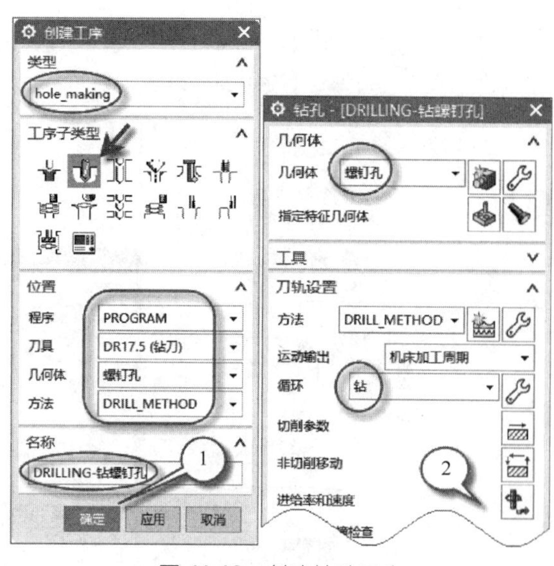

图 11-16 创建钻孔工序

☞ 工序导航器切换到“程序视图”→“主页”工具条“创建工序”，如图 11-16→“类型”组→“hole_making”→“工序子类型”组→“DRILLING”→名称：“DRILLING-钻螺钉孔”。工序图示及说明如表 11-16。

表 11-16 “钻孔（DRILLING）”

图示	说 明
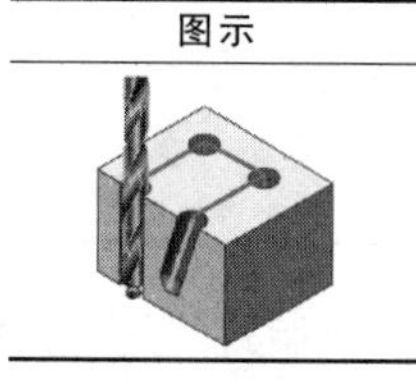	“钻孔 DRILLING” 建议工序：通用工序，可以通过“循环”实现其它类型钻加工。 默认情况下，使用一个基本的钻机循环进行钻加工

☞ “工序对话框”的“刀轨设置”组：“进给率和速度”→按“表 11-11 数控加工工序卡片”输入“主轴速度”=“350r/min”、“进给率-切削”=“70mm/min”→点“确定”返回。其它参数取默认值即可。

☞ 单击“生成刀轨”→“确认刀轨”→“3D 动态”→“动画速度”=“1”→单击“播放”→单击“确定”退出。刀轨和仿真结果如图 11-17。

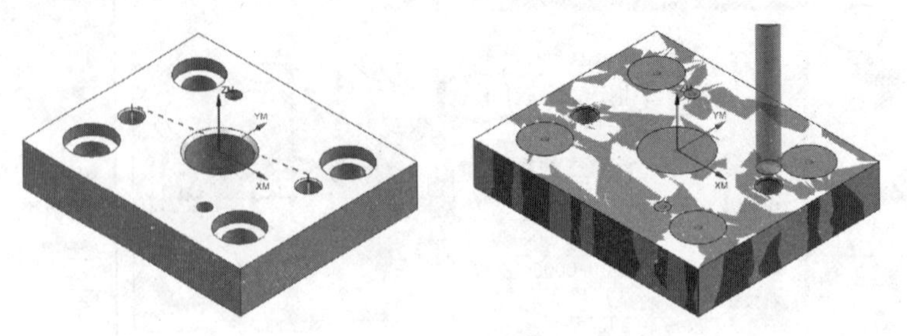

图 11-17 刀轨和仿真结果

(5) 用 ϕ11.7mm 麻花钻钻 2×ϕ12 深孔

☞“创建工序”→“类型”组→“hole_making”→“工序子类型”组→“DEEP_HOLE_DRILLING”→名称：“DEEP_HOLE_DRILLING-钻销孔”。如图 11-18。

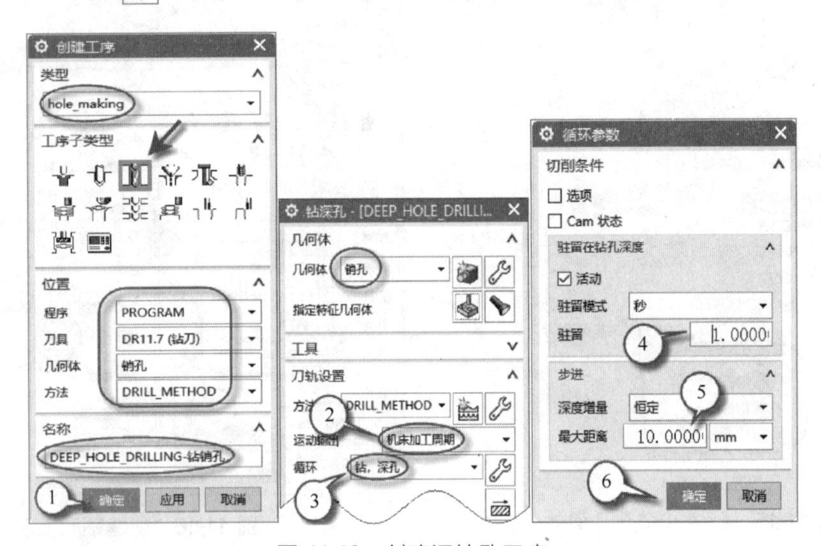

图 11-18 创建深钻孔工序

“钻深孔（DEEP_HOLE_DRILLING）”工序图示及说明如表 11-17。

表 11-17 “钻深孔（DEEP_HOLE_DRILLING）”

图示	说明
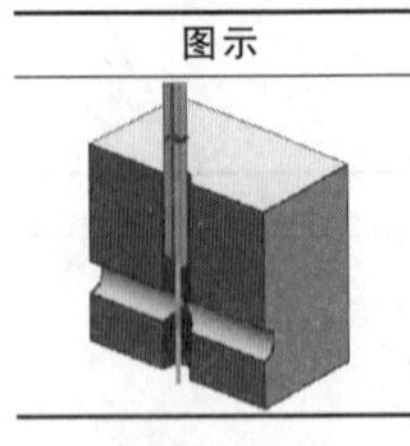	“钻深孔 DEEP_HOLE_DRILLING” 建议工序：加工孔深与孔径的比值为 5～10 的孔深孔。 使用包括主轴、冷却剂和进给量控制在内的循环来钻深孔

☞“工序对话框”的“刀轨设置”组：“运动输出”=“机床加工周期”→“循环”=“钻，深孔”（这一步把“单步移动”改为“啄钻”），按图 11-18 操作。

☞“刀轨设置”组：“进给率和速度”→按“表 11-11 数控加工工序卡片”输入“主轴速度”=“530r/min”、“进给率-切削”=“100mm/min”→单击“确定”返回。其它参数取默认值即可。

☞ 单击“生成刀轨”→“确认刀轨”→“3D动态”→“动画速度”=“1”→单击“播放”→单击“确定”退出。刀轨和仿真结果如图11-19。

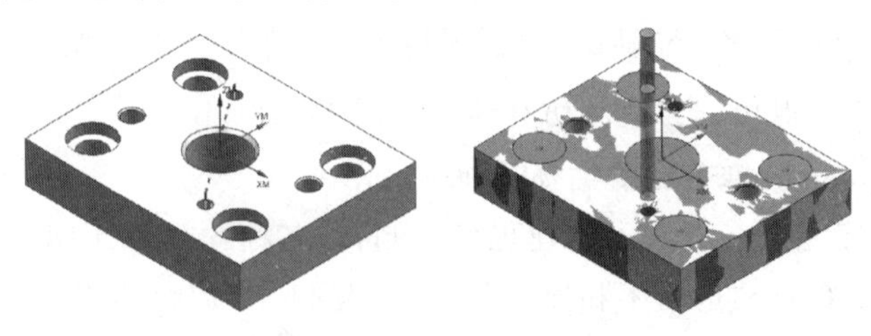

图 11-19 刀轨和仿真结果

(6) 用 ϕ12mm 铰刀对 2×ϕ12 铰孔加工

☞ 创建工序”→“类型”组→“hole_making”→“工序子类型”组→“DRILLING”→名称：“DRILLING-铰销孔”。如图11-20。

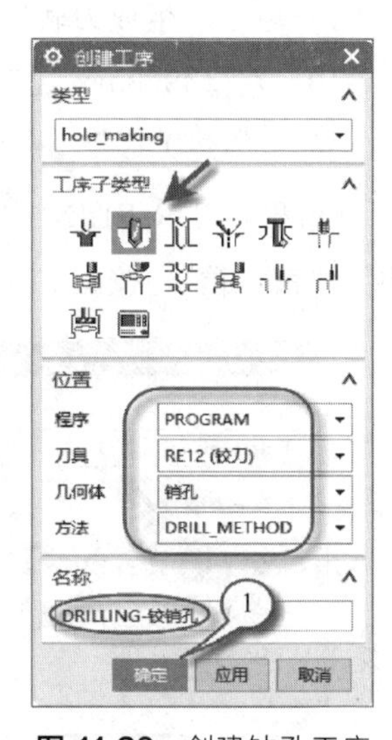

图 11-20 创建钻孔工序

☞“工序对话框”的“刀轨设置”组：“进给率和速度”→按“表11-11 数控加工工序卡片”输入“主轴速度”=“230r/min”、“进给率-切削”=“110mm/min”→点“确定”返回。其它参数取默认值即可。

☞ 单击“生成刀轨”→“确认刀轨”→“3D动态”→“动画速度”=“1”→单击“播放”→单击“确定”退出。刀轨和仿真结果和图11-19基本一样。

(7) 用 ϕ38mm 麻花钻扩钻 ϕ50 孔

☞“创建工序”→“类型”组→“hole_making”→“工序子类型”组→“DRILLING”→名称：“DRILLING-扩中孔”。如图11-21 (a)。

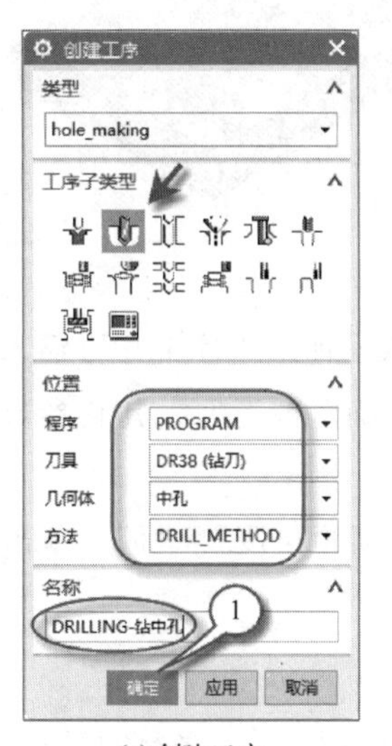

(a) 创建工序

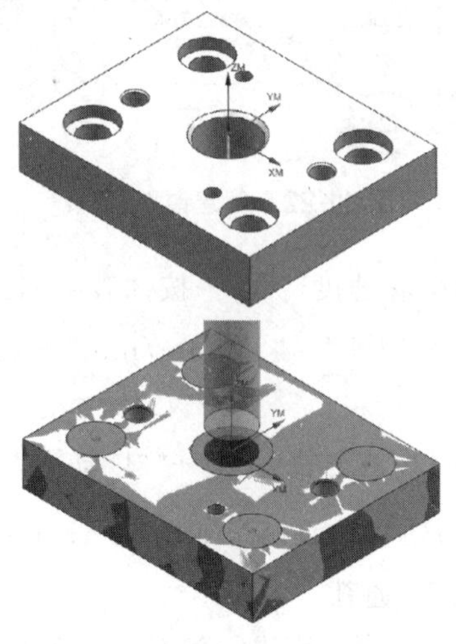

(b) 刀轨和仿真结果

(c) 创建工序

图 11-21 创建钻孔工序及仿真结果

☞“工序对话框”的“刀轨设置”组：“进给率和速度”→按“表11-11 数控加工工序卡片”输入“主轴速度”=“90r/min”、“进给率-切削”=“90mm/min”→点“确定”返回。其它参数取默认值即可。

☞单击“生成刀轨”→“确认刀轨”→“3D动态”→“动画速度”=“1”→单击“播放”→单击“确定”退出。刀轨和仿真结果如图11-21（b）。

（8）钻孔：用 ϕ48mm麻花钻扩钻 ϕ50通孔

☞和上一道工序完全一样（可创建也可复制），名称：“DRILLING-扩中孔”，刀具选“DR48”，如图11-21（c）→“进给率和速度”→按“表11-11 数控加工工序卡片”输入“主轴速度”=“70r/min”、“进给率-切削”=“75mm/min”→点“确定”返回（其它参数取默认值即可）→单击“生成刀轨”→单击“确定”退出。

（9）用 ϕ49.8mm镗刀粗镗 ϕ50通孔

☞“创建工序”→“类型”组→“hole_making”→“工序子类型”组→“DRILLING”→名称：“DRILLING-粗镗中孔”，如图11-22→“工序对话框”的“刀轨设置”组：“循环”=“钻，镗”，按图11-22操作。

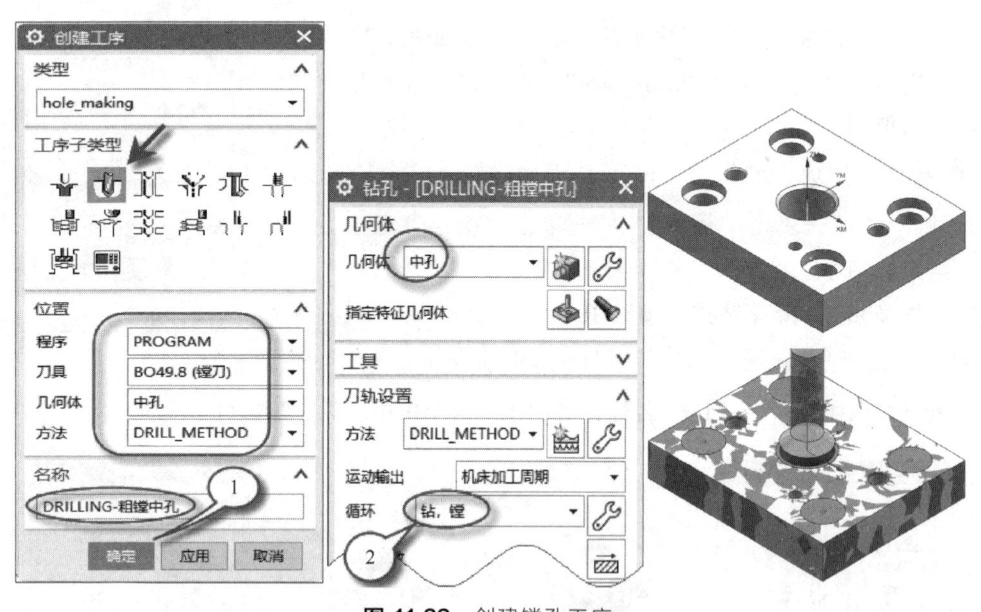

图11-22 创建镗孔工序

☞“刀轨设置”组：“进给率和速度”→按“表11-11 数控加工工序卡片”输入“主轴速度”=“1000r/min”、“进给率-切削”=“300mm/min”→点“确定”返回。其它参数取默认值即可。

☞单击“生成刀轨”→“确认刀轨”→“3D动态”→“动画速度”=“1”→单击“播放”→单击“确定”退出。刀轨和仿真结果如图11-22右图。

（10）用 ϕ50mm镗刀精镗 ϕ50通孔

☞创建镗孔工序（也可复制上面工序进行修改）：“刀具”=“BO50”；名称=“DRILLING-精镗中孔”；“主轴速度”=“1000r/min”、“进给率-切削”=“180mm/min”。其它相同。

(11) 用 ϕ25mm 麻花钻钻 4×ϕ25 通孔

下面创建阶梯孔钻孔工序。

☞ “创建工序”→“类型”组→“hole_making”→“工序子类型”组→“DRILLING”→名称：“DRILLING-阶梯通孔”。如图 11-23。

☞ “钻孔”工序对话框：在“几何体”组→“指定特征几何体”→按图 11-23 操作。(将默认的“盲孔”改为“通孔”)

☞ “工序对话框”的“刀轨设置”组：“循环”=“钻，深孔，断屑”（把“钻”改为“深孔，断屑”钻），按图 11-23 操作。

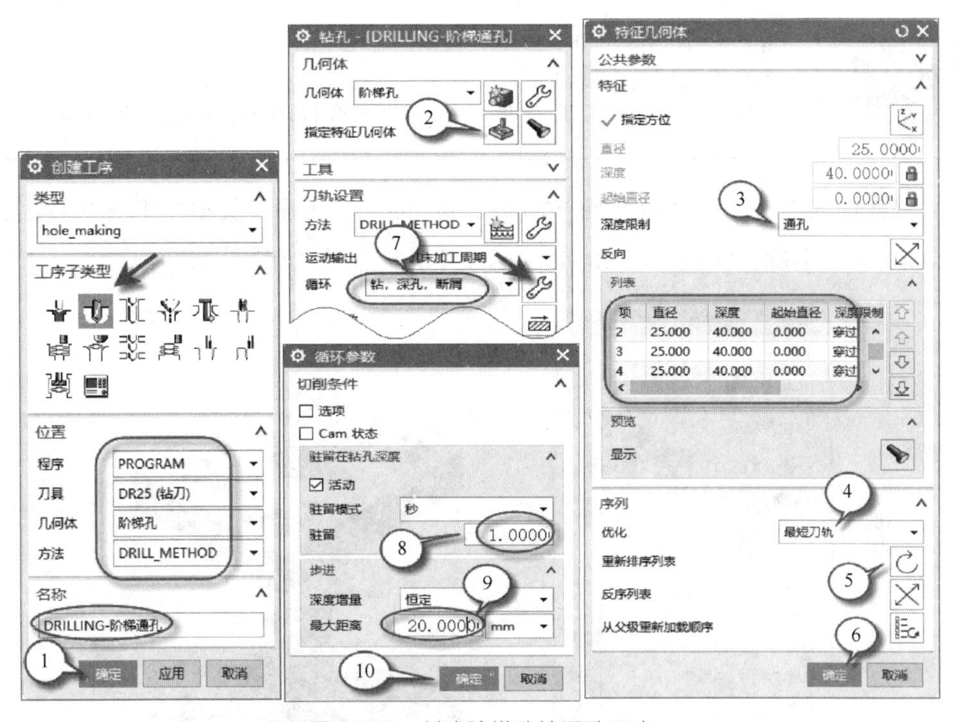

图 11-23　创建阶梯孔钻通孔工序

☞ “刀轨设置”组：“进给率和速度”→按“表 11-11 数控加工工序卡片”输入“主轴速度”=“250r/min”、“进给率-切削”=“80mm/min”→“确定”返回。

☞ 单击“生成刀轨”→“确认刀轨”→“3D 动态”→“动画速度”=“1”→单击“播放”→“确定”退出。刀轨和仿真结果如图 11-24（a）、图 11-24（b）。

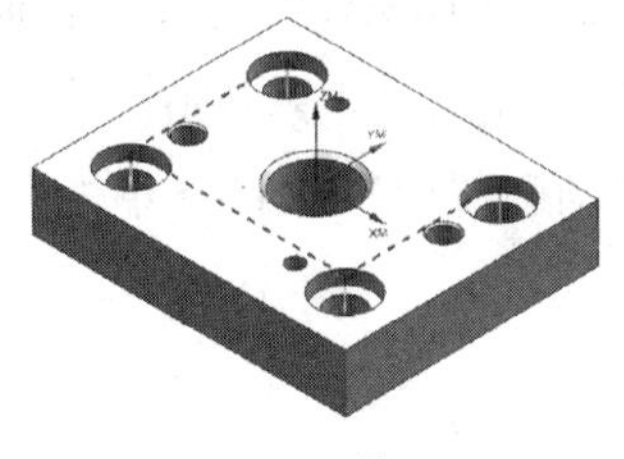

(a) 刀轨

(b) 钻通孔仿真结果

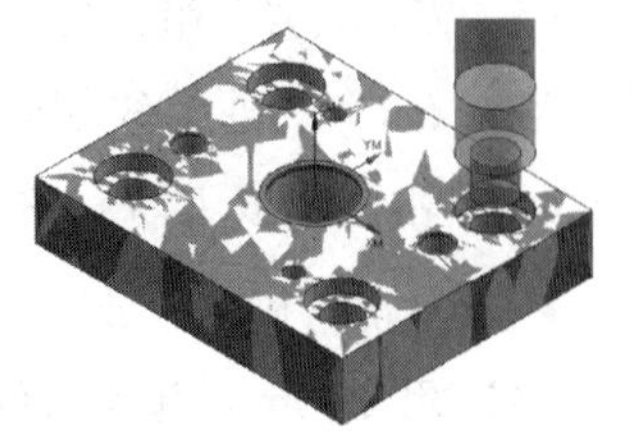

(c) 锪孔仿真结果

图 11-24　刀轨和仿真结果

(12) 用 ϕ40 锪刀锪 4×ϕ40 沉孔

☞ 同上创建钻孔工序："刀具"="COB40"；"名称"="DRILLING-阶梯孔沉孔"；"几何体"组取默认值（不用"指定特征几何体"）；"刀轨设置"组："循环"="钻"；"主轴速度"="120r/min"、"进给率-切削"="150mm/min"（按"表 11-11 数控加工工序卡片"输入）。其它参数相同。刀轨和仿真结果如图 11-24（a）、图 11-24（c）。

(13) 用 ϕ60mm 倒角刀倒 ϕ50 孔倒角

"埋头孔（COUNTERSINKING）"工序图示及说明如表 11-18。

表 11-18 "埋头孔（COUNTERSINKING）"

图示	说明
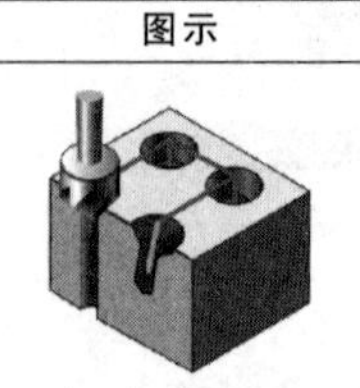	"埋头孔 COUNTERSINKING" 建议工序：加工倒角或埋头孔。 钻孔的直径大于孔的直径。如果一个倒角没有根据孔的特征建模，NX 估计一个初始值

☞ "创建工序" →"类型"组→"hole_making"→"工序子类型"组→"COUNTERSINKING" →名称："COUNTERSINKING-中孔倒角"。如图 11-25（a）。

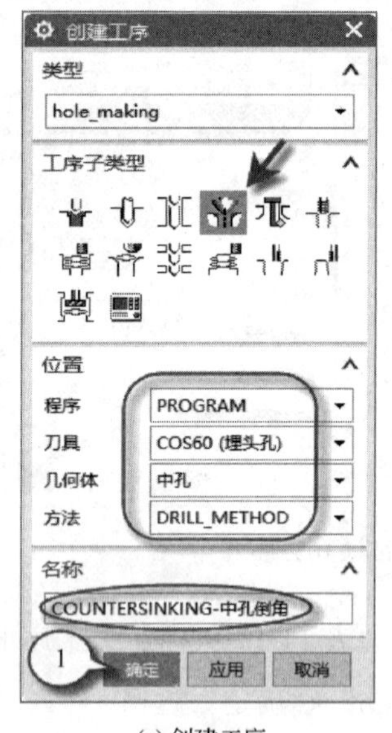

(a) 创建工序

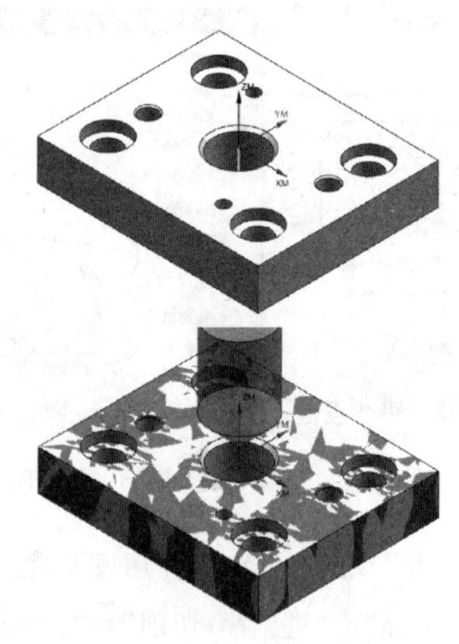

(b) 刀轨、仿真结果

图 11-25 中孔倒角工序

☞ "刀轨设置"组："进给率和速度" →按"表 11-11 数控加工工序卡片"输入"主轴速度"="50r/min"、"进给率-切削"="110mm/min"→点"确定"返回。其它参数取默认值。

☞ 单击"生成刀轨" →"确认刀轨" →"3D 动态"→"动画速度"="1"→单击"播放" →单击"确定"退出。刀轨和仿真结果如图 11-25（b）。

(14) 用 ϕ60mm 倒角刀倒 2×M20 孔倒角

☞ 同上创建埋头孔工序。"刀具"="COS60"；"几何体"="螺钉孔"；"名称"="COUNTERSINKING-螺钉孔倒角"；工序对话框的"刀轨设置"组："进给率和速度"

按“表 11-11 数控加工工序卡片”输入，“主轴速度”=“80r/min”、“进给率-切削”=“100mm/min”。其它参数相同。刀轨和仿真结果如图 11-26。

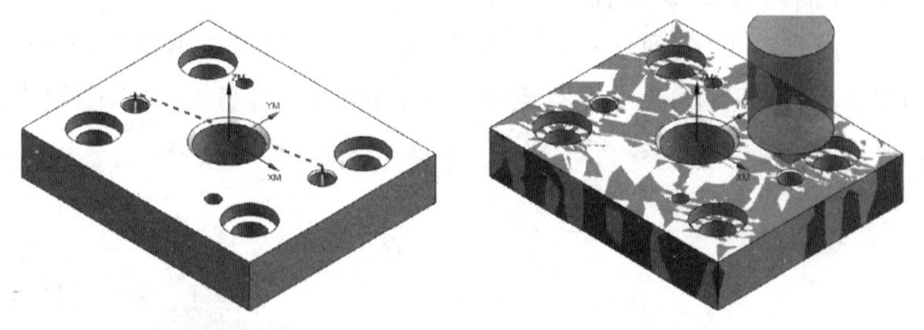

图 11-26　螺钉孔倒角工序及刀轨、仿真结果

(15) 用 M20 丝锥攻 2×M20 螺纹孔

☞“创建工序”，如图 11-27→“类型”组→“hole_making”→“工序子类型”组→“DRILLING”→名称：“TAPPING-螺钉孔攻丝”。工序图示及说明如表 11-19。

表 11-19　攻丝（TAPPING）

图示	说　明
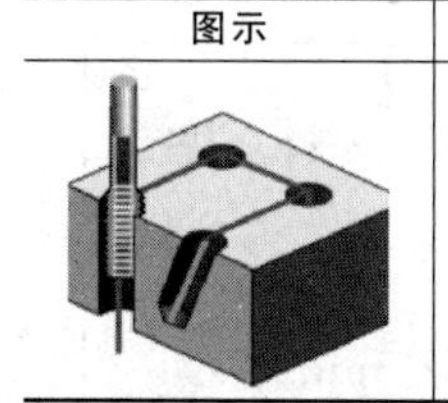	“攻丝 TAPPING” 建议工序：内孔攻螺纹。 攻丝工具的主要直径必须等于要加工的特征的直径，所有要加工的特征必须有相同的直径

☞ 工序对话框：“几何体”组→“指定特征几何体”→按图 11-27 操作。

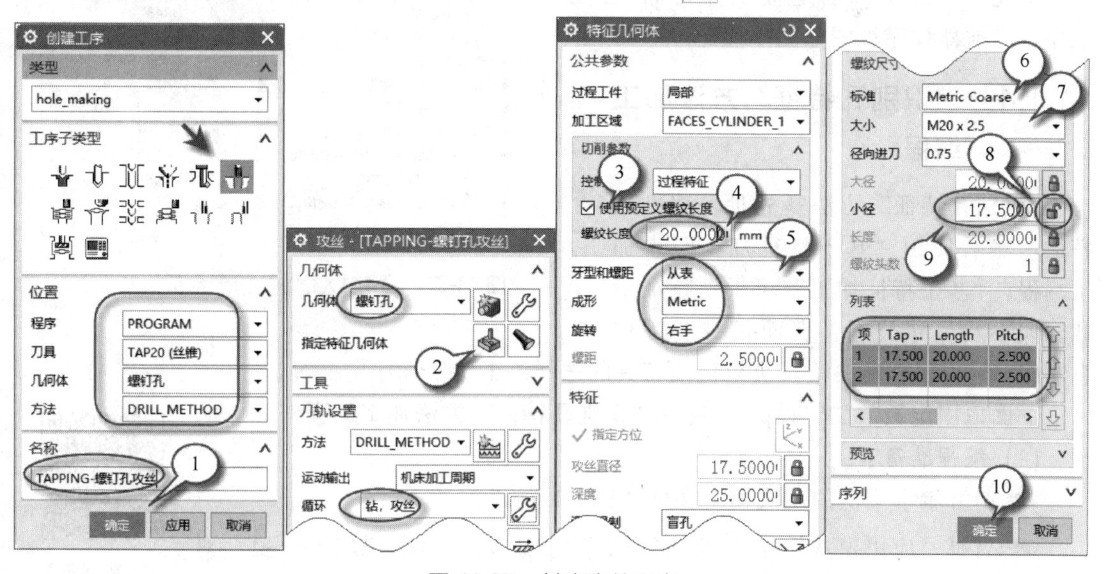

图 11-27　创建攻丝工序

☞“工序对话框”的“刀轨设置”组：“进给率和速度”→按“表 11-11 数控加工工序卡片”输入“主轴速度”=“140r/min”、“进给率-切削”=“300mm/min”→点“确定”返回。其它参数取默认值即可。

☞ 单击“生成刀轨”→“确认刀轨”→“3D 动态”→“动画速度”=“1”→单击“播

放”▶→单击“确定”退出。刀轨和仿真结果类似前面图 11-17。

(16) 用 ϕ60mm 倒角刀倒 ϕ50 孔反面倒角

☞ 把“工序导航器”切换到“程序顺序”视图→复制“COUNTERSINKING-中孔倒角”粘贴成“COUNTERSINKING-中孔倒角_COPY”→双击打开该工序导航器→“几何体”组→“指定特征几何体”→“特征几何体”组：“公共参数”→“加工区域”=FACES_BOTTOM_CHAMFER_1→单击“确定”返回。

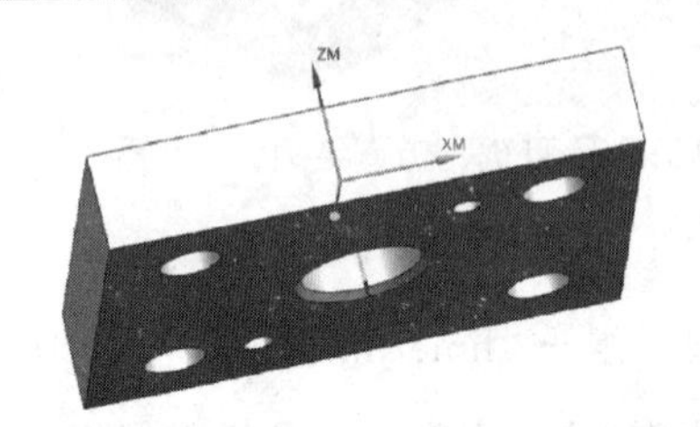

图 11-28 倒角刀轨及仿真

☞ 单击“生成刀轨”→“确认刀轨”→“3D 动态”→“动画速度”=“1”→单击“播放”▶→单击“确定”退出。刀轨和仿真结果如图 11-28。

☞ 文件另存为“E11-1【孔加工】”。

至此，完成全部固定板工件孔加工工序，导航器程序视图如图 11-29。

工序导航器 - 程序顺序

名称	换刀	刀轨	刀具	刀具号
NC_PROGRAM				
未用项				
PROGRAM				
SPOT_DRILLING-定位孔		✓	SPOT_D...	1
DRILLING-钻螺钉孔		✓	DR17.5	2
DEEP_HOLE_DRILLING-钻销孔		✓	DR11.7	3
DRILLING-铰销孔		✓	RE12	4
DRILLING-钻中孔		✓	DR38	5
DRILLING-扩中孔		✓	DR48	6
DRILLING-粗镗中孔		✓	BO49.8	7
DRILLING-精镗中孔		✓	BO50	8
DRILLING-阶梯通孔		✓	DR25	9
DRILLING-阶梯孔沉孔		✓	COB40	10
COUNTERSINKING-中孔倒角		✓	COS60	11
COUNTERSINKING-螺钉孔倒角		✓	COS60	11
TAPPING-螺钉孔攻丝		✓	TAP20	12
COUNTERSINKING-中孔倒角_...		✓	COS60	11
DRILL				

图 11-29 固定板工件孔加工全部工序

11.1.4 “识别孔特征”方法加工编程

“识别孔特征”方法是先批量识别孔特征，然后使用“基于特征加工”来加工编程。“基于特征加工”可根据特征形状、大小及尺寸公差、表面粗糙度等信息（PMI）作出智能决策，决策包括刀具的选择、工序及程序定义等。

下面以固定板“E11-1. prt”进行“识别孔特征”方法加工编程。

(1) 编程准备

☞ 打开本书提供的现成模型文件“E11-1. prt”。

识别孔特征加工编程

☞ 选择“应用模块”选项卡→“加工”。如果弹出“加工环境”对话框，选择“cam_general”和“hole_making”。

☞ 把工序导航器切换到几何视图（导航器中右键或者单击导航器上边的“几何视图”）：单击“MCS_MILL”前的加号“+”展开子项→双击“MCS_MILL”→MCS 对话框：“指定 MCS”→自动判断→部件顶面→“安全设置”=“自动平面”，“安全距离”=“10mm”。“确定”返回。

☞ 定义部件几何体：双击“WORKPIECE”以编辑该组→单击“指定部件”→选择图形区的部件。

☞ 定义毛坯几何体：续接前面步骤→在“工件”对话框中单击“指定毛坯”→列表中选“包容块”→其它参数用默认→点“确定”返回。

(2) 用“识别特征”功能识别要加工的孔

☞ 单击“加工特征导航器”选项卡→右键单击加工特征导航器中的“E11-1”→选择“查找特征”→“查找特征”对话框→“类型”列表：“参数化识别”→“要识别的特征”区段→取消选中参数化特征复选框 ParametricFeatures →选中“STEPS”复选框→“加工进刀方向”：“方法”=“无”→“查找特征”→单击“确定”退出。按图 11-30 操作。

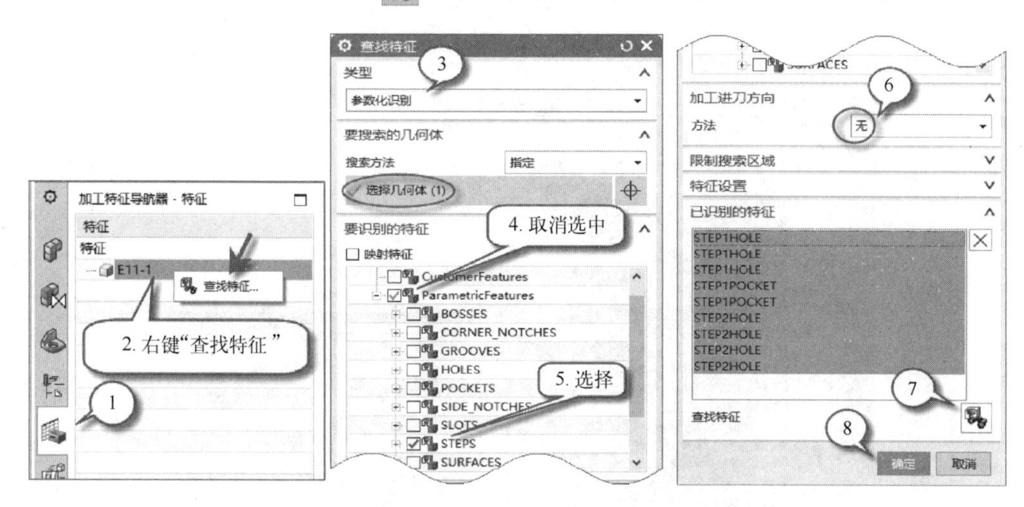

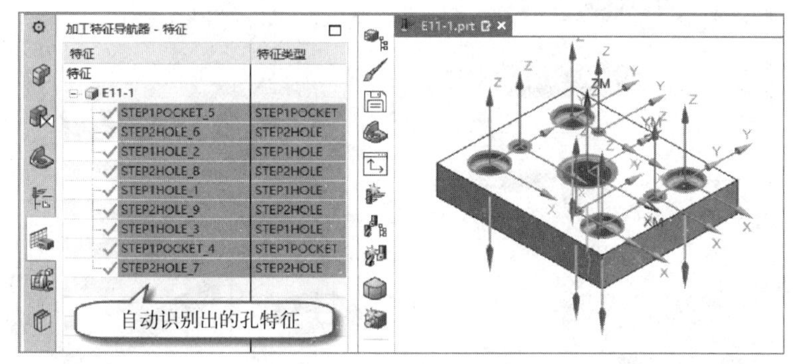

图 11-30　自动识别特征

(3) 下面创建钻孔工序。

☞ 选定所有特征（图 11-31）→右键单击其中任一特征→选择“创建特征工艺”→“创建特征工艺”对话框：“类型”=“基于规则”→“知识库”区段→选择“MillDrill”→“位置”区段：“几何体”=“WORKPIECE”→单击“确定”返回。

(4) 下面生成刀轨。

☞ 在“工序导航器”中→按住“Ctrl 键”选择所有“⊘”的工序→单击“生成”→单击“接受刀轨→“确认刀轨”→“3D 动态”→“动画速度”=“1”→“播放”。操作步骤见图 11-32 上图，生成的刀轨见图 11-32 下图。

图 11-31 创建钻孔工序

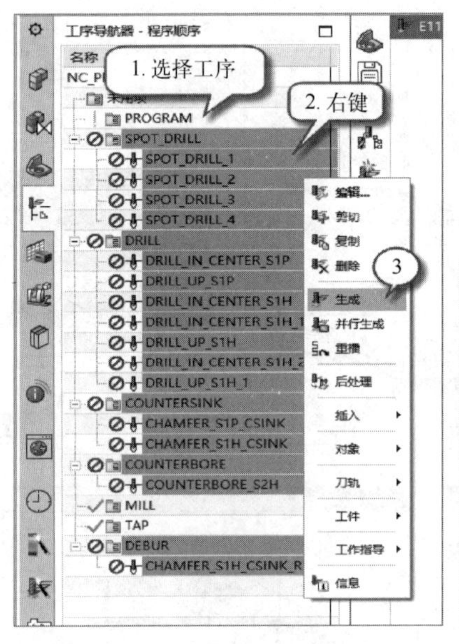

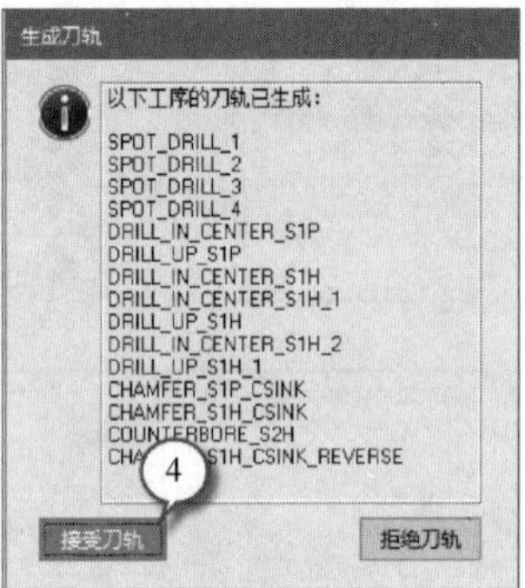

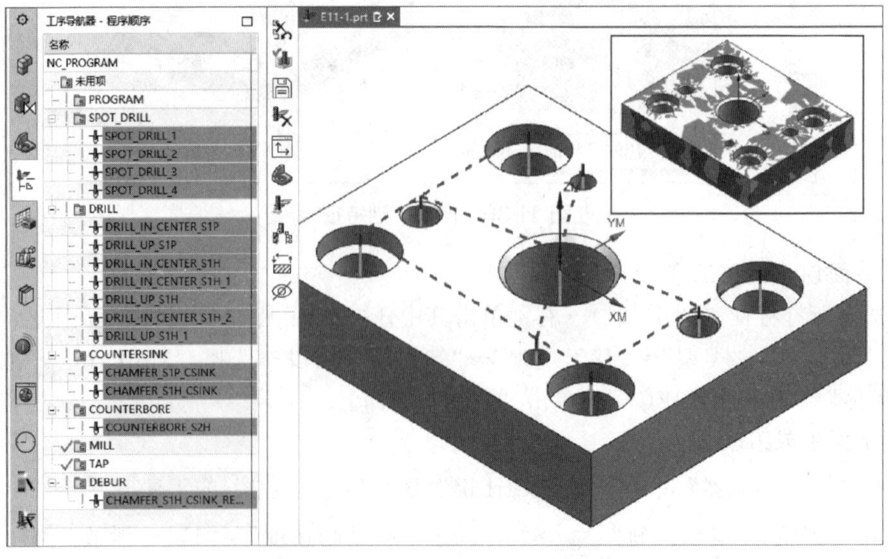

图 11-32 生成刀轨

文件另存为“E11-1【基于特征加工】”。

默认的程序组名称说明如下。

SPOT_DRILL：点钻（中心钻）。

DRILL：钻孔。

COUNTERSINK：钻埋头孔、钻倒角。

COUNTERBORE：埋头孔（圆柱形）、平头钻、平底锪钻。

MILL：铣。

TAP：攻丝。

DEBUR：去毛刺。

孔几何体对应的工序如图 11-33。

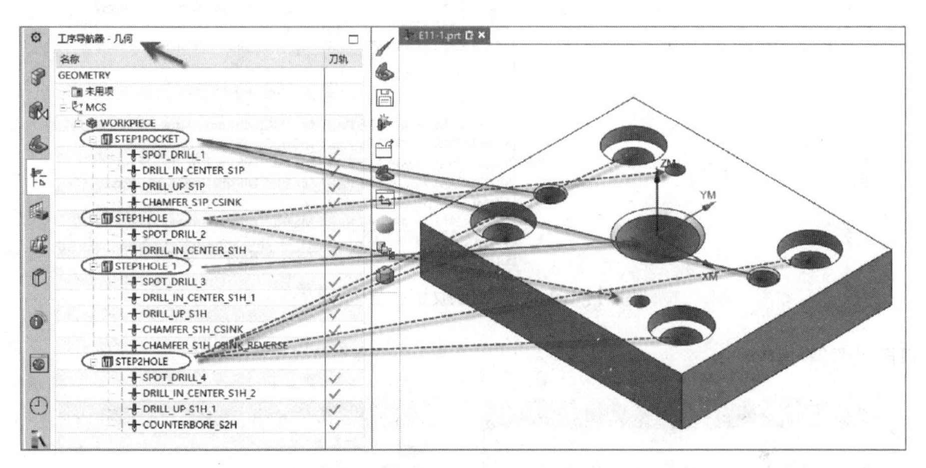

图 11-33　对应几何体工序

结果分析：自动生成的工序可能不能满足工艺要求，需要优化和修改。可以参照前面“11.1.3 NX 孔加工编程实例”作优化和修改。参见本章“训练题（2）”。

11.2　旧版的钻孔工序

本章激活和介绍旧版的钻孔工序。先进行激活旧版的钻孔工序（drill）操作，再结合“drill”工序类型进行实操讲解。操作过程和前面实操过程一致（工序和选项有所不同）。

11.2.1　激活旧版“drill”钻孔工序

在使用如 NX8.0 以下版本软件时用的是“钻孔（drill）”工序模板。新版的 NX 隐藏了该模板，激活方法如下，如图 11-34。

☞ NX 安装文件夹：X：\ProgramFiles\Siemens\NX\MACH\resource\template_set。

☞ 找到“cam_general.opt”文件，用“记事本”打开。找到下面两行字符串，如图 11-34。##${UGII_CAM_TEMPLATE_PART_ENGLISH_DIR} drill.prt 和 ##${UGII_CAM_TEMPLATE_PART_METRIC_DIR} drill.prt。

☞ 删除字符串前面“##”，然后保存文件。

☞ 关闭 NX 软件重新打开，进入加工环境创建工序时可以看到“drill”工序类型已经

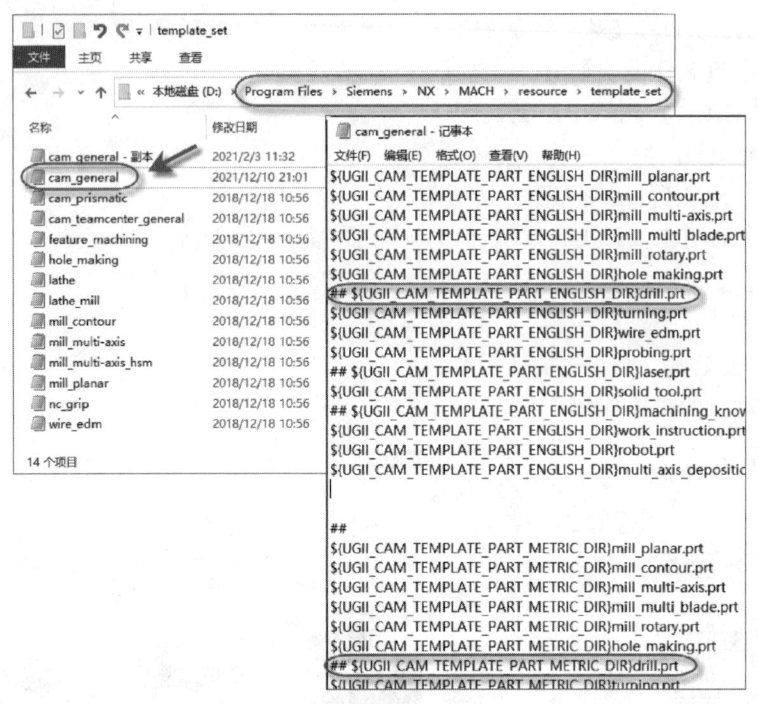

图 11-34　激活旧版钻孔工序模板

显示，如图 11-35。

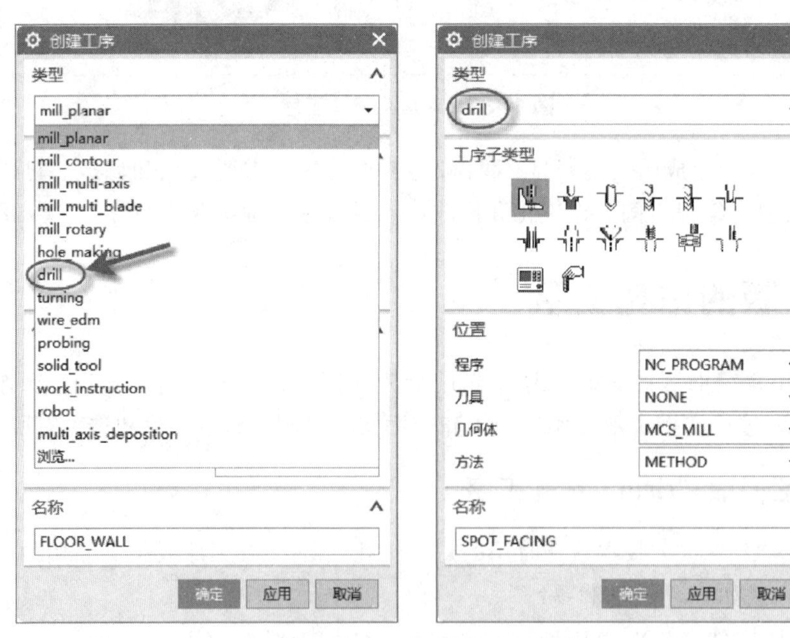

图 11-35　旧版 drill 钻孔工序模板

11.2.2　“drill”钻孔工序子类型

SPOT_FACING：刀具在指定切削深度暂停指定的秒数或转数。

SPOT_DRILLING：刀具在刀尖或刀肩深度暂停指定的秒数或转数。

DRILLING：用于进行基本的点到点钻孔。

PECK_DRILLING：用于创建一系列的钻孔运动，按照级进的中间递增距离钻入孔内并退到孔外。每次啄钻后，刀具退出孔外排屑。

BREAKCHIP_DRILLING：钻刀进给一个递增深度后稍微退刀以断屑。

BORING：镗刀连续进给进入和退出部件。

REAMING：绞刀连续进给进入和退出部件。

COUNTERBORING：刀具在指定切削深度暂停指定的秒数或转数。沉头孔循环中如果需要驻留，可使用该工序子类型。

COUNTERSINKING：刀具在指定切削深度暂停指定的秒数或转数。埋头孔循环中如果需要驻留，可使用该工序子类型。

TAPPING：攻丝循环，刀具进给到孔内主轴反转，然后进给退到孔外。

THREAD_MILLING：螺旋切削来铣削螺纹孔。

MILL_CONTROL：机床控制，如冷却液开/冷却液关或主轴正转/反转。

MILL_USER：使用定制 NX Open 程序来生成刀轨。

11.2.3 “drill”钻孔工序部分特定选项

(1) 几何体及选项

需要指定的几何体有：指定孔，指定顶面，指定底面。

① “指定孔”对话框。“指定孔”对话框见表 11-20。

表 11-20 “指定孔”对话框

选项	描 述
“选择” (点参数)	可使用以下不同类型的几何体来代表点到点工序中的孔： 片体或实体中的圆柱孔或锥形孔； 点； 圆弧或整圆
“附加”	将选择的点添加到先前选定的钻孔几何体
“省略”	忽略在先前定义的钻孔几何体上选择的点
“优化”	打开对话框，在其中设置选项，以优化刀具行程，从而减少刀轨长度
“显示点”	使用“包含”“省略”“避让”或“优化”选项后，显示多个点的新顺序
“避让”	用于指定夹具或部件内障碍上方的“刀具安全距离”。必须定义“起点”“终点”和“避让距离”。距离表示部件表面与刀尖之间的距离
“反向”	将先前选定的 GOTO 点的顺序设为相反方向。可使用该选项在相同的点集上执行背靠背工序，如钻孔和攻丝。该过程允许在第一个工序结束的位置处开始第二个工序
“圆弧轴控制”	将片体中选定圆弧和孔的刀轴方位设为相反方向
“Rapto 偏置”	在其中为每个选定的点、圆弧或孔指定 Rapto 值。 默认 Rapto：将偏置设置为正的“最小安全距离”。 Rapto 偏置：显示当前偏置。如果没有选择“使用默认 Rapto”可以为选定的孔输入另一个值。 全选：选择所有孔，或选择类型和大小相同的或处于同一面上的孔； 全不选：取消选择先前选定的所有孔； 显示孔：显示每个孔的刀轨序号； 列出 Rapto：将每个孔 Rapto 信息输出到列表设备； 过滤器：过滤显示和列出的内容
“规划完成”	关闭点对话框，返回“钻加工几何体”对话框

②“点参数”对话框。“点参数”对话框见表11-21。

表11-21 “点参数”对话框

选项	描述
“循环参数组”	定义哪一个“循环参数集”与下一个点集关联
“一般点”	使用点构造器对话框指定钻孔点
“组”	引用先前定义的点和圆弧组。必须输入组名
“类选择”	打开“类选择”对话框。可使用过滤选项选择想要的点和圆弧
“面上所有孔”	选择指定面上的所有孔
“预钻孔点”	引用先前在“平面铣”和“型腔铣”工序中指定的预钻孔
“最小直径-无”	指定直径值，将圆弧的选择对象限制为直径小于或等于指定值的圆弧
“最大直径-无”	指定直径值，将圆弧的选择对象限制为直径大于或等于指定值的圆弧
“选择结束”	关闭对话框，返回点对话框
“可选的-全部”	过滤出要选择的几何体类型：仅点、仅圆弧、仅孔、点和圆弧、全部

③“优化”对话框。“优化”对话框见表11-22。

表11-22 “优化”对话框

选项	描述
“最短路径”	以尽可能减少总加工时间为原则，按照相应顺序安排点。 层(Level)如下。 标准：确定使用最短刀轨。 高级：尽最大可能提高机床时间效率。 基于(Based on)：是固定轴刀轨的唯一选项。 起点(Star Point)：控制刀轨的起点。 终点(End Point)：控制刀轨的终点。 起始刀轴(Star Tool Axis)：控制切削运动开始时的刀轴。此选项仅可用于可变轴刀轨。 结束刀轴(Star Tool Axis)：控制切削运动结束时的刀轴。此选项仅可用于可变轴刀轨。 优化：初始化优化过程
“水平带” “竖直带”	允许您限制刀轨；这些带用于其它加工约束，如夹具位置、机床行程限制、工作台大小等
“重新绘制点”	如果设置为“是”，则在每次优化后重新绘制所有点

(2) 循环列表选项

循环列表选项见表11-23。

表11-23 循环列表选项

选项	描述
“无循环”	取消任何活动的循环。当生成刀轨时按照以下序列生成刀具运动。 刀具以“进刀进给率”移动到第一个工序安全点。 刀具以“切削进给率”沿刀轴移动，允许刀肩超出选定的“底面”。 以“退刀进给率”退刀至工序安全点。 刀具以“快速进给率”移动到每个后续的工序安全点
“啄钻”	啄钻循环包含一系列以递增的增量钻入并退出孔的运动。NX按以下顺序生成刀具运动。 刀具以“循环进给率”移动至第一个中间增量位置处。 刀具以“退刀进给率”从孔中退到工序安全点处。 刀具以“进刀进给率”移动到前一次进刀深度上方的安全点。 刀具以“循环进给率”移动到下一个使用“增量”选项设置的中间深度。增量可以是“无”“恒定”或“可变”。 这一系列的运动持续进行，直到到达指定的孔深度，软件以“退刀进给率”将刀具从孔中移出，退至工序安全点

续表

选项	描 述
“断屑”	“断屑”钻孔循环与“啄钻”循环基本相同，但有以下区别：到达每个钻孔增量位置后软件生成一个“退刀”运动，到达距离当前深度位置为“距离”值的上方位置处，而不是生成退出孔的完全退刀运动和返回运动，回到距离上一次深度位置为“距离”值的上方位置处
“标准文本”	根据指定的 APT 命令语句，用定位运动激活 Cycle/语句。该语句只能包含次要字和参数。注意：只有在其它“标准循环”选项都不适用的情况下才能使用该选项
“标准钻”	使软件在每个选定的 CL 点生成标准埋头孔循环
“标准钻，埋头孔”	参见“标准钻”
“标准钻，深孔”	深孔钻序列通常包括：以一系列的增量运动进给到指定深度，每次到达新的增量深度后刀具退出孔外。退刀以快速进给率进行
“标准钻，断屑”	标准断屑钻孔循环。断屑钻孔序列通常包括：以一系列的增量运动进给到指定深度，其中，每进给到一个增量深度后退刀至安全距离处，到达最后深度后刀具退出孔外
“标准攻丝”	标准攻丝循环：攻丝序列通常包含将刀具进给到指定深度，主轴反转，然后刀具进给退出孔外
“标准镗”	标准镗孔循环：镗孔序列通常包含将刀具进给到指定深度，然后刀具进给退出孔外
“标准镗，快退”	标准镗孔循环：主轴停转退刀。镗孔快退序列通常包含将刀具进给到指定深度，主轴停止，刀具退出孔外。退刀以快速进给率进行。选择该选项时，软件提示输入想要使用的循环参数集数
“标准镗，横向偏置后快退”	“标准镗，横向偏置后快退”如下。 将刀具进给到指定深度。 主轴停转并定向。 沿垂直于刀轴的主轴方位方向进行偏置运动。 快速退出孔外
“标准背镗”	“背镗”如下。 主轴停转并定向。 沿垂直于刀轴的主轴方位方向进行偏置运动。 主轴停转状态下进给到孔内。 进行偏置运动，返回孔的中心。 主轴启动。 以进给速度退出孔外
“标准镗，手工退刀”	激活每个选定 CL 点处的标准镗孔循环，手工退出主轴。一个典型的“标准镗，手工退刀”序列包含进给到指定深度，主轴停止和程序停止，以允许操作人员手工从孔中退出主轴
“最小安全距离”	“最小安全距离”决定刀具进入材料之前如何定位：如果没有指定“安全平面”刀具以快速进给率定位到下一个孔，直接到达距离部件表面上方指定的“最小安全距离”位置；如果指定了“安全平面”，刀具以快速进给率从“安全平面”移动到指定的“最小安全距离”处

(3)“循环参数”对话框

“循环参数”对话框见表 11-24。

表 11-24 “循环参数”对话框

选项	描 述
“深度”	指定切削深度。该值表示从部件表面到刀尖的总的孔深。此选项对于“标准钻，埋头孔”不可用。详见后面“循环深度”对话框
“进给率”	指定切削时的刀具过渡速度
“驻留 Dwell”	以秒数或转数形式设置刀具在指定切削深度的延迟时间。 “*t*”表示以秒表示的驻留值，“*r*”表示以转数表示的驻留值。 关：刀具送到指定深度后不发生驻留。 t：输入以秒表示的驻留值。 r：输入以主轴转数为单位的驻留值

续表

选项	描　述
"选项 Option"	打开或关闭特定机床独有的加工特性。此选项与后处理器相关。如果打开此选项，软件将在"Cycle/"语句中加入"Option"
"Cam"	为没有可编程 Z 轴的机床指定刀具深度的预设 Cam 停止位置。注：尽管 Cam 参数能够控制 Z 轴不可编程的机床的刀具深度，建议同时也定义"深度"参数，以显示进给至指定深度的运动
"埋头孔直径"	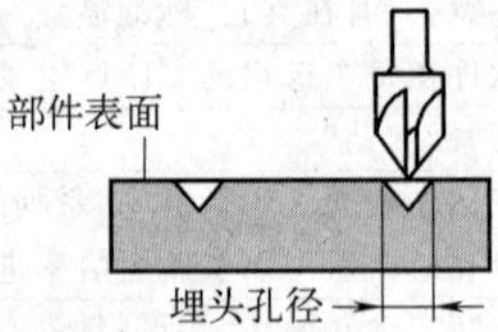 部件表面 埋头孔径 设定埋头孔的直径
"入口直径"	指定现有孔的外径，该孔将通过埋头孔工序扩大。此选项仅可用于"标准钻，埋头孔"循环
"增量 Incremen"	在"啄钻"和"断屑"钻孔工序中使用一系列规则连续切削，以到达级进深度，"增量"用于指定其中一次切削的尺寸值。 无：在一次运动中将刀具进给到指定的深度。 恒定：允许您输入正的恒定增量值。 可变：允许您最多定义七个不同的增量值。 如果为增量输入零值，软件将忽略该增量以及所有后续增量
"退刀 Rtrcto"	指定退刀距离。除"标准镗，手工退刀"外此选项可用于所有"标准"循环。设置为"无"忽略退刀距离的使用
"步进值 Step"	在"标准钻，深孔"和"标准钻，断屑"循环中使用一系列规则连续切削，以到达级进深度，"步进值"用于指定其中一次切削的尺寸值 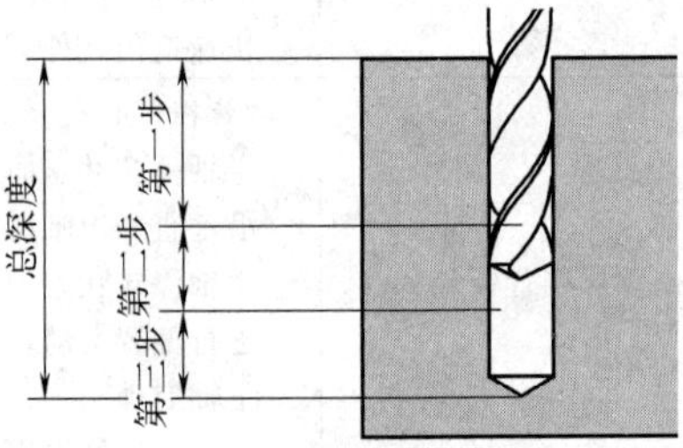 总深度 第一步 第二步 第三步

(4) "循环深度"对话框

在"循环参数"对话框中单击"深度"时，此对话框被打开。见表 11-25。

表 11-25 "攻丝（TAPPING）"

	说明	图　示
"模型深度"：计算实体模型中每个孔的深度。刀轴必须和孔轴一致	"刀尖深度"	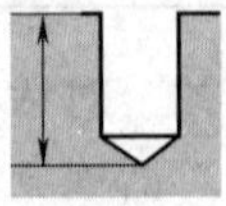 从顶面到刀尖的深度：
	"刀肩深度"	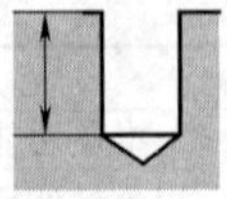 从顶面到刀肩的深度：
	"至底面"	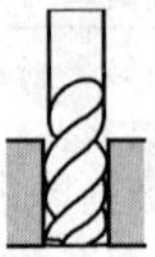 刀尖进给至底面

续表

	说明	图　示
“模型深度”：计算实体模型中每个孔的深度。刀轴必须和孔轴一致	“穿过底面”	刀肩至底面，可指定“通孔安全距离”
	“至选定点”	刀尖进给至Z向指定点

(5) **“深度偏置”**

“深度偏置”说明见表 11-26。

表 11-26　深度偏置

说　明	图　示
①“盲孔余量”：指定高出盲孔底面的距离，刀具将在此位置停止钻孔。 ②“通孔安全距离”：指定刀具移动超出通孔底面的距离	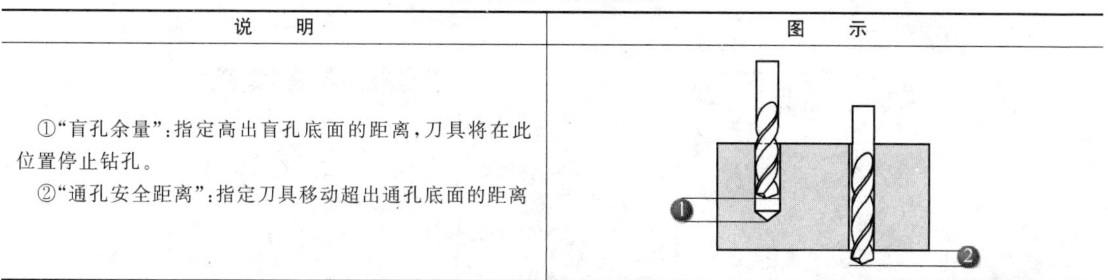

11.2.4　“drill”钻孔工序实例操作

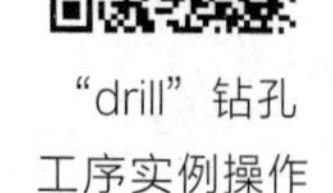

“drill”钻孔工序实例操作

以图 11-10 固定板为例，按下面步骤操作。

(1) **编程准备**

☞ 打开本书提供的现成模型文件“E11-1. prt”。

☞ 选择“应用模块”选项卡→“加工” 。如果弹出“加工环境”对话框，选择“cam_general”和“drill”。

☞ 在“主页选项卡”→“插入”组→“创建刀具” 。按照“11. 1. 3 NX 孔加工编程实例”的“表 11-12 数控加工刀具卡片”建立 12 把钻刀。

☞ “工序导航器”切换到“几何视图” →单击 MCS 前的加号“+”展开，双击 MCS。

☞ 单击“指定 MCS” →“自动判断”→选工件上表面平面→“确定”返回。

☞ 在“MCS”对话框中，单击“确定”退出。(定义安全平面使用默认暂不设定。)

☞ 双击“WORKPIECE”→“指定部件” →选择图形区的工件→“确定”返回。

☞ 定义毛坯几何体：续接前面步骤，在“工件”对话框中单击“指定毛坯” 。列表中选“包容块”。其它参数用默认。点“确定”返回。

(2) **创建定位孔工序**

☞ “创建工序”对话框→“类型”组→“drill”→“工序子类型”组→“SPOT_DRILLING” →名称：“SPOT_DRILLING-定位孔”，如图 11-36。

☞“定心钻”工序对话框：“几何体”组→“指定孔”→按下图 11-36 操作。

☞“几何体”组→“指定顶面”→“顶面选项”=“面”→选工件上表面平面→“确定”返回。按下图 11-36 操作。

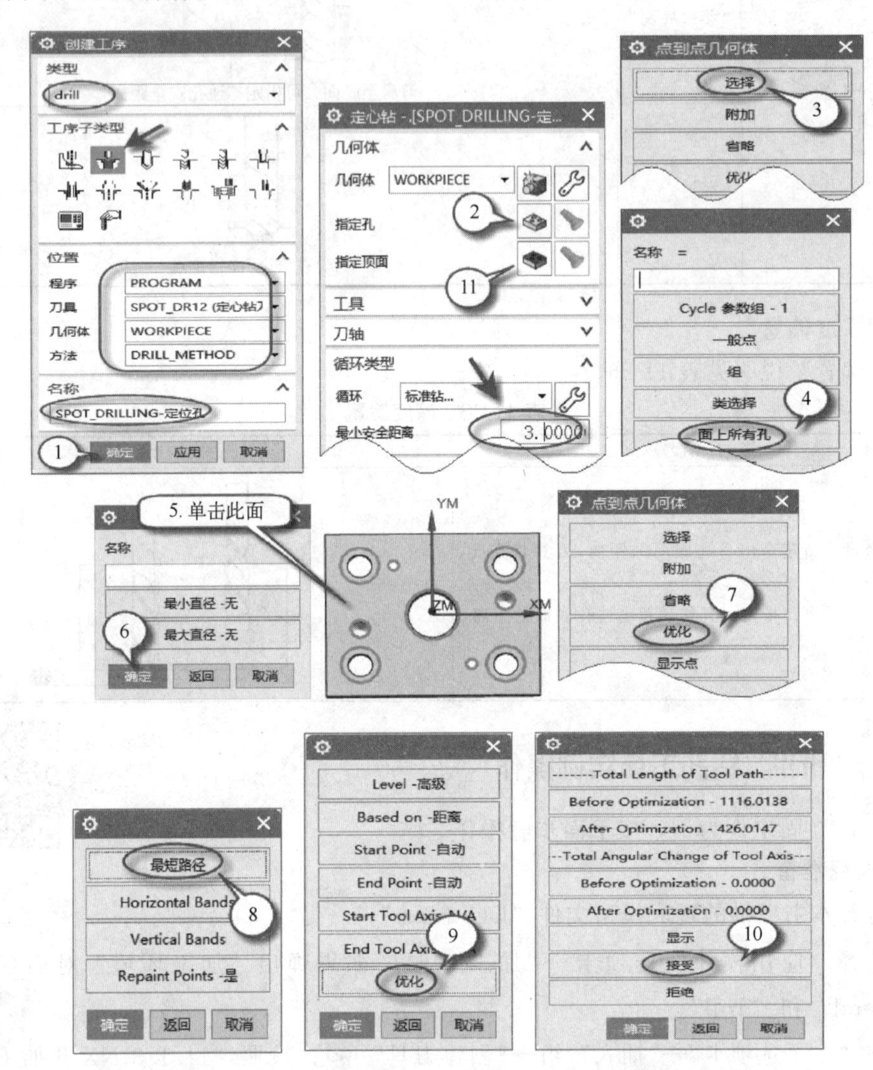

图 11-36 指定孔几何体

☞ 单击“指定孔”和“指定顶面”右侧的可以查看选择结果。

☞“定心钻”工序对话框：“循环类型”组→单击“循环”最右侧→“指定循环参数”组：直接点“确定”→点“Depth (Tip)-0.0000”→选“刀尖深度”=“3mm”→连续“确定”返回工序对话框。

☞“工序对话框”的“刀轨设置”组：“进给率和速度”→按“表 11-11 数控加工工序卡片”输入“主轴速度”=“1600r/min”、“进给率-切削”=“80mm/min”→点“确定”返回。

☞ 单击“生成刀轨”→“确认刀轨”→“3D 动态”→“动画速度”=“1”→单击“播放”→“确定”退出。刀轨和仿真结果如图 11-37。

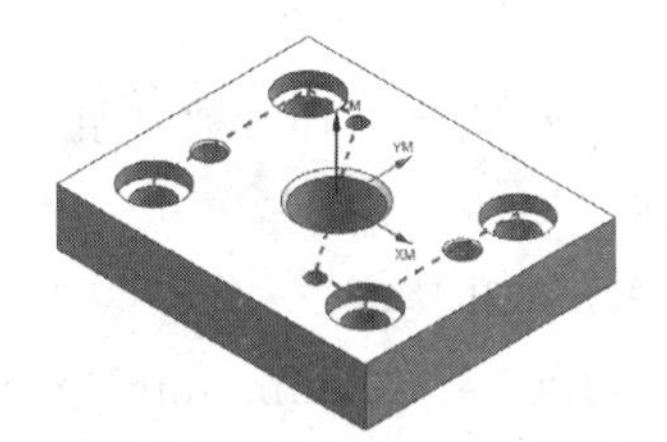

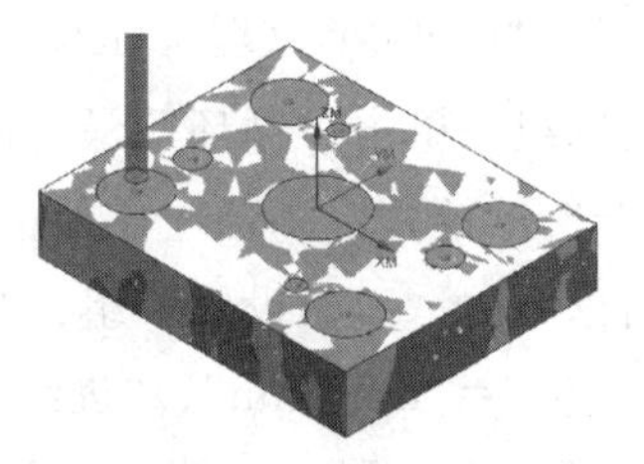

图 11-37　钻定位孔刀轨及 3D 仿真结果

(3) 创建钻螺钉孔工序

☞“创建工序”对话框→“类型”组→“drill”→“工序子类型”组→“DRILLING”→名称：“DRILLING-钻螺钉孔”，如图 11-38。

☞“钻孔”工序对话框：“几何体”组→“指定孔”→“点到点几何体”对话框→“选择”→工件的 2 个螺钉孔内圆→连续单击“确定”返回“钻孔”工序对话框。

☞“几何体”组→“指定顶面”→“顶面选项”=“面”→选工件上表面平面→“确定”返回。

☞单击“指定孔”和“指定顶面”右侧的可以查看选择结果。

☞“钻孔”工序对话框：“循环类型”组→单击“循环”最右侧→“指定循环参数”组：直接点“确定”→点“Depth-模型深度”→“确定”返回工序对话框。

☞“工序对话框”的“刀轨设置”组：“进给率和速度”→按“表 11-11 数控加工工序卡片”输入“主轴速度”=“350r/min”、“进给率-切削”=“70mm/min”→点“确定”返回。

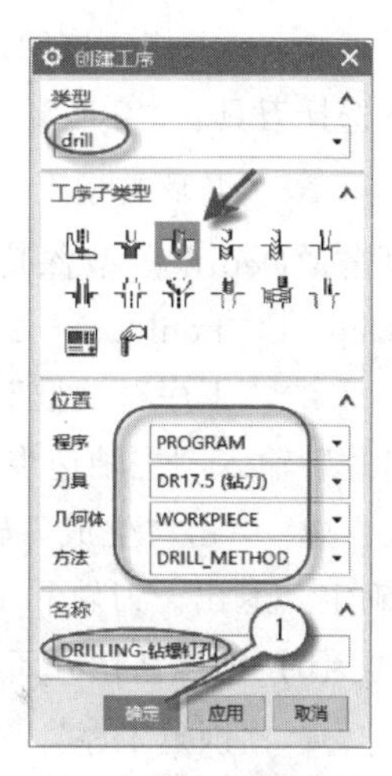

图 11-38　创建钻孔工序

☞单击“生成刀轨”→“确认刀轨”→“3D 动态”→“动画速度”=“1”→单击“播放”→“确定”退出。刀轨和仿真结果如图 11-39。

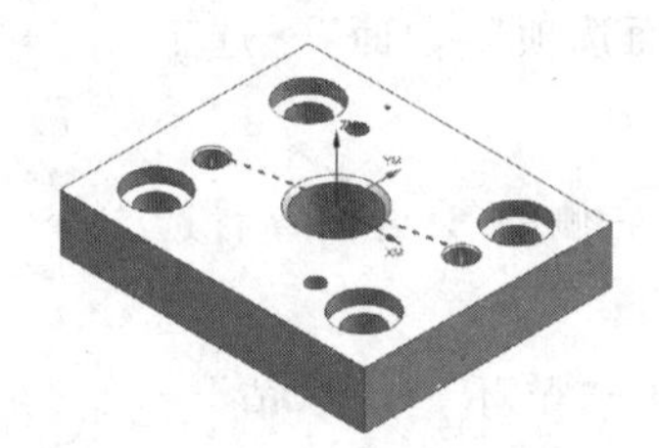

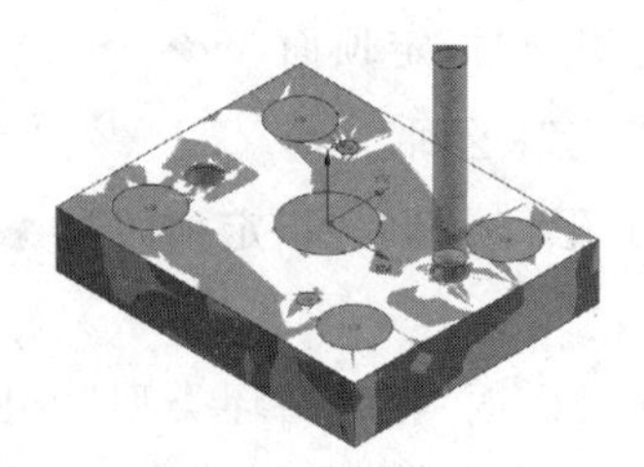

图 11-39　钻螺钉孔刀轨及 3D 仿真结果

(4) 创建螺钉孔倒角工序

☞把“工序导航器”切换到“程序顺序”视图→右键复制“DRILLING-钻螺钉孔”→右键粘贴成“DRILLING-钻螺钉孔_COPY”→右键重命名为“DRILLING-螺钉孔倒角”。

知识：复制有相同孔几何体的工序可以减少指定孔操作步骤，对于孔类型较多的工件也可采用前面“11.1.3 NX 孔加工编程实例”先创建几何体的方法。

☞双击打开该“DRILLING-螺钉孔倒角”工序→“钻孔”工序对话框：“工具”组→重

新选择刀具："刀具"="COS60"（埋头孔）。

☞"循环类型"组→单击"循环"最右侧→"指定循环参数"组：直接点"确定"→点"Depth-模型深度"→"确定"返回工序对话框。

☞"工序对话框"的"刀轨设置"组："进给率和速度"→按"表11-11数控加工工序卡片"输入"主轴速度"="80r/min"、"进给率-切削"="100mm/min"→点"确定"返回。

☞单击"生成刀轨"→"确认刀轨"→"3D动态"→"动画速度"="1"→单击"播放"→"确定"退出。刀轨和上一道工序"DRILLING-钻螺钉孔"相似。

（5）创建螺钉孔攻丝工序

☞"程序顺序"视图→右键复制"DRILLING-螺钉孔倒角"→右键粘贴成"DRILLING-螺钉孔倒角_COPY"→右键重命名为"DRILLING-螺钉孔攻丝"。

☞双击打开该"DRILLING-螺钉孔攻丝"工序→"钻孔"工序对话框："工具"组→重新选择刀具："刀具"="TAP20"（丝锥）。

☞"循环类型"组→单击"循环"最右侧→"指定循环参数"组：直接点"确定"→单击"Depth-模型深度"→再点"刀肩深度"→"深度"="20mm"→"确定"返回→显示"Depth（Shoulder）-20.0000"→"确定"返回工序对话框。

☞"工序对话框"的"刀轨设置"组："进给率和速度"→按"表11-11数控加工工序卡片"输入"主轴速度"="140r/min"、"进给率-切削"="300mm/min"→点"确定"返回。

☞单击"生成刀轨"→"确认刀轨"→"3D动态"→"动画速度"="1"→单击"播放"→"确定"退出。刀轨和工序"DRILLING-钻螺钉孔"相似。

（6）创建钻销孔工序

☞"创建工序"对话框→"类型"组→"drill"→"工序子类型"组→"DRILLING"→名称："DRILLING-钻销孔"，如图11-40。

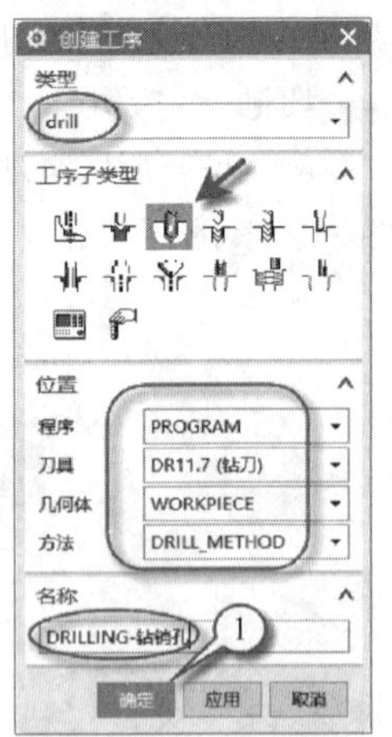

图11-40 创建钻销孔工序

☞"钻孔"工序对话框："几何体"组→"指定孔"→"点到点几何体"对话框→"选择"→工件的2个销孔内圆→"确定"返回"钻孔"工序对话框。

☞"几何体"组→"指定顶面"→"顶面选项"="面"→选工件上表面平面→"确定"返回。

☞单击"指定孔"和"指定顶面"右侧的可以查看选择结果。

☞"钻孔工序对话框"："循环类型"组→"循环"="啄钻"→"距离"="5mm"→"指定参数组"→"确定"→单击"Dwell-关"→"Cycle Dwell"选"秒"→"秒"="1"→"确定"返回"工序对话框"。注：单击"循环"最右侧可以再修改这些参数。由于是通孔，也可以单击"Depth-模型深度"选"穿过底面"。

☞检查一下："钻孔工序对话框"的"深度偏置"组→"通孔安全距离"≥"1.5mm"。

☞"刀轨设置"组："进给率和速度"→按"表11-11数控加工工序卡片"输入"主轴速度"="530r/min"、"进给率-切削"="100mm/min"→"确定"返回。

☞单击"生成刀轨"→"确认刀轨"→"3D动态"→"动画速度"="1"→单击"播放"→

“确定”退出。刀轨和仿真结果如图 11-41。

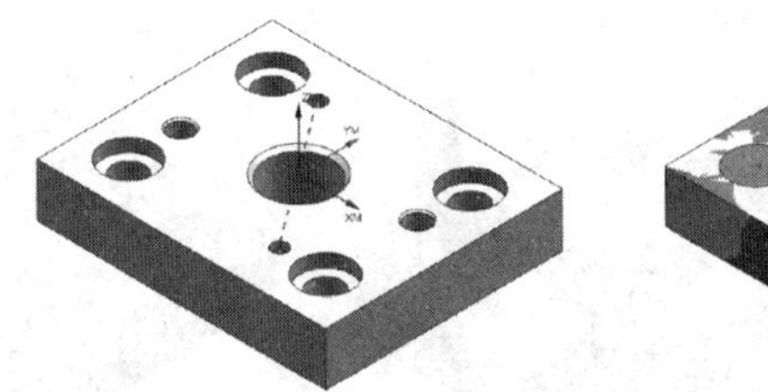
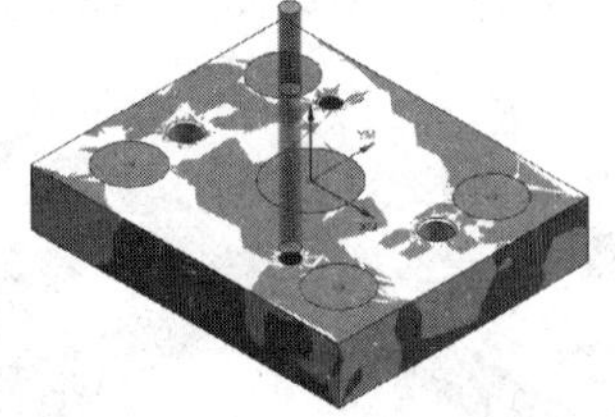

图 11-41　钻销孔刀轨及 3D 仿真结果

(7) 创建铰销孔工序

☞ 把“工序导航器”切换到“程序顺序”视图→右键复制“DRILLING-钻销孔”→右键粘贴成“DRILLING-钻销孔_COPY”→右键重命名为“DRILLING-铰销孔”。

☞ 双击打开该“DRILLING-铰销孔”工序→“钻孔”工序对话框：“工具”组→重新选择刀具：“刀具”=“RE12”（铰刀）。

☞“循环类型”组→“循环”=“标注钻”→“指定循环参数”组：直接点“确定”→点“Depth-模型深度”→“确定”返回工序对话框。由于是通孔，也可以单击“Depth-模型深度”选“穿过底面”。

☞“工序对话框”的“刀轨设置”组：“进给率和速度”→按“表 11-11 数控加工工序卡片”输入“主轴速度”=“230r/min”、“进给率-切削”=“110mm/min”→点“确定”返回。

☞ 单击“生成刀轨”→“确认刀轨”→“3D 动态”→“动画速度”=“1”→单击“播放”→“确定”退出。刀轨和上一道工序“DRILLING-钻销孔”相似。

(8) 创建钻阶梯通孔工序

☞“创建工序”对话框→“类型”组→“drill”→“工序子类型”组→“DRILLING”→名称：“DRILLING-钻阶梯通孔”，如图 11-42。

☞“钻孔”工序对话框：“几何体”组→“指定孔”→“点到点几何体”对话框→“选择”→工件的 4 个阶梯孔内圆→“确定”返回→“优化”→“最短路径”→“确定”返回“钻孔”工序对话框。

☞“几何体”组→“指定顶面”→“顶面选项”=“面”→选工件上表面平面→“确定”返回。

☞ 单击“指定孔”和“指定顶面”右侧的可以查看选择结果。

☞“钻孔工序对话框”：“循环类型”组→“循环”=“断屑”→“距离”=“5mm”→“指定参数组”→“确定”→单击“Dwell-关”→“Cycle Dwell”选“秒”→“秒”=“1”→“确定”返回“工序对话框”。注：单击“循环”最右侧可以再修改这些参数。由于是通孔，也可以单击“Depth-模型深度”选“穿过底面”。

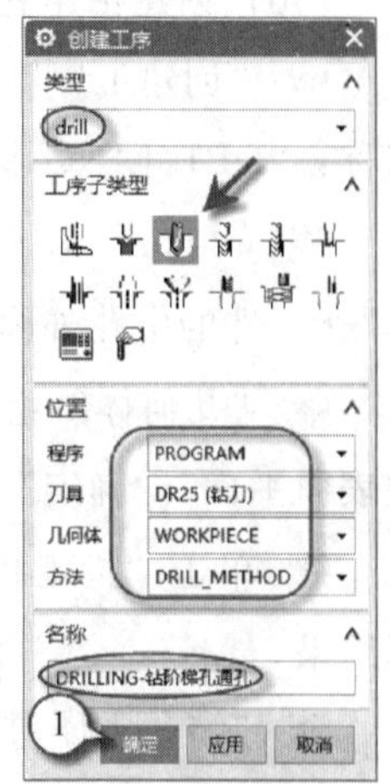

图 11-42　创建钻阶梯孔工序

☞ 检查一下：“钻孔工序对话框”的“深度偏置”组→“通孔安全距离”≥“1.5mm”。

☞“刀轨设置”组：“进给率和速度”→按“表 11-11 数控加工工序卡片”输入“主轴速度”=“250r/min”、“进给率-切削”=“80mm/min”→“确定”返回。

☞ 单击“生成刀轨”→“确认刀轨”→“3D 动态”→“动画速度”=“1”→单击“播放”→“确定”退出。刀轨和仿真结果如图 11-43 左图和中图。

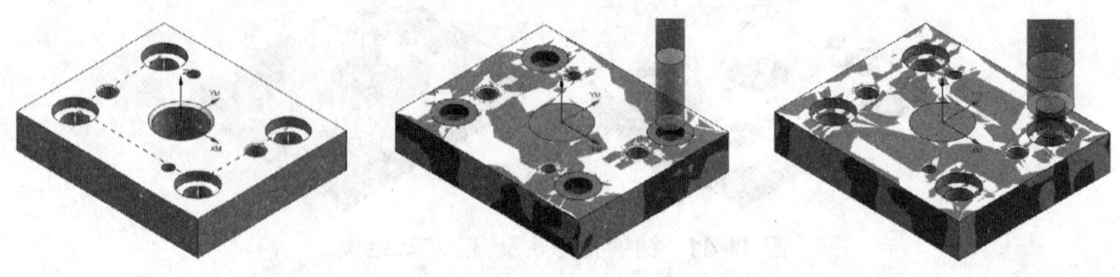

图 11-43 钻阶梯孔刀轨及 3D 仿真结果

（9）创建钻阶梯孔沉孔工序

☞ 把“工序导航器”切换到“程序顺序”视图→右键复制“DRILLING-钻阶梯孔通孔”→右键粘贴成“DRILLING-钻阶梯孔通孔_COPY”→右键重命名为“DRILLING-钻阶梯孔沉孔”。

☞ 双击打开该“DRILLING-钻阶梯孔沉孔”工序→“钻孔”工序对话框：“工具”组→重新选择刀具：“刀具”=“COB40”（沉头孔）。

☞ “循环类型”组→“循环”=“标注钻”→“指定循环参数”组：直接点“确定”→点“Depth-模型深度”→点“刀肩深度”→“深度=“35mm”（注：沉头孔深 10mm+刀具前导长度 25mm=35mm）”→“确定”返回工序对话框。

☞ “工序对话框”的“刀轨设置”组：“进给率和速度”→按“表 11-11 数控加工工序卡片”输入“主轴速度”=“80r/min”、“进给率-切削”=“100mm/min”→点“确定”返回。

☞ 单击“生成刀轨”→“确认刀轨”→“3D 动态”→“动画速度”=“1”→单击“播放”→“确定”退出。3D 仿真结果见图 11-43 右图。

（10）创建钻中孔工序

☞ “创建工序”对话框→“类型”组→“drill”→“工序子类型”组→“DRILLING”→名称：“DRILLING-钻中孔”，如图 11-44。

☞ “钻孔”工序对话框：“几何体”组→“指定孔”→“点到点几何体”对话框→“选择”→工件的中孔外圆→“确定”返回“钻孔”工序对话框。

☞ “几何体”组→“指定顶面”→“顶面选项”=“面”→选工件上表面平面→“确定”返回。

☞ 单击“指定孔”和“指定顶面”右侧的可以查看选择结果。

☞ “钻孔工序对话框”：“循环类型”组→“循环”=“标准钻，断屑”→“距离”=“5mm”→“指定参数组”→“确定”→单击“Dwell-关”→“Cycle Dwell”选“秒”→“秒”=“1”→点“Step 值-未定义”→“Step＃1”=“20”→“确定”返回“工序对话框”。注：单击“循环”最右侧可以修改这些参数。由于是通孔也可以单击“Depth-模型深度”选“穿过底面”。

☞ 检查一下：“钻孔工序对话框”的“深度偏置”组→“通孔安

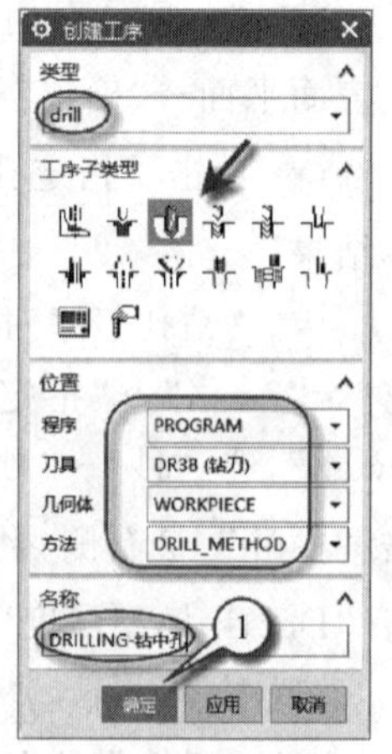

图 11-44 创建钻中孔工序

全距离”≥“1.5mm”。

☞“刀轨设置”组：“进给率和速度”→按“表 11-11 数控加工工序卡片”输入“主轴速度”=“90r/min”、“进给率-切削”=“90mm/min”→“确定”返回。

☞ 单击“生成刀轨”→“确认刀轨”→“3D 动态”→“动画速度”=“1”→单击“播放”→“确定”退出。刀轨和仿真结果如图 11-45。

(11) 创建扩中孔工序

☞ 把“工序导航器”切换到“程序顺序”视图→右键复制“DRILLING-钻中孔”→右键粘贴成“DRILLING-钻中孔_COPY”→右键重命名为“DRILLING-扩中孔”。

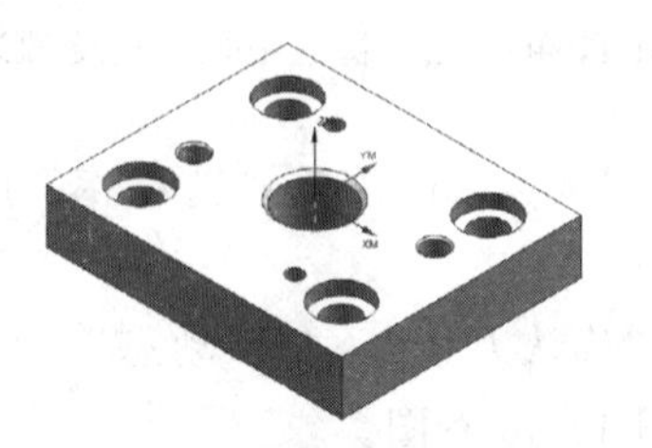

图 11-45　钻中孔刀轨及 3D 仿真结果

☞ 双击打开该“DRILLING-扩中孔”工序→“钻孔”工序对话框：“工具”组→重新选择刀具：“刀具”=“RD48”。

☞“循环类型”组→“循环”=“标准钻”→“指定循环参数”组：直接点“确定”→确定“Depth-模型深度”→“确定”返回工序对话框。由于是通孔，也可以单击“Depth-模型深度”选“穿过底面”。

☞“工序对话框”的“刀轨设置”组：“进给率和速度”→按“表 11-11 数控加工工序卡片”输入“主轴速度”=“70r/min”、“进给率-切削”=“75mm/min”→点“确定”返回。

☞ 单击“生成刀轨”→“确认刀轨”→“3D 动态”→“动画速度”=“1”→单击“播放”→“确定”退出。刀轨和上一道工序“DRILLING-钻中孔”相似。

(12) 创建粗镗中孔工序

☞ 把“工序导航器”切换到“程序顺序”视图→右键复制“DRILLING-扩中孔”→右键粘贴成“DRILLING-扩中孔_COPY”→右键重命名为“DRILLING-粗镗中孔”。

☞ 双击打开该“DRILLING-粗镗中孔”工序→“钻孔”工序对话框：“工具”组→重新选择刀具：“刀具”=“BO49.8”。

☞“循环类型”组→“循环”=“标准镗”→“指定循环参数”组：直接点“确定”→确定“Depth-模型深度”→“确定”返回工序对话框。由于是通孔，也可以单击“Depth-模型深度”选“穿过底面”。

☞“工序对话框”的“刀轨设置”组：“进给率和速度”→按“表 11-11 数控加工工序卡片”输入“主轴速度”=“1000r/min”、“进给率-切削”=“300mm/min”→点“确定”返回。

☞ 单击“生成刀轨”→“确认刀轨”→“3D 动态”→“动画速度”=“1”→单击“播放”→“确定”退出。刀轨和仿真结果如图 11-46 左图和中图。

(13) 创建精镗中孔工序。

☞ 把“工序导航器”切换到“程序顺序”视图→右键复制“DRILLING-粗镗中孔”→右键粘贴成“DRILLING-粗镗中孔_COPY”→右键重命名为“DRILLING-精镗中孔”。

☞ 双击打开该“DRILLING-精镗中孔”工序→“钻孔”工序对话框：“工具”组→重新选择刀具：“刀具”=“BO50”。

☞“工序对话框”的“刀轨设置”组：“进给率和速度”→按“表 11-11 数控加工工序

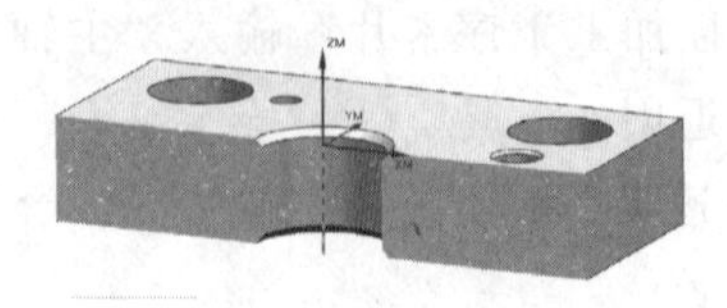

图 11-46 粗、精镗中孔刀轨及 3D 仿真结果

卡片”输入“主轴速度”=“1000r/min”、“进给率-切削”=“180mm/min”→点“确定”返回。

☞ 单击“生成刀轨”→“确认刀轨”→“3D 动态”→“动画速度”=“1”→单击“播放”→“确定”退出。仿真结果如图 11-46 右图。

(14) 创建中孔倒角工序

☞ 把“工序导航器”切换到“程序顺序”视图→右键复制“DRILLING-精镗中孔”→右键粘贴成“DRILLING-精镗中孔_COPY”→右键重命名为“DRILLING-中孔倒角”。

☞ 双击打开该“DRILLING-中孔倒角”工序→“钻孔”工序对话框:“工具”组→重新选择刀具:“刀具”=“COS60”。

☞ “循环类型”组→“循环”=“标准镗”→“指定循环参数”组:直接点“确定”→单击“Csink 直径=0.0000mm”→“Csink 直径”=56mm【注:直径 60mm+2×3mm=56mm】→“确定”返回工序对话框。

☞ “工序对话框”的“刀轨设置”组:“进给率和速度”→按“表 11-8 数控加工工序卡片”输入“主轴速度”=“50r/min”、“进给率-切削”=“100mm/min”→点“确定”返回。

☞ 单击“生成刀轨”→“确认刀轨”→“3D 动态”→“动画速度”=“1”→单击“播放”→“确定”退出。刀轨和仿真结果如图 11-47。

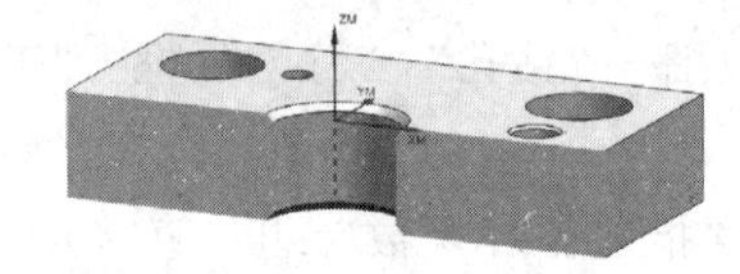

图 11-47 中孔倒角刀轨及 3D 仿真结果

(15) 创建中孔背面倒角工序

☞ 把“工序导航器”切换到“程序顺序”视图→右键复制“DRILLING-中孔倒角”→右键粘贴成“DRILLING-中孔倒角_COPY”→右键重命名为“DRILLING-中孔背面倒角”。

☞ “几何体”组→“指定顶面”→“顶面选项”=“面”→选工件下表面平面→“确定”返回。注意:改下表面为起始面。

☞ 双击打开该“DRILLING-中孔背面倒角”工序→“刀轴”组→按图 11-48 操作→“确定”返回工序对话框。

☞ 单击“生成刀轨”→“确认刀轨”→“3D 动态”→“动画速度”=“1”→单击“播放”→“确定”退出。刀轨和仿真结果如图 11-49。

结果分析:旧版“drill”钻孔工序操作比较直观。孔多时应先分组选几何体,创建工序不用重复选择和指定几何体;孔较少时相同工序可以采用复制工序的方式,省略指定相同几何体次数以便提高效率,只用一个钻工序,修改“循环类型”。

图 11-48 改变刀轴方向

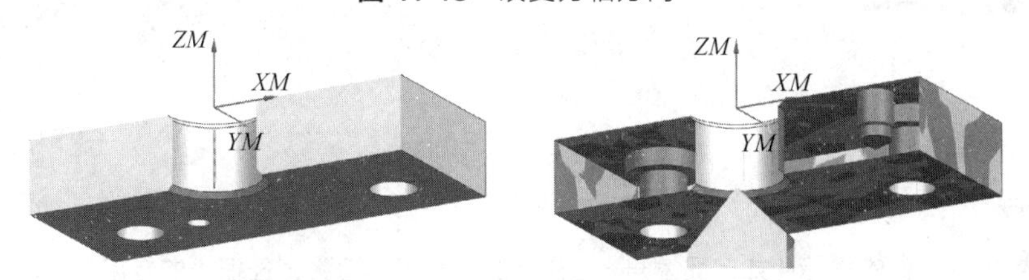

图 11-49 中孔背面倒角刀轨及 3D 仿真结果

相比较，NX 新版的“hole_making”孔加工更加智能，参数设置工作量较小。

训练题

（1）试用“钻孔”相关工序对本书提供的题图 11-1 盖板工件进行孔加工编程。

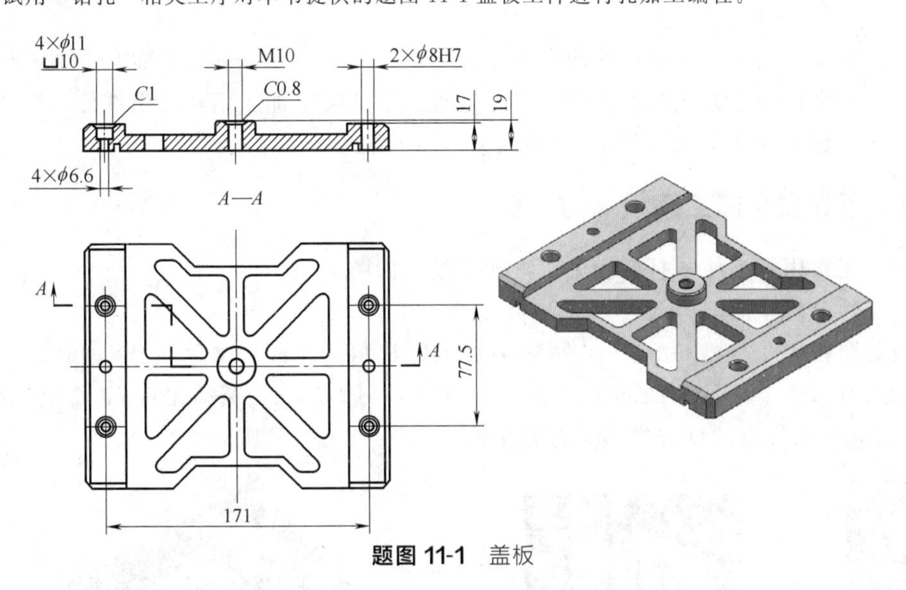

题图 11-1 盖板

（2）试将“基于特征加工”自动生成的“E11-1【基于特征加工】”，参照前面“11.1.3 NX 孔加工编程实例”作如下优化和修改。

将点钻（钻定心孔）工序合并成一个工序。

合并 2 个 M20 螺钉孔钻孔工序为一个工序，增加攻丝工序。

将销孔钻头尺寸改小为钻孔 ϕ11.7，改为深孔加工；增加铰销钉孔 ϕ12 工序。

将中孔加工工序改进并增加镗孔工序。

第12章 文字加工

学习导引

文字加工常用于工件的打标（如产品编号）。文字加工一般用刀尖直径很小的专用刀具，以很高的转速和较小的切深进行铣削，通常在精加工工序之后进行。NX文字加工自动编程工序分为平面文字加工和曲面文字加工两种，还可以用固定轴曲面轮廓铣曲线、点驱动加工工序加工艺术文字和装饰等。本章将介绍这几种文字加工编程方法。

12.1 平面和曲面文字加工

用NX的文字加工工序进行平面和曲面文字加工编程操作，分为平面文字加工编程、曲面文字编程两个例子来完成操作讲解。操作过程：平面文字加工编程（工件分析导入→制作制图文本→创建平面文字加工工序）→曲面文字加工编程。

12.1.1 平面文字加工编程

文字加工常用于工件的打标和刻字，加工场景如图12-1。

(1) 工件分析和模型导入

完成如图12-2工件E12-1.prt的刻字加工。材料为P20。文字为JN：361030，高度5mm，宽高比0.7，深度0.25mm。文字为文本，高度20mm，宽高比0.7，深度0.5mm。

☞ 打开本书提供的现成模型，打开文件“E12-1.prt”，如图12-2。

平面文字加工编程

图12-1 文字加工场景图

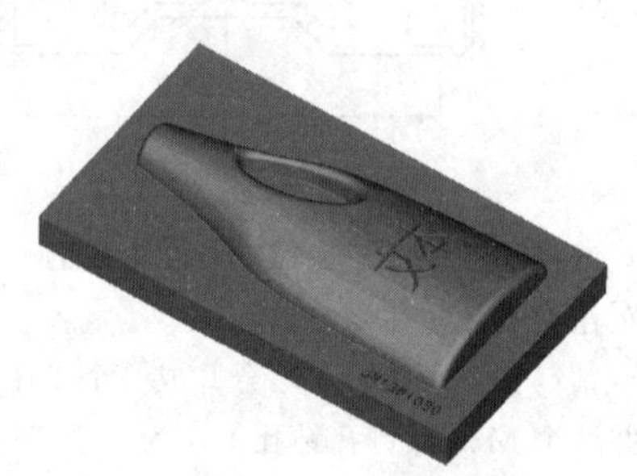

图12-2 E12-1.prt工件

(2) 调整工作坐标系 WCS

先调整工作坐标系 WCS。注释文本是放在 WCS 的 *XY* 平面上的，沿 *X* 轴排列。

☞ "菜单"→"格式"→"WCS"→"显示"→双击 WCS→向上拖动 *ZC* 轴高于工件最高点→单击鼠标中轮（或按"Esc"键）结束。按图 12-3 操作。

☞ 双击 WCS→向上拖动 *ZC* 轴高于工件最高点→单击鼠标中轮（或按"Esc"键）结束。如图 12-3。

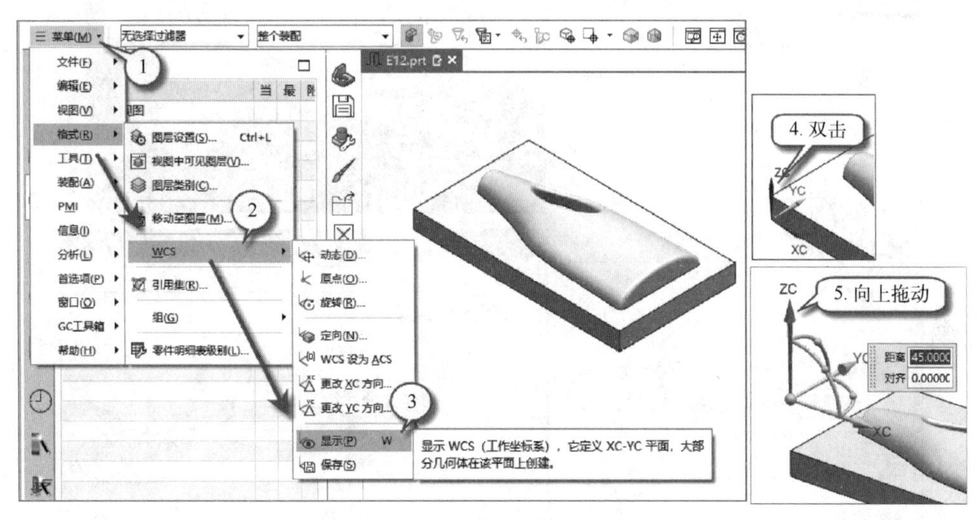

图 12-3 显示和调整 WCS

(3) 制作制图文本

☞ "上边框条"→"视图定向"="俯视图"。如图 12-4。

☞ 按图 12-4 步骤操作。"功能区选项卡"→"应用模块"→"制图"→"注释"→"注释对话框"中的"文本输入"组→"格式设置"框内输入文字"JN：361030"→"设置"组："设置"→"注释设置"对话框："文字"选项卡→"文本参数"组="chinesef_fs"→"高度"="5mm"→"关闭"返回→单击工件图示平面处放置文字→"关闭"退出。知识：文字实际在 WCS 的 *XY* 平面上，其沿刀轴投影位置正确即可。需要调整位置可用鼠标单击拖动文字。

再调整工作坐标系 WCS，逆时针旋转 *X* 轴 90°，使 *X* 轴垂直于工件长边。

☞ 双击 WCS→单击拖动旋转 *XY* 面球形手柄，逆时针转 90°→单击鼠标中轮（或按"Esc"键）结束。按图 12-5 操作。

下面输入瓶身上的"文本"两字。

☞ "注释"→"注释对话框"："文本输入"组→"格式设置"框内输入文字"文本"→"设置"组："设置"→"注释设置"对话框："文字"选项卡→"文本参数"组="chinesef_fs"→"高度"="20mm"→"关闭"返回→单击工件瓶身处放置文字→"关闭"退出。参照图 12-4 操作。结果如图 12-6。

(4) 创建平面文字加工工序

① 进入加工环境。

☞ 选择"应用模块"选项卡→"加工"。如果弹出"加工环境"对话框，选择

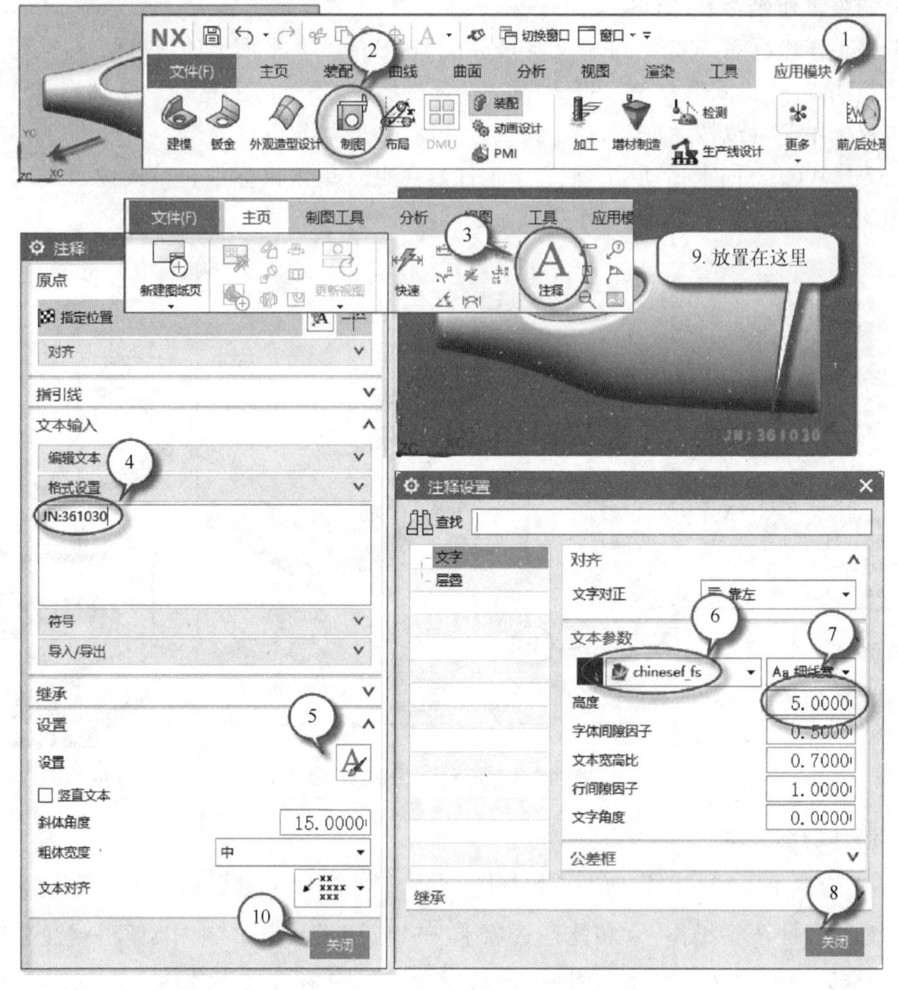

图 12-4 添加制图注释文本

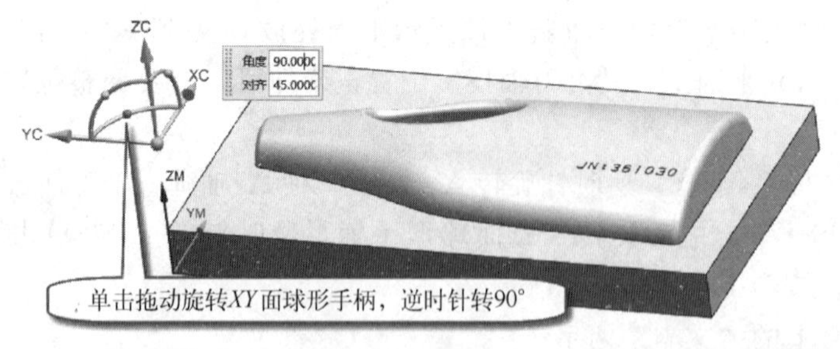

图 12-5 旋转 WCS

“cam_general” 和 “mill_planar”。

☞ “导航器” 切换到 “加工导航器”。

② 创建刀具。

☞ 在 “主页选项卡”→“插入” 组→“创建刀具”→“创建刀具” 对话框：“类型”=“mill_planar”→“刀具子类型”→“MILL”→创建名

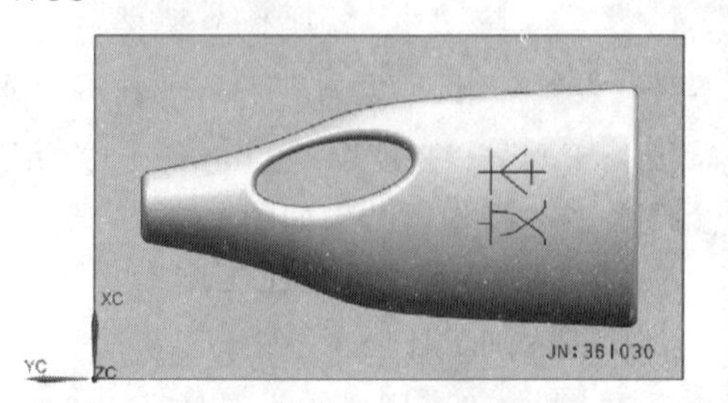

图 12-6 文字位置

称为“MILL-TEXT”如图 12-7→点“确定”退出。

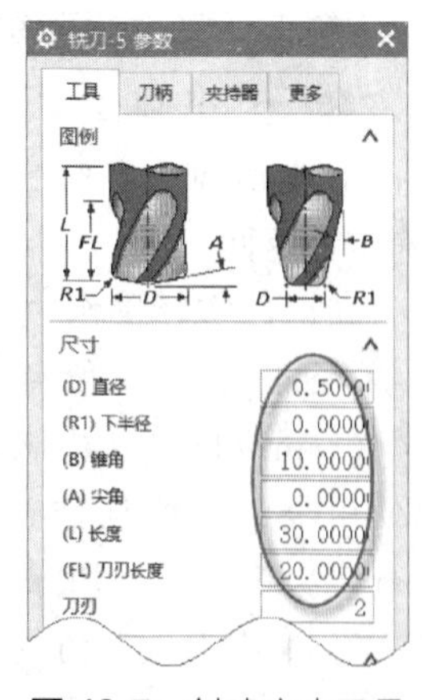

图 12-7 创建文本刀具

③ 调整加工坐标系。

☞ 工序导航器切换到几何视图→单击“MCS_MILL”前的加号“+”展开子项→双击“MCS_MILL”→单击“指定 MCS”右边图标→“自动判断”，如图 12-8→单击“确定”返回。

④ 定义部件几何体。

☞ 定义部件几何体：双击“WORKPIECE”以编辑该组→单击“指定部件”→选择图形区的部件→单击“确定”返回→定义毛坯几何体：续接前面步骤，在“工件”对话框中单击“指定毛坯”→列表中选“几何体”。

⑤ 创建工序。

☞ “创建工序”对话框→“类型”组→“mill_planar”→“工序子类型”组→“PLANAR_TEXT”。如图 12-9。

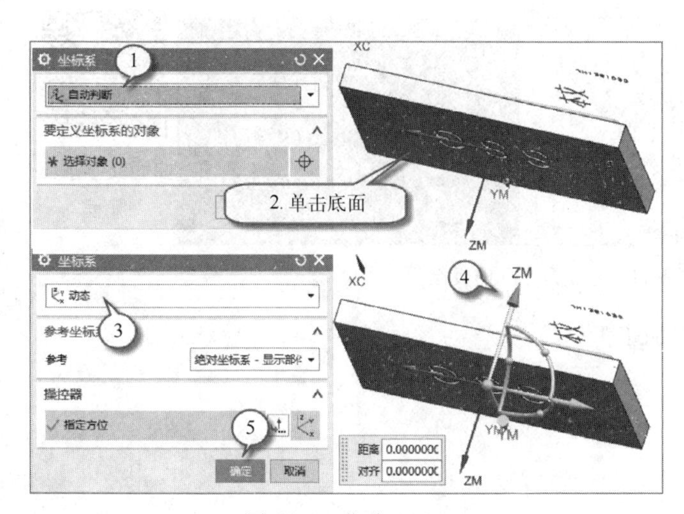

图 12-8 指定 MCS

图 12-9 创建工序

知识：平面文本工序，在平面上雕刻制图文本，需要在一个平行于底面的平面中创建制图文本。NX 软件沿刀轴方向向底面投影文本。工序图示及说明如表 12-1。

表 12-1 “平面文本（PLANAR_TEXT）”

图示	说　明
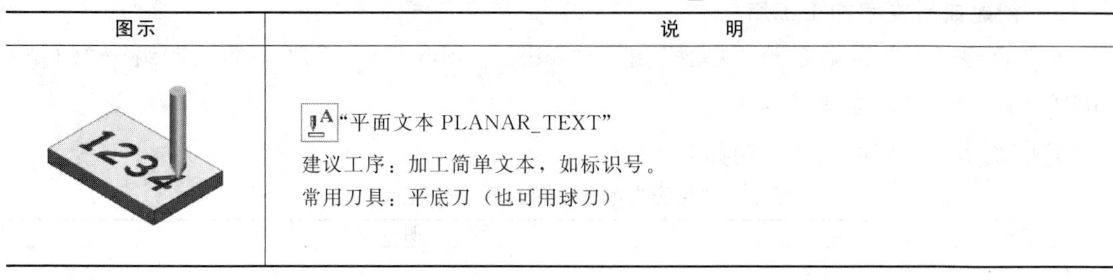	“平面文本 PLANAR_TEXT” 建议工序：加工简单文本，如标识号。 常用刀具：平底刀（也可用球刀）

☞ 按图 12-10 操作：“指定制图文本”→指定工件上的“JN：361030”字符串→“指定底面”→指定要刻字的平面。

☞“刀轨设置”组：“进给率和速度”→“主轴速度”=“15000r/min”；“进给率-切削”=“250mm/min”→单击“确定”返回。

知识：实际操作中，文字加工所用刀具直径很小，一般用转速达 10000～30000r/min 的高速机床才能较快完成。如果使用很细的圆柱铣刀，切削用量要小，可分多次切削达到切深。

⑥ 生成刀轨并仿真。

☞“生成刀轨”→“确认刀轨”→“2D动态”→“动画速度”=“2”→单击“播放”→点“确定”退出。刀轨和 2D 仿真结果如图 12-11。

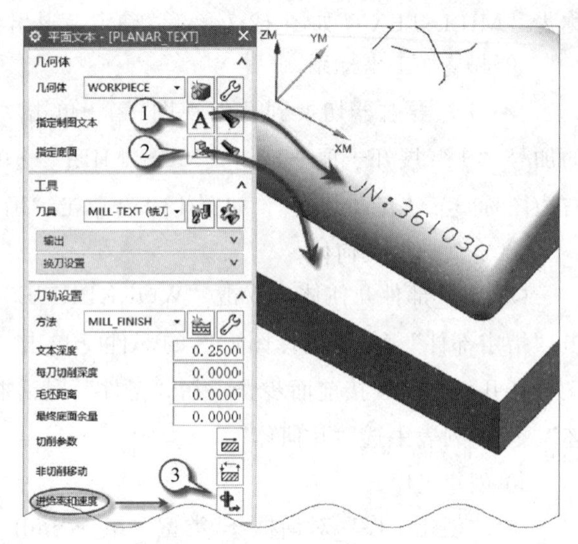

图 12-10 指定文本和底面

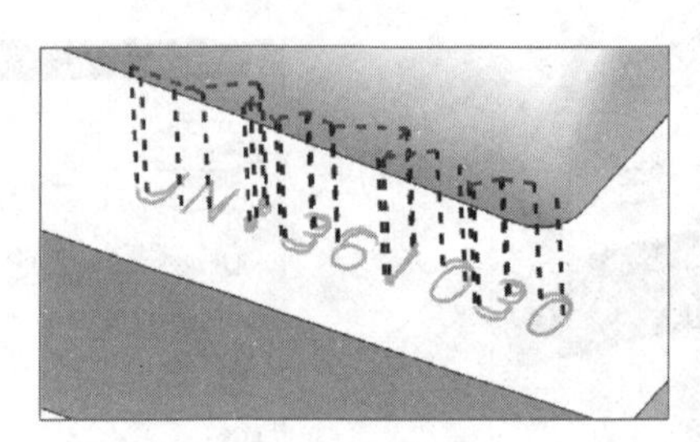

曲面文字加工编程

图 12-11 刀轨及 2D 仿真结果

保存结果后面继续进行曲面文字加工。

12.1.2 曲面文字加工编程

接着前面的结果操作。

(1) 创建刀具

☞ 在“主页选项卡”→“插入”组→“创建刀具”→“创建刀具”对话框：“类型”=“mill_contour”→“刀具子类型”→“MILL”→创建名称为“BALL_MILL_TEXT”如图 12-12→点“确定”退出。

(2) 创建曲面文字加工工序

☞“创建工序”对话框→“类型”组→“mill_contour”→“工序子类型”组→“CONTOUR_TEXT”。如图 12-13。

“轮廓文本”工序图示及说明如表 12-2。

表 12-2 “轮廓文本（CONTOUR_TEXT）”

图示	说 明
	“轮廓文本 CONTOUR_TEXT” 建议工序：加工简单文本，如标识号。 常用刀具：球刀（或者圆鼻刀）

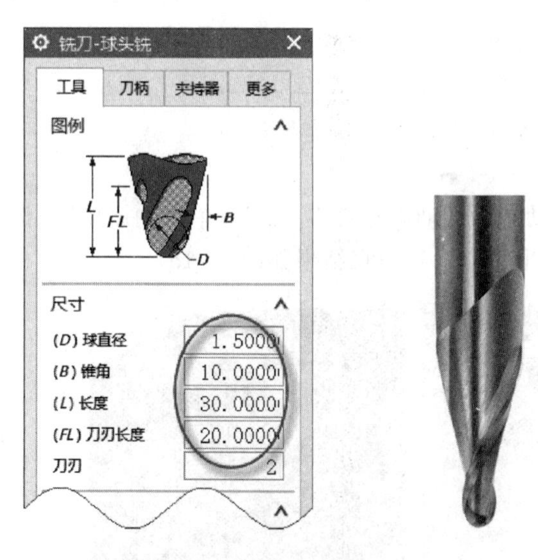

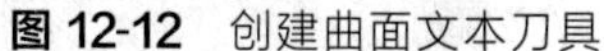

图 12-12 创建曲面文本刀具

图 12-13 创建工序

知识：曲面文字（NX 称“轮廓文本”）是将文字投影到加工表面再形成刀具轨迹，属于曲面轮廓铣。曲面文字加工的文字也是制图注释文字。注意：曲面文字加工刀具必须要有圆角半径才能生成轨迹。输入文本深度的值不要大于球头铣刀的半径。曲面轮廓铣中，如果负的底面余量（部件余量－文本深度）超过刀具的下半径，刀轨是不可靠的。出现这种情形时系统会发出警告。

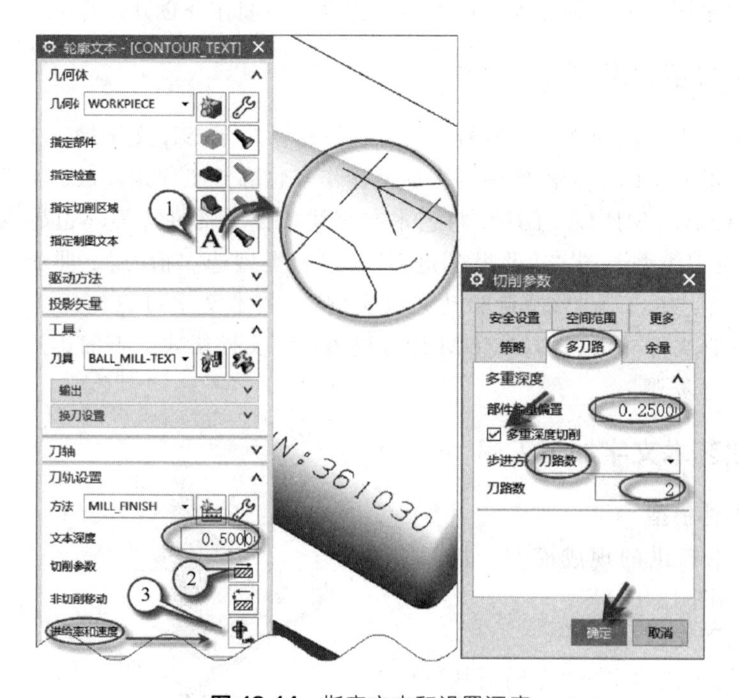

图 12-14 指定文本和设置深度

☞ 按图 12-14 操作："指定制图文本" A →指定工件上的"文本"两字符。

☞ 文本深度设为 0.5mm，为保护刀具设置分成 2 次切削，每次 0.25mm。按图 12-14 操作："刀轨设置"组："切削参数"→"多刀路"→"部件余量偏置"="0.25mm"，"刀路数"="2"。

☞ "刀轨设置"组："进给率和速度" →"主轴速度"="12000r/min"；"进给率-切削"="350mm/min"→保存结果后面继续进行曲面文字加工，"确定"返回。

(3) 生成刀轨并仿真

☞ 单击"生成刀轨"→"确认刀轨"→"2D 动态"→"动画速度"="2"→单击"播放"→保存结果后面继续进行曲面文字加工，"确定"退出。刀轨和仿真结果如图 12-15。

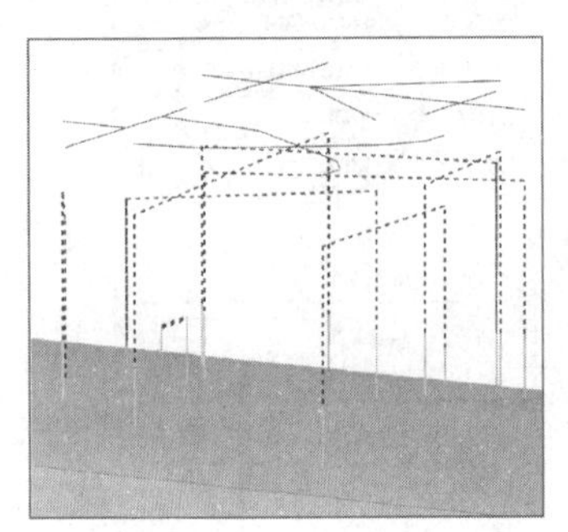
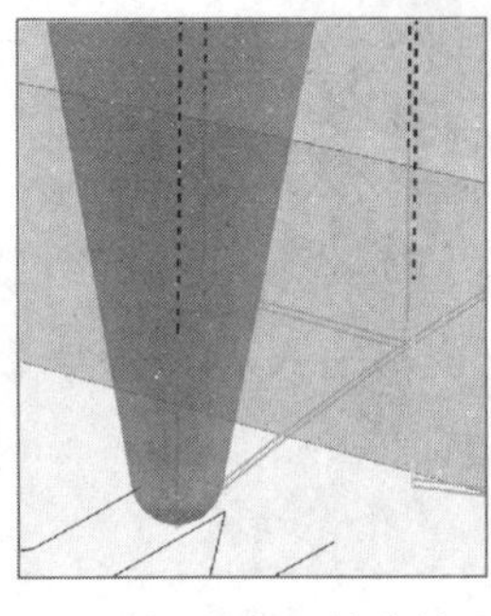

图 12-15 刀轨及仿真结果

12.2 固定轴曲面轮廓铣加工艺术文字

借用固定轴曲面轮廓铣的曲线、点驱动方法来加工曲面上的艺术文字。先介绍艺术文字加工原理，再创建加工工序（导入工件模型→艺术文字制作→创建工序）。

12.2.1 艺术文字加工

所谓艺术文字指特殊的文字、符号等装饰性图形。由于 NX 文字加工工序只识别制图注释文本，所以艺术文字的加工需要用到平面铣操作或轮廓铣工序来完成。对于平面艺术文字加工：在"PLANAR_MILL"工序中将艺术文字线条作为部件边界，边界成员的刀具位置要选"对中"，进刀类型要选"沿形状斜进刀"，退刀类型选"抬刀"。曲面上的艺术文字加工要参见前面章节"9.2.4 曲线/点驱动方法实例"。艺术文字可以使用 NX 的曲线功能输入，也可以从其它文件导入，例如 CGM 计算机图形源文件格式。下面讲解一下常用的曲面上的艺术文字建立步骤。

12.2.2 创建艺术文字加工工序

艺术文字加工编程

(1) 导入工件模型

☞ 打开本书提供的现成模型，打开文件"E12-2.prt"，如图 12-16。

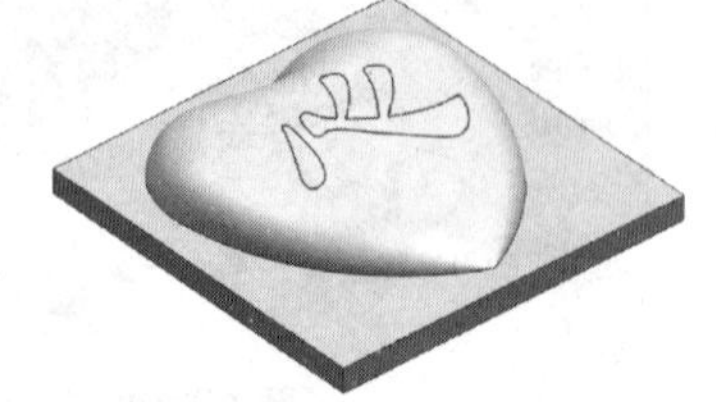

图 12-16 E12-2.prt

(2) 制作曲面文本

☞ NX 功能区选项卡→"应用模块"→"建模" →上边条框： 静态线框 →定向视图

(调整至大致位置按“F8”键对正)，如图 12-17。

☞ NX 功能区选项卡：“曲线”→“文本” A →“文本”对话框 面上，按图 12-18、图 12-19 步骤操作。

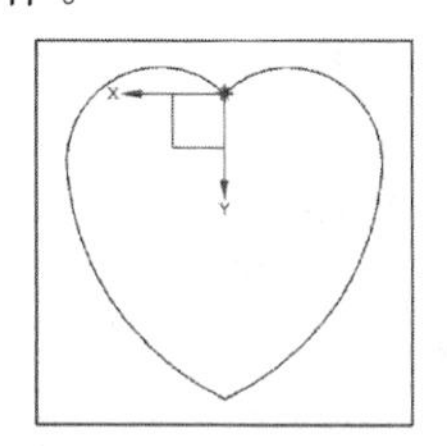

图 12-17 定向视图

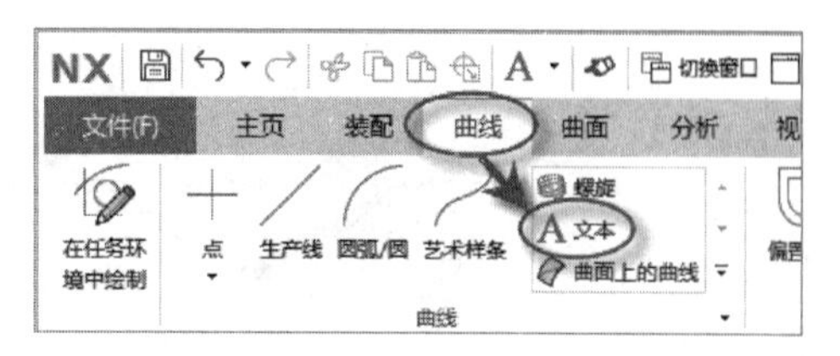

图 12-18 插入文本

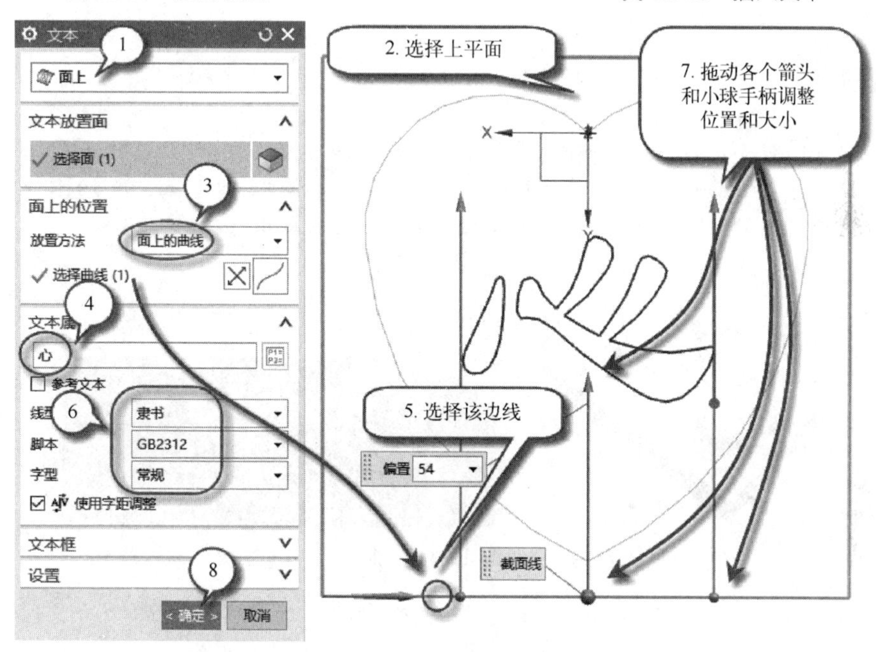

图 12-19 调整文本位置和大小

(3) 创建曲面艺术文本加工工序

☞ NX 功能区选项卡：“曲线”→“投影曲线”，按图 12-20 操作。

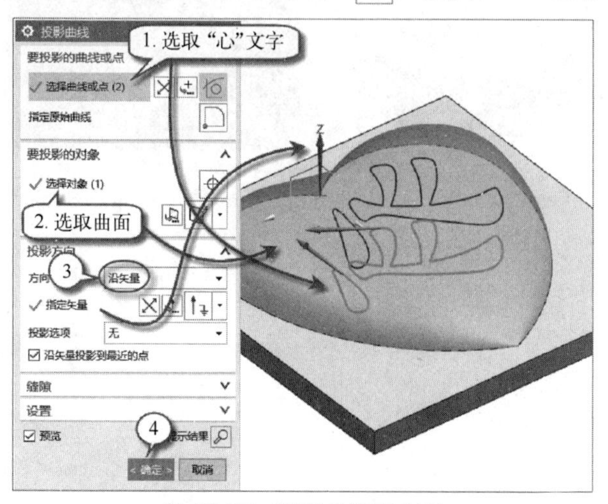

图 12-20 投影曲线至曲面

加工工序操作前面参见“第 9 章 固定轴曲面轮廓铣-9.2.4 曲线/点驱动方法实例”。最终结果刀轨和仿真结果如图 12-21 所示。

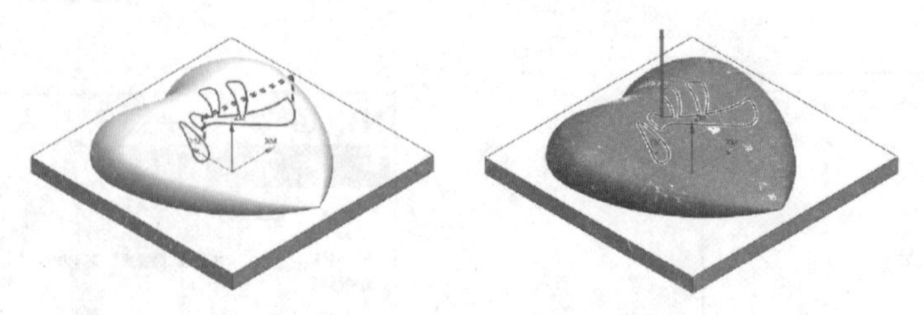

图 12-21　文字加工刀轨和仿真

 训练题

(1) 试对题图 12-1 所示花瓶工件图示位置曲面文本和平面文本进行加工编程。“花瓶”二字制图文本尺寸高度 20mm，字体 chineset；所用球刀为直径 2mm，锥角 10°；文字深度 1mm。编号制图文本尺寸：高度 5mm，字体 cadds4；所用刀具为直径 0.5mm，锥角 10°；文字深度 0.5mm。

题图 12-1　花瓶

(2) 试对题图 12-2 所示元宝工件图示位置曲面文字进行加工编程。“福”字字体为华文琥珀；所用球刀为直径 0.5mm，锥角 10°；文字深度 0.25mm。提示：文字生成用曲线文本文字，再用投影曲线将文字投影在曲面上。

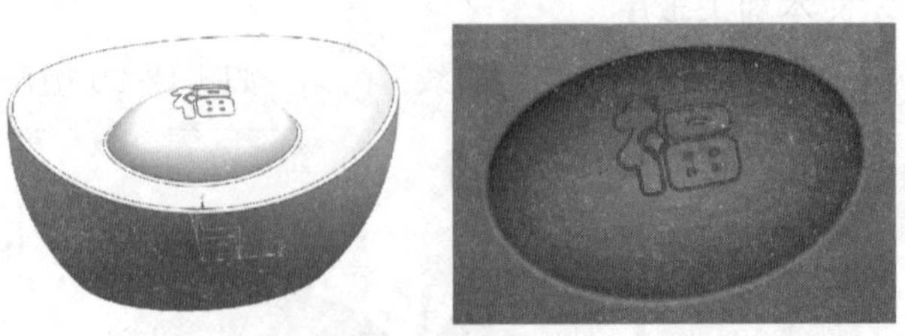

题图 12-2　元宝

第13章 综合加工实例

学习导引

实际生产中，数控加工面对的往往是诸如模具等几何特征复杂的工件，还有一些超大尺寸工件。对于这类复杂和大尺寸工件，需要对工件按特征进行分解来分别进行加工编程。本章通过具体实例将前面所讲知识进行综合的运用，进一步对复杂工件编程进行工艺分析，讲解编程的补面、补孔等操作，讲解多几何体编程、工件的正反面加工、工序复制和刀轨复制等操作。

综合加工实例

13.1 编程前工件的处理

真实的复杂工件编程前需要认真进行工艺分析，还有一些进行补面补孔操作，屏蔽一些先不加工的特征。在进行工艺分析后进行补面等整理编程准备工作。操作过程：工艺分析（工艺分析→工序规划)→补面操作（补面操作→制作毛坯）。

13.1.1 工艺分析

对于大型模具（如汽车保险杠），在型腔铣时如果把整个部件指定，软件计算的工作量会很大，加工时间也将很长，这需要按工件细节特征分解成多个部分来指定几何体进行铣削。

(1) 工件工艺分析和编程规划

如图 13-1 是一个压铸模动模镶块，材料为模具钢(3Cr2W8V)，硬度：255～207HB。

下面进行该工件的几何特征分析。

☞ 打开本书提供的现成模型文件“E13-1. prt”。

☞ 选择“应用模块”选项卡→“加工”。如果弹出“加工环境”对话框，选择“cam_general”和“mill_contour”。

☞ NX界面“功能区”单击“分析”选项卡→“NC助理”→“分析类型”→ 层、拐角、圆角、

图 13-1 压铸模动模镶块

拔模→“应用”→“信息” ⓘ。

通过数据可得知工件各层深度、圆角大小、平面、曲面、拔模角度等，通过这些数据信息选择刀具种类、大小和长度等规格，以及选择加工方法和工序。经过分析，加工过程规划如图 13-2。

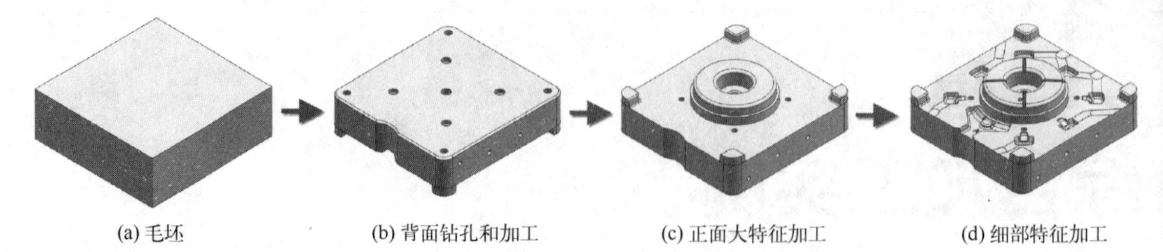

(a) 毛坯　(b) 背面钻孔和加工　(c) 正面大特征加工　(d) 细部特征加工

图 13-2 加工过程规划

如图 13-3，细部特征分 A、B、C、D 和浅槽 5 个区域，这些区域呈对称和圆周阵列分布，所以在这些特征生成刀轨后可以进行“变换”复制出其它对称和阵列刀轨。其中 B、C 可通过复制 A 的工序修改而成。这些操作将减少很多编程工作量。

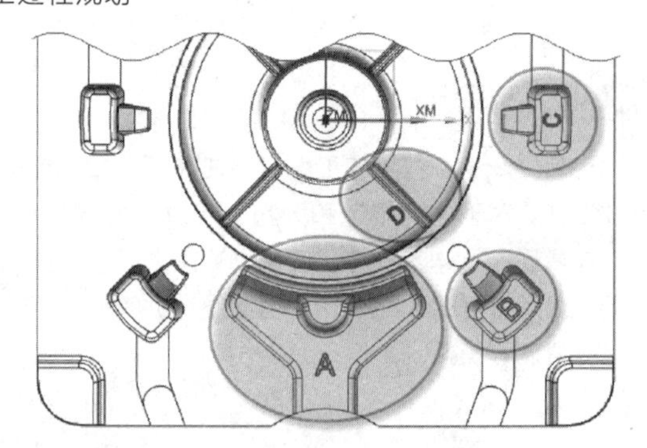

图 13-3 细部特征标记

(2) 工序规划

经过分析和规划，数控加工工序卡片如表 13-1。

表 13-1 数控加工工序卡片

单位		产品名称(代号)				零件名称		图号
		E13-1				动模镶块		
工序简图		车间				使用设备		
		工艺序号				程序编号		
		夹具名称				夹具编号		
		平口钳						
工步号	**工步作业内容**	**侧底余量/mm**	**刀具号**	**刀具规格**	**主轴转速/(r/min)**	**进给速度/(mm/min)**	**背吃刀量/mm**	**备注**
1	定心钻		T01	SP_D12	800	80		背面加工：四面分中毛坯底面对 Z
2	钻 ϕ10 孔		T02	DR10	1500	200		
3	钻 ϕ12 孔		T03	DR12	1500	200		
4	钻 ϕ13.6 孔		T03	DR12	1500	200		
5	铣阶梯面及底面	0	T04	D10	2500	400		
6	粗加工轮廓	0	T05	D16	2200	1100	2	
7	精加工轮廓	0	T05	D16	2200	1100	10	
8	铣倒角	0	T06	C30	2200	1100		正面加工：四面分中毛坯顶面对 Z
9	铣平面	0	T07	D35R0.8	1500	800		
10	正面粗加工	0.3/0.2	T07	D35R0.8	1500	800	1	
11	正面半精加工	0.25/0.2	T08	D25R1	1600	1000	0.5	
12	粗加工中孔	0.3/0.2	T09	D12R0.4	3000	1500	0.5	
13	精加工陡面	0	T10	D20R0.8	1800	1000		

续表

工步号	工步作业内容	侧底余量/mm	刀具号	刀具规格	主轴转速/(r/min)	进给速度/(mm/min)	背吃刀量/mm	备注
14	精加工中孔	0	T09	D12R0.4	3000	1500		背面加工：四面分中毛坯底面对 Z
15	精加工顶面曲面	0	T11	D16R8	2000	1000		
16	精加工平面	0	T05	D16	2000	1500		
17	精加工四角外圆	0	T05	D16	2000	1500		
18	A区粗加工	0.25/0.15	T12	D8	8000	2000		
19	A区精加工	0	T13	D6R3	5000	1800		正面加工：四面分中毛坯顶面对 Z
20	A区清根加工	0	T14	D4R2	6000	1300		
21	B区粗加工	0.25/0.15	T12	D8	8000	2000	0.5	
22	B区精加工	0	T14	D4R2	10000	3000		
23	B区清根加工	0	T15	D2R1	12000	600		
24	C区粗加工	0.25/0.15	T12	D8	8000	2000	0.5	
25	C区精加工	0	T14	D4R2	10000	3000		
26	C区清根加工	0	T15	D2R1	12000	600		
27	D区粗加工	0.25/0.15	T16	D3	10000	300	0.15	
28	D区精加工	0	T17	D2	10000	300	0.15	
29	D区清根加工	0	T15	D2R1	10000	3000		
30	浅槽加工	0	T12	D8	8000	2000		
编制		审核		批准		年　月　日	共　页	第　页

13.1.2　补面操作

(1) 补面操作步骤

为使生成的刀轨光顺连贯和避免跳刀现象，以及减少系统计算时间，需先把细部特征删除或者遮盖掉。这些需要进行补面、补孔操作。

先把工件复制，命名为“补片”。加工“正面大特征”用新复制的“补片”后的工件编程，加工“细部特征”使用原始工件编程。

☞ 上边条：“菜单”→“编辑”→ 移动对象(O)... 按图13-4操作。

下面删除A、B、C、D和浅槽5个区域。先用“同步建模”的“删除面”，试着删除特征的所有面，如果不成功，尝试应用“修补开口”等命令把特征遮盖上。

☞ 资源条：“部件导航器”→隐藏最原始部件→新复制的部件→右键重命名为“补片”→定向视图为“俯视图”→框选“A”特征区→NX界面“功能区”→“几何体”选项卡→“同步建模”→“删除面”，按图13-5操作。

☞ 框选B区下方的“浅槽”区域（11个面），按上面方法删除。如图13-6。

☞ 接着框选B区，按上面方法进行删除。以此类推，删除所有细部特征，结果如图13-7。

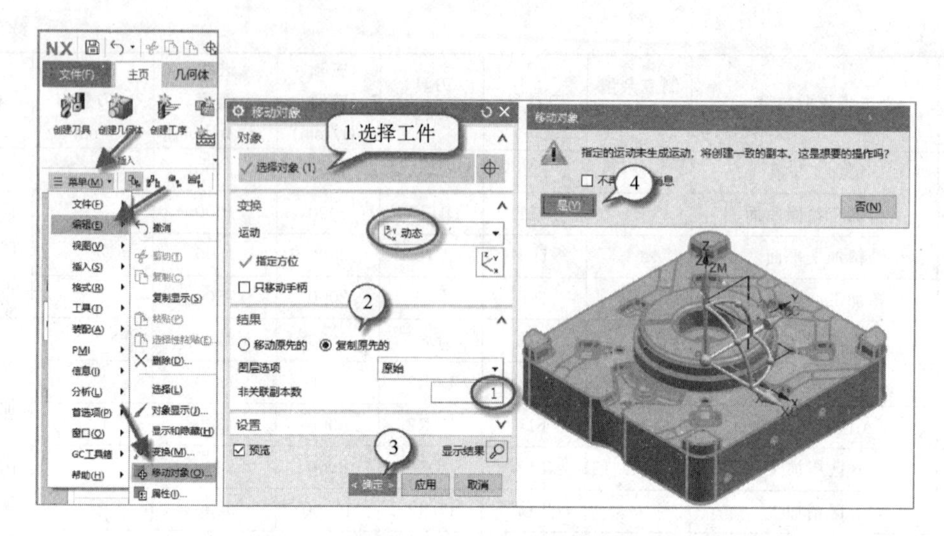

图 13-4 细部特征标记

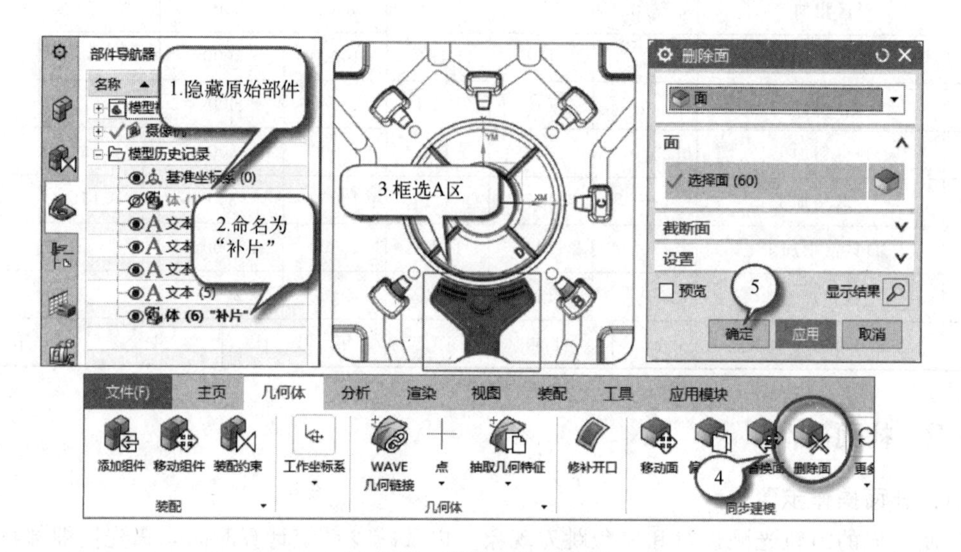

图 13-5 删除 A 细部特征

图 13-6 删除浅槽区域图

图 13-7 删除细部特征后的结果

(2) 制作毛坯

NX 加工编程时，建立一个单独毛坯往往比使用“包容块”等临时指定的毛坯更直观和方便操作。下面建立一个独立毛坯，毛坯余量 6 面均为 1mm。接前面的步骤操作。

☞ 选择“应用模块”选项卡→“建模”→“功能区”：“特征”组→“更多”→“偏置/缩放”组→“包容体” 包容体 。如图 13-8。

☞ 资源条：“部件导航器”→在新建的包容体右键命名为“毛坯”→选择“应用模块”选项卡→“加工”→资源条“工序导航器”视图。

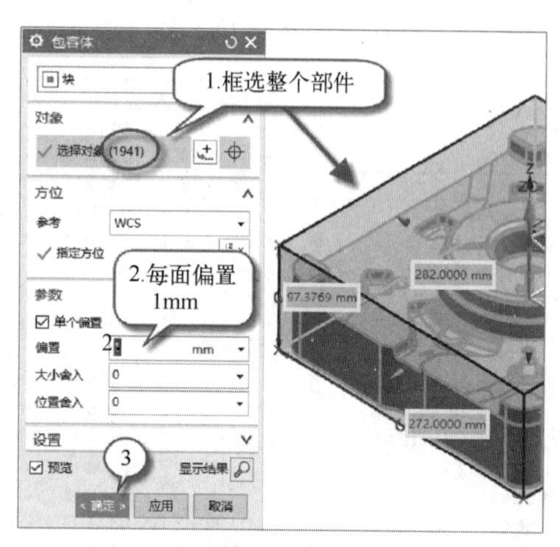

图 13-8　制作包容体（毛坯）

13.2　进行加工编程

按前面例子设计的加工工序进行编程。完成此操作需要综合运用前面所学各种 NX 工序和相关知识。操作过程：编程准备→背面钻孔和加工→进行正面大特征加工→细部特征加工→进行后置处理。

13.2.1　编程准备

(1) 程序单和刀具参数

创建刀具时参数设置如表 13-2。

表 13-2　刀具参数　　单位：mm

刀具种类	刀具名（刀具号）	直径（D）	下半径（R1）	长度（L）	刃长（FL）	刀具种类	刀具名（刀具号）	直径（D）	下半径（R1）	长度（L）	刃长（FL）
	SP_DR12（T01）	12	PA90°	100	PL6		D20R0.8（T10）	20	0.8	145	55
	DR10（T02）	10		184	121		D16R8（T11）	16	8		
	DR12（T03）	12		205	134		D8（T12）	8	0	60	20
	D10（T04）	10	0	155	55		D6R3（T13）	6	3		
	D16（T05）	16	0	130	65		D4R2（T14）	4	2		
	C30（T06）	30	B45°	75	50		D2R1（T15）	2	1		
	D35R0.8（T07）	35	0.8	100	70		D3（T16）	3	0	50	9
	D25R1（T08）	25	1	120	50		D2（T17）	2	0	50	7
	D12R0.4（T09）	12	0.4	155	55						

整个工件加工的程序单，参考图 13-9。

	换..	刀	刀具	刀.	时间	方法	余量	底...	切削深度	步距	进给	速度
GRAM					10:10:13							
用项					00:00:00							
PROGRAM					10:10:13							
KONG-BACK					00:39:25							
DRILLING-DX		✓	SP_DR12	1	00:01:18	DRILL_METH...			至底部		80 mmpm	800 rpm
DRILLING_F10		✓	DR10	2	00:01:54	DRILL_METH...			穿过底部		200 mmpm	1500 rpm
DRILLING_F12		✓	DR12	3	00:00:25	DRILL_METH...			穿过底部		200 mmpm	1500 rpm
DRILLING_F13.6		✓	DR12	3	00:00:59	DRILL_METH...			至底部		200 mmpm	1500 rpm
HOLE_MILLING		✓	D10	4	00:08:19	MILL_FINISH	0.00...				400 mmpm	2500 rpm
PLANAR_MILL_KC		✓	D16	5	00:13:30	MILL_SEMI_...	0.25...	0.00...	2.0000	80 平直百分比	1100 mmpm	2200 rpm
PLANAR_MILL_JJG		✓	D16	5	00:06:16	MILL_FINISH	0.00...	0.00...	10.0000	50 平直百分比	1100 mmpm	2200 rpm
PLANAR_MILL_DJ		✓	C30	6	00:01:04	MILL_FINISH	0.00...	0.00...	10.0000	50 平直百分比	1100 mmpm	2200 rpm
FLOOR_WALL_BACK		✓	D35R0.8	7	00:04:17	MILL_FINISH	0.00...	0.00...	0.0000	75 % 刀具	800 mmpm	1500 rpm
CJG					04:42:58							
CAVITY_MILL_KC		✓	D35R0.8	7	03:42:33	MILL_ROUGH	0.30...	0.20...	1 mm	60 平直百分比	800 mmpm	1500 rpm
ZLEVEL_PROFILE_BJJG		✓	D25R1	8	00:57:13	MILL_SEMI_...	0.25...	0.20...	.5 mm		1000 mmpm	1600 rpm
CAVITY_MILL_ZKKC		✓	D12R0.4	9	00:02:49	MILL_ROUGH	0.30...	0.20...	.5 mm	70 平直百分比	1500 mmpm	3000 rpm
JJG					03:38:44							
ZLEVEL_PROFILE_JJG		✓	D20R0.8	10	02:33:09	MILL_FINISH	0.00...	0.00...	.2 mm		1000 mmpm	1800 rpm
ZLEVEL_PROFILE_ZKJ...		✓	D12R0.4	9	00:03:51	MILL_FINISH	0.00...	0.00...	.2 mm		1500 mmpm	3000 rpm
FIXED_CONTOUR_DM		✓	D16R8	11	00:55:52	MILL_FINISH	0.00...	0.00...	0 mm	.3 mm	1000 mmpm	2000 rpm
FLOOR_WALL		✓	D16	5	00:04:44	MILL_FINISH	0.00...	0.00...	0.0000	60 % 刀具	1500 mmpm	2000 rpm
PLANAR_PROFILE_4J		✓	D16	5	00:00:19	MILL_FINISH	0.00...	0.00...	0.0000	50 平直百分比	1500 mmpm	2000 rpm
A					00:38:59							
A-CAVITY_MILL		✓	D8	12	00:09:15	MILL_SEMI_...	0.25...	0.15...	.5 mm	30 平直百分比	2000 mmpm	8000 rpm
A-CONTOUR_AREA		✓	D6R3	13	00:19:41	MILL_FINISH	0.00...	0.00...	50 % 刀具	.12 mm	1800 mmpm	5000 rpm
A-FLOWCUT_REF_TO...		✓	D4R2	14	00:09:28	MILL_FINISH	0.00...	0.00...	10 % 刀具	.08 mm	1300 mmpm	6000 rpm
B					00:09:23							
B-CAVITY_MILL		✓	D8	12	00:01:52	MILL_SEMI_...	0.25...	0.15...	.5 mm	30 平直百分比	2000 mmpm	8000 rpm
B-CONTOUR_AREA		✓	D4R2	14	00:02:31	MILL_FINISH	0.00...	0.00...	50 % 刀具	.08 mm	3000 mmpm	10000 rpr
B-FLOWCUT_REF_TO...		✓	D2R1	15	00:04:24	MILL_FINISH	0.00...	0.00...	10 % 刀具	.05 mm	600 mmpm	12000 rpr
C					00:07:39							
C-CAVITY_MILL		✓	D8	12	00:01:30	MILL_SEMI_...	0.25...	0.15...	.5 mm	30 平直百分比	2000 mmpm	8000 rpm
C-CONTOUR_AREA		✓	D4R2	14	00:02:12	MILL_FINISH	0.00...	0.00...	50 % 刀具	.08 mm	3000 mmpm	10000 rpr
C-FLOWCUT_REF_TO...		✓	D2R1	15	00:03:20	MILL_FINISH	0.00...	0.00...	10 % 刀具	.05 mm	600 mmpm	12000 rpr
D					00:11:51							
D-CAVITY_MILL		✓	D3	16	00:05:30	MILL_SEMI_...	0.25...	0.15...	.15 mm	30 平直百分比	300 mmpm	10000 rpr
D-CAVITY_MILL2		✓	D2	17	00:04:19	MILL_SEMI_...	0.25...	0.15...	.15 mm	30 平直百分比	300 mmpm	10000 rpr
D-CONTOUR_AREA		✓	D2R1	15	00:01:26	MILL_FINISH	0.00...	0.00...	50 % 刀具	.05 mm	3000 mmpm	10000 rpr
E					00:01:13							
FLOOR_WALL_E		✓	D8	12	00:01:01	MILL_FINISH	0.00...	0.00...	0.0000	50 % 刀具	2000 mmpm	8000 rpm

图 13-9 程序顺序视图

(2) 创建程序组

下面先进行背面加工，再进行钻孔和平面及轮廓加工。接着前面的操作。

☞ 选择“应用模块”选项卡→“加工”→“工序导航器”→“程序视图”→“创建程序”→按图 13-10 步骤创建程序组，共 8 个。

注：8 个程序组分别是“KONG-BACK”（背面）、“CJG”（粗加工）、“JJG”（精加工）、“A”（A 区加工）、“B”（A 区加工）、“C”（A 区加工）、“D”（A 区加工）、“E”（浅槽加工）。

(3) 设置和创建几何体

☞“工序导航器”→“几何视图”。

☞“WORKPICE”上右键“复制”→“MCS_MILL”上右键“内部粘贴”→按图右键重命名这三项（含义：顶部加工坐标系、ABCD 几何体）。如图 13-11。

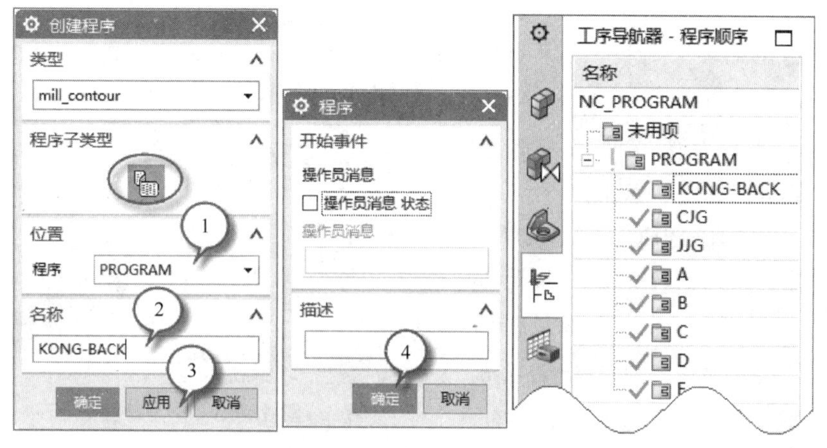

图 13-10 创建和命名程序组

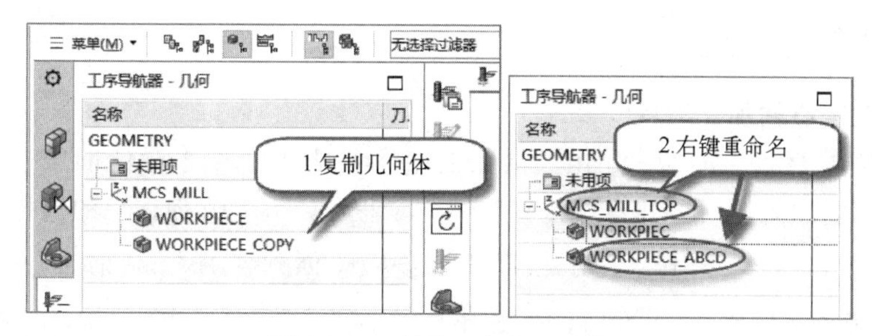

图 13-11 创建和命名几何体

☞ 双击“MCS_MILL_TOP”→MCS 对话框：“指定 MCS” →“坐标系”对话框→ 自动判断 →单击毛坯（包容体）顶面→ 动态 →将 *XM* 轴调到和“弧形豁口”反向位置→连续点“确定”退出。如图 13-12。

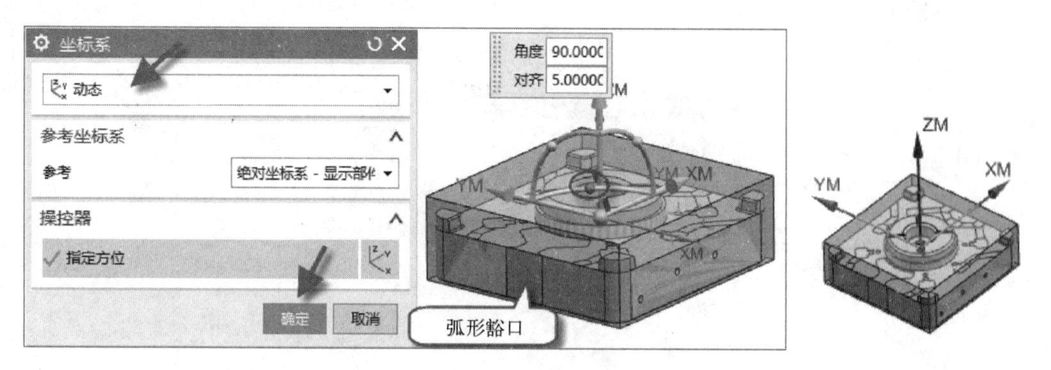

图 13-12 指定 MCS

☞ “创建几何体” →“几何体类型”=“MCS” →“MCS”对话框：“指定 MCS” →按前一步骤指定毛坯底面→连续点“确定”退出（在 WORKPIECE 几何体下，名称：MCS_MILL_BACK）。如图 13-13。

下面定义 2 个“WORKPIECE”。

☞ 双击“WORKPIECE”→“工件”对话框：“几何体组”→“指定部件” →“选择对

象”→单击选择“补片”实体（前面复制的实体）→“指定毛坯”→“毛坯几何体”对话框=几何体→“选择对象”→单击选择“毛坯”实体（前面制作的“包容体”）→单击“确定”退出。

☞ 双击“WORKPIECE_ABCD”→“工件”对话框：“几何体组”→“指定部件”→“选择对象”→单击选择最初始的工件实体→“指定毛坯”→“毛坯几何体”对话框=几何体→“选择对象”→单击选择“补片”实体（前面制作的“包容体”）→单击“确定”退出。

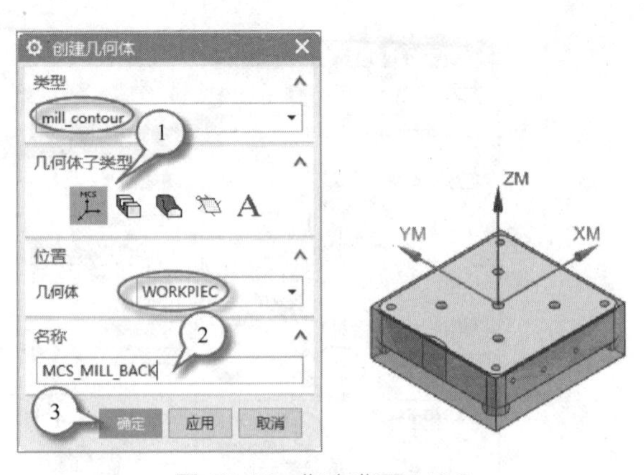

图 13-13 指定背面 MCS

13.2.2 背面钻孔和加工

(1) 所有孔定心钻加工编程

新版的 NX 需要激活旧版“drill”钻孔工序，参见“11.2.1 激活旧版‘drill’钻孔工序”操作。下面创建工序时要注意“位置”组中“程序”和“几何体”的选择。

☞ 按图 13-14（a）操作：“创建工序”→“创建工序”对话框→“类型”组→“drill”→“工序子类型”组→“钻孔（DRILLING）”→名称：“DRILLING-DX”。

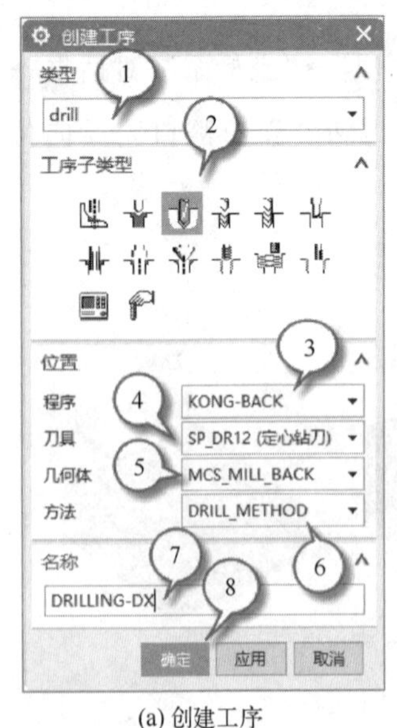

(a) 创建工序

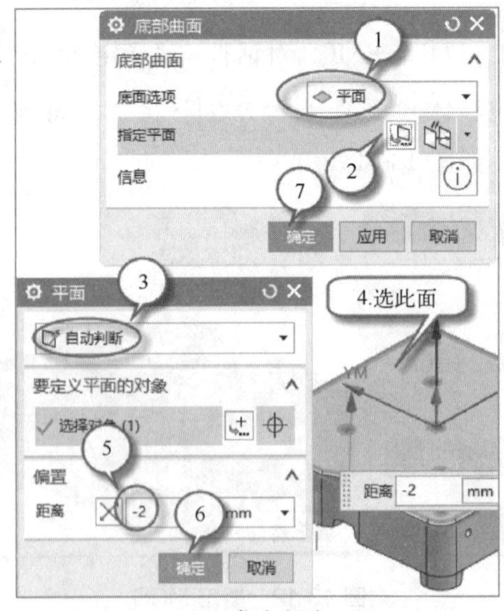

(b) 指定底面

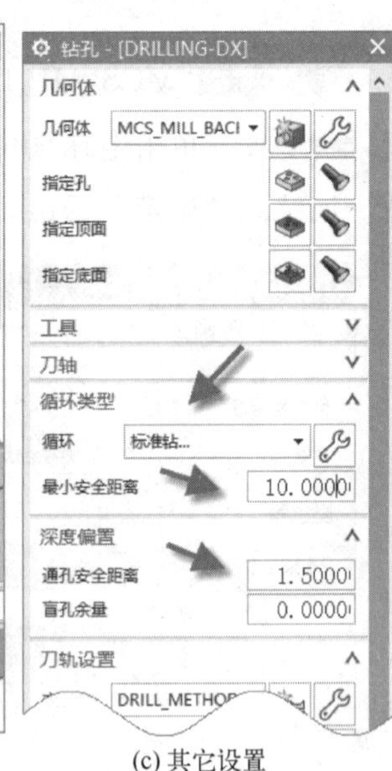

(c) 其它设置

图 13-14 创建钻定心孔工序

☞ “钻孔”工序对话框：“几何体”组→“指定孔”→“点到点几何体”：选择→“面上所有孔”→单击工件有孔的背面确定→点“确定”→“优化”→“最短路径”→“优化”→“接受”→点“确定”返回工序对话框。

☞ “几何体”组→“指定顶面”→“顶面选项”=“面”→选背面平面→单击“确定”。

☞“几何体”组→“指定底面”→“底面选项”=“平面”→“指定平面”→选工件背面平面→“距离”=“−2mm”(钻孔深度)→单击“确定”返回。如图 13-14（b）。

☞ 其它设置如图 13-14（c）。

☞“工序对话框”的“刀轨设置”组：“进给率和速度”→按“图 13-9 程序顺序视图”输入“主轴速度”=“800r/min”、“进给率-切削”=“80mm/min”→单击“确定”返回。

☞ 单击“生成刀轨”→“确认刀轨”→“3D 动态”→“动画速度”=“1”→单击“播放”→单击“确定”退出。刀轨和仿真结果如图 13-15。

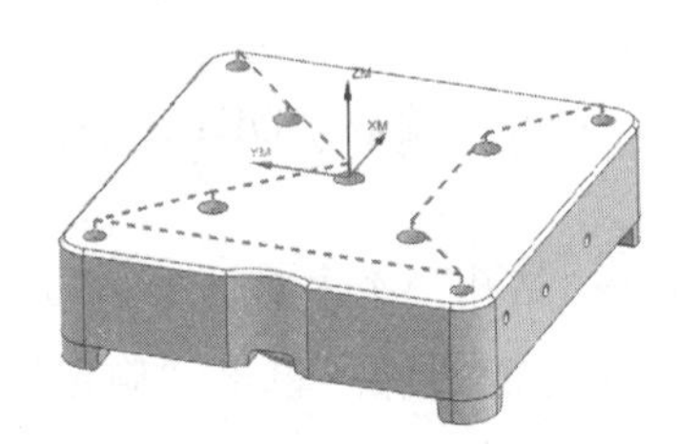
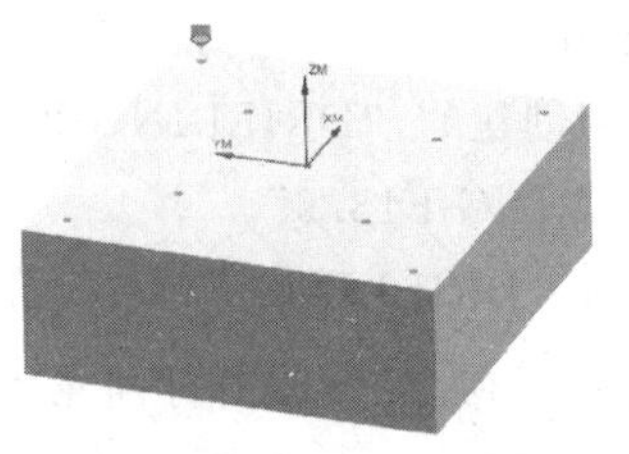

图 13-15 钻定心孔刀轨及仿真结果

(2) 钻 ϕ10 孔

☞ 把“工序导航器”切换到“程序顺序”视图→右键复制刚创建的“DRILLING-DX”→右键粘贴成“DRILLING-DX_COPY”→右键重命名为“DRILLING-F10”。

☞ 双击打开该“DRILLING-F10”工序→“钻孔”工序对话框：“几何体”组→“指定孔”“是”（删除现有点）→单击背面中部 5 个孔的边缘→点“确定”→“优化”→“最短路径”→“优化”→“接受”→点“确定”返回工序对话框。

☞“几何体”组→“指定底面”→“底面选项”=“面”面→选工件正面大平面→单击“确定”返回。如图 13-16。

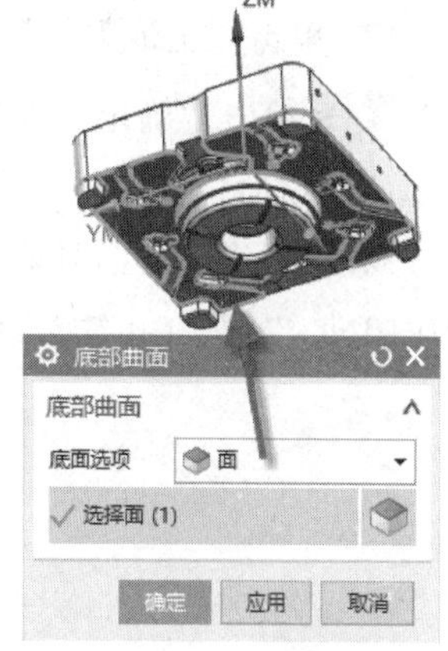

图 13-16 指定底面

☞“钻孔”工序对话框：“工具”组→重新选择刀具：“刀具”=“DR10”（钻刀）。

☞“循环类型”组→“循环”=标准钻，深孔...→单击“循环”最右侧→“指定循环参数”组：直接点“确定”→点“Depth-Thru Bottom”（穿过底面）→单击“确定”返回工序对话框。

☞“工序对话框”的“刀轨设置”组：“进给率和速度”→按“图 13-9 程序顺序视图”输入“主轴速度”=1500r/min”、“进给率-切削”=“200mm/min”→单击“确定”返回。

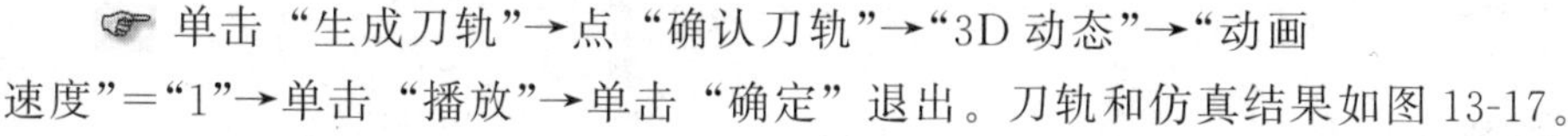

☞ 单击“生成刀轨”→点“确认刀轨”→“3D 动态”→“动画速度”=“1”→单击“播放”→单击“确定”退出。刀轨和仿真结果如图 13-17。

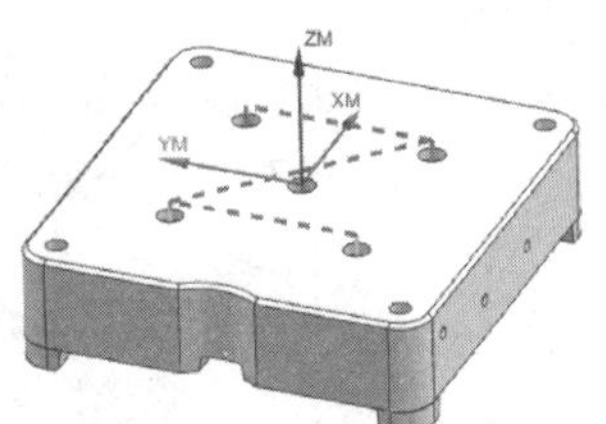
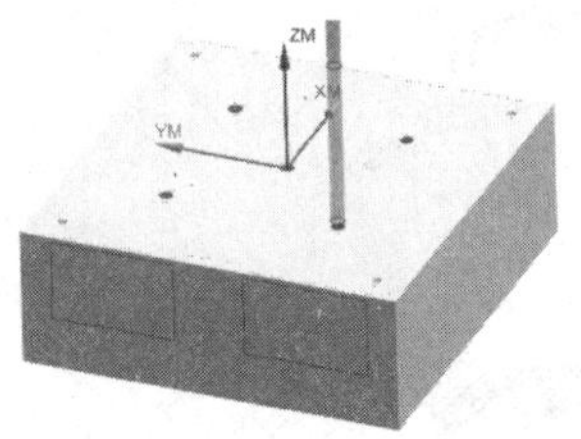

图 13-17 钻 ϕ10 孔刀轨及仿真结果

(3) 钻 ϕ12 孔

☞ 右键复制刚创建的“DRILLING-F10”→右键粘贴成“DRILLING-F10_COPY”→右键重命名为“DRILLING-F12”。

☞ 双击打开该“DRILLING-F12”工序→“钻孔”工序对话框：“几何体”组→“指定孔” “是”（删除现有点）→单击背面中部孔的边缘→连续单击“确定”返回工序对话框。

☞ “钻孔”工序对话框：“工具”组→重新选择刀具：“刀具”=“DR12”（钻刀）。

☞ 单击“生成刀轨” →单击“确定”退出。

(4) 钻 ϕ13.6 孔

☞ 右键复制刚创建的“DRILLING-F12”→右键粘贴成“DRILLING-F12_COPY”→右键重命名为“DRILLING-F13.6”。

☞ 双击打开该“DRILLING-F13.6”工序→“钻孔”工序对话框：“几何体”组→“指定孔” “是”（删除现有点）→单击背面角上4个孔的边缘→单击“确定”→“优化”→“最短路径”→“优化”→“接受”→点“确定”返回。

☞ “几何体”组→“指定底面” →“底面选项”=“面” 面→背面角上4个孔其中一个的底面（钻孔刀尖深度）→单击“确定”返回。

☞ “循环类型”组→“循环”= 标准钻，深孔... →单击“循环”最右侧 →“指定循环参数”组：直接点“确定”→点“Depth-至底部”（至底面）→单击“确定”返回工序对话框。

☞ “刀轨设置”组：“进给率和速度”→按“图 13-9 程序顺序视图”输入“主轴速度”=“1500r/min”、“进给率-切削”=“200mm/min”→单击“确定”返回。

☞ 单击“生成刀轨” →“确认刀轨” →“3D 动态”→“动画速度”=“1”→单击“播放” →单击“确定”退出。刀轨和仿真结果如图 13-18。

(5) 铣阶梯孔

☞ “创建工序”对话框→“类型”组→“mill_planar”→“工序子类型”组→“HOLE_MILLING” （孔铣），如图 13-19。

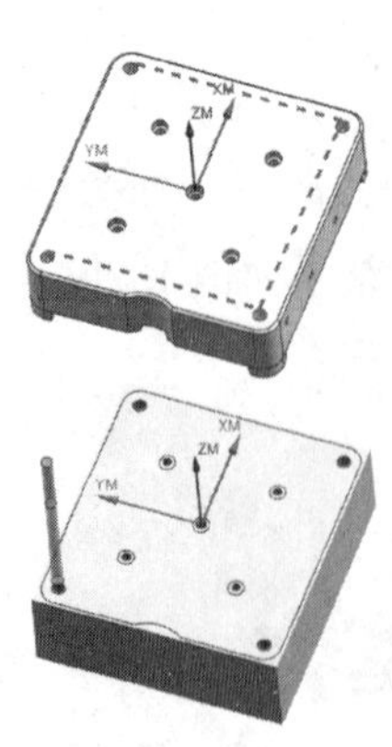

图 13-18　钻 ϕ13.6 孔刀轨及仿真结果

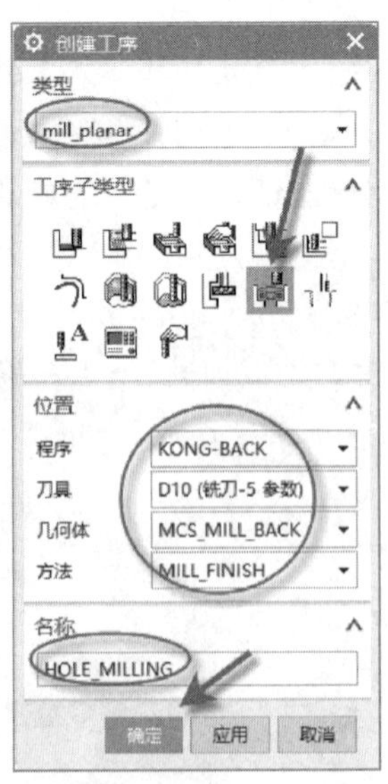

图 13-19　创建孔铣工序

☞“孔铣 HOLE_MILLING”工序对话框→“几何体”组：“指定特征几何体”→“特征几何体”对话框：“特征”组→“选择对象”→按图 13-20 操作。

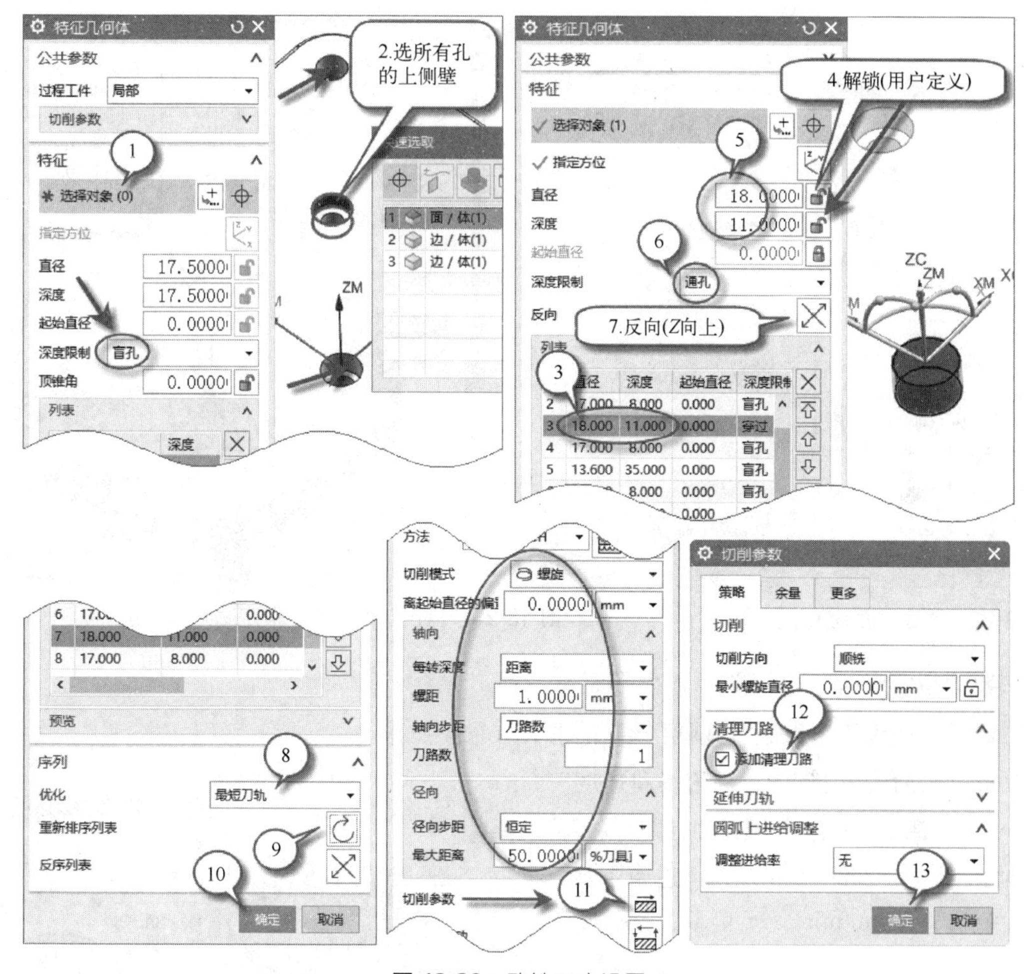

图 13-20　孔铣工序设置

知识：“切削参数”中“添加清理刀路”是为了使沉头孔底面平整，否则底面是螺旋状坡面。

☞“刀轨设置”组：“进给率和速度”→按“图 13-9 程序顺序视图”输入“主轴速度”=“2500r/min”、“进给率-切削”=“400mm/min”→单击“确定”返回。

☞单击“生成刀轨”→“确认刀轨”→“3D 动态”→“动画速度”=“4”→单击“播放”→单击“确定”退出。刀轨和仿真结果如图 13-21。

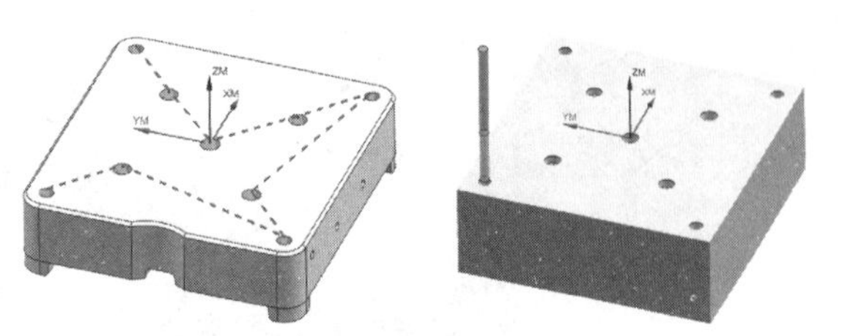

图 13-21　孔铣工序刀轨及仿真结果

☞单击“确定”退出工序设置。

(6) 外缘轮廓粗加工编程

☞“创建工序”对话框→“类型”组→“mill_planar”→“工序子类型”组→“PLANAR_MILL”→名称改为：“PLANAR_MILL_KC”按图 13-22 操作。

☞ “平面铣工序”对话框：“几何体”组→“指定部件边界” →选择方法： 曲线 →选壁上 5 个圆弧（按图 13-23 操作）。

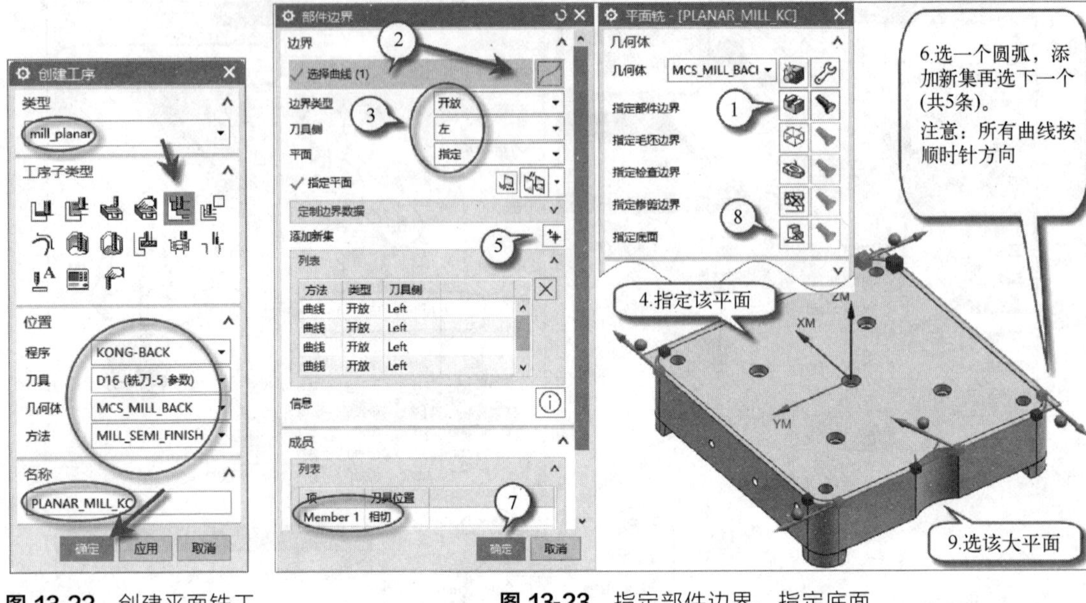

图 13-22 创建平面铣工

图 13-23 指定部件边界、指定底面

☞ “指定底面” →选下面大平面。

☞ “刀轨设置”组→“切削层” ：按图 13-24 操作。

☞ “刀轨设置”组：“进给率和速度” →按“图 13-9 程序顺序视图”输入“主轴速度”=“2200r/min”、“进给率-切削”=“1100mm/min”→单击“确定”返回。

☞ 单击“生成刀轨” →“确认刀轨” →“3D 动态”→“动画速度”=“5”→单击“播放” →单击“确定”退出→单击“确定”退出工序设置。刀轨和仿真如图 13-25。

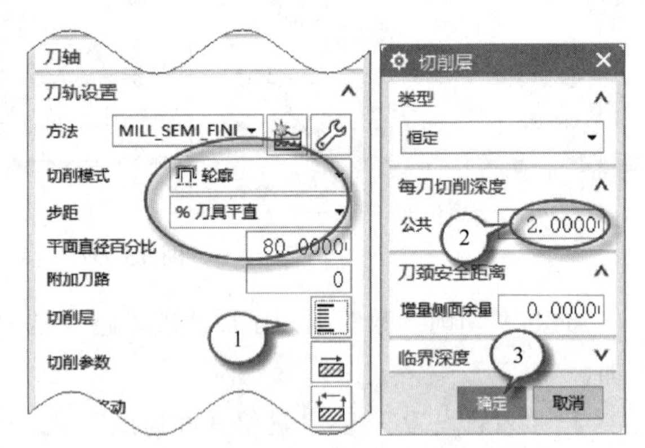

图 13-24 指定部件边界、指定底面

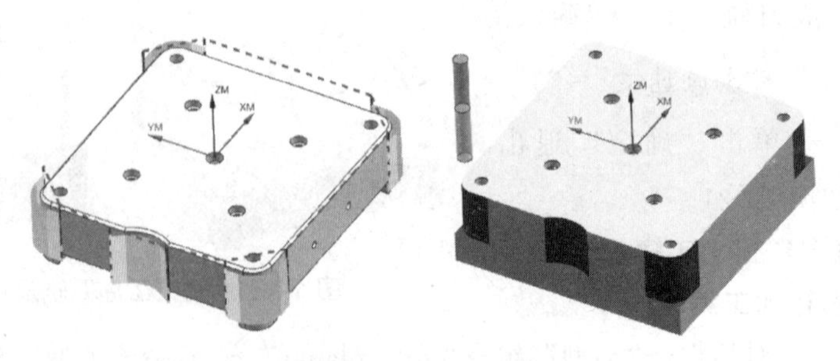

图 13-25 外缘轮廓粗加工工序刀轨及仿真结果

(7) 外缘轮廓精加工编程

☞ 右键复制刚创建的“PLANAR_MILL_KC”→右键粘贴成“PLANAR_MILL-KC_COPY”→右键重命名为“PLANAR_MILL_JJG”。

☞ “平面铣工序对话框”：“几何体”组→“指定部件边界”→点“列表”右边：删除所有前面所选5条边界→“选择方法”：曲线→选整个壁的边线，如图13-26。

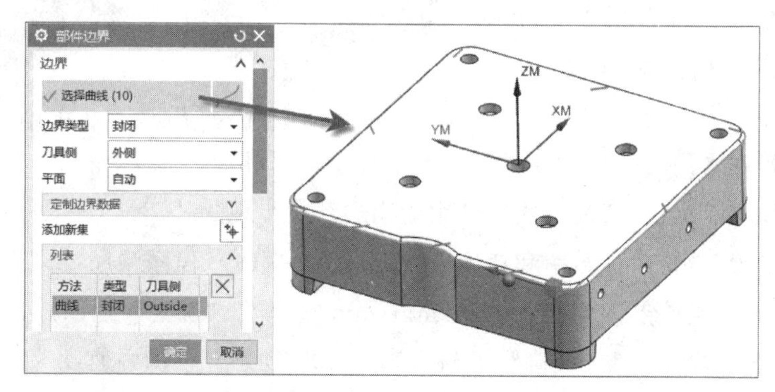

图13-26 重新指定部件边界

☞ “刀轨设置”组→“方法”=“MILL_FINISH”。

☞ “刀轨设置”组→“切削层”→按图13-27操作。

☞ 单击“生成刀轨”→“确认刀轨”→“3D动态”→“动画速度”=“4”→单击“播放”→点“确定”退出→点“确定”退出工序设置。刀轨和仿真结果如图13-28。

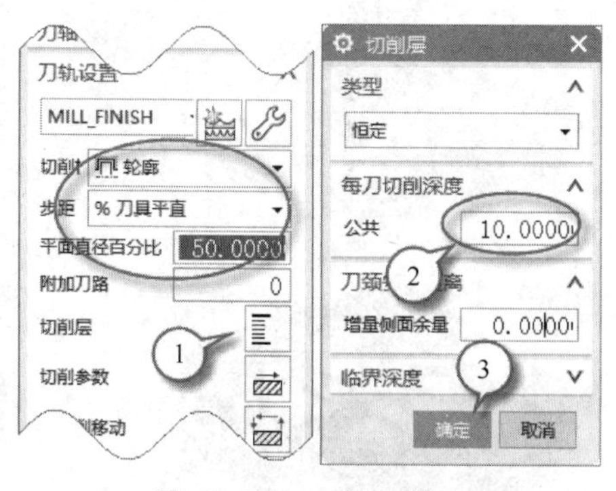

图13-27 定义切削层

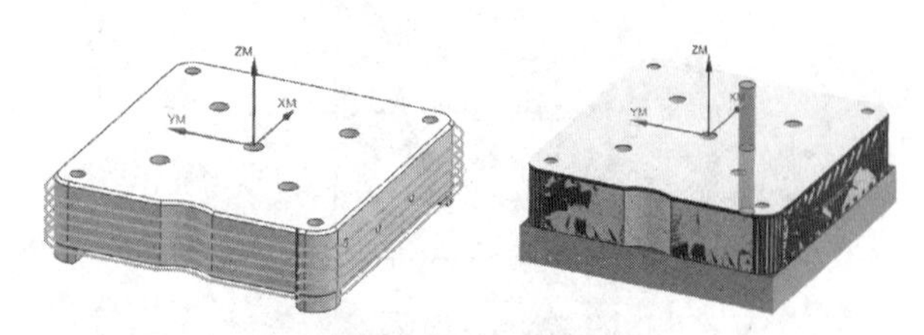

图13-28 外缘轮廓精加工工序刀轨及仿真结果

(8) 倒角加工编程

☞ 右键复制刚创建的“PLANAR_MILL_JJG”→右键粘贴成“PLANAR_MILL_JJG_COPY”→右键重命名为“PLANAR_MILL_DJ”。

☞ “几何体”组→“指定底面”→“平面”=按某一距离（刀尖深度）→按图13-29操作→单击“确定”返回。

☞ “钻孔”工序对话框：“工具”组→重新选择刀具：“刀具”=“C30”（倒斜铣刀）。

☞ 单击“生成刀轨”→“确认刀轨”→

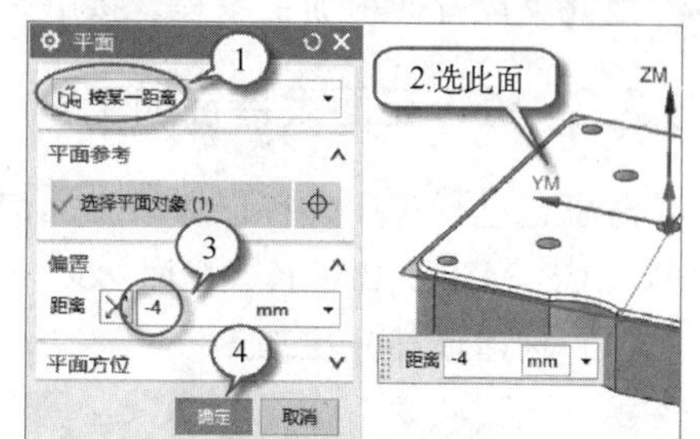

图13-29 指定底面

"3D动态"→"动画速度"="2"→单击"播放"→"播放"→单击"确定"退出工序设置。刀轨和仿真结果如图13-30。

(9) 背面平面精加工编程

☞"创建工序"对话框→"类型"组→"mill_planar"→"工序子类型"组→"底壁铣"→"名称"="FLOOR_WALL_BACK"→按图13-31操作。

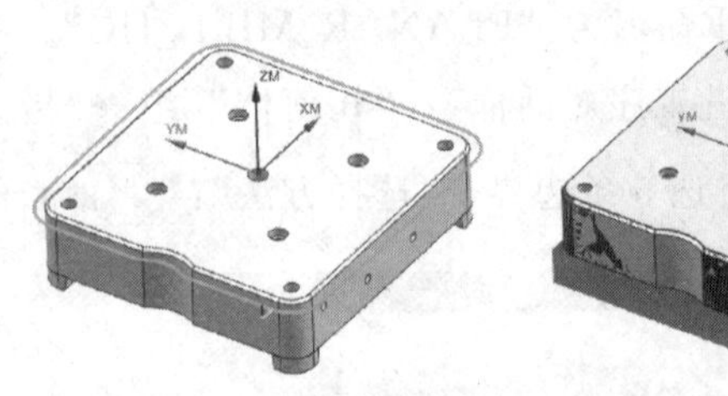

图13-30　倒角加工刀轨及仿真结果

☞"几何体"组："指定切削区域底面"→选择底平面。

☞"刀轨设置"组："切削模式"="跟随周边"→"步距"="75%刀具平直"。

☞"刀轨设置"组："进给率和速度"→按"图13-9程序顺序视图"输入"主轴速度"="1500r/min"、"进给率-切削"="800mm/min"→单击"确定"返回。

☞单击"生成刀轨"→"确认刀轨"→"3D动态"→"动画速度"="4"→单击"播放"→连续单击"确定"退出工序设置。刀轨和仿真结果如图13-32。

图13-31　创建底壁铣工序图

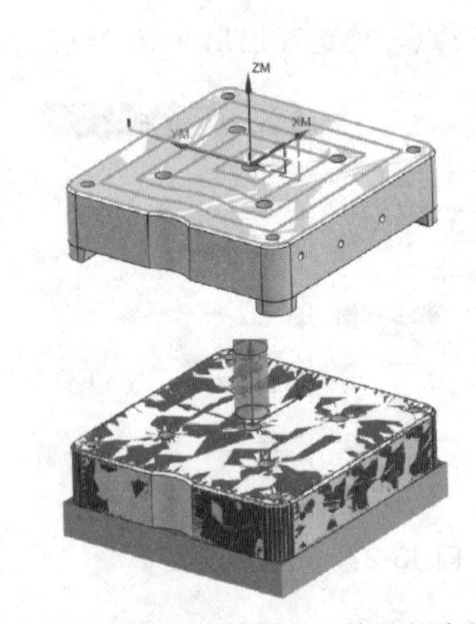

图13-32　背面平面精加工刀轨及仿真结果图

至此完成背面精加工编程。接下来重新装夹工件进行正面大特征加工。

13.2.3　进行正面大特征加工

注意：进行正面大特征加工时几何体要切换到WORKPIECE（*ZM*向上），而不是前面用的MCS_MILL_BACK（背面*ZM*向下）。

(1) 创建顶部开粗工序

① 开粗。

☞"创建工序"对话框→"类型"组→"mill_contour"→"工序子类型"组→"CAVITY_

MILL”（型腔铣）→改为：“CAVITY_MILL_KC”。如图13-33。

以下3步按图13-34步骤操作：

☞“型腔铣”工序对话框：“几何体”组→“指定切削区域”→指定顶面整个区域。

☞“刀轨设置”组：“切削模式”=“跟随周边”→“步距”=“60%刀具平直”→“公共每刀切削深度”=“恒定”→“最大距离”=“1mm”。

☞“切削参数”→“余量”组：“部件侧面余量”=“0.3mm”，“部件底面余量”=“0.2mm”。

☞“进给率和速度”→按“图13-9程序顺序视图”输入“主轴速度”=“1500r/min”和“进给率-切削”=“800mm/min”→单击“确定”返回。

☞单击“生成刀轨”→“确认刀轨”→“3D动态”→“动画速度”=“9”→单击“播放”→连续单击“确定”退出工序设置。刀轨和仿真结果如图13-35。

图13-33　创建型腔铣

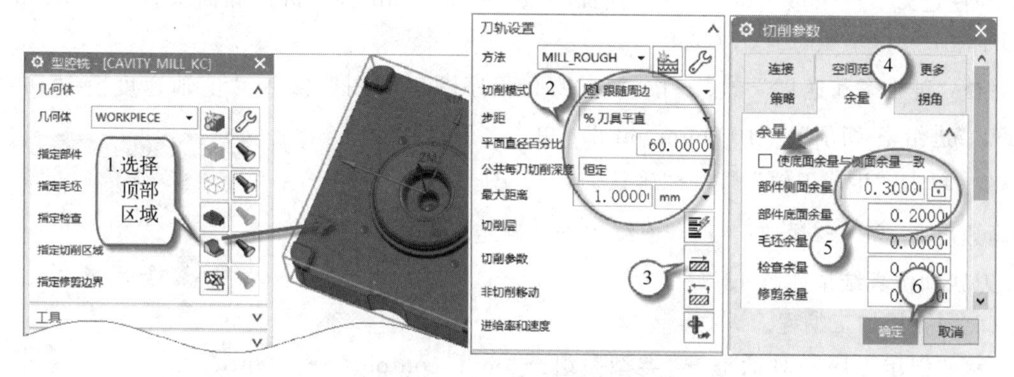

图13-34　设置型腔铣开粗工序

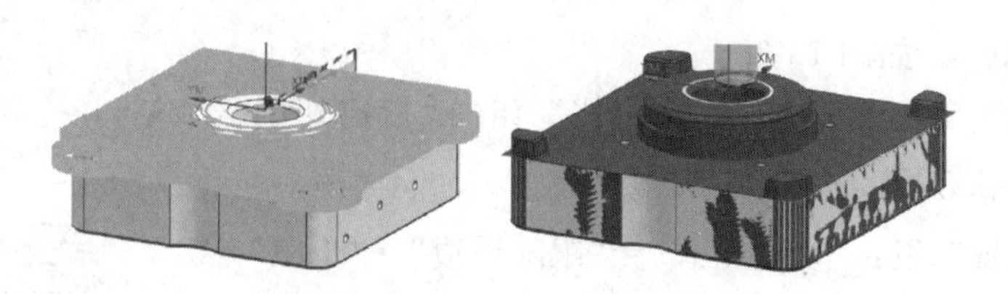

图13-35　开粗工序刀轨及仿真结果

② 半精加工编程。由于特征较陡峭，采用“深度轮廓铣”工序。

☞“创建工序”对话框→“类型”组→“mill_contour”→“工序子类型”组→“ZLEVEL_PROFILE”（深度轮廓铣）→名称改为：“ZLEVEL_PROFILE_BJJG”。如图13-36。

☞“深度轮廓铣”工序对话框：“几何体”组→“指定切削区域”→指定顶面陡壁区域。按图13-37步骤操作。

图 13-36 深度轮廓铣

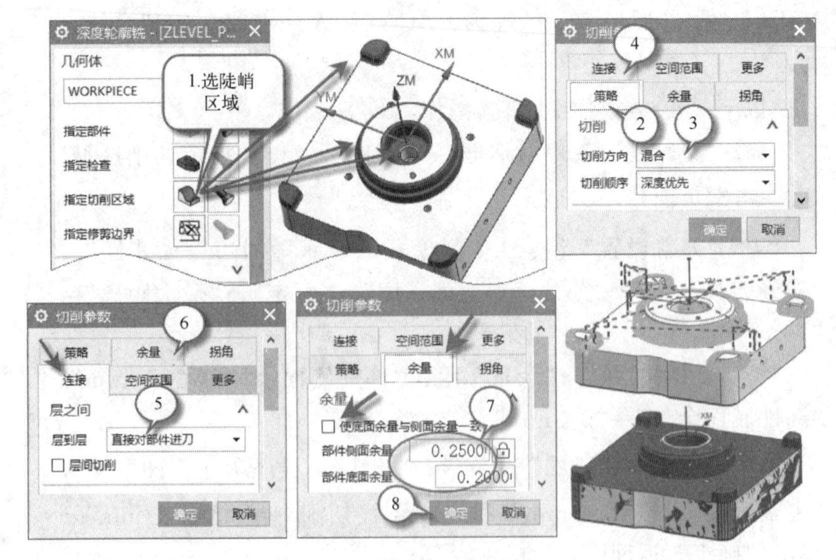

图 13-37 设置深度轮廓铣工序

☞“刀轨设置”组：“陡峭空间范围”=“仅陡峭的”，“公共每刀切削深度”=“0.5mm”。

☞“切削参数”→“策略”组：“切削方向”=“混合”→“连接”组：“层到层”=“直接对部件进刀”→“余量”组：“部件侧面余量”=“0.25mm”，“部件底面余量”=“0.2mm”。如图 13-37。

☞“进给率和速度”→按“图 13-9 程序顺序视图”输入“主轴速度”=“1600r/min”、“进给率-切削”=“1000mm/min”→单击“确定”返回。

☞单击“生成刀轨”→“确认刀轨”→“3D 动态”→“动画速度”=“9”→“播放”→连续单击“确定”退出工序设置。刀轨和仿真结果如图 13-37。

③ 中孔粗加工编程。

☞“创建工序”对话框→“类型”组→“mill_contour”→“工序子类型”组→“CAVITY_MILL”→名称改为：“CAVITY_MILL_ZKKC”。如图 13-38。

☞“型腔铣”工序对话框：“几何体”组→“指定切削区域”→指定中孔区域。按图 13-39 操作。

☞“刀轨设置”组：“切削模式”=“跟随周边”→“步距”=“70%刀具平直”。如图 13-39。

☞“切削参数”→“余量”组：“部件侧面余量”=“0.3mm”，“部件底面余量”=“0.2mm”→“步距”=“70%刀具平直”→“公共每刀切削深度”=“恒定”→“最大距离”=“0.5mm”。按图 13-39 操作。

图 13-38 创建型腔铣工序

☞“进给率和速度”→按“图 13-9 程序顺序视图”输入“主轴速度”=“3000r/min”和“进给率-切削”=“1500mm/min”→单击“确定”返回。

☞单击“生成刀轨”→“确认刀轨”→“3D 动态”→“动画速度”=“6”→单击“播

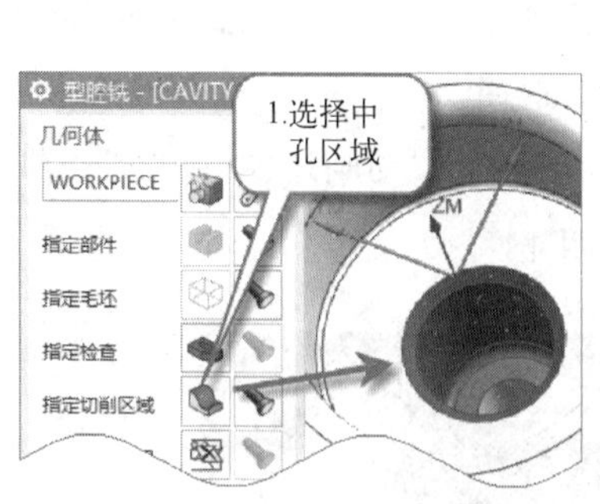

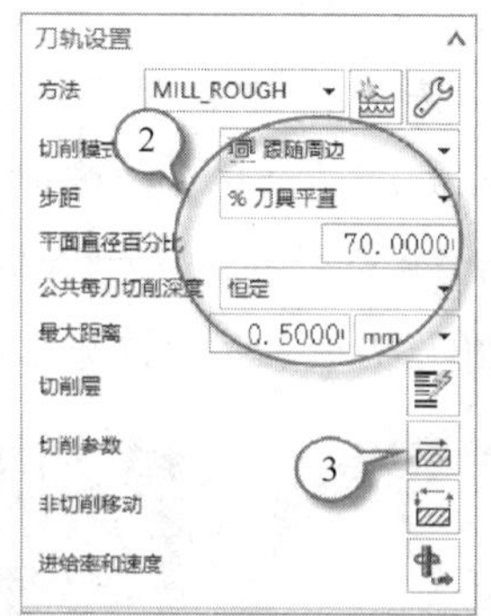

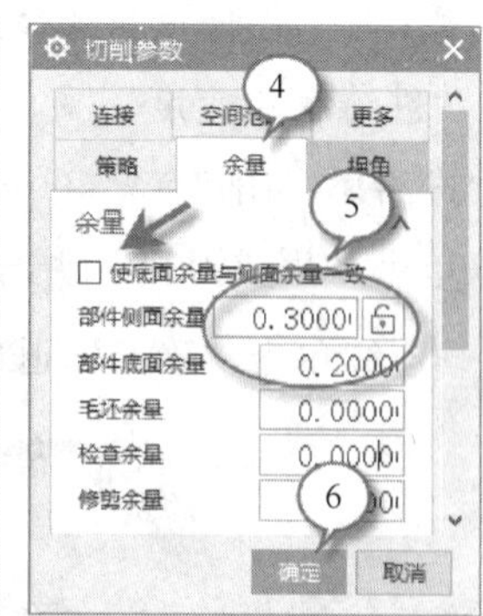

图 13-39　设置型腔铣工序

放”▶→连续单击“确定”退出工序设置。刀轨和仿真结果如图 13-40。

(2) 创建顶部精加工工序

① 顶部整体精加工。

☞ 复制前面的“ZLEVEL_PROFILE_BJJG”→重命名为“ZLEVEL_PROFILE_JJG”。

☞“深度轮廓铣”工序对话框：“工具”组→重新选择刀具：“刀具”=“D20R0.8”。

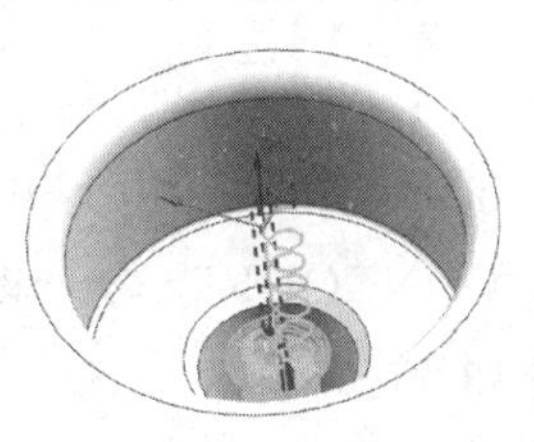

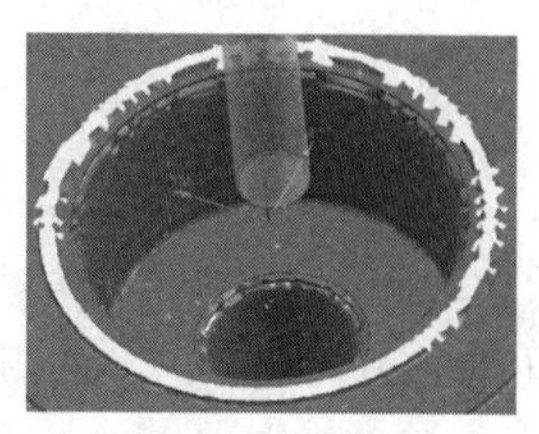

图 13-40　中孔粗加工刀轨及仿真结果

“刀轨设置”组：“方法”=“MILL_FINISH”→“公共每刀切削深度”=“恒定”，“最大距离”=“0.2mm”→“切削参数”：“余量”选项卡→☑ 使底面余量与侧面余量一致→单击“确定”返回。

☞“进给率和速度”→按“图 13-9 程序顺序视图”输入“主轴速度”=“1800r/min”、“进给率-切削”=“1000mm/min”→“确定”返回。

☞ 单击“生成刀轨”→“确认刀轨”→“3D 动态”→“动画速度”=“9”→单击“播放”▶→连续单击“确定”退出。刀轨和仿真结果如图 13-41。

② 中孔精加工。

☞ 复制上面“ZLEVEL_PROFILE_JJG”工序→重命名为“ZLEVEL_PROFILE_ZKJJG”。

☞“深度轮廓铣”工序对话框：“几何体”组→“指定切削区域”→指定中孔区域。如图 13-42。

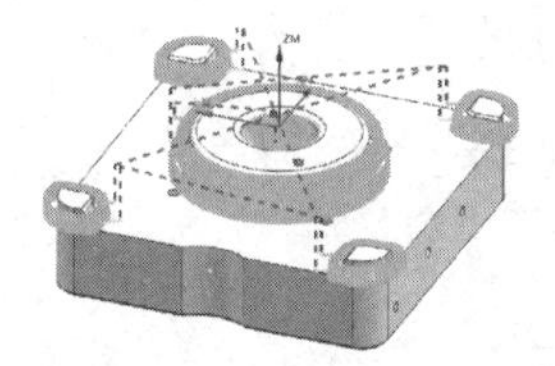

图 13-41　顶部整体精加工刀轨及仿真结果

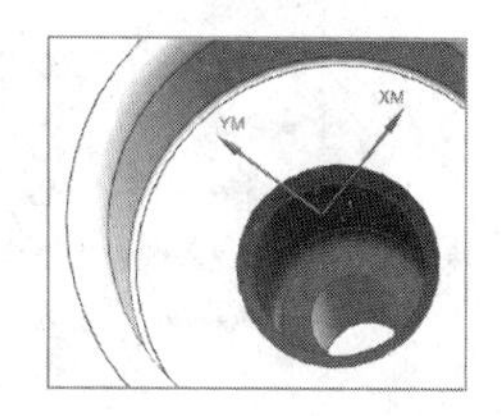

图 13-42　中孔区域

☞“工具”组→重新选择刀具：“刀具”=“D12R0.4”。

☞“进给率和速度”→按“图 13-9 程序顺序视图”输入“主轴速度”=“3000r/min”、“进给率-切削”=“1500mm/min”→单击“确定”返回。

☞单击“生成刀轨”→“确认刀轨”→“3D 动态”→“动画速度”=“6”→单击“播放”→连续单击“确定”退出。刀轨和仿真结果如图 13-43。

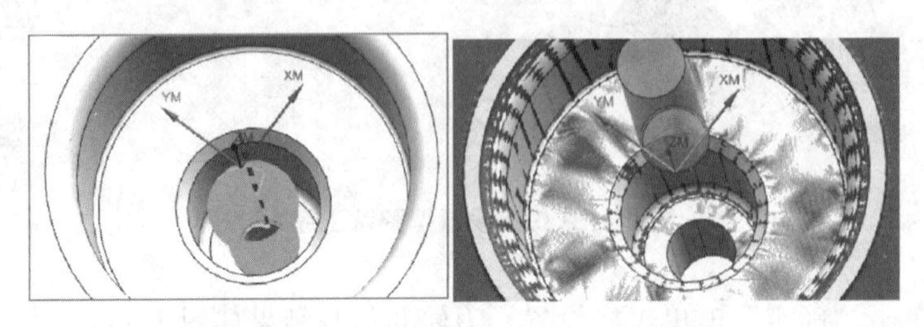

图 13-43　中孔精加工刀轨及仿真结果

③ 圆环状顶面区域精加工。

☞“创建工序”对话框→“类型”组→“mill_contour”→“工序子类型”组→“FIXED_CONTOUR”→改名为：“FIXED_CONTOUR_DM”。如图 13-44。

图 13-44　创建工序

☞“固定轮廓铣”工序对话框：“几何体”组→“指定切削区域”→指定中孔区域。如图 13-45。

☞“驱动方法”组：“方法”=“区域铣削”→“编辑”→“驱动设置”组：“非陡峭切削模式”=“◎ 同心往复”→“指定点”→指定圆环区域的圆心→“步距”=“恒定”→“最大距离”=“0.3mm”→单击“确定”返回。如图 13-45。

☞“进给率和速度”→按“图 13-9 程序顺序视图”“主轴速度”=“2000r/min”、“进给率-切削”=“1000mm/min”→单击“确定”返回。

☞单击“生成刀轨”→“确认刀轨”→“3D 动态”→“动画速度”=“8”→单击“播放”→连续单击“确定”退出工序设置。刀轨和仿真结果如图 13-46。

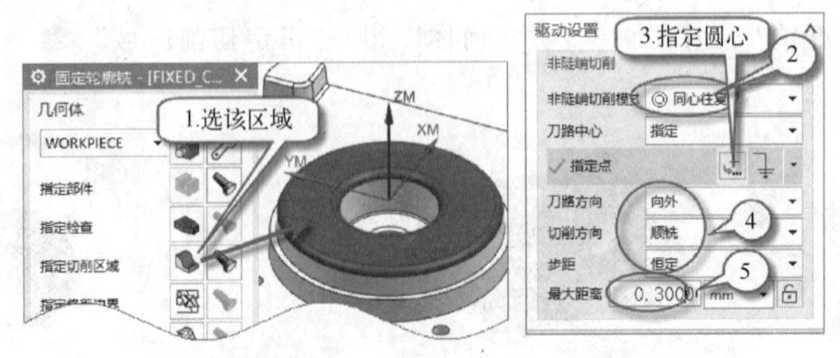

图 13-45　设置固定轮廓铣工序

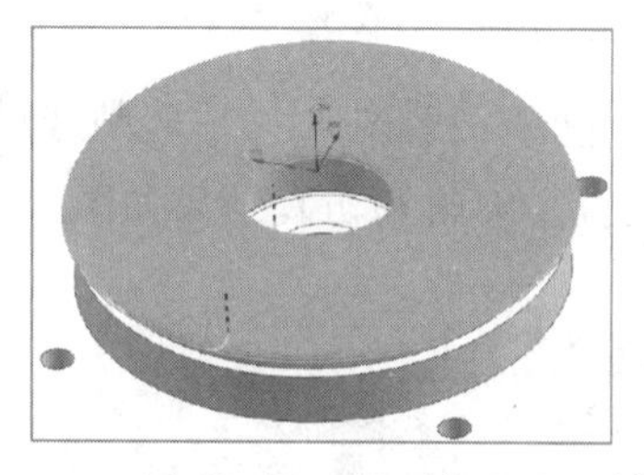

图 13-46　圆环状顶面区域精加工刀轨及仿真结果

④ 平面区域精加工。

☞“创建工序”对话框→“类型”组→“mill_planar”→“工序子类型”组→“底壁铣”按图 13-47 操作。

☞“几何体”组：“指定切削区底面”→选择所有平面区域，如图 13-48。

☞“刀轨设置”组：“切削模式”=“跟随周边”→“步距”=“60%刀具平直”。

☞“刀轨设置”组：“进给率和速度”→按“图 13-9 程序顺序视图”输入“主轴速度”=“2000r/min”、“进给率-切削”=“1500mm/min”→单击“确定”返回。

☞ 单击“生成刀轨”→“确认刀轨”→“3D 动态”→“动画速度”=“5”→单击“播放”→连续单击“确定”退出工序设置。刀轨和仿真结果如图 13-49。

图 13-47　创建底壁铣工序

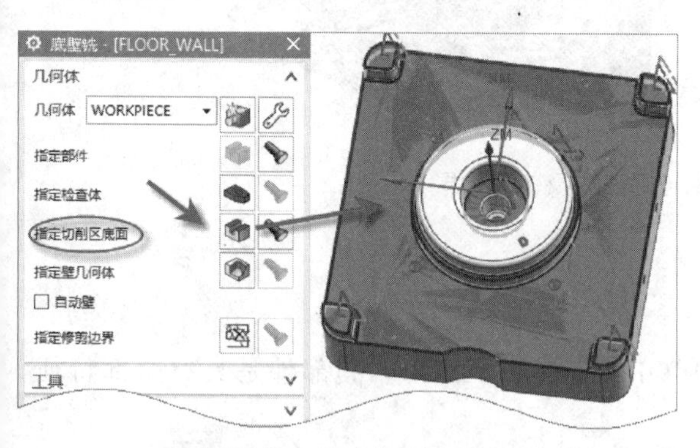

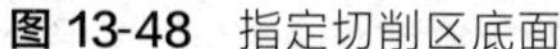

图 13-48　指定切削区底面

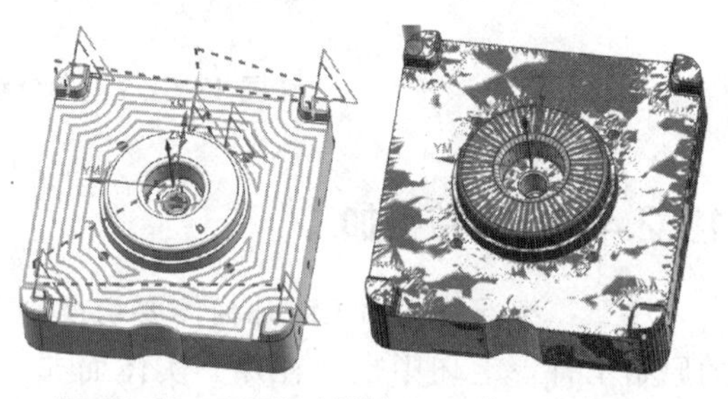

图 13-49　平面区域精加工刀轨及仿真结果

(3) 4 个凸角外缘轮廓精加工

☞“创建工序”对话框→“类型”组→“mill_planar”→“工序子类型”组→“PLANAR_PROFILE”（平面轮廓铣）→名称改为：“PLANAR_PROFILE_4J”。如图 13-50。

☞ 按图 13-51 操作。“平面轮廓铣工序对话框”：“几何体”组→“指定部件边界”→选择方法：曲线→选 4 个凸角外侧圆弧。

☞“指定底面”→选上面大平面。

☞“刀轨设置”组：“进给率和速度”→按“图 13-9 程序顺序视图”输入“主轴速

度”=“2000r/min”、“进给率-切削”=“1500mm/min”→单击“确定”返回。

☞ 单击“生成刀轨”→“确认刀轨”→“3D 动态”→“动画速度”=“2”→“播放”→“确定”退出→单击“确定”退出工序设置。刀轨和仿真结果如图 13-52。

图 13-50　平面轮廓铣

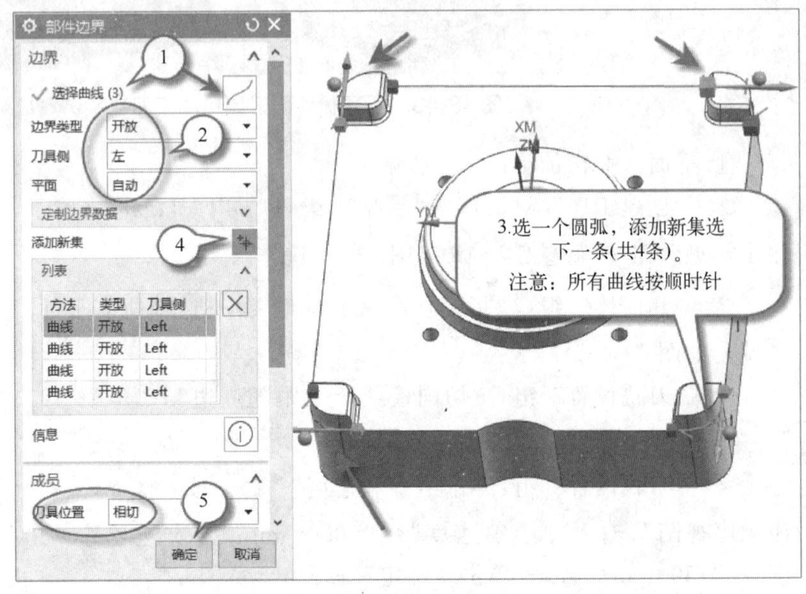

图 13-51　指定部件边界

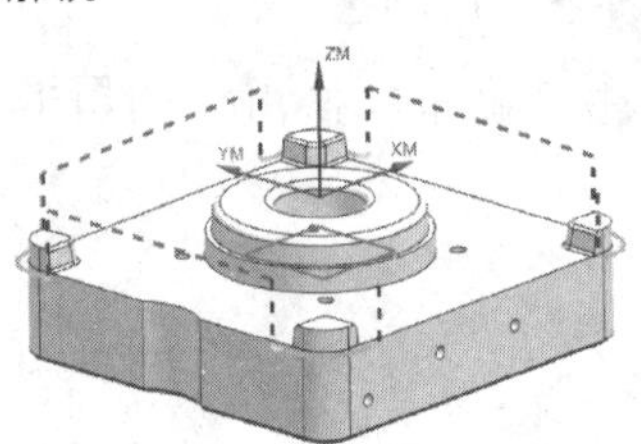

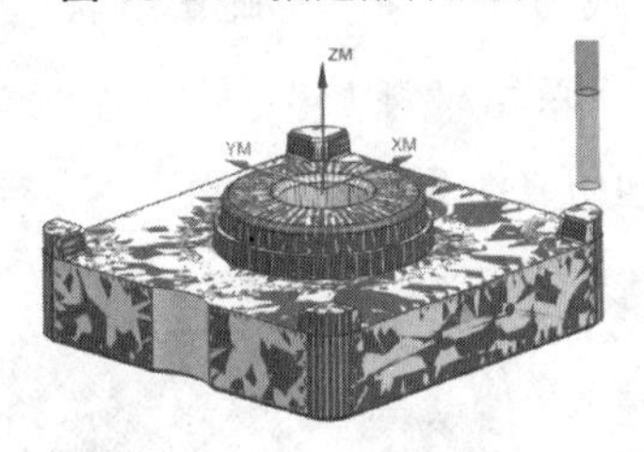

图 13-52　凸角外缘轮廓刀轨及仿真结果

13.2.4　细部特征加工

注意：细部特征加工时几何体要切换到 WORKPIECE_ABCD，其部件是具有全部特征的原始工件，毛坯则是“补片”实体而非包容体“毛坯”（见本章“13.2.1 编程准备-(3) 设置和创建几何体”），如图 13-53。

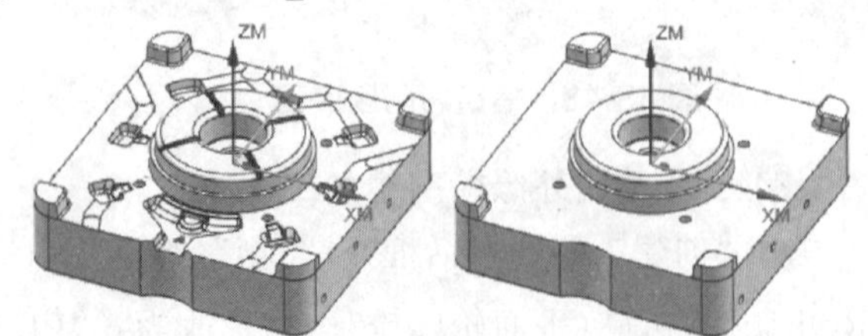

图 13-53　工件和毛坯

(1) A 区域加工编程

① A 区开粗加工。

☞ 创建工序”对话框→“类型”组→“mill_contour”→“工序子类型”组→“CAVITY_MILL”→名称改为：“A-CAVITY_MILL”。如图 13-54。

☞ “型腔铣”工序对话框：“几何体”组→“指定切削区域”→指定“A”区域。如图 13-55。

图 13-54　创建型腔铣工序

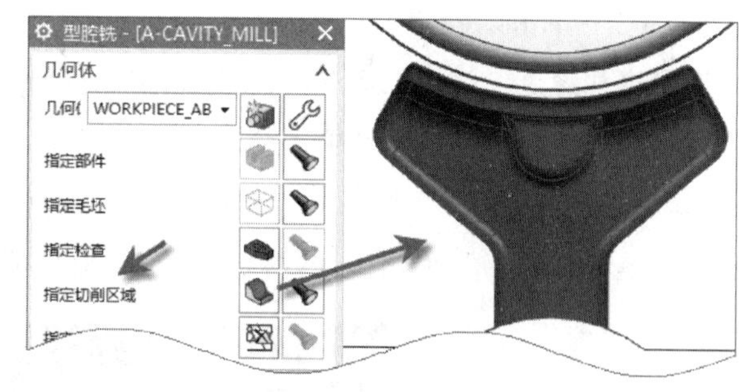

图 13-55　切削区域

☞“刀轨设置”组：“切削模式”=“跟随周边”→“步距”=“30%刀具平直”→“公共每刀切削深度”=“恒定”→“最大距离”=“0.5mm”。

☞“切削参数” →“余量”组：“部件侧面余量”=“0.25mm”，“部件底面余量”=“0.15mm”。

☞“进给率和速度” →按“图 13-9 程序顺序视图”输入“主轴速度”=“8000r/min”、“进给率-切削”=“2000mm/min”→单击“确定”返回。

☞单击“生成刀轨” →“确认刀轨” →“3D 动态”→“动画速度”=“6”→单击“播放” →连续单击“确定”退出工序设置。刀轨和仿真结果如图 13-56。

② A 区精加工。

☞“创建工序”对话框→“类型”组→“mill_contour”→“工序子类型”组→“CONTOUR_AREA” →改名为：“A-CONTOUR_AREA”。如图 13-57。

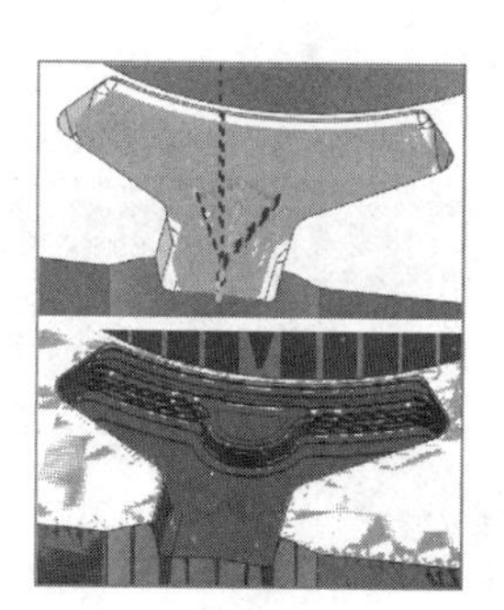

图 13-56　A 区开粗加工刀轨及仿真

图 13-57　创建 A 区精加工工序图

☞“型腔铣”工序对话框：“几何体”组→“指定切削区域”→指定“A”区域。见前面图 13-55。

☞“驱动方法”组：“方法”=“区域铣削”→“编辑”→“驱动设置”组：“非陡峭切削模式”=跟随周边→“刀路方向”=“向内”→“步距-最大距离”=“0.12mm”→“步距已应用”=“在部件上”→单击“确定”返回。

☞“进给率和速度”→按“图 13-9 程序顺序视图”“主轴速度”=“5000r/min”、“进给率-切削”=“1800mm/min”→单击“确定”返回。

☞单击“生成刀轨”→“确认刀轨”→“3D 动态”→“动画速度”=“9”→单击“播放”→连续单击“确定”退出工序设置。刀轨和仿真结果如图 13-58。

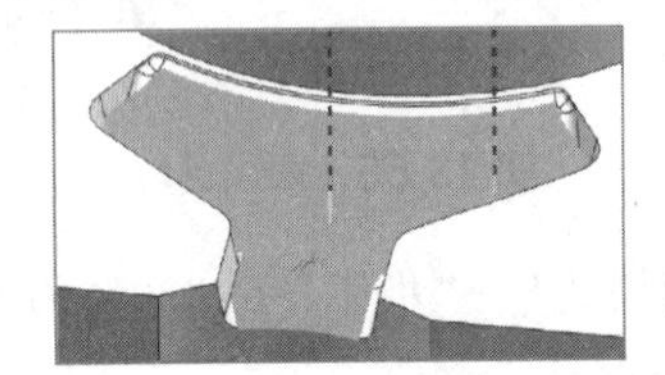
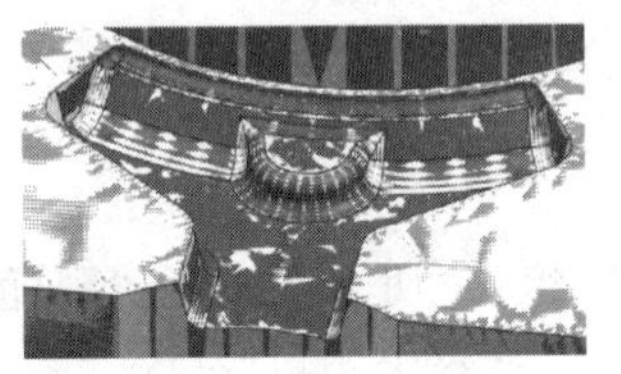

图 13-58 A 区精加工刀轨及仿真结果

③ A 区清根加工。

☞“创建工序”对话框→“类型”组→“mill_contour”→“工序子类型”组→“CONTOUR_AREA”（区域轮廓铣）→改名为：“A-CONTOUR_AREA”。如图 13-57。

☞“清根创建刀具”工序对话框：“几何体”组→“指定切削区域”→指定“A”区域。见前面图 13-55。

☞“参考刀具”组：“参考刀具”=“D6R3”D6R3 (铣刀-5 参。

☞“驱动方法”组：“方法”=“清根”→“编辑”→按图 13-59 设置参数→单击“确定”返回。

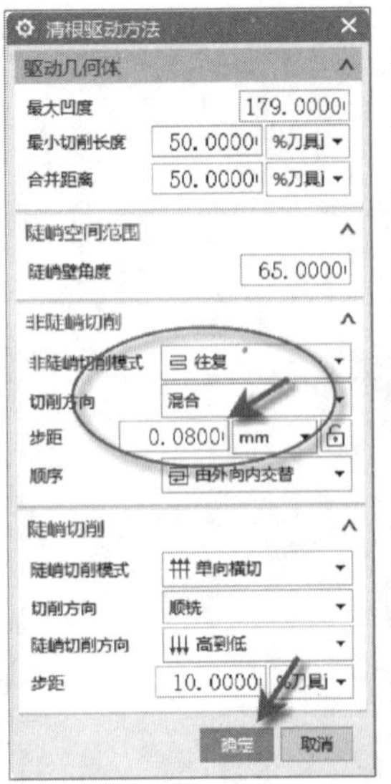

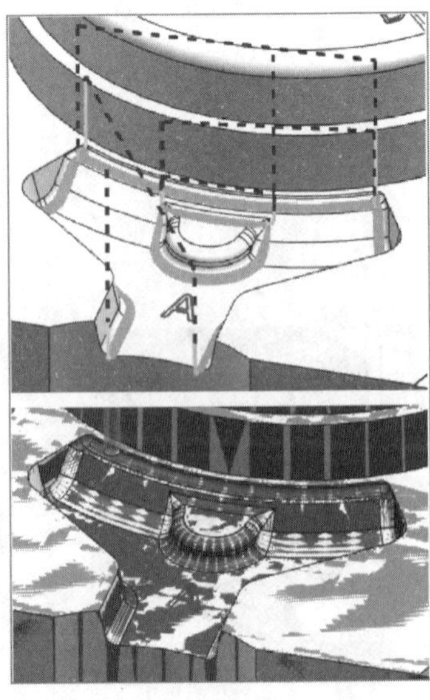

图 13-59 清根参考刀具工序

☞“进给率和速度”→按“图 13-9 程序顺序视图”选“主轴速度”=“6000r/min”、“进给率-切削”=“1300mm/min”→单击“确定”返回。

☞ 单击“生成刀轨”→“确认刀轨”→“3D 动态”→“动画速度”=“7”→单击“播放”→连续单击“确定”退出工序设置。刀轨和仿真结果如图 13-59。

(2) B 区域加工编程

☞“工序导航器-程序顺序”视图→展开“A”程序组→按住“Shift”选取全部三道工序：“A-CAVITY_MILL”、“A-CONTOUR_AREA”、“A-FLOWCUT_REF_TOOL”→“右键”复制→在“B”程序组上右键“内部粘贴”。如图 13-60。

☞ 将复制的三道工序分别改名为：“B-CAVITY_MILL”“B-CONTOUR_AREA”“B-FLOWCUT_REF_TOOL”。如图 13-60。

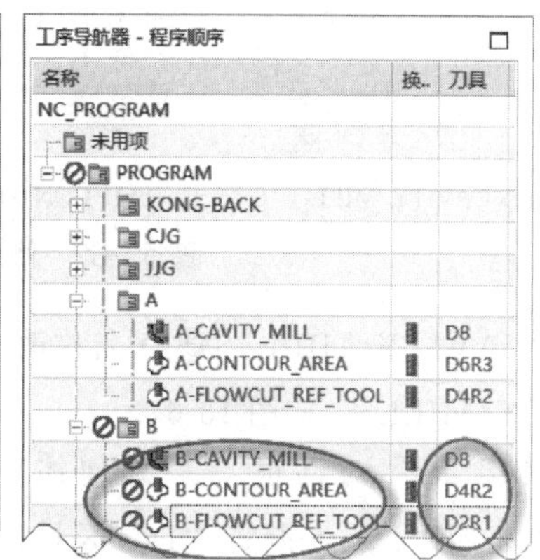

图 13-60 复制工序

☞ 新三道工序的“指定切削区域”更换成“B”区域，如图 13-61。

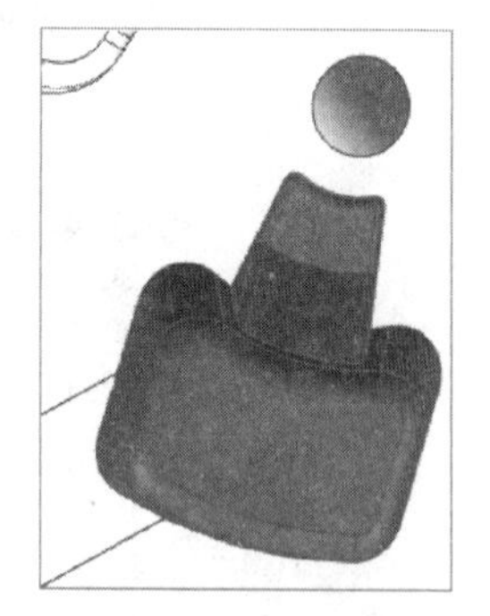

图 13-61 切削区域

☞ 三道工序更改参数如下，如图 13-62。

☞ 单击“生成刀轨”→“确认刀轨”→点“确定”退出工序设置。仿真结果如图 13-63。

(3) C 区域加工编程

☞“工序导航器-程序顺序”视图→展开“B”程序组→按住“Shift”选取全部三道工序：“B-CAVITY_MILL”“B-CONTOUR_AREA”“B-FLOWCUT_REF_TOOL”→“右键”复制→在“C”程序组上右键“内部粘贴”。参照前面图 13-60。

☞ 将复制的三道工序分别改名为：“C-CAVITY_MILL”“C-CONTOUR_AREA”“C-FLOWCUT_REF_TOOL”。操作方法和上面“B”区域相同。

☞ 新三道工序的“指定切削区域”更换成“C”区域。操作方法和“B”区域相同。

☞ 三道工序参数和上面“B”区域相同。

☞ 单击“生成刀轨”→“确认刀轨”→点“确定”退出工序设置。仿真结果如图 13-63。

(4) D 区域加工编程

① D 区粗加工。

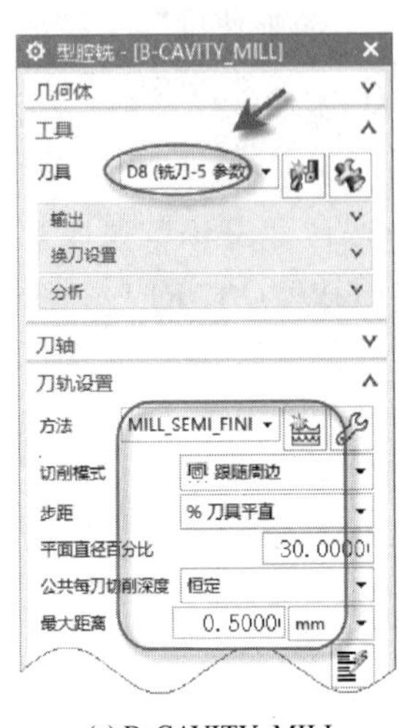

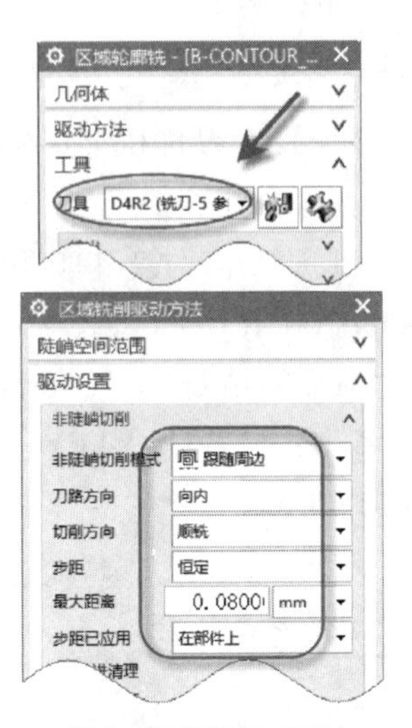

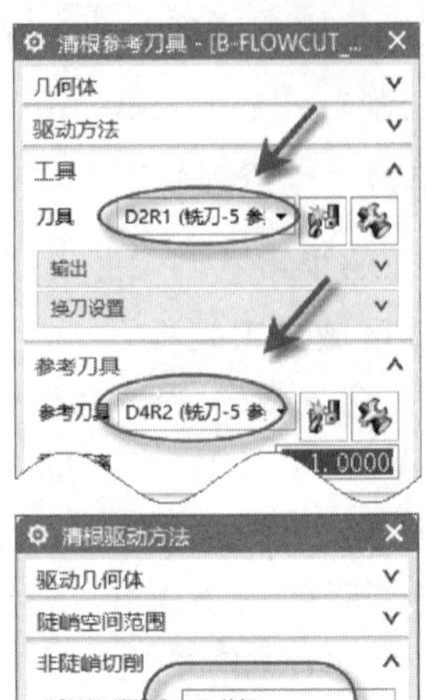

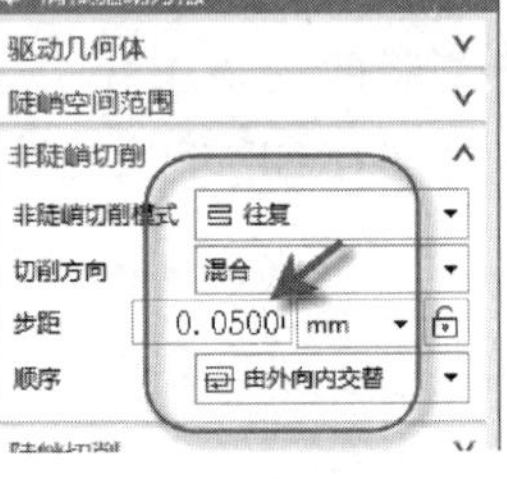

(a) B-CAVITY_MILL　　(b) B-CONTOUR_AREA　　(c) B-FLOWCUT_REF_TOOL

图 13-62 修改工序参数

☞ 创建“CAVITY_MILL” →名称改为：“D-CAVITY_MILL”。如图 13-64。

☞ “型腔铣”工序对话框：“几何体”组→“指定切削区域” →指定“D”区域。如图 13-65。

图 13-63 B 区和 C 区的仿真结果（IPW）

图 13-64 创建 D 区粗加工工序

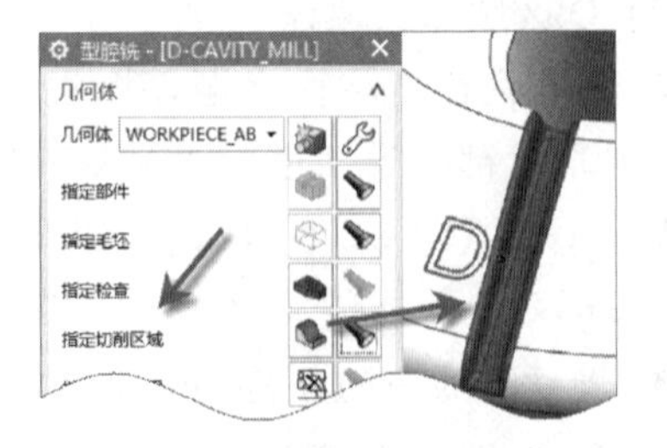

图 13-65 切削区域

☞ “刀轨设置”组：“切削模式”=“跟随周边”→“步距”=“30％刀具平直”→“公共每刀切削深度”=“恒定”→“最大距离”=“0.15mm”。

☞ “切削参数” →“余量”组：“部件侧面余量”=“0.25mm”，“部件底面余量”=“0.15mm”。

☞“进给率和速度”→按“图 13-9 程序顺序视图”输入“主轴速度”=“1000r/min”、“进给率-切削”=”300mm/min”→单击“确定”返回。

☞单击“生成刀轨”→“确认刀轨”→“3D 动态”→“动画速度”=“4”→单击“播放”→连续单击“确定”退出工序设置。刀轨和仿真结果如图 13-66。

② D 区二次开粗加工。

☞“创建工序”对话框：“类型”组→“mill_contour”→“工序子类型”组。

☞复制上面工序单击→重命名为“D-CAVITY_MILL2”。

☞“型腔铣”工序对话框→“工具”：“刀具”=“D2” D2 (铣刀-5 参数)。

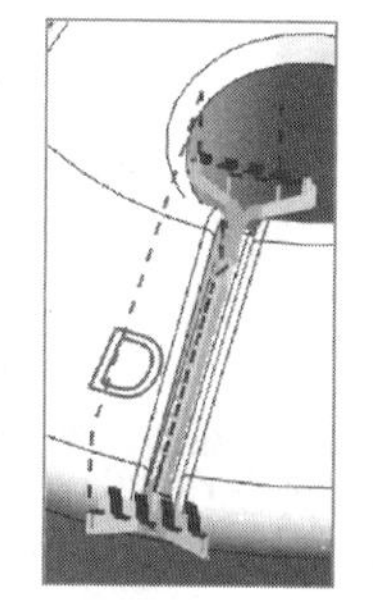

图 13-66　D 区粗加工刀轨及仿真

☞单击“生成刀轨”→“确认刀轨”→“3D 动态”→“动画速度”=“4”→单击“播放”→连续单击“确定”退出工序设置。刀轨和仿真结果和图 13-66 类似。

③ D 区精加工编程。

☞“创建工序”对话框→“类型”组→“mill_contour”→“工序子类型”组→“CONTOUR_AREA”（区域轮廓铣）→改名为：“D-CONTOUR_AREA”。如图 13-67。

☞“区域轮廓铣”工序对话框：“几何体”组→“指定切削区域”→指定“D”区域。参考前面图 13-65。

☞“驱动方法”组：“方法”=“区域铣削”→“编辑”→“驱动设置”组：“非陡峭切削模式”= 跟随周边→“刀路方向”=“向内”→“步距-最大距离”=“0.05mm”→“步距已应用”=“在部件上”→单击“确定”返回。

☞“进给率和速度”→按“图 13-9 程序顺序视图”中“主轴速度”=“10000r/min”、“进给率-切削”=“3000mm/min”→“确定”返回。

☞单击“生成刀轨”→“确认刀轨”→“3D 动态”→“动画速度”=“6”→单击“播放”→连续单击“确定”退出工序设置。刀轨和仿真结果如图 13-68。

(5) B、C、D 区刀轨的复制

B 区共 4 个，以 90°角均匀分布。下面从已经生成的刀轨复制出另外 3 个。

☞按图 13-69 步骤操作。

C 区共 3 个，以 90°角均匀分布。下面从已经生成的刀轨复制出另外 2 个。按同样方法复制 C 区刀轨。D 区共 4 个，以 90°角均匀分布。下面从已经生成的刀轨复制出另外 3 个。按同样方法复制 D 区刀轨。结果如图 13-70。

图 13-67　创建工序图

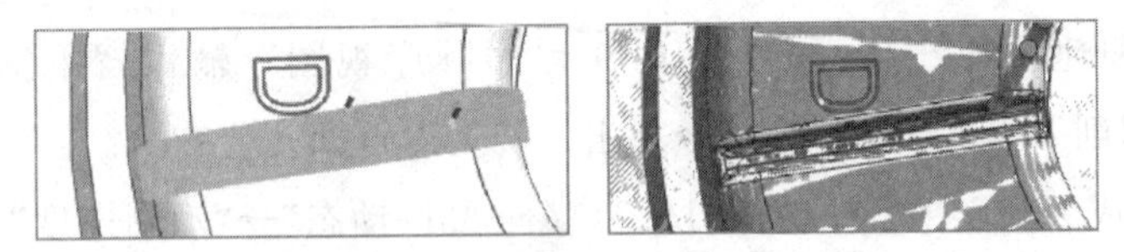

图 13-68 D 区精加工刀轨及仿真结果

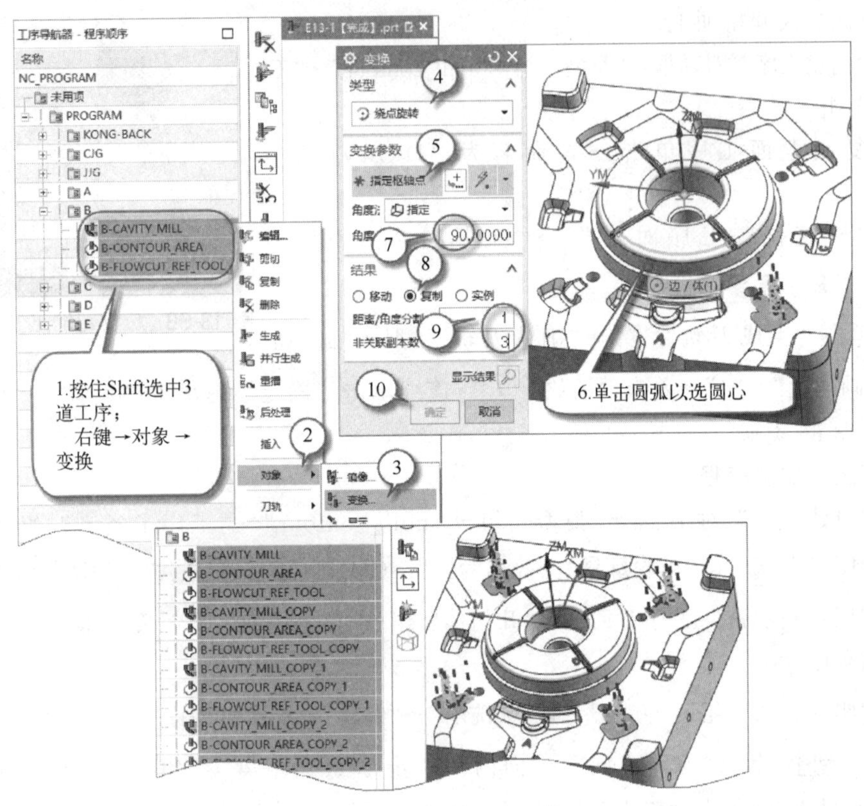

图 13-69 复制 B 区刀轨

(6) 浅槽区域加工编程

☞"创建工序"对话框→"类型"组→"mill_planar"→"工序子类型"组→"底壁铣"→按图 13-71 操作。

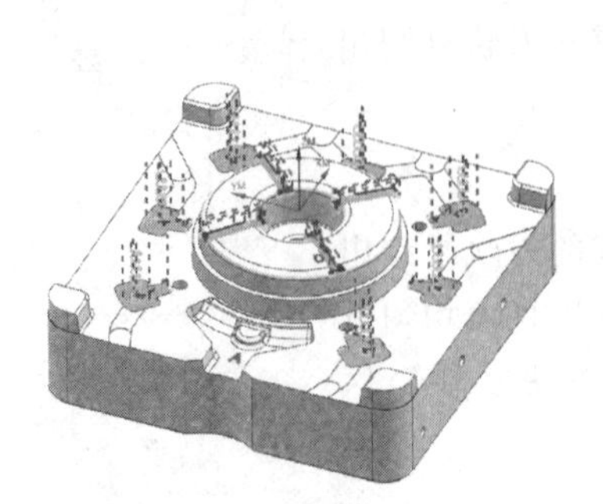

图 13-70 刀轨复制结果

图 13-71 底壁铣工序

☞“几何体”组：“指定切削区域底面”→选择浅槽区域12个面。

☞“刀轨设置”组：“切削模式”=“跟随周边”→“步距”=“50%刀具平直”。

☞“刀轨设置”组：“进给率和速度”→按“图13-9程序顺序视图”输入“主轴速度”=“8000r/min”、“进给率-切削”=“2000mm/min”→单击“确定”返回。

☞单击“生成刀轨”→“确认刀轨”→“3D动态”→“动画速度”=“3”→单击“播放”→连续单击“确定”退出工序设置。刀轨和仿真结果如图13-72。

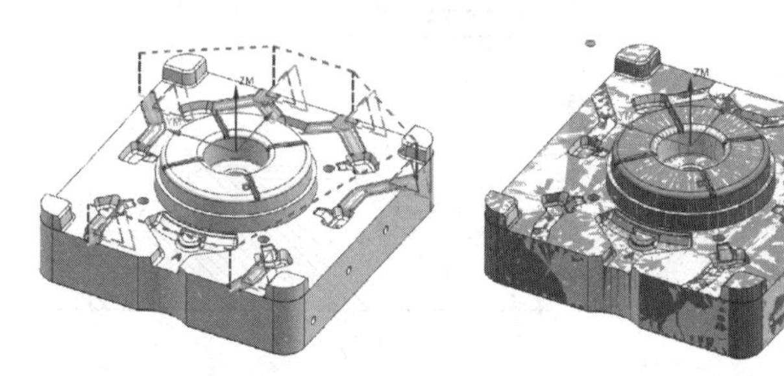

图13-72　浅槽区域加工刀轨及仿真结果

☞在“PROGRAM”右键→“生成刀轨”→“确认刀轮”→“3D动态”→“动画速度”=“9”→单击“播放”。全部的仿真结果IPW如图13-73。

☞在“PROGRAM”右键→“生成刀轨”→“过切检查”→单击“确定”（如果有过切表中会列出）→单击“确定”。

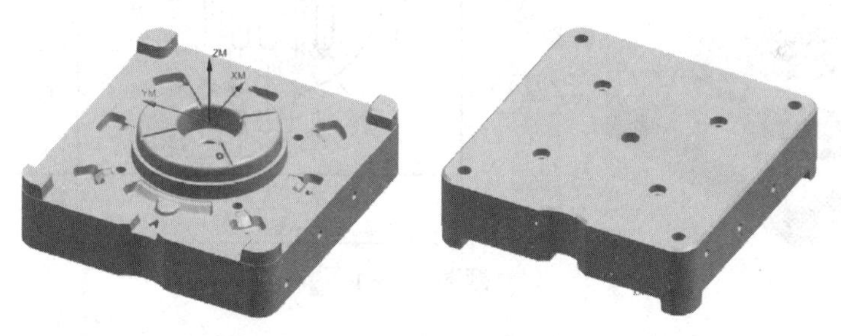

图13-73　最终加工结果（IPW）

最后的全部工序分组和排序见“图13-9程序顺序视图”。

实际生产操作时，如果考虑节省换刀时间，可以按使用刀具种类顺序重新安排各个工序顺序。

13.2.5　进行后置处理

前面所创建工序可按程序组或工序进行后置处理，操作方法参见“第2章工序导航器和刀轨仿真分析-2.4后置处理”。

知识：实际加工生产中，需要根据所使用的机床型号安装厂家提供的后处理器。

下面以“FANUC”数控铣床为例安装后处理器。在本书提供的“第2章作业题”文件夹里找到“FANUC”文件夹，里面有3个文件：FANUC_0i-mc.def、FANUC_0i-mc.pui、FANUC_0i-mc.tcl，把这三个文件复制到NX软件后处理文件夹“X：\Program Files\Siemens\NX\MACH\resource\postprocessor”内。重启NX软件后，后处理时即可在“后处理对话框”列表最下一行看到。

训练题

试对题图 13-1 所示工件进行加工编程。材料 45 钢。

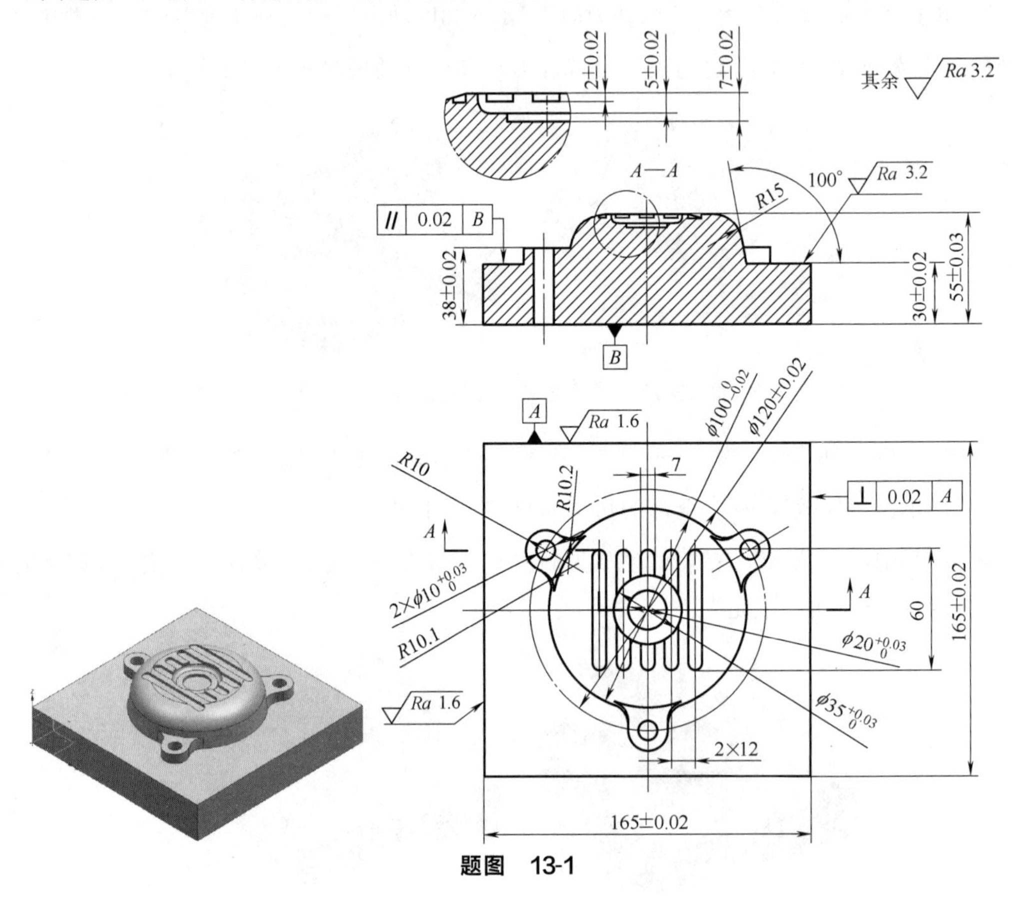

题图 13-1

附录A 数控铣加工刀具切削参数

下面参数表仅供参考，具体参数根据实际刀具说明和工艺文件等确定。

表 A1　圆鼻刀（面铣刀、飞刀），粗加工，45 钢

刀具	每层切削深度/mm	步距/mm	进给 f/(mm/min)	转速 n/(r/min)
D40R6	1	28	1200	1500
D30R5	1	20	1500	1700
D25R5	0.8	15	1500	1700
D20R4	0.6	12	1600	1800
D25R1	0.8	18	1400	1600
D20R0.8	0.6	15	1500	1700
D16R0.4	0.5	12	1400	1700
D12R0.4	0.5	9	1300	1800

表 A2　进口白钢平底刀，粗加工

刀具	每层切削深度/mm		步距/mm	进给 f/(mm/min)		转速 n/(r/min)	
	铝合金	45 钢		铝合金	45 钢	铝合金	45 钢
D25	2	0.8	18	1800	1200	2000	1500
D20	2	0.8	15	1700	1100	2000	1500
D16	1.5	0.7	12	1700	1100	2200	1600
D12	1.5	0.6	9	1600	1000	2200	1600
D10	1.2	0.5	7	1500	900	2300	1700
D8	1	0.5	6	1500	900	2400	1700
D6	1	0.5	4	1500	800	2400	1700
D5	0.8	0.4	3	1200	700	2500	1800
D4	0.8	0.4	2.5	1000	600	2600	1800
D3	0.5	0.3	2	800	500	2800	1900
D2	0.3	0.2	1	600	400	2900	2000
D1	0.2	0.1	0.5	500	300	3000	2200

表 A3　钨钢球刀，精加工

刀具	加工前余量/mm		步距/mm	转速 n/(r/min)		进给 f/(mm/min)	
	45 钢	不锈钢		45 钢	不锈钢	45 钢	不锈钢
D20R10	0.2	0.15	0.25	2400	2400	2000	1800
D16R8	0.2	0.12	0.25	2400	2400	2000	1800
D12R6	0.15	0.1	0.2	2600	2700	2200	2000
D10R5	0.15	0.1	0.2	2600	2700	2200	2000
D8R4	0.15	0.1	0.15	2800	2800	2000	1600

续表

刀具	加工前余量/mm		步距/mm	转速 n/(r/min)		进给 f/(mm/min)	
	45 钢	不锈钢		45 钢	不锈钢	45 钢	不锈钢
D6R3	0.12	0.08	0.12	3000	3000	1800	1500
D4R2	0.1	0.06	0.08	3200	3200	1300	1000
D3R1.5	0.08	0.05	0.06	3500	3500	1000	700
D2R1	0.07	0.04	0.05	3800	3800	600	500
D1R0.5	0.05	0.03	0.03	4000	4000	500	400

表 A4 钨钢平底刀，精加工

刀具	每层切削深度/mm		最大加工深度/mm		转速 n/(r/min)		进给 f/(mm/min)	
	45 钢	不锈钢	45 钢	不锈钢	45 钢	不锈钢	45 钢	不锈钢
D16	0.3	0.25	40	30	1600	1600	800	700
D12	0.25	0.2	35	25	1700	1700	800	700
D10	0.2	0.15	30	20	1700	1700	750	650
D8	0.15	0.1	25	20	1800	1800	650	600
D6	0.15	0.1	20	15	2000	2000	600	500
D5	0.1	0.08	15	10	2200	2200	500	400
D4	0.08	0.06	10	7	2300	2300	400	300
D3	0.06	0.05	5	3	2500	2500	400	300
D2	0.2	0.15	1	1	3000	3000	700	500
D1	0.15	0.1	0.5	0.5	3500	3500	600	400

附录B 初学者常见问题及解决方案

下面一些是初学者在编程过程中的生成刀轨时易出现的一些问题。

(1) 忘记指定部件和毛坯（未进行几何体设置）导致不能产生刀轨。

原因：没充分理解“几何体”。

解决方案：加强对“几何体”理解，反复练习。

(2) 信息提示：“不能在任何层上切削部件”（“型腔铣”工序）。

原因一：设置“WORKPIECE”时部件和毛坯为同一个几何体（没有余量可切削）。

解决方案：设置“WORKPIECE”时部件和毛坯要不同，毛坯和部件相比要有余量。

原因二：可能在设置“WORKPIECE”时把“指定毛坯”指定成部件“几何体”。

解决方案：把“指定毛坯”改成“包容块”或“部件的偏置”，部件要留有余量。

(3) 现象：型腔铣二次开粗时，已经加工过的区域（已经没有材料）有空刀轨。

原因：“切削参数”的“空间范围”中“过程工件”未用“使用 3D”或“使用基于层的”。

解决方案：“刀轨设置”组：“切削参数” →“空间范围”→“过程工件”=“使用 3D”（或“使用基于层的”）。

(4) 现象：二次开粗时小的型腔没被切削。

原因：可能忘记换成直径小一点的刀具。

解决方案：新建或更换直径小一点的刀具再进行操作。

(5) 信息提示：“不能在任何层切削”。

原因：可能工件已经没有余量可切削。

解决方案：检查工件是否还有余量。

(6) 刀具命名后没有进行刀具参数设置，出现刀具尺寸不对的现象。

原因：误以为刀具名称就是刀具参数。

解决方案：加强理解。

(7) 刀轨可视化仿真时提示：“验证毛坯是必须的”。

原因：没指定毛坯。

解决方案：指定毛坯。

(8) 信息提示：“没有在岛周围定义要切削的材料”（平面铣）。

原因：“部件边界”的“刀具侧”选择错误。

解决方案："几何体"组："指定部件边界"→"刀具侧"="内侧"（或"外侧"）。

（9）现象："平面铣"中铣削方形凹腔（或凸起）部件边界成封闭三角形，生成的刀轨也呈现三角形。

原因："指定部件边界"时所选边界没有封闭。

解决方案："几何体"组："指定部件边界"→按顺序选择所有边（注意要首尾相连）。

（10）现象："平面铣"非精加工完成时侧面有余量而底面没有余量。

原因：没有单独设置"底面最终余量"（默认为"0mm"）。

解决方案："刀轨设置"组："切削参数"→"余量"选项卡→设置"底面最终余量"。

（11）现象：平面铣加工后侧壁呈现阶梯状。

原因："切削层"设置了"增加侧面余量"。

解决方案："刀轨设置"组→"切削层"→"刀颈安全距离"组"增量侧面余量"="0mm"。

（12）信息提示："所有切削区域都必须属于部件几何体"（"面铣削区域 FACE_MILLNG"工序）。

原因：工序中"几何体"是"MCS_MILL"。

解决方案：工序中"几何体"改成"WORKPIECE"。

（13）信息提示："IPW 碰撞"。

原因：可能上一个工序的精度"双向误差"太大。

解决方案：提高精度，这样有利于减少下一工序的碰撞。

（14）信息提示："岛区域不能像腔那样切削"。

原因：在用"固定轴曲面轮廓铣 FIXED_CONTOUR"工序时，"驱动方法"使用"边界"时没有指定加工区域边界，或者边界的"材料侧"内外颠倒。

解决方案："驱动方法"组→"编辑"→"驱动几何体"组→"指定驱动几何体"→指定加工区域的边界，同时注意"材料侧"的内外侧。

（15）现象："固定轴曲面轮廓铣 FIXED_CONTOUR"刀轨有跳刀现象，或刀轨不连贯。

原因："切削参数"→"空间范围"→"过程工件"="使用 3D"。

解决方案：改成"过程工件"="无"。

参考文献

[1] 林克伟. CAD/CAM技能训练图册［M］. 北京：清华大学出版社，2010.

[2] 袁锋. 计算机辅助设计与制造实训图库［M］. 北京：机械工业出版社，2007.

[3] 冯芳. UG NX8.0数控编程基本功特训［M］. 北京：电子工业出版社，2012.